U0320274

量子力学讲义

宁西京 编著

科学出版社

北京

内 容 简 介

本书首先论述了量子力学的理论构架,包括主要目标、基本方法及与经典力学之异同,并以普通实验室能够实现的实验观测为例,阐明量子效应的普遍意义以及应用量子力学的必要性。在此基础上依次介绍密度矩阵、相对论性波动方程、路径积分、二次量子化方法、量子场理论、电磁场的量子效应和量子散射理论。其中的量子场理论部分,主要讲述正则量子化的基本思想和方法;而电磁场的量子效应一章,除论述电磁场的正则量子化之外,还给出了量子电磁场与电子场相互作用的基本理论构架及处理具体问题的方法,它是量子电动力学和量子光学的基础。

本书可用作物理类高年级本科生或研究生的"高等量子力学"课程的教材或参考书,也可作为数学、化学、材料和生物等专业研究生的教学参考书。

图书在版编目(CIP)数据

量子力学衍义 / 宁西京编著. —北京:科学出版社,2012

ISBN 978-7-03-034394-9

Ⅰ. ①量… Ⅱ. ①宁… Ⅲ. ①量子力学 Ⅳ. ①O413.1

中国版本图书馆 CIP 数据核字(2012)第 102244 号

责任编辑:杨 锐 曾佳佳 胡 凯 / 责任校对:刘亚琦
责任印制:张 伟 / 封面设计:许 瑞

科 学 出 版 社 出版

北京东黄城根北街 16 号
邮政编码:100717
http://www.sciencep.com

北京厚诚则铭印刷科技有限公司 印刷
科学出版社发行 各地新华书店经销

*

2012 年 6 月第 一 版 开本:B5 (720 × 1000)
2021 年 8 月第五次印刷 印张:23
字数:442 000

定价:89.00 元

(如有印装质量问题,我社负责调换)

序

黄帝，华夏族之始祖，
传说中五帝之首

老子，约前 600~前 470，
中国古代思想家

亚里士多德，约前 384~前 322，
古希腊哲学家、科学家

达·芬奇，1452~1519，
意大利画家

哥白尼，1473~1543，
波兰天文学家

周文王，前 1152~前 1056，
商末周部落首领

留基伯，约前 500~前 440，
古希腊哲学家

但丁，1265~1321，
意大利诗人

米开朗基罗，1475~1564，
意大利艺术家

伽利略，1564~1642，
近代物理学之父

有诗问曰：

盘古开天地，谁人知天机？
黄帝探内经，文王演周易，
春秋见老子，得道不论礼。
西方有先哲，亦在春秋季，
希腊留基伯，分物至原子，
亚里士多德，地心说星体，
诸物何组成？火烧水土气。
尔后千年谜，少人问天机，
西方立教皇，东方争天子，
漫漫长夜里，不闻雄鸡啼。
但丁尚能诗，无人愿顾之，
突兀神曲响，震撼意大利。
文艺将复兴，又逢达芬奇，
蒙娜丽莎生，开罗创世纪*，
待到审判日*，人性当第一。
科学欲革命，天降哥白尼。
复生伽利略，近代见物理，
教堂观吊灯，斜塔试落体，
七十八载事，图中欲了之，
未了身去时，牛顿将结蒂。
牛郎性孤僻，读书无奇绩，
大学将毕业，回乡避瘟疫，
替母务农桑，出没田野里，
苹果砸了头，生出万般奇，

---

* 画家米开朗基罗画作《创世纪》、《末日的审判》。

牛顿，1642~1727，
英国科学家、哲学家

惠更斯，1629~1695，
荷兰物理学家、数学家

麦克斯韦，1831~1879，
英国物理学家、数学家

爱因斯坦，1879~1955，
德裔美国理论物理学家

德布罗意，1892~1987，
法国理论物理学家

莫愁运动乱，都付三定律，
发明微积分，万物有引力，
踩平胡克波，论光以粒子。
流光能衍射，波及惠更斯。
电磁互感应，场绕法拉第。
麦克斯韦光，波动确无疑。
无奈普朗克，辐射归量子。
爱因斯坦笑，光波还粒子。
玻尔手法奇，量子画原子。
德布罗意乐，波粒孪生子。
一子千重波，群英论量子。
回眸量子事，未逾百年日，
区区量子学，一书可论之，
名著已成林，何需君造次？

有诗答曰：

无极生太极，太极生两仪，
两仪生四相，四相生万机。
高木出平地，林下野草栖，
树大为栋梁，吐纳豪门气，
草长覆茅屋，破歌传万世*。
名著若盛宴，能颐琼阁志，
平书如茶点，适助聊斋意*。
无志人自闲，茶清书《衍义》，
亦问天道情，亦论世间理，
独钓寒江雪，静待梅上枝。

胡克，1635~1703，
英国科学家

法拉第，1791~1867，
英国物理学家、化学家

普朗克，1858~1947，
德国物理学家

玻尔，1885~1962，
丹麦理论物理学家

薛定谔，1887~1961，
奥地利理论物理学家

* 杜甫诗作《茅屋为秋风所破歌》，蒲松龄书作《聊斋志异》。

孔子曰："知之者不如好知者，好知者不如乐知者。"然而，学习近(现)代物理特别是量子力学的时候，很少有人能乐在其中，因而才有"量子力学量力学"之言。本书的主要目标在于引导读者在愉悦品味之中掌握量子力学，也想以此证明研习物理学也可以像阅读诗书文史一样轻松愉快。你认为不可能吗？请不要囿于习惯而断然否定，阅读下文之后再作结论也不迟。

先看一下插图里有什么？山水、草木、桥阁、游人。还有吗？还有更耐人寻味的东西，但需要你先静下心来才可能"看"到。这是明代画家陈铎的《水阁读书图》，其意境和风骨在于：

山高隔世红尘远，
水秀不渡游人船。
拽杖论松知月岁，
雅士阁中读书闲。

进一步入静，你可能进入山水深处那座空阁读书，那将是何等的享受啊！闲而能静，静而生慧，慧而致远，岂能与功名驱逐下的"头悬梁、锥刺股"同日而语！

从小学开始的考试竞争延续几十年，功利思想已习惯性地支配读书行为——尽可能快地从书中抽出应对习题的公式或方法，其具有严重的负面影响。因此，在基本格调上，本书十分注重引导读者摆脱功利，品味幽静，就如封面上清人袁耀的山水图所示：

谁家门前板桥，院内青苔小道。

轩窗傍水含山，此处习经最妙。

在此意境中，本书通常将一些最基本的、耐人玩味的问题作为出发点：真空中飞行的电子服从牛顿定律还是量子力学？为什么还存在比薛定谔方程更完美的方程？电子在穿越双缝之前是否"考虑"选取哪一条路径？如何求解多电子体系(如C_{60})的能级结构？既然光子具有波粒二象性，如何描述光子的演化，使用薛定谔方程还是麦克斯韦方程，甚或两者都不行而必须发现新的途径？纯粹基于思想实验(而不是仪器实验)能否建立关于物质系统(基本粒子、原子分子与体材料)演化的基本规律？

很多情况下，研读物理学不能乐在其中的原因可能还有数学困难，往往是耐心地完成每一步数学推演后，已精疲力尽而无心顾及其中更重要的东西——物理思想。这相当于只啃骨头不吃肉、不见森林观树木。长此以往，学习物理的感受几乎可概括为：公式符号密布，不见物理风骨，谁欲继续前行，先骑数学老虎；秋冬几经风霜，自知觅途寒苦，待到春风朗月，只恐白丝上首。事实上，物理学思想先于相应的数学推演问世，确切地说，物理学中的数学推演大都是在已经存在的物理(或哲学)思想指导下进行的。据说理论物理学家玻尔就很不擅长数学，而德布罗意则是本科毕业于历史系的理论物理学家。基于这些事实，本书采用的写作程式是，首先使用浅显易懂的语言论述基本物理思想和基本逻辑目标，然后再展开相应的数学推演，最后用通俗文字阐述数学结果的物理内涵。该写作程式的作用有三点：①读者在进行大量数学推演之前能够掌握量子力学的基本架构，能够像表述牛顿力学那样表述量子力学；②激发读者进行数学推演的动力；③激发读者的物理、哲学思维兴趣，培养全局性、架构性考虑问题的能力。

我们学习过力学、热学、电磁学等理论体系，无条件地、仰慕式地接受了那些基本原理或定律，很少去深究它们产生的历史背景以及科学家为什么能够建立这些定律，很少产生过创立一门学说的冲动，更没有体验过这种创立过程的愉悦。因此，本书首先引导读者置身于20世纪上半叶，面对那时正在发展的量子理论，提出应考虑的战略性"新问题"，并探讨相应的应对方案和技术路线；重新面对量子理论创立者当时提出的问题，另辟蹊径寻找哪怕是极其怪异的解决方案，然后将这些方案与大师们的方案进行比较；重新考察大师们已经提出的基本原理是否合理，尽量从纯思维逻辑的角度(最大限度地排除实验观测依据)"推演"这些原理。重要的是，经历这样的过程才能真正感悟量子大厦之华丽辉煌与博大精深。

初步学习过量子力学的读者，可能会以为量子效应很遥远，量子力学太玄虚而无广泛的实用价值。实际情况远非如此。为了澄清这些误解，本书在理论的应用方面，注重考察最原始的实验系统，具体选用了普通实验室中可实施的实验，从中逐步抽象出简单的理论模型后再进行量子力学描写。

本书根据我自 2000 年以来在复旦大学现代物理研究所讲授"高等量子力学"课程的讲义整理而成。之所以称之为"量子力学衍义"是出于以下考虑：首先，考虑到许多人对量子力学的理解不能达到对经典力学理解的水平，即只能求解量子力学习题而不能应用量子力学解决科学技术问题，本书用两章(第 1、2 章)篇幅对"初等量子力学"的基本构架和具体应用进行了通俗、详细的讨论；在此基础上除讲授通常所谓的"高等量子力学"内容之外，还较详细地论述了费恩曼路径积分以及量子场论的基本方法，其目的在于阐明除薛定谔方程之外，至少还有两种彼此完全不同的理论体系能够描写微观粒子的运动；其次，本书更多地关注量子理论与其他物理理论(如经典力学、相对论、热力学与统计物理、原子物理等)的横向联系，目的在于弥合不同理论体系(如四大力学)之间的"人为"裂痕，复原其固有的本质联系；另外，本书罗列了许多有争议的观点和问题，也大胆地表述了本人的一些见解，以引起读者的思考与讨论(但不使其影响已达成共识的理论构架和结论)，其目的在于培养读者的创新意识和思辨能力。例如，在我看来，波动量子力学绘景与老子关于"道"的描绘很相似，这也可能是玻尔将道教教徽置于其家族族徽中心的原因之一(见 1.2 节)。无论你是否赞同这一观点都不影响对量子力学的基本理解，但切入类似的讨论至少可以知道，还可能从量子力学的角度理解老子的《道德经》。欢迎读者来函(E-mail: xjning@fudan.edu.cn)与我一起切磋、探讨、争论。最后，为了提高读者兴趣，书中也适当插入了一些涉及人文精神的"题外之言"，甚或杜撰几个可能发生的故事，所用文字也有文学化倾向，是否妥当，还望与读者一同商榷。

由于本人在量子理论方面谈不上颇有造诣，加之本书成稿于匆忙之中，各种错误在所难免，恳请读者不吝赐教，也为培育新人出一把力，有诗共勉：

> 漫漫学涯路，西风凋碧树。
> 衣带虽已宽，未见真面目。
> 板桥望流水，暂和糊涂赋。
> 它日庐山外，坐看云起处。

宁西京

2012 年 5 月 10 日于复旦

目　　录

第1章 品味量子力学

孔子曰："学而不思则罔，思而不学则殆。"初次学习"量子力学"课程，许多人都感觉"只见树木，不见森林"，并认为量子效应很遥远，仅在高精尖实验室才有可能观测到那些细微的效应。这是"学而不思"或"学而少思"所导致的"罔"。与经典力学的直观性不同，量子力学引入了物质波、力学量算符等概念，导致实物粒子运动无轨迹、能量角动量量子化等现象。这些看似"玄"的概念，使初学者不能对量子运动进行直观比喻和分析，难以在思想上形成简单的理论构架，以致离开量子力学教材便觉得一片茫然。虽然，聪明的学生可以处理各种量子力学习题，但却对实际的量子问题感到无从下手，更难于提出量子问题，至于品味量子力学背后的物理，即猜听弦外之音，更是凤毛麟角了。长此以往，学习量子力学便成了一件苦差事，传言"量子力学量力学"，有不少人甚至把"高等量子力学"归属于"天书"之类。

事实上，量子效应就在我们身边，你所面对的这本书就可被描述为一个量子的全同粒子体系，量子效应将导致其褪色；在普通实验室进行的光谱测量、激光与原子分子的相互作用，都涉及显著的量子效应，必须采用量子力学描写电子的运动才能得到与实验观测相吻合的结果。只要经常思考量子力学与经典力学的异同及其与日常经验和现代技术的联系，就能深入理解量子理论。还应注意到，量子力学(特别是高等量子力学)属于理论物理学范畴，而理论物理学之简单明了与博大精深，足以使领悟者如"子在齐闻韶，三月不知肉味"[①]。因此，欲赏析量子力学，品味其中奥妙，建立明晰构架，还需了解理论物理学的基本特征与辉煌成果。

1.1 经典力学与量子力学

量子力学的特征似乎可用"玄、妙、难"三个字概括。所谓"玄"，即力学量代之以算符，系统状态付之于波函数，而实验人员只能观测到系统"允许"的本征值等。无论你能否接受这些"玄"念，人们已经用量子力学打开了微观世界和反物质世界的大门，并且正在预言着即将被实验所验证的奇妙现象或奇异存在，

---

① 杨伯峻. 2006. 论语译注. 北京: 中华书局.

故可谓"妙"。相对于牛顿力学，量子力学所涉及的数学是复杂了一些，但还称不上难。"难"的根源主要在于没有理解量子理论框架，不知数学推演的目标，因此便没有演算的动机，也就不去实践数学推演。事实上，相对于逻辑思辨，物理学中涉及的数学推演要轻松多了，因为它是"机械化"式的流水逻辑，只要你动手做就行了。所以只要究其"玄"，观其"妙"，"难"就不在话下了。

【题外之言】"玄妙"并不仅仅限于现代物理学，它是一种普遍的文化现象。在中华传统文化中的"玄"念有："阴、阳"，"经、络"，前者无测度意义，后者无解剖实体，然而在"阴、阳"基础上形成了《周易》逻辑，以"经、络"为线索发展了中医学说。有人说与西方医学相比较，中医没什么作用。然而，在 20世纪之前，中华民族只依靠中医祛病延年，汉族人平均寿命并不短于西方民族而且保持了人口最多的世界纪录。事实上，中医理论与中华传统文化血肉交融，而在中华传统文化中还有许多玄妙现象。传说三国时期，在武昌矶头山修炼的道士费祎，驾一只黄鹤西去未归，从此道士曾栖身的楼阁便成了人们心目中的黄鹤楼，有"楼兴则国兴"之说。历史上的黄鹤楼几经战火焚毁，几经国人重建。当下迁址重建的黄鹤楼，拥有其历史上最大的建筑规模。唐代中期的诗人崔颢曾写道：

> 昔人已乘黄鹤去，此地空余黄鹤楼。
> 黄鹤一去不复返，白云千载空悠悠。
> 晴川历历汉阳树，芳草萋萋鹦鹉洲。
> 日暮乡关何处是？烟波江上使人愁。

此诗的情绪一路直下，似乎照应了国运从盛唐一直衰落到八国联军踏破国门的晚清。耐人寻味的是，自盛唐至清末这长达一千多年的时间里，没有其他著名诗人以黄鹤楼为题言情话志。据说，李白当年登黄鹤楼正欲提笔时，看到了崔颢一诗，自叹道："眼前有景道不得，崔颢题诗在上头"。1927 年毛泽东主席在黄鹤楼上填写了《菩萨蛮·黄鹤楼》：

> 茫茫九派流中国，
> 沉沉一线穿南北。
> 烟雨莽苍苍，龟蛇锁大江。
> 黄鹤知何去？剩有游人处。
> 把酒酹滔滔，心潮逐浪高！

似乎正是词中汹涌澎湃的波涛卷起了从此以后的民族大革命风暴。真可谓：

黄鹤已去空余楼，崔颢一诗千年愁。

李仙兴叹不能书，只缘有诗在上头。

毛君挥毫黄鹤楼*，茫茫九派泛神州。

东方红日照江山，巨龙腾飞争风流。

科学用逻辑推理，诗词寄情景联想，是两种不同的思维通道，科学文化与诗歌文化相互贯通、相互影响。玻尔曾写道："在说到原子时，语言只能像在诗中那样运用。诗人也是那样，不太关心描述事实，更关心的是创造形象。"当今最活跃的世界数学大师、哈佛大学的丘成桐教授，虽昼夜埋头于数学研究，而吟风弄诗仍是他日常生活的一部分，隔三差五，他便把诗词新作与学生们一起分享。2010年底，他在北京的一次演讲中，谈《诗经》、《楚辞》，咏诗词歌赋，评古今名流，论中外典籍，信手拈来，侃侃而谈，俨然一位文学大家。事实上，音乐也是无言的诗歌，谁敢说爱因斯坦演奏小提琴对其科学发现没有促进作用？世界很玄妙，也正因为如此玄妙，才富有诱人的魅力。如果所有物体的运动都像摆钟那样的简单往复，你不觉得枯燥无味吗？【言归正传】

1.1.1 方法与任务

我们都深信牛顿三定律的正确性，那么当把牛顿第二定律应用于你手中的笔杆时它成立吗？否。你把质量为 10g 的钢笔抛向空中，沿水平方向给笔杆一端 A 施加 1N 的力，这时测量 A 端的水平加速度，它肯定大于由牛顿第二定律所得之值(100m/s²)。要记住，$\vec{F} = m\vec{a}$ 仅对质点成立。所谓质点，是一个有质量而无体积的"玄"念，它是牛顿"发明"的与日常经验相悖的"怪物"。而正是这个"玄"念，使牛顿能够描写行星最微妙的运动，能够解答他那个时代全部的科学之谜。

经典力学将一个宏观物理客体视为由若干(N)个质点组成的体系 S，对该体系的描写方法是确定每一个质点的位置矢量 $\vec{r}_i$ 和相应的速度 $\vec{v}_i$($i = 1, 2, \cdots, N$)，由此便可得到体系的能量、动量、角动量等所有的力学性质。对于同一体系 S 也有另外的完全不同的描写方法，如热力学方法只描写体系的压强、体积和温度等物理量。相对于经典力学的描写，热力学方法涉及的变量数少了很多，不包含微观结构层次的信息，但对宏观物理体系却能够方便地给出大量有用信息。例如，利用熵增原理或自由能判据可推知体系应向生成某种物质 A 的方向发展，虽然从化学反应通道来看，生成其他物质 B、C 等也是可能的。原则上讲，经典力学也应该能够给出同样的信息，但因为宏观体系由大量(~10^{23} 个)粒子组成，一般不可能获得 $\vec{r}_i$ 和 $\vec{v}_i$ 随时间变化的确切表达式 $\vec{r}_i(t)$ 和 $\vec{v}_i(t)$，所以实际上不能给出这样的

---

* 毛君指毛泽东。

信息。

由上面的讨论可见，描写同一物理体系状态的方法可以是经典力学也可以是热力学。对于同一体系，量子力学的描写方法又迥然不同，它既不用位置和速度，也不用压强、体积和温度，而是用波函数来确定体系的状态，由波函数可唯一地给出有关体系特性(能量和动量、压强和温度等)的所有信息，但反过来在大多情况下却不能由后者唯一确定波函数。

经典力学的任务大致可分为三类：

(1) **初值问题**：给定系统初始时刻的状态，即每一个质点的坐标及速度，给定每一个质点的受力函数 $\vec{F}_i(t)$，描写(预言)体系未来的状态(位置和速度)。

(2) **定态问题**：给定体系的受力条件，描写体系最后达到的平衡状态(质点或刚体的位置)。

(3) **逆向问题**：已知系统中质点的运动规律反推质点(或由无数质点组成的物体)的受力信息。例如在汽车设计中，需要根据时速确定轮胎所受的离心力，从而设计所用材料的强度。

量子力学作为力学也履行经典力学的三个任务。所不同的是，面对初值问题确定系统的初始波函数时很难用仪器直接测量。通常将能量最低的本征态视为初态，其依据是量子体系特别是由少数粒子组成的体系容易达到统计力学平衡态，这时系统处于最低能态的概率最大。处理定态问题时，由于量子力学引入了力学量算符，导致体系的力学量通常只能取一些分立值，即出现不连续的量子化现象。量子力学将力学的第三个任务处理为散射问题，即由碰撞后粒子的运动状态确定碰撞过程中的作用力形式。核力的性质就是由这种方法确定的。

练习 根据玻尔兹曼分布计算温度分别为 300K、1000K 时氢原子基态布居数(概率)与第一激发态之比。

量子力学在履行上述任务时，首先根据经典力学关于质点(或质点组)的哈密顿量写出相应的算符，由此确定系统的波函数 $\Psi(t)$ 随时间的演化，而波函数模平方 $|\Psi(t)|^2$ 代表质点在空间某点出现的概率密度。在这种意义上，可以说量子力学描写的对象仍然是质点(而不是电磁场或引力场)在微观层次(而不是热力学描写的宏观层次)的运动状态，这是与经典力学相同的。所不同的是，经典力学(属于确定论范畴)给出的描写是唯一确定的，而量子力学通常只给出各种事件出现的概率，即便是任意时刻的波函数 $\Psi(t)$ 已被完全确定。因此，量子力学经常要处理两种平均，即量子力学平均和系综平均。前者是量子力学内禀构架的要求，后者则属于经典的统计物理平均。这两种平均容易引起一些混淆，下面举一实例说明(更

详细的讨论见 2.6 节)。在激光同位素分离过程中，需利用含时薛定谔方程模拟激光与铀原子作用的动力学过程，故需首先确定铀原子的初态波函数。铀原子 ^{238}U 有一个亚稳态 φ_1，其能量高出基态(φ_0)0.077eV。在同位素分离过程中将铀原子气化所需的温度为 2000K，这时亚稳态 φ_1 的布居数约占基态 φ_0 布居的 60%(按玻尔兹曼分布计算)，即在激光作用前，已有部分原子处于基态 φ_0，部分处于亚稳态 φ_1 (其他激发态的布居可忽略不计)。那么体系的初态波函数能否写成

$$\Psi(0) = \sqrt{\frac{1}{1+0.6}}\varphi_0 + \sqrt{\frac{0.6}{1+0.6}}\varphi_1 \tag{1.1}$$

否! 亚稳态的布居是由于热碰撞导致的，而碰撞是随机过程，致使基态波函数 φ_0 与亚稳态波函数 φ_1 之间没有固定相位差，但(1.1)式表示 φ_0 和 φ_1 之间有确定的相位差。正确的处理方法应该是，将初态处于基态和亚稳态的原子处理为两个不同的量子力学系综，即首先令系统初态为 $\Psi(0) = \varphi_0$，由含时薛定谔方程得到一个解 $\Psi_1(t)$，由此可得到任一力学量 $\hat{F}$ 的平均值 $\bar{F}_1 = \int \Psi_1^*(t)\hat{F}\Psi_1(t)\mathrm{d}\tau$。这是纯系综 $\Psi_1(t)$ 的平均，也称为**量子力学平均**。然后，再将系统初态取为 $\Psi(0) = \varphi_1$ 而得到另一波函数 $\Psi_2(t)$，因此又得到一量子力学平均 $\bar{F}_2 = \int \Psi_2^*(t)\hat{F}\Psi_2(t)\mathrm{d}\tau$。由于两个系综混合在一起，实验观测的结果应是两个系综的经典统计物理平均，即**系综平均**

$$\bar{F} = \frac{1}{1.6}\bar{F}_1 + \frac{0.6}{1.6}\bar{F}_2 \tag{1.2}$$

实际计算可发现，应用初态(1.1)式得出的结果与(1.2)式相应的系综平均相去甚远。

为了具体比较量子力学与经典力学的区别，也为了应用量子力学解决我们在一般实验室经常遇到的实际问题，下面选取几个实例进行讨论。在阅读下文之前，请先想想在你的周围有哪些问题必须用量子力学处理才能得到正确答案。

1.1.2 自由电子如何飞翔?

与人们日常生活最密切相关的基本粒子是电子。我们所感受到的各种物体的颜色、体积、软硬程度，都由电子的运动状态决定; 有关电视、电脑等各种电器以及大量测量仪器的设计，科学家或工程师也主要关注电子的运动状态。自从量子力学诞生以来，其主要处理的物理对象也是电子。近年来，由于计算机技术的发展，基于量子力学基本原理(亦称为**第一性原理**)计算电子运动状态的商用软件包已广泛应用于物理、化学、材料及生物学领域，C_{60} 的足球结构就是由这种计算(而不是实验观察)得到的。事实上，电子的禀性绝非常人所想象的那样简单明了，它(特别是它们)常常显示出十分诡异的特性。我们暂不考虑超导体中电子的"超

越"行为，也不考虑激光器中电子"生产"光子的过程，这里只分析真空中一个电子的飞行问题。

如图 1.1 所示，电子枪将一个电子以速度 $\bar{v}$ 射入真空室。设电子进入真空室时的位置矢量为零，试问经历时间 t 后，电子空间位置如何？作为一道物理试题的答案，如果考生给出

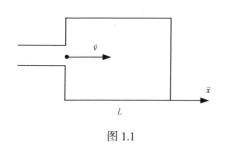

图 1.1

$$\bar{r}(t) = \bar{v} \cdot t \tag{1.3}$$

即可得到满分，考生从而会感到"满足"。长期的、各种各样的类似"满足"将使考生感到已经懂得了物理，即套用数学公式解应用题。事实上，物理学远非如此机械枯燥！这里速度 $\bar{v}$ 的测量就是一个有趣的问题。按照速度的定义，其测定必须观测粒子在给定时间间隔 Δt 内所经过的空间距离 Δs，由此得到在 Δs 内的平均速度 $v = \Delta s / \Delta t$。如果选取 Δs 很小，则必然导致相对大的(距离和时间)测量误差；如果增大 Δs，则不能保证粒子飞越此距离时速度始终保持不变。也就是说实验不能验证(1.3)式是否严格成立。你也许会说，随着测量技术的不断提高，测量结果总可以无限逼近(1.3)式的精确结果。然而，随着测量精度的不断提高，你必然遇到以下困难。

(1.3)式成立的前提是零时刻电子的位置矢量为零，也就是说我们必须在给定的零时刻准确测定电子的空间位置。按照量子力学关于动量(亦速度) $\bar{p}$ 与位置 $\bar{r}$ 测量的不确定性关系($\Delta \bar{r} \Delta \bar{p} \geqslant \hbar/2$)，当完全测定了电子的位置($\Delta \bar{r} = 0$)时，其动量(因而速度 $\bar{v}$)的不确定范围是无限大；反之，当动量完全被测定($\Delta \bar{p} = 0$)时，位置的不确定范围 $\Delta \bar{r}$ 是无限大。无论上述哪种情况，都完全否定(1.3)式的测量意义。因此，只能采取折中的方法，即在有限空间范围$\left(\Delta \bar{r} \neq 0, \ \Delta \bar{v} = \dfrac{\hbar}{2m\Delta \bar{r}}\right)$确定电子初始位置，故相应于(1.3)式的表达应是

$$\bar{r}(t) = \bar{v} \cdot t + \Delta \bar{r} + \Delta \bar{v} \cdot t \tag{1.4}$$

如果仅考虑沿 x 轴的运动，则有

$$x(t) = v_x t + \Delta x + \Delta v_x t = v_x t + \Delta x + \frac{\hbar t}{2m\Delta x} \tag{1.5}$$

为了使 $x(t)$ 的不确定范围最小，应使$\left(\Delta x + \dfrac{\hbar t}{2m\Delta x}\right)$取最小值，由此可得到测量位置的最优范围是($t$ 的单位是秒)

$$\Delta x_m = \left(\frac{\hbar t}{2m}\right)^{\frac{1}{2}} = 0.76 \cdot \sqrt{t} \text{ cm} \tag{1.6}$$

也就是说，为了以最高精度预测入射到真空室中电子的未来位置，测定其初始位置的误差范围不宜小于 Δx_m。因此无论采用何种测量技术电子未来位置的最小不确定范围是[将(1.6)式代入(1.5)式]

$$\Delta x = 1.5\sqrt{t} \text{ cm} \tag{1.7}$$

假如入射电子以 10^4 m/s 的速度在真空室中飞行了约 1m，则未来位置测量的不确定范围不小于 0.15mm。如果电子速度降到 100m/s，则不确定范围增大到 1.5mm。如果电子速度为光速的 1/3(10^8 m/s)，Δx 减小到 1.5μm。这里我们看到，随着电子速度(动能)的增大，其飞行过程向(1.3)式所描述的经典行为逼近，但永远达不到经典极限。如果将质子或中子入射到同一真空室中，Δx 将减小到约为电子的五十分之一。因此在目前的科学研究中人们普遍采用经典力学描写原子核的运动，已形成了所谓的**分子动力学**(molecular dynamics，MD)分支。

以上的讨论使用了经典或半经典力学语言。若采用完全的量子力学语言，电子的运动状态应由一波函数 $\Psi(\bar{r},t)$ 描述，该波函数由含时薛定谔方程 $\mathrm{i}\hbar\dfrac{\partial \Psi(\bar{r},t)}{\partial t} = -\dfrac{\hbar^2}{2m}\nabla^2\Psi(\bar{r},t)$ 确定。显然平面波 $\Psi(\bar{r},t) = A\mathrm{e}^{\mathrm{i}(\bar{p}\cdot\bar{r}-Et)/\hbar}$ 满足此方程，这里 A 为与 $\bar{r}$、t 无关的归一化常数，$\bar{p}$、E 分别为电子的动量和动能。由此得到电子的位置矢量(量子力学平均)：

$$\langle\bar{r}\rangle = \frac{\displaystyle\int \Psi^*(\bar{r},t)\bar{r}\Psi(\bar{r},t)\mathrm{d}\bar{r}}{\displaystyle\int \Psi^*(\bar{r},t)\Psi(\bar{r},t)\mathrm{d}\bar{r}} \tag{1.8}$$

其中，$\mathrm{d}\bar{r}$ 表示空间体积元。积分结果是电子的平均位置在图 1.1 所示真空室的中心。这很容易理解，因为与平面波相应的空间概率密度分布为常数，即电子在空间各点出现的概率相同。按照量子力学的诠释，电子进入真空室后便可随机地跳跃到空间任一点，没有关于电子空间位置随时间变化的任何信息！所以奥本海默说："如果问电子的位置是否保持不变，我们必须回答说'不'；再问电子的位置是否随时间变化，我们还必须说'不'。"这里产生了一个问题，电子的空间运动到底有没有一个近似[由(1.5)式描写]的经典轨迹？

上述量子力学描写的另一困惑也值得考虑。对于沿 x 轴方向飞行的自由粒子，相应的波函数为 $\Psi(x,t) = A\mathrm{e}^{\mathrm{i}(\bar{p}\cdot\bar{x}-Et)/\hbar}$，该平面波传播的相对速度

$v' = \dfrac{\mathrm{d}x}{\mathrm{d}t} = \dfrac{E}{p} = \dfrac{p}{2m} = \dfrac{1}{2}v$ ，只有粒子经典速度值的 1/2! 物质波的传递速度小于粒子的飞行速度! 有问题吗? 如何理解电子经过双缝的干涉现象?

1.1.3 单摆振动有周期吗?

自从伽利略发现单摆的周期运动以来, 人们深信单摆有精确不变的振动周期。应用牛顿力学, 质量为 m、半径为 r 的单摆球可被描写为一个质心的一维(沿 x 轴)运动

$$m\frac{\mathrm{d}^2 x}{\mathrm{d}t^2} = -m\omega^2 x \tag{1.9}$$

由此得出的运动周期与实验观测完全吻合。然而, 应用量子力学且采用类似的等效质心方法, 则由哈密顿算符 $\hat{H} = \dfrac{\hat{p}^2}{2m} + \dfrac{1}{2}m\omega^2 x^2$ 不含时, 摆球的运动归结为一维定态谐振子问题, 由此得出对应于本征能量 $E_n = \left(n + \dfrac{1}{2}\right)\hbar\omega$ 的本征态为

$$\Psi_n(x) = \left(\frac{m\omega}{\pi\hbar}\right)^{\frac{1}{4}} (2^n n!)^{-\frac{1}{2}} \mathrm{e}^{-\frac{m\omega}{2\hbar}x^2} H_n\left(\sqrt{\frac{m\omega}{\hbar}}x\right), \qquad n = 0,1,2,3,\cdots \tag{1.10}$$

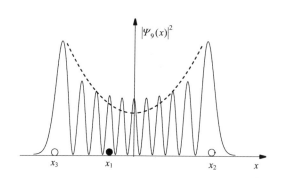

其中, $H_n(\xi)$ 为埃尔米特多项式。所以, 摆球质心的空间分布概率密度为

$$P_n(x) = \left|\Psi_n(x)\right|^2 \tag{1.11}$$

虽然随着量子数 n 的增大, 由(1.11)式所给出的概率分布逐渐接近于(1.9)式所确定的空间分布曲线(图 1.2 中的虚

图 1.2 量子摆球第九激发态的波函数模平方(实线)与经典摆球空间概率分布曲线(虚线)的比较

线), 但是按照量子力学关于波函数的统计诠释, 无论摆球的质量多大, 它只能在

空间随机地"跳来跳去"，即可以从 x_1 点突然"跃迁"至 x_2 或 x_3 点(图 1.3)；仅当把无数次这样的随机"跳动"过程做大量统计后才能得到与 $|\Psi_n(x)|^2$ 相吻合的空间概率分布。显然，量子力学与经典力学的结果迥然不同。谁是谁非？你相信哪个结果？[①]

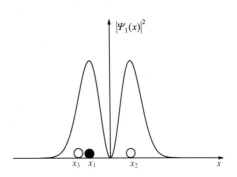

图 1.3　按照量子力学基本诠释，处于 x_1 点的摆球在下一时刻既可能出现在 x_2 点也可能出现在 x_3 点，而不按照经典单摆周期运动

1.1.4　激光束中的氢原子

在实验室中有一束线(平面)偏振激光(图 1.4)，其波长为 488nm，光场强度为 10W/cm^2。这时在光束中只存在一个氢原子，那么其中的电子如何运动？

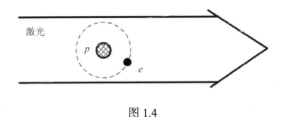

图 1.4

1. 经典力学方法(牛顿力学)

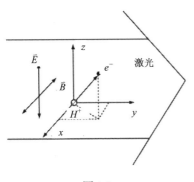

图 1.5

电子所受到的作用分为两部分，一部分为质子对电子的库仑作用，另一部分为交变电场 $\vec{E}(t)$ (激光场)的作用，这里选取 z 轴方向与 $\vec{E}(t)$ 方向平行(图 1.5)。

原子核对电子的作用：

$$m\ddot{x} = -\frac{1}{4\pi\varepsilon_0} \cdot \frac{e^2}{r^2} \cdot \frac{x}{r} \tag{1.12}$$

$$m\ddot{y} = -\frac{1}{4\pi\varepsilon_0} \cdot \frac{e^2}{r^2} \cdot \frac{y}{r} \tag{1.13}$$

[①] 宁博元，马军山，庄军，宁西京. 2010. 物理学报，59(3): 1456。

$$m\ddot{z} = -\frac{1}{4\pi\varepsilon_0} \cdot \frac{e^2}{r^2} \cdot \frac{z}{r} \tag{1.14}$$

关于激光场作用，首先考虑能否将激光束处理为线偏振平面波并用下式描写：

$$\vec{E}(t) = E_0 \cdot \cos(\omega t - ky) \cdot \hat{z} \tag{1.15}$$

$$\vec{B}(t) = \frac{E_0}{c} \cdot \cos(\omega t - ky) \cdot \hat{x} \tag{1.16}$$

(1.15)和(1.16)式描写的是电场偏振方向与 z 轴平行沿 y 方向传播的平面波光场(磁场 $\vec{B}$ 沿 x 轴方向)。但是我们所见到的激光束都不是(1.15)和(1.16)式所描写的严格意义上的平面波。所谓平面波，应是其束宽无限大、波长(频率)单一、偏振方向单一，这是目前所有的实验室都不能实现的。不过在较好的实验室所获得的激光束可近似用(1.15)和(1.16)式描写。当电子运动速度 $v \ll c$ (光速)时，洛伦兹力 $F_B = e\left|\vec{v} \times \vec{B}_0\right| \leqslant evB_0 = ev\frac{E_0}{c} = F_E \cdot \frac{v}{c}$，由于 $v \ll c$，所以 $F_B \ll F_E$，故磁场的作用可忽略不计。因此，氢原子中的电子运动满足

$$\left.\begin{aligned} m\ddot{x} &= -\frac{1}{4\pi\varepsilon_0} \cdot \frac{e^2}{r^2} \cdot \frac{x}{r} \\ m\ddot{y} &= -\frac{1}{4\pi\varepsilon_0} \cdot \frac{e^2}{r^2} \cdot \frac{y}{r} \\ m\ddot{z} &= -\frac{1}{4\pi\varepsilon_0} \cdot \frac{e^2}{r^2} \cdot \frac{z}{r} - eE_0\cos(\omega t - ky) \end{aligned}\right\} \tag{1.17}$$

思考 (1)电子的运动轨迹如何？(2)电子会坍缩到原子核里吗？(3)电子向外辐射能量吗？

2. 量子力学方法

如果采用波动力学方法，电子波函数 $\Psi(\vec{r},t)$ 满足薛定谔方程：

$$i\hbar\frac{\partial \Psi(\vec{r},t)}{\partial t} = \hat{H}\Psi(\vec{r},t)$$

其中

$$\hat{H} = -\frac{\hbar^2}{2m}\nabla^2 - \frac{e^2}{4\pi\varepsilon_0}\frac{1}{r} + ezE_0\cos(\omega t)$$

电子"轨迹"可由下式求得

$$\langle \vec{r} \rangle = \int \Psi^* (\vec{r},t) \vec{r} \Psi (\vec{r},t) \mathrm{d}\vec{r}$$

思考　欲求解电子如何运动还面临什么问题与困难?

若采用矩阵力学方法,可将电子波函数展开为 $\Psi(\vec{r},t)=\sum\limits_{n} C_n(t)\varphi_n(\vec{r})$,其中 φ_n 为氢原子能量本征态, 则有

$$i\hbar \sum_n \dot{C}_n(t)\varphi_n = \hat{H} \sum_n C_n(t)\varphi_n$$

写成矩阵形式:

$$i\hbar \begin{pmatrix} \dot{C}_1 \\ \vdots \\ \dot{C}_2 \\ \vdots \\ \dot{C}_n \end{pmatrix} = \begin{pmatrix} H_{11} & H_{12} & \cdots & H_{1n} \\ H_{21} & H_{22} & \cdots & H_{2n} \\ \vdots & \vdots & & \vdots \\ H_{n1} & H_{n2} & \cdots & H_{nn} \end{pmatrix} \begin{pmatrix} C_1 \\ \vdots \\ C_2 \\ \vdots \\ C_n \end{pmatrix} \tag{1.18}$$

其中

$$H_{mn} = \int \varphi_m^*(\vec{r}) \hat{H} \varphi_n(\vec{r}) \mathrm{d}\vec{r}$$

思考　分别应用上述两种求解方法的优缺点。

如果调整激光波长, 使其频率 ω 接近氢原子某能级的玻尔频率 ω_0 (图 1.6), 则上述问题可转化为图 1.7 所示的二能级共振问题, 即其他能态($\varphi_n, n \neq 1,2$)的贡献可忽略不计, 这时系统波函数可展开为

$$\Psi = C_1(t)\varphi_1 + C_2(t)\varphi_2$$

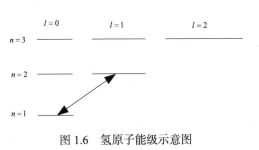

图 1.6　氢原子能级示意图

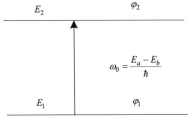

图 1.7

由(1.18)式知 C_1、C_2 满足：

$$i\hbar \begin{pmatrix} \dot{C}_1 \\ \dot{C}_2 \end{pmatrix} = \begin{pmatrix} E_1 & H_{12} \\ H_{21} & E_2 \end{pmatrix} \begin{pmatrix} C_1 \\ C_2 \end{pmatrix} \tag{1.19}$$

其中，非对角矩阵元

$$
\begin{aligned}
H_{12} &= \int \varphi_1^* \left[e\vec{r} \cdot \vec{E}(t) \right] \varphi_2 \mathrm{d}\vec{r} \\
&= \left[\int \varphi_1^* (ez) \varphi_2 \mathrm{d}v \right] E_0 \cos \omega t \\
&= \frac{1}{2} D E_0 \left(\mathrm{e}^{\mathrm{i}\omega t} + \mathrm{e}^{-\mathrm{i}\omega t} \right)
\end{aligned}
\tag{1.20}
$$

这里考虑到原子线径仅是激光波长的几千分之一，因此略去了光场空间相位的影响[与(1.15)式比较]。该方法称为**偶极近似**，在目前的科学论文中经常使用。下面讨论(1.19)式的求解。为简单起见，将 φ_1 和 φ_2 视为实函数，这时 $H_{21} = H_{12}$，(1.19)式写为

$$
\left.
\begin{aligned}
i\hbar\dot{C}_1 &= E_1 C_1 + \frac{1}{2} D E_0 \left(\mathrm{e}^{\mathrm{i}\omega t} + \mathrm{e}^{-\mathrm{i}\omega t} \right) C_2 \\
i\hbar\dot{C}_2 &= E_2 C_2 + \frac{1}{2} D E_0 \left(\mathrm{e}^{\mathrm{i}\omega t} + \mathrm{e}^{-\mathrm{i}\omega t} \right) C_1
\end{aligned}
\right\}
\tag{1.21}
$$

令

$$ C_k(t) = \mathrm{e}^{-\mathrm{i}E_k t/\hbar} b_k(t) = \mathrm{e}^{-\mathrm{i}\omega_k t} b_k(t), \qquad k = 1, 2 \tag{1.22} $$

则有

$$
\left.
\begin{aligned}
i\hbar\dot{b}_1 &= \frac{1}{2} D E_0 \left[\mathrm{e}^{\mathrm{i}(\omega-\omega_0)t} + \mathrm{e}^{-\mathrm{i}(\omega+\omega_0)t} \right] b_2 \\
i\hbar\dot{b}_2 &= \frac{1}{2} D E_0 \left[\mathrm{e}^{\mathrm{i}(\omega+\omega_0)t} + \mathrm{e}^{\mathrm{i}(\omega-\omega_0)t} \right] b_1
\end{aligned}
\right\}
\tag{1.23}
$$

当激光场频率 ω 与原子玻尔频率 ω_0 相等时(严格共振)，(1.23)式中含有 $\mathrm{e}^{\pm\mathrm{i}(\omega+\omega_0)t}$ 的项在积分过程中分母上出现 $(\omega+\omega_0)$，其贡献可忽略不计(称为**旋转波近似**)，故

$$i\hbar \dot{b_1} = \frac{1}{2}DE_0 b_2 \atop i\hbar \dot{b_2} = \frac{1}{2}DE_0 b_1 \right\} \tag{1.24}$$

利用初始条件

$$\begin{cases} C_1(0) = 1 \\ C_2(0) = 0 \end{cases} \rightarrow \begin{cases} b_1(0) = 1 \\ b_2(0) = 0 \end{cases} \tag{1.25}$$

很容易得到(1.24)式的解析解：

$$b_1 = \cos\left(\frac{1}{2}\Omega t\right) \tag{1.26a}$$

$$b_2 = \sin\left(\frac{1}{2}\Omega t\right) \tag{1.26b}$$

其中

$$\Omega = \frac{BE_0}{\hbar} \tag{1.27}$$

称为**拉比频率**。再由(1.22)式得

$$C_1 = \cos\left(\frac{1}{2}\Omega t\right) \mathrm{e}^{-\mathrm{i}\omega_1 t} \tag{1.28a}$$

$$C_2 = \sin\left(\frac{1}{2}\Omega t\right) \mathrm{e}^{-\mathrm{i}\omega_2 t} \tag{1.28b}$$

$$\left|C_1(t)\right|^2 = \frac{1}{2}(1 + \cos\Omega t) \tag{1.29a}$$

$$\left|C_2(t)\right|^2 = \frac{1}{2}(1 - \cos\Omega t) \tag{1.29b}$$

显然，概率振幅模平方(通常称为**布居**)以频率 Ω 在 1、2 能态之间作余弦振荡(图 1.8)，通常称为**拉比振荡**。

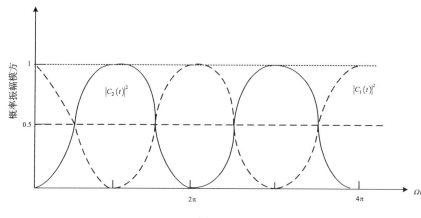

图 1.8

根据经典力学[(1.17)式]，激光场辐照下氢原子中的电子主要作圆周运动，但叠加有沿 z 轴方向的小幅度(因为原子核的库仑场强 $\sim 10^9\,\mathrm{V/m}$ 远大于激光场强)周期振荡，其频率与激光频率 ω 相同。那么量子力学给出了类似的结果吗？有些读者会立即给出否定答案，因为图 1.8 显示的并非是在实空间的振荡，再说量子力学压根就没有轨道概念。事情并非如此简单。激光场毕竟是沿 z 轴方向周期振荡的电场，难道丝毫不能驱动原子中的电子沿 z 方向有任何振荡行为？如果激光场还不够强，就把激光功率增至 $10^6\mathrm{W/cm}^2$，这在一般实验室中容易做到。然而，从上面量子力学的推演来看，图 1.8 所示的振荡只随激光功率增加而增大频率[见(1.29)式]，显然不能给出电子作经典振荡的结论。

改变一下思考角度，自由电子在电磁场作用下有轨迹吗？电视机中的显像管就是通过经典力学计算电子运动轨迹来设计的。那么，自由电子在高频振荡的电磁场(激光场)中还有轨迹吗？满足经典力学定律吗？答案基本上是肯定的。目前，一些科学家正是利用经典力学(而不是量子力学)来研究激光场加速自由电子的机理。难道经典力学对氢原子中的电子完全"失灵"了？

下面在量子力学框架内仔细分析氢原子中电子的运动"轨迹"。根据电子跃迁选择定则，$\Delta l = \pm 1$，$\Delta m = \pm 1,0$(参见下面的积分表达式或原子物理学教材)，线偏振光只能诱发满足 $\Delta m = 0$ 的跃迁。因为与激光作用前，氢原子所处的态只能是量子数为 $n=1$，$l=0$，$m=0$ 的基态 φ_1(为什么？费米-狄拉克分布)，故与激光能够共振的上能级必然是 $m=0$ 的量子态，例如 $n=2$，$l=1$，$m=0$ 的态(图 1.6)。初等量子力学已经给出该态的电子云分布，如图 1.9 所示。选取激光频率 ω 等于基态与第一激发态间的玻尔频率，则图 1.7 中的 $|1\rangle$、$|2\rangle$ 态的量子数分别为 $n=1$，$l=0$，$m=0$ 和 $n=2$，$l=1$，$m=0$。因此，图 1.8 所示的振荡对应电子云在球对称形状与哑铃形状(沿 z 轴)之间以拉比频率 Ω 交替变化。平均看来，基态的球形

电子云在沿 z 轴方向的振荡电场驱动下沿 z 方向"极化"。该结论与经典力学的结果不完全矛盾。

跃迁选择定则：两能级能否产生量子跃迁取决于(1.19)式中的非对角元 H_{12} 和 H_{21} 是否为零，对于线偏振光，即取决于(1.20)式中的 $P = e\langle 1|z|2\rangle$。根据氢原子的能量本征态 $\Psi_{nlm} = R_{nl}Y_{lm}(\theta,\varphi) = C_{lm}R_{nl}P_l^{|m|}(\cos\theta)e^{im\varphi}$，

$$
\begin{aligned}
P &= C_{lm}C_{l'm'}\int R_{nl}^{(r)}P_l^{|m|}(\cos\theta)e^{-im\varphi}R_{n'l'}P_{l'}^{|m'|}(\cos\theta)e^{im'\varphi}(er\cos\theta)E_0\cos(\omega t)r^2 \\
&\quad \cdot \sin\theta dr d\theta d\varphi \\
&= eC_{lm}C_{l'm'}\int R_{nl}(r)r^3 R_{n'l'}(r)dr\int P_l^{|m|}(\cos\theta)\cos\theta P_{l'}^{|m'|}(\cos\theta)\sin\theta d\theta\int e^{-im\varphi}e^{im'\varphi}d\varphi
\end{aligned}
$$

显然，P 不为零的条件是 $m = m'$，即选择定则 $\Delta m = 0$。如果光场是圆偏振光，采用类似方法可得出选择定则 $\Delta m = \pm 1$。

下面求解上述氢原子中电子位置矢量 $\vec{r}$ 的量子力学平均：

$$
\begin{aligned}
\langle\vec{r}\rangle &= \int\Psi^*\vec{r}\Psi dV \\
&= \int\Psi^*\left(x\vec{i} + y\vec{j} + z\vec{k}\right)\Psi dV \\
&= C_1^*C_1\int\varphi_1^*\vec{r}\varphi_1 dV + C_2^*C_2\int\varphi_2^*\vec{r}\varphi_1 dV + C_1^*C_2\int\varphi_1^*\vec{r}\varphi_2 dV + C_2^*C_1\int\varphi_2^*\vec{r}\varphi_1 dV \quad (1.30)
\end{aligned}
$$

由氢原子基态与第一激发态的波函数可知

$$
\int\varphi_k^*\vec{r}\varphi_k d\vec{r} = 0, \qquad k = 1,2
$$

$$
\int\varphi_1^* x\varphi_2 d\vec{r} = \int\varphi_1^* y\varphi_2 d\vec{r} = 0
$$

$$
\int\varphi_1^* z\varphi_2 d\vec{r} = \int\varphi_2^* z\varphi_1 d\vec{r} = 0.74a_0
$$

其中，a_0 为玻尔半径(53pm)。将上式代入(1.30)式并利用(1.28)式得

$$
\begin{aligned}
\langle\vec{r}\rangle &= 0.74a_0\left(C_1^*C_2 + C_2^*C_1\right)\cdot\vec{k} \\
&= 0.74a_0\sin(\Omega t)\cos(\omega_0 t)\cdot\vec{k} \quad (1.31)
\end{aligned}
$$

此式表明，电子的空间平均仅仅沿 z 轴方向(电场方向)振荡，振幅约 $0.74a_0$。由于一般情况下玻尔频率 $\omega_0 \gg \Omega$，因此可将拉比振荡 $\sin(\Omega t)$ 视为对高频振荡 $\cos(\omega_0 t)$ 的振幅调制。没有激光时，由(1.27)式知 $\Omega = 0$，故 $\langle\vec{r}\rangle = 0$，说明频率为 ω_0 的高频振荡是由激光场激发的，随着激光场 E_0 的增强，调制频率 Ω 增大，但

高频振荡的振幅 $0.74\,a_0$ 保持不变。由(1.31)式可得到氢原子的电偶极矩 $\bar{u}(t)=-e\langle\bar{r}\rangle$，根据电动力学，上述激光场中的氢原子应发射频率为 ω_0 的电磁波（电偶极辐射）。

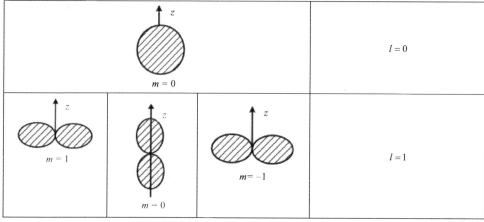

图 1.9　氢原子中的电子云分布

思考　关于上述氢原子电子的运动，请思考如下问题：

(1) 当激光场的作用时间 $t=\dfrac{2n\pi}{\Omega}$（n 取整数），电子处于 φ_1 态；当 $t=\dfrac{(2n+1)\pi}{\Omega}$ 时，电子处于 φ_2 态。在其他时刻，电子处于何种状态？

(2) 平均来讲，上能态 φ_2 的布居为 50%，如何使电子在 φ_2 态上的布居更多？

(3) 在电子的跃迁过程中角动量守恒吗？

1.1.5　孪生子感应

曾经有传言，身处两地的孪生子有时会有思想或情绪感应现象，这可能吗？如果可能，他们传递信息的媒介是什么？物理学揭示的作用方式有强、弱、电磁和引力四种，而只有电磁和引力两种方式长程有效。但是，引力波尚无测量依据，而眼下各种电磁信号充斥天空，其强度远非人脑电波所及，故脑电波难扮孪生子"信使"。由此得到的结论是不存在孪生子感应现象。然而，上述推理过程没有考虑量子信息。下面我们考虑 He 原子中的两个电子，它们处于基态时自旋取向相反，彼此强烈相关，就像母体中的孪生子。又设法使两个电子相互分离后，考察它们之间能否传递孪生子信息。首先我们假定，He 原子中的电子仍具有通常意义下的特征，即两个电子各自的自旋仍为 1/2。那么，由于基态 He 原子(^{1}S)的总自旋角动量为零，则两个电子的自旋矢量必然时时保持相反方向。问题是，其中单个电子的自旋方向是否始终保持不变？如果断然回答"是"或"否"都将引发激烈的争论。也无妨，"知无不言，言无不尽"嘛。但要切记，学术分歧与真挚友谊是完全不同的两回事。事实上，能与你相遇争论的人正是与你地位相近、缘分相投的人。据我估计，你和萨达姆从未有过争论，你与布什也未曾有过矛盾！

对这个问题的回答将涉及量子力学的本质问题，只能徐徐道来。先考察这样一个问题：实验室的一个真空室中有一个电子，若用施特恩-格拉赫装置测量其自旋方向后，报告说电子自旋沿竖直方向向上(或向下)。你不觉得有任何意外，因为测量前的瞬间电子的自旋偶然向上(或向下)。然而你没有注意到，如果测量时将两块磁铁水平放置(磁力线沿水平方向)，得到的测量结果只能是自旋沿水平方向，而绝不会沿竖直方向。问题是，测量前电子自旋到底指向哪里？不知道！有人甚至说没有"测量"就没有自旋！显然，量子力学中的测量操作对被测量系统不仅仅是"感知"而是本质的影响，该过程可比作盛装水的过程。水是什么形状？无形状，视所居容器而定。可将量子体系的波函数视作水，将不同的力学量测量仪器比作盛水的不同容器，水在不同容器中所表现出的"形状"则对应于波函数经不同仪器探测后的"特征"。水占据容器早已"准备"好的形状，类似于物质波"流入"仪器所确定的空间，即系统波函数"坍缩"到与该仪器相应的本征态(参见 2.4 节)。人们通常说的"一碗水"、"一瓶水"显然是指经过碗和瓶"盛装"(相当于测量)后的水。

类似地，在我们对 He 原子中单个电子的自旋取向测量以前就不能说单电子自旋取向如何如何。现选用一种可测量单电子自旋分量的探头(如微型施特恩-格拉赫装置)对 He 原子进行测量。由于涉及两个电子，故至少需要两个探头。为简单起见，使两个探头都测量 z 轴角动量分量 s_z。要回答测量后 He 原子处于什么状态需要先知道这种测量对应的量子本征态如何。施特恩-格拉赫装置可探测到电子自旋的 z 分量($\pm1/2$)，相应算符 s_z 的本征态可表示为 $|\alpha\rangle = \begin{pmatrix} 1 \\ 0 \end{pmatrix}$、$|\beta\rangle = \begin{pmatrix} 0 \\ 1 \end{pmatrix}$。

两个电子体系的本征态应有如下四个：

$$\left.\begin{array}{l} \left|\dfrac{1}{2}, -\dfrac{1}{2}\right\rangle = |\alpha(1)\rangle|\beta(2)\rangle = \begin{pmatrix} 1 \\ 0 \end{pmatrix}\begin{pmatrix} 0 \\ 1 \end{pmatrix} \\[3mm] \left|-\dfrac{1}{2}, \dfrac{1}{2}\right\rangle = |\beta(1)\rangle|\alpha(2)\rangle = \begin{pmatrix} 0 \\ 1 \end{pmatrix}\begin{pmatrix} 1 \\ 0 \end{pmatrix} \\[3mm] \left|\dfrac{1}{2}, \dfrac{1}{2}\right\rangle = |\alpha(1)\rangle|\alpha(2)\rangle = \begin{pmatrix} 1 \\ 0 \end{pmatrix}\begin{pmatrix} 1 \\ 0 \end{pmatrix} \\[3mm] \left|-\dfrac{1}{2}, -\dfrac{1}{2}\right\rangle = |\beta(1)\rangle|\beta(2)\rangle = \begin{pmatrix} 0 \\ 1 \end{pmatrix}\begin{pmatrix} 0 \\ 1 \end{pmatrix} \end{array}\right\} \qquad (1.32)$$

其中，$|m,n\rangle$ 表示第一、二电子的自旋 z 分量分别为 m、n。如 $\left|\frac{1}{2},-\frac{1}{2}\right\rangle$ 表示第一、二电子的自旋 z 分量为 $\frac{1}{2}$ 和 $-\frac{1}{2}$，或简单称为自旋向上和自旋向下。注意，原子物理学关于 He 原子基态的描写采用了角动量耦合表象基组，即与体系总角动量 $\vec{s}=\vec{s}_1+\vec{s}_2$ 相关的 s^2、s_z 的共同本征态 $|s,s_z\rangle_C$。如 $|s,s_z\rangle_C=|0,0\rangle_C$ 表示总角动量平方及其 z 分量皆为零的自旋态。将这样的耦合表象基组用(1.32)式的基组展开，应用角动量理论可得

$$|0,0\rangle_C = \frac{1}{\sqrt{2}}|\varphi_1\rangle - \frac{1}{\sqrt{2}}|\varphi_2\rangle \tag{1.33}$$

其中

$$|\varphi_1\rangle = \left|\frac{1}{2},-\frac{1}{2}\right\rangle, \qquad |\varphi_2\rangle = \left|-\frac{1}{2},\frac{1}{2}\right\rangle$$

显然，(1.33)式表明，经两个探头测量后，He 原子要么处于 $|\varphi_1\rangle$，要么处于 $|\varphi_2\rangle$，其概率各占 50%。但无论探头感受到的是 $|\varphi_1\rangle$ 态还是 $|\varphi_2\rangle$ 态，两个探头总是显示自旋取向关联的结果，即若 A 探头报告一个电子的自旋向上(下)的同时，另一探头 B 报告电子的自旋向下(上)。

至此，可能有人会说，"前面的问题清楚了，即进行上述测量前两个电子自旋要么沿 z 轴向上，要么向下，而没有其他方向选择"。其实这个说法是自己否定了自己。试问，所谓的 z 轴是指哪一个空间方位呢？也许答道，z 轴平行于重力方向。但是，身边的张三、李四可未必都把 z 轴选在该方向。

按照前面的分析，随意设置自旋方向探测器的方位(等价于选择 z 轴方向)都得到同样结论，表明测量前两个电子的自旋取向是随机的，尽管它们彼此之间平行(方向相反)。形象地说，当探头 A "报告"单个电子的自旋取向时，多数情况下是将电子的自旋取向"扭转"到 z 轴方向的，而与此"扭转"的同时，另一个未被探测的电子必须随时调整其自旋方向以保证(1.33)式在任何时刻都成立。看来，He 原子基态的两个电子密切相关。这也不是特别奇怪，因为这时的两个电子(间隔约十分之几纳米)可能紧紧抱在一起。

现在用一束线偏振激光照射处于基态的 He 原子。只要激光波长足够短(光子能量足够大)，便可获得主量子数 n 很大的 ns^2 态。当 $n=10^6$ 时，电子轨道半径约 100m。在这种情况下，由于电子之间的库仑排斥作用，两个电子应相距一二百米。至此，我们制备了一对孪生电子，并且处于异地。然而，由于(1.33)式的得出与主量子数 n 无关，两电子之间的关联效应依然存在，即当一个探测器"报告"电子

的自旋向上时，另一个电子的自旋必然向下。注意到测量仪器是将被测电子的自旋"扭转"到 z 方向，则这里产生一个严重的问题，这个"扭转"信息如何传递到处于异地的另一电子？因为它们的扭转必须是同步的，那么信息的传递速度必须是无限大。这是一个超距关联作用。物理学家费恩曼的老师惠勒(J. A. Wheeler, 美国，1911~2008)曾构想，这种"量子关联"现象可能渗透到宇宙的每一角落，宇宙的起点可能与现在保持量子关联，以致我们今天所做的某些事情正在改变着在宇宙的开端处所发生的物理事件。

思考　在上述测量过程中，假定自旋的扭转需要一定时间，可否通过物质波传递信息？与电子双缝干涉有联系吗？历史学家看到甲骨文符号，猜出了殷朝的大量信息，你能从下面的公式中得出什么信息？

$$Ae^{-i(kx-\omega t)} \rightarrow v_p = \frac{w}{k} = v\lambda = \frac{E}{p} = \frac{1}{2}v$$

$$\omega_0 = \sqrt{m_0^2 c^4 + c^2 p^2}/\hbar, \qquad v_p = c\sqrt{1 + \frac{m_0^2 c^2}{p^2}} > c$$

1.1.6　量子革命运动

在经历了三个世纪之后，牛顿力学的机械观和决定论已融入了西方文化，并深入到人类的骨髓：自然界的实物在一个与其无关的空间像摆钟一样准确无误地随时间到达目的地。然而，爱因斯坦在 1905 年建立的狭义相对论表明，处于不同运动状态的观察者具有不同的时间和空间，高速飞行的蝴蝶具有更长的寿命。该理论在 1905 年发表时就相当完备。当与狭义相对论密切相关的广义相对论之光线偏转预言被 1919 年的实验观察验证之后，相对论革命已初战告捷。这时酝酿了十几年的量子革命风暴即将开始。

1926 年已基本建立的非相对论性量子力学宣称，自然界在微观层次上是随机的，它并不知道下一步将做什么；对于经典物理中那种所谓的"不依赖观察者而独立存在和演化的"自然界，仅仅一次观测动作甚至仅仅是观察的可能性都会使其发生实质性改变。宇宙不再是牛顿力学描写的一台机器(其基本特征是部件可被无损地拆卸)，你不能将其中一些电子、质子和光子部件从主机上拆卸下来而不在根本上改变它们的特性，因为你必须考虑环境以及"观察者"的影响；在很多情况下，质点的运动不再像牛顿力学预言的连续变化，而是以跳变的量子方式进行的。1928 年之后，狭义相对论与量子力学的有机结合，打开了通往另一世界——反物质世界的大门。随着正电子(反电子)、反质子、反中子等相对论性量子力学(参见 3.3 节)所预言的实体不断被实验证实，量子革命运动深入到了科学的每一个领域，而且今天仍在继续发展。谁都很难想象，这种容纳偶然性的理论将会偶然地将人类引向何方。玻尔说过，"一个人要是对量子物理学不曾感到震惊，他就根本没有理解过它。"

量子力学的偶然性首先包含在波函数的统计诠释之中，在此基础上力学量代之以算符后可严格推导出测量的不确定关系(如 $\Delta x \Delta p \geqslant \hbar/2$)，虽然当初值给定后波函数本身可由薛定谔方程唯一地确定。此外，量子力学的偶然性还体现在，对于给定系统的每一次测量，都使系统的波函数随机地坍缩到测量仪器所对应的一系列本征态的某一个(参见 2.4 节)。这种偶然性已被大量精密实验观测所证实。仅仅应用测量的不确定关系(如 $\Delta x \Delta p \geqslant \hbar/2$)，就可方便地得到许多与实验相吻合的结论。考虑到当质点被限制于很小的空间范围 Δx 时，因 Δp 很大，则 p 也应该很大(因为 p 可在 0 到 Δp 之间随机取值)，因此可知氢原子半径约为 0.025nm(提示：令 $\dfrac{p^2}{2m} - \dfrac{e^2}{r} = 0$)，而且原子中的电子不会坍缩进入原子核；因此可知核能量一定很大，因为质子和中子被束缚在更小的空间里(10^{-15} m)。测量的不确定关系还告诉我们，每一个质点都占有最小的相体积 $(\Delta x \Delta p)^3 = \hbar^3$ ，这使得经典的玻尔兹曼统计分布的相格点数有了绝对值。

当我们将电子从原子中"拆卸"下来后，它做任何加速运动都辐射电磁波；当把中子从原子核里拿出后，其平均寿命只有 10 分钟；不涉及具体的测量仪器，我们不能说自由电子的自旋角动量分量如何如何。总之，量子力学表明宇宙是一个有机的整体。物理学家博姆(D. J. Bohm, 美国，1917~1992)曾写道："这把人们引导到一个不可分割的整体性的新观念，它否定可以把世界分解为分离而且独立存在的各个部分的经典观念。我们把世界的独立的'基本部分'是最基本的实在这个通常的观念颠倒过来了。与之相反，我们说整个宇宙的联结性才是最基本的实在，它的'各个部分'仅仅是这个整体内的特殊的、偶然的形式。"

质点运动的不连续变化(量子跃迁)现象，已远远超出人们的惊奇范围而达到惊恐的程度。设想你作为一个微型生物居住在氢原子核表面，你将会看到天上的太阳(电子)在一刹那会缩小到原来线径的 1/4，只因为发生了从基态到第一激发态的量子跃迁。如果你在核表面上对电磁波(光波)的感知能力就像你在地面上对浮云的视觉一样，那你将看到当滚滚乌云从宇宙四面八方压向核面时，强大的冲击波已使你站立不稳，但那个太阳却只做一些微小的振动。然而在一个天高云淡的日子里，你会看到分布在整个天空但非常稀薄的云，只要它的振动频率高到某一特定值，就会在一瞬间被太阳全部吸收，就像弥散在整个太空中的尘埃被一个黑洞吞噬一样。如果薄云的振动频率足够高，太阳会因此逃之夭夭(氢原子被电离)。再用量子跃迁分析一个单摆的运动。在牛顿力学中，单摆的悬球被处理为质点，在重力场中它受到一个简谐势 $kx^2/2$ 作用，因此做简谐周期振动，其振幅可取 5°摆角内的任何值。然而量子力学给出的精确答案是，摆幅只能取一些不连续的特定值，比如 1cm、2cm 等。当你扰动摆球时，它只在这些特定值规定的区域内摆动。但是，从伽利略发明的单摆到后来人们普遍使用的摆钟，从未有人声称观察到任何量子摆幅行为，是人们观测不够仔细吗？还是量子力学对宏观物体失效了？按照量子力学的结论，单摆能做周期振荡吗？

1.2 理论物理的基本特征

有人说"物理学是一门实验科学"。但如果将其理解为"所有的物理定律都必须建立在实验观测基础之上"就不合适了。爱因斯坦在 1926 年与海森伯的一次谈话中说："在原则上试图单靠可观测量来建立理论，那是完全错误的。实际上恰恰相反，是理论决定我们能够观察到的东西。"[①]他曾经写道："物理概念是人类心智的自由创造，而不是由外部世界唯一决定的，不管它看起来多么像是那样的。"[②]20 世纪以前的物理学，以牛顿三定律和麦克斯韦方程组为支柱，大都建立在实验观测之上。那时，人们虽然也采用没有直接测量意义的电磁矢势描写电磁场，但深信只是图取数学表述的简单。因此，在这种意义上我们可以说 20 世纪以前的经典物理学属于实验科学。在约 300 年(1600~1900 年)的发展过程中，经典物理学形成了一条不需陈述的"条约"：物理学定律只涉及可测量的物理量。然而，现代物理学已完全不受此"条约"的限制。简单的例子如薛定谔方程：

$$i\hbar \frac{\partial \Psi(\vec{r},t)}{\partial t} = \hat{H}(\vec{r},t)\Psi(\vec{r},t) \tag{1.34}$$

其中的波函数就没有直接测量意义。类似这种包含无直接观测意义的方程在理论物理学中比比皆是。那么，人们根据什么建立这样的方程？这样的方程能否正确描写物理实在而给出与实验观测相吻合的预测？对这些问题的回答将展现理论物理学的基本特征，只有理解了这些特征才能真正理解量子力学。

1.2.1 相对论的诞生

1905 年，瑞士伯尔尼专利局一位普通的技术员爱因斯坦(A. Einstein, 德裔美国，1879~1955)于德国《物理学年鉴》杂志上发表了一篇题为"论动体的电动力学"的论文[③]，其内容就是后来所谓的狭义相对论。这篇论文的基石可归结于两条公设，即光速不变原理和相对性原理：

① 郭奕玲，沈慧君. 1993. 物理学史. 北京：清华大学出版社：315。
② 阿特·霍布森. 2001. 物理学基本概念及其与方方面面的联系. 秦克诚，刘培森，周国荣译. 上海：上海科学技术出版社。
③ 爱因斯坦. 2006. 狭义与广义相对论浅说. 杨润殷译. 北京：北京大学出版社。

(1) 无论光源的运动速度如何，惯性系中光的传播速度不变。

(2) 物理学定律与惯性参考系的选取无关。

根据这两条公设，采用严格的数学逻辑推演(参见 3.1 节)，可得到质能关系 $E=mc^2$、时钟延缓效应、光行差现象等一系列重要推论，并且由此公设对已有物理学定律进行所谓"相对论修正"后，都能得到与实验观察进一步吻合的结果。可以说，由于这两条公设的建立，引发了物理学的一场革命。在相对论诞生的 1905 年以前，物理学中没有任何一种理论具有如此的普适性。

那么，上述公设的建立是以直接的实验观察为基础吗？或者说，能否仅仅通过逻辑思维就能够提出上述公设？爱因斯坦在他 1946 年的《自述》中写道："我在 16 岁时就已经无意中想到了，如果我以光速追随一条光线运动，那么我就应当看到这光线就好像一个在空间中振荡着而停滞不前的电磁场。可是，无论是依据经验，还是按照麦克斯韦方程，看来都不会有这样的事情。从一开始，在我直觉看来就很清楚，从这样一个观察者的观点来判断，一切都应当像一个相对于地球是静止的观察者所看到的那样，按照同样的一些定律进行。因为，第一个观察者怎么会知道或者能够判明他是处在均匀的快速运动状态中呢？"[①]由此可见，爱因斯坦建立相对论公设的基础是逻辑思维，而非精密的实验观测。也就是说，他只需"运筹帷幄"便知天下大事。事实上，读者只要静下心来，打开"思想实验室"之门，便可从严密的逻辑推理中得到上述公设，而无需以迈克耳孙-莫雷测量光速的实验结果为基础。不仅如此，读者还可建立严密的逻辑关系，由绝对时空公设得到牛顿三定律而无需以伽利略的实验观测为基础(参见本章附录)。

我个人认为，相对论的贡献不仅仅在于它给出了一系列新奇而可信的结果，更重要的是，它告诉人们在"思想实验室"中进行"思维实验"是建立物理学理论的可行之道，从而打开了通向现代物理学的大门。从 20 世纪初物理学的发展过程来看，理论物理学的快速发展是在相对论关于光线偏转的预测得到实验观测肯定(1919 年)之后才发生的。作为一种消遣或娱乐，我们不妨模仿叼着烟斗的爱因斯坦，把物理学大厦中的某一种理论或某一个定律从"高贵的架子"上拿下来玩赏玩赏，试试凭借自我的思维能力能否得到它而无需任何实验观测。

1.2.2 逻辑圈技术

如果说狭义相对论建立了一个逻辑圈，那么这个逻辑圈必须扩大，因为它只涵盖惯性参考系，而惯性参考系不应处于如此优越的地位。试设想，在茫茫宇宙之中有两个飘浮不定的观察者，他们如何判断自己所在的参考系是否做匀速运动？他们各自都有理由认为自己所在的参考系是最优越的。因此，爱因斯坦于

[①] 爱因斯坦. 2006. 狭义与广义相对论浅说. 杨润殷译. 北京：北京大学出版社.

1916年建立广义相对论是逻辑上的必然。

1919 年，人们观测了光线经过太阳附近的弯曲，得到了与广义相对论相吻合的结果，皇家学会会长说："相对论是人类思想史上最伟大的成就之一， 也许就是最伟大的成就，它不是发现一个孤岛，而是发现了科学思想的新大陆。" 在此之后，相对论立即引起了全世界物理学家的关注和兴趣，在物理学领域掀起了理论物理巨澜，其发展"动力"是逻辑、想象思维而不是实验观测。在没有任何实验迹象之前，理论物理学预言了反电子(正电子)、反质子的存在以及许多"不可思议"的物理存在，它们在随后的实验中一一被发现。

在理论物理学的发展过程中，形式逻辑圈技术扮演了重要角色。所谓逻辑圈技术，即先针对一个简单物理系统建立一个逻辑体系再将此逻辑拓展应用于其他系统。下面罗列一些套用逻辑圈的例子：

(1) 1900 年，普朗克描写黑体辐射时，引入了电磁能量子 $E=h\nu$，从理论上得到了与实验观测相吻合的结果。那么光也是电磁波，因此其能量也应量子化，故必然有 1905 年爱因斯坦所提出的光子概念。

(2) 光子是物质，具有能量，那么电子、质子也是物质，也具有能量，故此它们也应具有像光子一样的波动性。1923 年德布罗意发表了两篇论文，用一句话可以概括，即实物粒子具有与光子相同的波动性，1929 年他因此获得诺贝尔物理学奖。

(3) "既然电子是波，它应满足什么样的方程呢？"德拜提出此问题不久，薛定谔于 1926 年写出了薛定谔方程(1.34)，1933 年因此获得诺贝尔物理学奖。

(4) 建立物质满足的波动方程时，要求它能够给出单电子原子(H)的能谱。由此所确立的薛定谔方程也应适用于多电子体系。

(5) 在笛卡儿坐标系中，x 坐标与其共轭量算符 $\hat{p}_x$ 有对易关系：

$$[x, \hat{p}_x] = \mathrm{i}\hbar$$

该关系也应适用于广义坐标 q 与其广义共轭动量算符 $\hat{p}$：

$$[q, \hat{p}] = \mathrm{i}\hbar$$

(6) 光子既然具有能量 $E = h\nu$，则根据 $E = mc^2$，光子也应具有质量，故频率为 ν_0 的光子从十层楼顶端下落到地平面时，其频率应增大，因为重力势能转化为光子的能量。该预测已由(哈佛塔)实验所证实。

1.2.3 道与物质波

量子物理的创始人之一玻尔(N. Bohr，丹麦，1885~1962)，构造了如图 1.10

所示的族徽，中国道教之阴阳鱼则居于中心部位。而道教之鼻祖即春秋战国时期(公元前 500 年)陈国楚苦县人李聃(后人尊称为老子)，他撰写了一部《道德经》(今人亦称为《老子》)，描写了一种难以用文字表达的存在——道。十几年前读《老子》，很难理解其含义，前不久再读《老子》，发现它对自然界的描写与波动量子力学十分相似。

图 1.10　玻尔的族徽

　　先看《老子》第一章："道可道，非常道，名可名，非常名……"。关于"道"字的理解，我赞同南怀瑾先生的见解[1]，即不能将它解释为"说"或"说话"之意，因为春秋时期的文字都用"曰"表示"说"，如"子曰"、"孟子曰"等，只是唐宋以后才在民间文体中出现"某某道来"。事实上，自古以来的正统文体皆以"曰"而不是以"道"表示说话。结合前后文，可对《老子》第一章作如下理解：自然界可分为两种存在，即可以命名的物和难以冠名的道。有名称的物遵循道体所规定的道路运行，但这种"遵循"与日常所谓的"循规蹈矩"不完全一样，故云"非常道"；事实上，对物的命名也与日常的命名含义不同，故云"非常名"，因为从本质上讲，充斥于天地之间的难以分辨和感触的道才是宇宙之"本"（"无，名天地之始"），由它所演化出的"有"乃是可命名的万物之源，可谓"有，名万物之母"。也可理解为如果不去探测表征自然存在，它便是一个连续整体，当然无法对其命名，也就是说世间本无名，即"无名，天地始"，如果探测表征自然存在(实际上等同于命名)，即可产生各种不同的物体，故曰"有名，万物之母"。

　　① 南怀瑾. 2007. 南怀瑾选集. 第二卷. 上海：复旦大学出版社：36。

我们不妨把《老子》所谓的"道"命名为德布罗意的物质波，然而"名可名，非常名"，它不同于日常经验中的经典机械波。那么，它到底是什么东西呢？再看《老子》第十四章："视之不见，名曰夷；听之不闻，名曰希；搏之不得，名曰微。此三者不可致诘(查究)，故混而为一。其上不皦(光明)，其下不昧(黑暗)。绳绳兮不可名，复归于无物。是谓无状之状，无物之象，是谓恍惚。迎之不见其首，随之不见其后。执古之道，以御今之有(根据自古以来的规律驾驭当前的具体事物)。"此篇生动地描绘了一种绳绳不可名的存在(我们暂称其为道体，类似于物质波)，它连绵不断地分布于宇宙空间(波函数的连续性)，但不产生视觉、听觉、触觉效应(波函数没有直接观测效应)，然而它依据规律[薛定谔波动方程(1.34)]决定具体事物(电子及各种粒子的复合体)之运动演化。

显然，若将物质波与道体等价，《老子》的上述论断便与波动量子力学的基本思想完全相同。也就是说，2500年前的老子竟然独自一人勾勒出了量子波动力学框架。至于老子没有给出具体演化的数学表达式，显然是历史条件的限制。即使他给出了类似(1.34)式的方程，当时有人能理解吗？

今天我们所知的量子波动力学的基本思想，成形于20世纪20年代，前后经历四年时间(1923~1927年)，由德布罗意(L. V. de Broglie，法国，1892~1987)、薛定谔(E. Schrödinger，奥地利，1887~1961)、海森伯(W. Heisenberg，德国，1901~1976)和玻恩(M. Born，德国，1882~1970)在一片争论声中所建立。1923年九十月间，德布罗意在攻读博士学位期间连续发表了三篇论文，预言物质粒子(电子、质子等)与光子一样，也具有波动性，即经过小孔或单缝可发生衍射现象。1924年德布罗意以此为基础申请博士学位而受到质疑，因为没有任何实验迹象能够支持这一"奇思妙想"。当时关于"这种波是否具有直接的观测效应"，可能还不在讨论之列。然而，爱因斯坦(当时已大名鼎鼎)对此假说十分赞赏，进而影响了在瑞士苏黎世大学任数学物理教授的薛定谔。在一次讲座时，薛定谔遇到了物理学家德拜(P. J. W. Debye，荷兰，1884~1966)提出的一个问题：既然电子是波，它应满足什么波动方程呢？1926年薛定谔给出了方程(1.34)，其定态方程之本征值与氢原子光谱的实验观测相吻合。然而方程(1.34)中的波函数到底具有什么物理意义呢？薛定谔曾认为波函数所描写的波是物质粒子的"本源"，即物质粒子是一波包。由于这种波包在运动过程会发散，与实物粒子的稳定性矛盾，故该诠释不能成立。1927年，玻恩提出了波函数的统计诠释，即波函数所描写的物质波没有直接测量效应，但它能确定实物粒子在空间点出现的概率。经过长时间争论和大量实验观测，这一诠释才被人们(可能不包括爱因斯坦)逐步接受。

假如20世纪上半叶的物理学家们熟读《老子》并心领神会，就不会有那么多关于波函数诠释的争论；假如于1898年发现电子的汤姆孙(J. J. Thomson，英国，1856~1940)领悟《老子》，量子波动力学可能提前30年诞生；假如微积分的创立者之一莱布尼茨(G. W. Leibniz, 德国, 1646~1716)与老子为知己, 在300年前就可能用数学定量描写"道之为物, 惟恍惟惚; 惚兮恍兮, 其中有象; 恍兮惚兮, 其中有物", 因此现代科学技术的步伐可能早已跨越了原子时代而进入"夸克"时代。

值得我们深思的是, "我们是从哪里得到薛定谔方程的呢? 不从任何地方。不可能通过任何东西把它推导出来, 它来自薛定谔的心灵"——费恩曼。更有意味的是,《老子》的思想产生于2500年前的春秋时期, 当然不可能以任何现代意义上的实验观测为依据, 只能酝酿于帷幄之中, 但却远远超越了我们的时代。

1.3 映像的科学意义

1.3.1 自然映像

如果有人问你什么是光, 你将如何回答?

正确的回答: 光是粒子, 但非经典粒子; 光是波, 但非经典波, 即所谓光具有波粒二象性。许多人, 特别是工程师, 对此回答并不满意。因为所谓波, 必须以具体的实物粒子(如水分子、空气分子或钢铁分子)为载体, "波"是大量粒子集体机械运动的一种方式。所以, 工程师更乐于接受这样的理解, 即光是大量光子(粒子)表现的一种集体波动, 物理学应告诉我们光子到底由什么物质组成? 物理学家的回答是, 把光理解为大量光子的波动是错误的, 因为这种理解不能解释单光子干涉衍射现象, 确切地说光就是光。这里, 似乎出现了一个严重的问题: 今天的物理学仍然不能解释"光"到底是什么。

相对而言, 人们对电子、质子等存在却很少提出"它们是什么"的问题。然而, 如果有人问电子到底是由什么物质组成的, 我们同样难以回答。困难的根源在于当人们提出类似的问题时, 总期望把未知的客体"分解"为经验中已知的客体, 只有当这种分解"成功"以后, 人们才认为得到了满意答案。面对一座建筑物, 我们知道它是由钢筋和水泥组成的, 而钢筋水泥由原子组成, 原子由电子和原子核组成, 这样我们便满足地理解了那座建筑。事实上, 这只是很粗糙的理解, 因为在每一层分解中已经忽略了电场、磁场以及其他众多微观粒子分布在每一次分解过程中的变化。显著的变化有: 当把建筑物中的钢筋拆下后, 由于压力环境的改变, 该钢筋结构必然与其在建筑物中不同; 从水泥分离出的 Ca 原子与其在水泥中的电子结构也不同; 当把 Ca 原子核的中子分离出来后, 其平均寿命缩短到只有 10 分钟(自由中子平均半衰期为 10.25 分钟)。还有一些更极端的"分解"过程, 如一个 γ 射线光子湮没后, 可产生一个电子和一个正电子, 我们却不能说光子是由电子和正电子对组成的。用哲学的语言概括起来, "1"不等于"2"减

"1"，"1+1"也不等于"2"。物理学采用了自然映像技术应对这种困惑。什么是水？水就是水，它是其各种特性(密度、形状、颜色、化学活性等)的概念复合体。什么是电子？电子就是电子，它具有单位电荷、线径小于10^{-15} m、自旋 1/2 等特性。因此，光就是光。物理学的任务在于发现这些客体的各种特性以及描写这些特性在不同条件下随时间的演化规律。自然映像是思维的基础，物理学的逻辑全部建立在映像——概念的基础上。玻尔曾写道："并没有一个量子世界，只有一个抽象的物理描述。物理学的任务不是去发现大自然是什么样子的。物理学关心的是我们对大自然可以说些什么。"

1.3.2 数理映像

所谓数理映像，即客观事物在人们大脑中表现为精确的数字符号，它们可在严格的数学逻辑中运动变化。下面简单罗列一些重要的数理映像用以说明建立这种映像的重要性。

1. 笛卡儿直角坐标系

笛卡儿(R. Descartes，1596~1650)出生于法国一个古老的贵族家庭，发明了直角坐标系，使人们能够用代数方法研究几何图形，为微积分的建立奠定了基础。这一发明使人们产生了如下映像：在整个宇宙空间架起了三个互相垂直的、无限精密的刚性直尺。这一映像赋予无限太空中任一空间点一组三维数字，为科学的发展开辟了无限空间(图 1.11)。

图 1.11　笛卡儿给宇宙每一个角落都架上了坐标线，包括萨达姆藏身的地窖都被激光线贴上了由三个数字组成的标签

2. 同构映像

考虑一个二维无限大空间(图 1.12)，我们对于发生在平面上无限远处的事件似乎很难描写。为此可构造一个球面，其下端(南极)与平面相切，以其上端(北极)为原点，从该点到平面上任意点的直线与球面的交点便建立了平面上一点 $P(x,y)$ 与球面上一点 $P'(\theta,\varphi)$ 的同构(一对一)关系，因此在平面空间上发生的任何事件，都在球面空间有一个映像。如果该事件在平面空间可用时空坐标 (x,y,t) 精确描写，则在球面空间同样可用时空坐标 (θ,φ,t) 精确描写，只不过所用逻辑关系不同而已。因此，在原则上人们只需分析球面空间映像的运动规律便可精确预测平面空间所发生的物理事件。

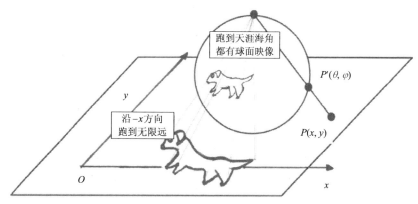

图 1.12　二维无限大空间与二维有限球面空间的同构映像

对于三维笛卡儿空间，可用坐标参量 (r,θ,φ) 标记空间每一点。现作一坐标变换：

$$\begin{cases} r' = \mathrm{e}^{-1/r} \\ \theta' = \theta \\ \varphi' = \varphi \end{cases}$$

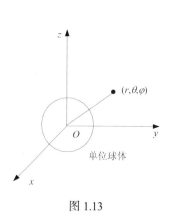

图 1.13

显然，当 $r \to \infty$ 时，$r' \to 1$，即该变换建立了单位球体内的坐标点 (r',θ',φ') 与无限大空间点 (r,θ,φ) 之间的同构关系(图 1.13)。也就是说，无限大空间任一处的物理事件都在单位球体空间有一映像。在单位球体空间内建立有关映像的运动规律便可预知真实空间所发生的真实物理事件。有趣的是，这种同构映像关系与宇宙万物在大脑中的映像运动十分相似。

1.3.3　物理体系的状态

对于给定的物质系统，如一个核反应堆，其存在是唯一的，但物理学可采用不同的描写方式和逻辑圈产生完全不同的映像。经典力学：描写系统中每一个质点的坐标 $\vec{r}_i$ 和动量 $\vec{p}_i(i=1,2,\cdots,n)$ 随时间的演化，系统状态由 $\vec{r}_i$ 和 $\vec{p}_i$ 唯一确定。量子力学：系统状态由态矢量 $|\Phi(\vec{r},t)\rangle$ 或者波函数唯一确定。热力学：系统状态由温度、体积、压强、熵、自由能等参数确定。原则上讲，采用其他的逻辑系统还可以产生无数种不同的映像。

1.4　弦外之音

有史以来，量子理论最深刻、最精细地描述了物质运动的规律，它的辉煌成就在于预言了众多的人们完全意想不到的实体及演化方式，并且正在预言着新的实体和设计新的物质世界。如果说这是量子理论的主旋律，那么其弦外之音则深深地触动了人们的心灵和世界观。正如物理学家温伯格(S. Weinberg, 美国, 1933~)所说："20 世纪 20 年代中期发现的量子力学，是从 17 世纪近代物理学诞生以来物理理论中意义最深远的革命。"物理学家盖尔曼(M. Gell-Mann, 美国, 1929~)曾写道："全部近代物理学是受那个叫做量子力学的宏大的、整个使人糊涂的学说支配的。它已经经受住一切检验，没有任何理由相信它含有任何瑕疵……我们都知道怎样用它，怎样把它应用到具体问题上去；因而我们已经学会与这一事实共处，那就是没有人能够懂得它。"

1.4.1　观测与存在

在量子力学中，给定一个物理体系的波函数 $\Psi(t)$，它可用任一力学量 $\hat{F}$ 的完全本征集 $\{\varphi_n\}$ 展开，$\Psi(t)=\sum_n c_n\varphi_n$，其中 φ_n 满足 $\hat{F}\varphi_n=F_n\varphi_n$。若对该体系进行一次 $\hat{F}$ 力学量测量，则体系波函数便坍缩到某一本征态 φ_c。那么这个测量应该使用什么仪器呢？有关的讨论在已有的教科书中很少看到。前苏联物理学家布洛欣采夫在其《量子力学原理》[①] 一书中较详细地讨论了测量仪器问题："任何仪器都是由在进行某种运动的原子、分子及诸如此类的微观组织所构成的，也就是说，从量子力学的观点看来，它们显然是属于某一量子系综的。因此，乍一看来，似乎造成了某种困难。量子力学提供了摆脱这种困难的一个极其有效的出路：测量仪器应该是这样构成的，即为了实现它的作用归根结底只用了它的经典性质，即

① 布洛欣采夫. 1965. 量子力学原理. 吴伯泽译. 北京：人民教育出版社。

利用普朗克常数 $\hbar$ 不起作用的那些性质。这样的仪器，我们称之为'经典仪器'或'宏观仪器'。这种仪器的实质在于，它们最大限度地摆脱了量子统计性。"德国物理学家格赖纳在其教科书中写道[1]，"如果把量子力学中的测量仪器处理为'经典仪器'，则因为理论和实验都不能给出经典力学与量子力学的明显界线，故此测量仪器也应由量子力学描写。"

我本人认为，量子力学测量仪器既可由量子力学描写也可处理为"经典仪器"，但必须满足以下两个条件：

(1) 测量仪器能够与相应力学量 $\hat{F}$ 产生足够强的耦合以使仪器状态或被测体系状态随 $\hat{F}$ 的本征值 F_n 不同而发生可观察变化。

(2) 测量仪器对 $\hat{F}$ 的任何本征值 F_n 没有"偏爱"，也就是说若把两个或更多的同种仪器"串联"进行连续测量，则每一个仪器都应报告同样的本征值(例如 $F_8 = 100$)。

显然，条件(2)是很重要的。现让你制作一种对电子自旋角动量有明显反应的仪器(不同于施特恩-格拉赫装置)，比如说用碳纳米管，如果你的仪器对自旋向上更敏感或把部分自旋向下的电子转为自旋向上，那么你的测量结果一定与量子力学的预测结果(50%概率向上)相矛盾。以测量电子自旋的施特恩-格拉赫装置为例，它使得力学量 $\vec{s}$ 与磁场耦合，测量结束后电子运行轨迹随 s_z 分量不同而分为两束，即被测体系状态随 s_z 的本征值发生了显著变化而测量仪器自身状态变化甚微。测量单光子位置的感光板，使位置矢量 $\vec{r}$ 与感光材料耦合，测量结束后一个光子消失而在感光板上留下一个曝光点。在该过程中被测体系与测量仪器状态都发生了显著改变。这两种测量仪器都满足上述的两个条件。

分析上面的测量过程便产生如下严重问题。我们知道单个光子对应一列电磁波，测量前应该说光子没有空间位置，它是弥散在整个空间的客体，但测量后它的确有一个空间位置点。也就是说，"观测"赋予了光子位置。类似地，观测电子位置的仪器也可以是感光"板"，所以电子在被观测前没有位置，而没有空间位置的电子是什么东西呢？还有，电子的自旋似乎也是因为进行了观测以后才产生的。联想到单电子经过双缝的干涉实验，一旦你知道那个电子是从哪个狭缝穿过的，哪怕采用干扰极小的方式，最后都不能得到干涉图案。目前实验已经证实，在单电子经过双缝的干涉实验中，只要放置在双缝与干涉屏之间的探测器能够辨别电子从哪一个缝通过，无论该探测器如何远离双缝而靠近干涉屏，最后便没有干涉图案。如果上帝赋予部分人对电子轨迹的感知能力，那么这些人可能永远都不相信单电子的这种干涉现象，因为当他们盯着实验过程时干涉现象从不发生。即便是这些人不注视电子从哪一个缝穿过，只关注电子经过缝的轨迹而能得知电

① Greiner W. 2001. Quantum Mechanics. Heideberg , Berlin: Springer-Verlag.

子穿过了哪一个缝,仍然没有电子的干涉效应。物理学家赫伯特(N. Herbert, 美国, 1936~)曾写道:"当你不看这个世界时,它是由波构成的。当你看时,它变成真实的粒子。是'看'这个动作使它变成粒子的。只要你不看,你就不得不把这个世界描述为这个半真半假的波。"物理学家惠勒这样说:"任何基元现象,在没有观测到之前,都不是真实的现象。"似乎宇宙的一半是由主观意识所决定的。因此生物学家沃尔德(G. Wald)诙谐地说:"在一个没有物理学家的世界里,作为一个原子是不幸的。"

本人以为,自然界是客观的。对于一个客体,譬如说是从月球上采集回来的一块不明物体 U,它具有什么特性呢?取决于你所用的探测器,或广义地说取决于你所用的试探物体。原则上说,你能拿出一万种不同的物体与物体 U 作用,U 便显示出一万种不同的表现。探测器类似于在牛顿力学中的"参考系",选取不同的参考系,质点运动便显示不同状态(性质)。至于单电子双缝干涉实验涉及的"能够感知电子轨迹的人"的感知效应,也不难理解,因为人也是自然界的产物,也是一种探测器。爱因斯坦曾说过,"相信存在一个独立于感知主体的外部世界是一切自然科学的基础"。

1.4.2 偶然性与必然性

自然界的本质是偶然还是必然?恩格斯曾写过《反杜林论》一书,书中涉及的杜林坚持"世界模式论",认为自然界的本质是必然的,即我们眼前的一切物体(包括人)及其运动演化都是在按照一种预先"制定"好的模式在进行,整个宇宙的演化过程就像是在播放一部电影拷贝。你同意这种观点吗?当你感到惊讶的这一刹那,你睫毛的闪动都是预先规定好的动作。"我就不相信,偏把眼睛闭上",杜林会说"人家"早就知道你会来这一招!

在物理学中,经典物理(力学和电磁学)和相对论都属于决定性理论,即初值和环境给定后物理系统随时间的演化是唯一的。然而量子力学却融入了偶然性,即波函数的统计诠释。但不能因此就断定自然界在本质上是偶然的,因为如果自然界在本质上没有偶然性,人们便可以寻找更精确的理论以替代量子力学。在量子力学诞生初期,包括爱因斯坦在内的许多科学家都相信能够建立决定性理论描述微观和宏观世界。1927 年,26 岁的海森伯在索尔维会议上宣布了关于测量的不确定性关系,表明在以统计诠释为基础的量子力学中,点粒子的位置与动量不能同时有确定值,也就是说点粒子的运动没有经典意义上的轨迹。如果这一结论能够得到精确实验观测的证实,则可认为量子力学的统计诠释是正确的,因而自然界在本质上应是偶然的。

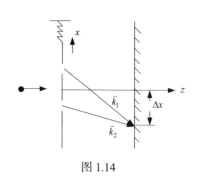

图 1.14

听了海森伯的报告后，爱因斯坦说："真棒，现在的年轻人会有这些想法，但是对他们的话我一句也不相信。"随后他提出了一个思想实验反驳不确定关系(图 1.14)。让电子一个接一个通过用弹簧悬挂的双缝板，每一个电子通过狭缝时都给双缝板一个反冲动量。通过分析干涉条纹的宽度及每次电子穿过狭缝时的反冲动量，即可同时得知电子的坐标 x 及动量 p_x，与不确定关系矛盾。针对这个问题玻尔用了不到一天时间就给出了否定答案。我们可作如下分析。在观测屏上离开中心位置($x=0$)一段距离 Δx 的加强干涉条纹给出条件

$$\Delta k = \left| \vec{k}_1 - \vec{k}_2 \right| \approx \frac{2\pi}{\Delta x}$$

因此，双缝板测量动量的精度应高于 $\Delta p_x \approx \hbar \Delta k$，否则便无法区别电子从哪一个缝到达观测屏。考虑到双缝的坐标 x 的不确定度为 δx，则相应双缝板的动量不确定度为 $\delta p_x \approx \hbar/\delta x$，故欲通过双缝板的动量同时确定电子的坐标 x(区分从哪一个缝穿过)，则要求 $\Delta p_x \gg \delta p_x$，即 $\delta x \gg \Delta x/2\pi$。显然，当此条件成立时，双缝沿 x 方向位置的不确定必然抹平干涉条纹。

在三年以后的第六次索尔维会议上，爱因斯坦提出了另一思想实验来反驳能量与时间的不确定测量关系(图 1.15)。首先将放置在盒内的钟与地面时钟校准，一分钟后，盒内钟"指示"快门打开并放出一个光子。一秒钟后，30 万千米外的探测器接收到光信号。由于悬挂盒子的弹簧秤足够精密，由光子飞出前后盒子的质量差便可得知在一秒钟前那个光子的能量($E=mc^2$)，故而 $\Delta E \Delta t \geqslant \hbar$ 不再成立。玻尔经过一昼夜思考得到了反驳依据。因为盒子必须置于引力场中(否则弹簧秤不工作)，而引力场中的时钟运动时(由弹簧收缩引起)必然不能与地面时钟校准，因此 Δt 是不能准确测量

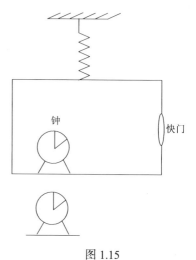

图 1.15

的。但是，爱因斯坦并不因此认为宇宙的本源是偶然的，他说："量子力学给人的印象是深刻的。但是一个内部声音告诉我，这还不是真正的理论。这个理论给出了许多结果，但是并没有使我们离老家伙(上帝)的秘密更近一些。无论如何，

我确信他不玩骰子。"玻尔回答:"抽烟是咱们的自由,指导上帝如何管理世界可不是咱们的任务。"物理学家霍金说:"上帝不仅扔骰子,有时还把骰子扔到我们看不到的地方。"

在爱因斯坦去世以后,有关量子力学的诠释及测量的不确定性关系进行了大量理论及实验研究,到目前为止的实验结果特别是20世纪末的高精度实验结果,都支持偶然性观点。所以,我觉得在这个世界上作为一个人很幸运,因为上帝除去用薛定谔方程(或类似的方程)来约束我们以外,还留出很多偶然机遇让我们自由发挥,让我们有可能在海滩上拣到一只更漂亮的贝壳。关于测量的不确定关系,我本人倾向于把自然存在理解为一个不规则的多面体,每一个面对应一个可观测量。当你正对一个面(譬如说这个面对应着粒子的位置)观察时,相当于你探测到了粒子的精确位置,你就不能看到与这个面相垂直的侧面(它对应着粒子的动量);当你同时兼顾看到这两个面时,就得不到它们的正面成像(完整成像)。这种观点,可能类似于玻尔的互补原理。

1.4.3 超时空量子相关

自从法拉第提出场概念以后,各种超距(超空间)作用(万有引力、库仑力)都可用场作用来解释。自从爱因斯坦建立相对论以来,各种相互作用也没有"超时",即相互作用传递的最快速度不能大于光速,否则因果律不能成立。然而,近20年来在量子物理领域所完成的有关实验表明,微观粒子之间的确表现出超时空作用。图1.16所示,是曼德尔(L. Mandel,美国,1928~2001)1991年关于粒子双缝干涉实验的示意图[1]。

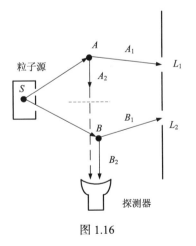

图 1.16

---

① Zhou X Y, Wang L J, Mandel L. 1991. Phys. Rev. Lett., 67: 318。

粒子源 S 产生的单粒子沿 SA 到达 A 点(或沿 SB 到达 B 点),这时衰变为两个粒子 A_1 和 A_2 (B_1 和 B_2),其中 A_1 沿 AL_1 (B_1 沿 BL_2)到达双缝板,粒子 A_2 和 B_2 竖直向下到达探测器。这里, A_1 与 A_2 (B_1 与 B_2)之间没有任何经典相互作用。正如量子力学所预言的,当粒子源 S 产生足够多的单粒子后,便在干涉屏上形成干涉条纹。令人惊奇的是,如果在 A 点和 B 点之间放置一块板挡住 A_2 粒子进入探测器,重复上述实验则没有干涉现象。为什么?

粒子 A_1 和 A_2 在 A 点产生后,各奔它方,挡住 A_2 去路与 A_1 有何相干,但干涉现象却消失了!莫名其妙。有这样一种"形式"解释: AB 连线间没有挡板时,我们不知道从 S 源放出的单粒子 P 走 SAL_1 路径还是 SBL_2 路径。但是当 A_2 粒子的可能路径被阻断后,只要探测器有反应并在干涉屏看到闪光,便可确认单粒子 P 行走路线为 SBL_2;否则干涉屏上的闪光便表明单粒子 P 沿 SAL_1 路径。无论作何解释,实验事实是,在局部的操作引起了全局的本质改变;如果将 A_1 和 A_2 视为"孪生子",则阻挡 A_2 的去路时,立即引起了在另一地区 A_1 的"强烈"反应——立即取消它的干涉行为。考虑到 A_1 与 A_2 之间没有任何经典作用(电磁场或引力场),那么 A_1 与 A_2 之间只能是超距作用。按照量子波动力学理论(参见 1.1.5 节),该作用是瞬间的,即超光速作用。在这种意义下,我赞同赫伯特的观点:"如果我们把量子理论严肃地看做是实际发生事情的一幅图画,那么每次测量所做的就不只是干扰,它深深地重新编制了实在之布"。然而,爱因斯坦写道:"我不能真正地相信量子力学,因为它不能与以下观念相调和:物理学应当代表时间和空间的实在,不存在不可思议的超距作用。"不过,到目前为止的许多实验事实都支持超距作用的存在。

1.5 本章没有结尾

听说过蓬莱仙境吗?如果说它像量子力学中的波函数,那么图 1.17 就是清代画家袁耀用意念"观测"后的蓬莱。巍峨苍山、沟壑纵横、奇峰问天、云雾缭绕、草木相间,表现出天地间之错综复杂与变化无端。在杂乱之中坐落着几座亭台楼阁,其建造错落有致,见圆见方,与变化无端的自然景象形成了鲜明对照。由此联想到,已经建立的牛顿力学、电磁场理论、相对论与量子理论就如同图中的亭台楼阁,人们也许永远都不可能让一座完美无瑕的宫殿覆盖全部沟壑和峻岭,更何况还有那无边的大海。站在已有的宫殿中我们看到的、知道的,比起高深山林、无尽大海所发生的,可能微不足道,谁知道是否山底下正在酝酿一场大地震,随时都有可能吞没所有楼台宫殿、毁灭整个山林?谁又知道大海远处的海啸何时到来?就说在小范围应用的量子力学吧,费恩曼感叹道:"有人说在相对论初期只有十二个人懂得相对论,我不相信。但我可以有把握地说没有人懂得量子力学……

我们在理解量子力学所代表的世界观方面总是有很多困难。"

图 1.17　蓬莱仙境图

　　生物学家霍尔丹(J. Haldane，英国，1892~1964)认为："宇宙不仅比我们所想象的更古怪，而且比我们所能想象的还要古怪。"这可能正是自然的魅力所在，也是本章没有结尾的原因。看着下面的图表，你能联想到什么?

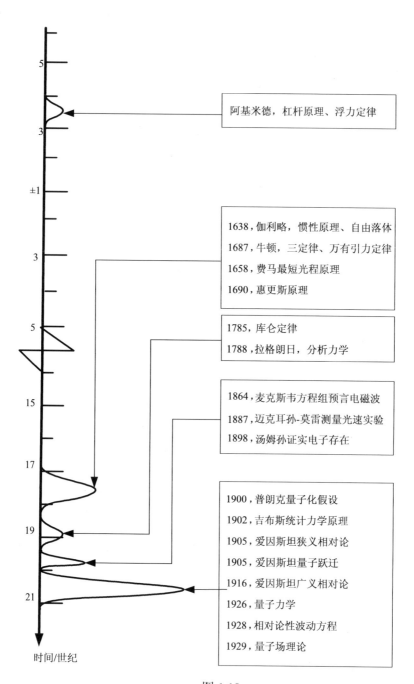

图 1.18

附　录

牛顿在 1687 年发表的《自然哲学的数学原理》一书中，首先阐述了他对时间、空间、位置和运动的观点，即所谓的绝对时空观：

(1) 绝对的、真实的和数学时间，由其特性决定，自身均匀地流逝，与一切外在事物无关，又名延续；相对的、表象的和普通的时间是可感知和外在的(不论是精确的或是不均匀的)对运动之延续的量度，它常被用以代替真实时间，如一天、一小时。

(2) 绝对空间，其自身特性与一切外在事物无关，处处均匀，永不移动。相对空间是一些可以在绝对空间中运动的结构，或是对绝对空间的量度，我们通过它与物体的相对位置感知它。

(3) 位置是空间的一个部分，为物体占据着，它可以是绝对的或相对的，随空间的性质而定。

(4) 绝对运动是物体由一个绝对位置迁移到另一个绝对位置；相对运动是由一个相对位置迁移到另一个相对位置。绝对静止时物体滞留在不动空间的同一部分处。

在此论述之后，牛顿陈述了今天所谓的牛顿三定律并将它们作为三个并列的公理。从逻辑上分析，如果抛弃绝对时空概念，上述三条公理显然不能成立，但是很明显，这三条公理与绝对时空观在逻辑上没有直接的隶属关系。也就是说，绝对时空是三定律成立的必要条件，而非充分条件。事实上，牛顿三定律都是基于大量的实验观测总结得出的。

关于第一定律，在牛顿之前，伽利略已经进行了这方面的研究。他指出在水平面上运动的物体会停下来是由于受到摩擦阻力的作用，如果没有摩擦，物体一旦具有某一速度，它将保持这个速度一直运动下去。笛卡儿进一步补充和完善了伽利略的观点，他认为：如果没有其他原因，运动的物体将继续以同一速度沿着同一直线运动，既不停下来，也不偏离原来的方向。

关于第二定律，可以认为它是牛顿关于力 $\bar{F}$ 的定义($\bar{F} = m\bar{a}$)。至于 $\bar{F}$ 正比于质量 m(加速度 $\bar{a}$ 反比于质量 m)而不是 m^2(或 $\sqrt{m}$ 等)，可用普通的力学实验得到验证。例如，由悬空的砝码拉动小车在水平桌面上运动，通过控制变量法，便可得到力 $\bar{F}$ 与 m 的一次方关系。

可能正是由于第一、二定律已有广泛的实验基础，因此牛顿在其《原理》一书中没有提及相关的论述，只是在《原理》的附注中写道："迄今为止我叙述的原理已为数学家所接受，也得到大量实验的验证。"而关于第三定律的实验基础，牛顿还是以单摆球的碰撞过程为例，进行了详细论述。他写道：

"取摆长 10 英尺①，所用的物体质量有相等也有不相等的，在通过很大的空间，如 8、12 或 16 英尺之后使物体相撞，我们总是发现，当物体直接撞在一起时，它们给对方造成的运动的变化相等，误差不超过 3 英尺，这说明作用与反作用总是相等。若物体 A 以 9 个单位的运动撞击静止的物体 B，失去 7 个单位，则 B 以相同方向带走 7 个单位；如果物体由迎面的运动而碰撞，A 为 12 个单位运动，B 为 6 个单位，则如果 A 反弹运动为 2 个单位，则 B 为 8 个单位，双方各失去 14 个单位的运动……其他情形也相同。物体相遇或碰撞，其运动的量，得自同向运动的和或是逆向运动的差，都绝对不变。我们叙述的实验完全不取决于物体的硬度，用柔软的物体与用硬物体一样成功。我用紧压坚固的羊毛球做过实验……"

显然，如此得到的三定律一旦受到更进一步精密实验观测的挑战，我们便可能怀疑早期实验的精度而轻易放弃牛顿三定律。下面我们将不依赖任何实验观测经验，而仅以绝对时空为唯一的公设通过纯粹的"思想实验"和数学逻辑推导出牛顿三定理。

A.1 第一定理

在牛顿的绝对时空中建立如图 A.1 所示的参照系 Σ。假设有一质量为 m 的质点在时刻 t 静止于 Σ 系中某一点 P，且不受任何其他物体的作用。在下一个时刻 t'，质点相对于 Σ 系的运动状态无非只有两种可能——要么继续保持静止，要么开始运动。假如在 t' 时刻质点沿图 A.1 中箭头所示方向运动，我们将无法理解它为什么选择了这个方向而不选择图中虚箭头所示方向，因为按照牛顿的绝对时空观，空间处处均匀，因而各向同性，质点在任何一个方向上都没有运动的优越性，所以它应保持静止状态。此外，若质点运动，其速度大小该如何选择呢，任何一个确定的速度值同样没有被选择的优越性，所以速度只能选取为零。事实上，我们还可以作一个更普遍的哲学考虑，对于任何物体，如果没有外部客体对其作用，它的运动状态(速度)为什么要改变呢？所以在绝对"空"的空间，不受其他客体作用的质点只能保持其静止状态。

根据绝对时空观，时间在任何参照系都是均匀流逝的，所以如果在另一个相对于参考系 Σ 运动(速度为 $\bar{v}$)的参考系 Σ' 中观察同一质点 P，则由运动的相对性原理可知，其运动速度($-\bar{v}$)将始终保持不变。由此我们便可以得出，任何不受其他客体作用的质点将始终保持静止状态或匀速直线运动状态。至此，牛顿第一定理得证。

---

① 1 英尺约为 0.3048 米。

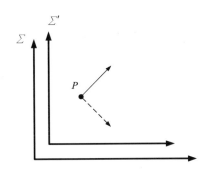

图 A.1　在参考系 $\sum$ 和 $\sum'$ 下观察质点 P 的运动，参考系 $\sum'$ 相对于 $\sum$ 的速度为 $\bar{v}$

A.2　第二定理

由第一定理可知，质点在没有受到其他客体作用时将保持静止或匀速直线运动状态，而当有其他物体作用时其运动状态可能发生变化。为了描写这种状态的变化，我们需要定义一个衡量速度改变速率的物理量——加速度 $\bar{a}$，它与质点的质量 m 及外部其他物体的作用有什么关系呢？根据最普遍的经验，物体质量 m 越大，其运动状态越难于改变，因此一般可假定在同样的外部作用下质量越大的质点其加速度越小，即

$$\bar{a} \propto \frac{1}{G(m)} \tag{A.1}$$

其中，$G(m)$ 是质量的任一待定函数。在(A.1)式右边乘一比例常数 $\bar{F}$ 得到

$$\bar{a} = \frac{\bar{F}}{G(m)} \tag{A.2}$$

我们将 $\bar{F} = G(m)\bar{a}$ 定义为"力"，用以描写其他客体对质点 m 的作用强度。

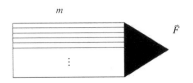

图 A.2　一个刚性柱体受到力 $\bar{F}$ 的作用示意图，其中黑色区域
表示一质量为零的四棱锥体将 $\bar{F}$ 均匀分配到刚性柱体的横截面上

现考虑一个质量为 m 横截面为正方形的刚性柱体受到另一物体的作用力为 $\bar{F}$ (图 A.2)，并假定一个四棱锥体(质量为零，图 A.2 中黑色区域)将力 $\bar{F}$ 均匀分配

到刚性柱体的横截面上。在下面的分析中，假定刚性柱体因约束只能沿受力方向(水平方向)平动。若将该柱体沿其运动方向分为 n 等份，则每一份受到的力都为 $\vec{F}/n$，且都可以等效为质点(因为只有平动)。对其中每一份应用(A.2)式，则有

$$\vec{a} = \frac{\dfrac{\vec{F}}{n}}{G\left(\dfrac{m}{n}\right)} \tag{A.3}$$

(A.2)式除以(A.3)式得到

$$G\left(\frac{m}{n}\right) = \frac{1}{n}G(m) \tag{A.4}$$

由于 n 是整数变量，故必有

$$G(m) = km, \qquad k = 1, 2, 3, \cdots \tag{A.5}$$

将(A.5)式带入(A.2)式得到

$$\vec{F} = km\vec{a} \tag{A.6}$$

由于力 $\vec{F}$ 的单位是 m 和 $\vec{a}$ 的导出单位，故可取 $k = 1$，即

$$\vec{F} = m\vec{a} \tag{A.7}$$

至此，牛顿第二定理得证。

A.3　第三定理

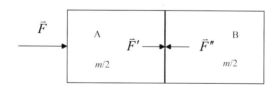

图 A.3　一个刚性柱体受到力 $\vec{F}$ 的作用示意图

类似于第二定理的证明，考虑一个质量为 m 的刚性柱体受到另一物体的作用力为 $\vec{F}$ (图 A.3)。在下面的分析中，假定该柱体因约束只能沿受力方向(水平方向)平动，并将其分为左右相等的 A、B 两部分。由于该物体只能沿水平方向平动，故 A、B 都可以看做质点。对整个柱体应用第二定理(加速度为 $\vec{a}$)，则有

$$\vec{F} = m\vec{a} \tag{A.8}$$

设 A 对 B 的作用力为 $\vec{F}'$，并对 B 应用第二定理，则有

$$\vec{F}' = \frac{m}{2}\vec{a} \tag{A.9}$$

同理，设 B 对 A 的作用力为 $\vec{F}''$，则有

$$\vec{F} - \vec{F}'' = \frac{m}{2}\vec{a} \tag{A.10}$$

由(A.8)、(A.9)和(A.10)式可得

$$\vec{F}' = \vec{F}'' = \frac{\vec{F}}{2} \tag{A.11}$$

至此，我们没有利用任何实验测量数据，仅在绝对时空公设下就得出了牛顿三定律。

第2章 量子力学基本构架

2.1 1906年可以发生的故事

这是一个虚拟的但可能发生的故事。为了有身临其境的感觉，采用了第一人称叙述，读者可仔细考察，看看哪些情形是不可能发生的。

马相伯，1840~1939，
中国教育家、复旦大学创始人

大礼堂挤满了人，校长马相伯站了起来："今天是1906年5月26日，是复旦大学建校的第一个庆典……很荣幸，我们请来了德国物理学家普朗克先生。他1858年出生于德国，现任基尔大学教授……"第一次看到洋教授，很惊喜，他在讲什么，听不懂，还好有中文翻译："二十年前我的老师对我讲'年轻人，物理学已经不会有什么发展了，这是一个死胡同。'我理解并赞同老师的观点，因为牛顿力学、麦克斯韦理论以及统计物理学已经发展得如此完备以致可以覆盖宇宙的每一个角落。但是十年前，当我试图从理论上解释黑体辐射能谱时却遇到了麻烦。一直到六年前，我不得不把辐射的能量处理为分立值，否则便得不到那个公式。然而，直到现在我都不能理解能量怎么可能不连续呢？这不是真实的，自然演化应该像音乐旋律一样连续变化……"普朗克的报告给我留下了深刻印象，原来还存在一些不能很好解释的物理现象。看来，不能老是把精力都用在课后的习题上，还应该找一些实际问题想想。

系里的老师说6月10日下午有一位专利局的技术员要来做报告，去不去听呢？专利局的技术员，懂什么？让他先做几道理论力学习题看看。跑步前应先学会走路吧！噢，对啦，别冤枉人，人家可能是推销什么专利产品的，与我无关，不去听啦，赶快做习题，期末考试快到了。"去听报告，必须去，没有十几个听众怎么行？！"没办法，只好去，系主任的话不能不听吧！偌大的教室，在座的人寥寥无几。报告主持人介绍说："今天我们请伯尔尼专利局的爱因斯坦博士，不，不，爱因斯坦技术员给大家做个报告，……"一个年轻洋人站起来谦逊地微笑着点头，用德语讲着可能是问好的话，听翻译讲："各位好！听说不久前普朗克先生曾在你们学校做过一个报告，我今天的报告是和他的工作相关的……实际上整个辐射场的能量变化都不连续，因为它是粒子，光波也是粒子……"我的天哪，一个技术员想把天捅一个大窟窿，亏得麦克斯韦去世早，否则还不被活活气死。想想普朗克，教授就是教授，做学问多么严谨，可这技术员就随便多了。"爱因斯坦先生给我们做了一个报告，提出了一个大胆的想法，不管正确与否，……大家可以想想……"报告主持人终于做了总结。

宿舍的灯终于关掉了。"关了灯也不管用，还会有几个光子钻进来打扰"，"呵呵……，可惜老麦先生看不到光子了"，"说不定能把老麦气得再活过来"，"估计那个技术员不知道光也是电磁波"，"有可能，他们只管技术不管理论"，"技术员的论文已于去年发表在德国的《物理》杂志，也不能说没有一点道理吧"……期末考试结束了，"电动力学"、"理论力学"都考得不错，放松放松吧。"想看那位技术员的论文吗？我翻译出来了。""难吗？""很简单，但挺有意思。"这个王新谋啊，平常不爱做习题，成绩平平，却喜欢捣鼓这些东西，还说有意思，看一看，到底有什么意思。咦？这篇论文从头到尾只有几个简单的公式嘛，这也能发表在《物理》杂志？文字说理蛮清楚，很好地说明了光电效应现象，有点意思。可为什么普朗克教授没有这样想呢？这样一来，光又像是粒子又像是波，到底是什么？矛盾啊！可是在这个逻辑上黑体辐射和光电效应都可得到解释。最初牛顿就认为光是粒子，可后来惠更斯认为是波，而麦克斯韦的理论则严格证明了光就是电磁波，这现在又要回到牛顿理论了？！前几年，汤姆孙证明电子是粒子，会不会过了这几年后它又变成波动啦？再过若干年是否又有人说它既是粒子也是波？电子的波动只能是电磁波吧！天方夜谭，胡思乱想。停止瞎猜，好好读书。读一读《老子》吧，历史系那个有见识的老先生不是一再推崇老子吗？"道可道，非常道，……迎之不见其首，随之不见其后……"，在说些什么东西？有点像波吧？电磁波？不！

不！电磁波有效应，不是道，那"道"是什么？"道之为物，惟恍惟惚。惚兮恍兮，其中有象；恍兮惚兮，其中有物；窈兮冥兮，其中有精，其精甚真……"，有点像电磁波中的电子吧？去讨教历史系那位老先生，估计他也不清楚，那就下决心自己弄个水落石出。

半年时间过去了，就因为那个"道"搞得人不得"安宁"，考试成绩也下来了。破罐子破摔，豁出去了，寒假继续想。电子周围要是有一种很"稀薄"的波就好了。啊！静电场！电场就是道，电子就是其中的物啊！……否，电场的效应太明显，不是道。这样想吧，电子的振动形成电磁波，其中有光子，电磁波的振幅平方正比于光子数，这是爱因斯坦的观点。能不能假定有一种电子波，其振幅平方正比于电子数呢？这好像太玄了。电子波满足什么方程，有什么效应？如果电子波真是"道"的话，应该没有任何效应，那怎样说明它的存在呢？问题太复杂了，困扰时间太长，应尽快决断！无论如何，光子作为粒子，具有能量，它具有波动性，那么电子也是具有能量的粒子，也应有波动性啊！否则，我们就难以回答上帝为什么只把波动性赋予了光子。就这么干，一律平等，电子也具有波动性，与光子具有类似的形式：$E = h\nu$，$P = h/\lambda$。最好做一下实验看看电子到底有没有衍射现象？找谁做实验呢？可能没有人相信这种猜想。找爱因斯坦，不行，据说他作为一个专利局的普通职员，穷得叮当响，连结婚的钱都没有。再说他也未必相信啊！找普朗克教授？他那么严谨，怎么会相信这种胡思乱想呢？咦？！氢原子里面不是有一个电子吗，它怎么就不和那个质子"中和"呢？是否电子波在支撑着？有戏，先建立一个电子波的方程，看看能否解释这种现象，最好也能解释它的线状光谱。好！寻找这样一个方程！目标已清楚，不用着急了，先上好下学期的数学课，说不定从数学里面能找到启示。(薛定谔说："你完全不用着急，在我建立这个方程前，你有二十年时间去思考。我今年才 19 岁，在读大学，玻尔才 21 岁，正在他们国家的足球队作守门员，德布罗意 14 岁，在读中学，海森伯只有 5 岁，尚在牙牙学语。")

2.2 相关的数学知识

2.2.1 由现实到虚幻

自从盘古开天辟地以后，便有了天和地、太阳和月亮以及各种物体，但却没有数字，因为数字不是物体。人类的祖先可能在猎物交换的过程中逐步感觉到需要数字，于是便在物体上刻痕记数。考古发现，在狼骨上的刻痕记数已可追溯到三万年前，而直到大约五千年前才有了书写数字。例如公元前 3400 年的古埃及象形数字①：

$$|\ ,\ ||\ ,\ |||\ ,\ ||||\ ,\ \begin{matrix}|||\\||\end{matrix}\ ,\ \begin{matrix}|||\\|||\end{matrix}\ ,\ \begin{matrix}||||\\|||\end{matrix}\ ,\ \begin{matrix}||||\\||||\end{matrix}\ ,\ \begin{matrix}|||\\|||\\|||\end{matrix}\ ,\ \cdots\cdots$$

我们今天熟悉的阿拉伯数字 1、2、3、4、5、6、7、8、9 只有一千年历史，它们是由印度人在公元 1000 年左右发明的②。显然，这些数字是虚幻的发明(它们不是物质)，但它们对数学乃至全部科学的贡献是不可估量的。例如九个 8 相乘可用阿拉伯数字记为 8^9，用古埃及数码记为

而如果用刻痕法记录则需要一万只狼的骨头(每只狼的骨头约刻一万道痕迹)。

　　自然数集 $\mathbf{N} = 1, 2, 3, \cdots$ 被发明后直接与加减法相关，而减法必然产生负整数，从而使自然数集拓展为整数集 $\mathbf{Z} = 0, \pm 1, \pm 2, \cdots$；类似地，加法必然导致乘法，而乘法必然导致除法，于是便有了有理数 $\mathbf{Q} = p/q$ (p 与 q 为既约的整数)；乘法导致平方，于是导致无理数。所有上述数集的全部便是实数集 $\mathbf{R}$。开方引出虚数 $i = \sqrt{-1}$ (1572 年)，于是产生了复数集 $\mathbf{C}$ (19 世纪初)。显然，仅仅由数学逻辑(而无需实际经验)便可诱导更丰富的虚幻，它们使逻辑更完备。整数集 $\mathbf{Z}$ 诞生后，一个声音说它是不完备的，因为它对加减乘除四种运算不是封闭的(例如 $11 \div 23 = 11/23$ 已不属于整数集 $\mathbf{Z}$)。对四种运算保持封闭的数集称为**数域**，因此有理数集、实数集和复数集都是数域，但自然数集和整数集不能构成数域。

　　盘古开天后，也没有几何意义上的直线和平面，因为它们也不是物质。圆月、山岗、树木等自然存在使人类有了图形概念，而已经出土的古墓壁画表明，公元前 1415 年的古埃及"司绳员"便是负责土地面积测量的专职人员。然而，在凹凸不平的地面上不可能依赖测量来证明两块不同形状(如三角形与正方形)的土地面积相等，于是一种理想的、绝对平整的平面概念便诞生了，在它上面有理想的、线径为零的、无比坚固的直线、圆周线等。显然，这些几何意义上的点、线、面在自然界中是不存在的，但以它们为基础却产生了欧几里得(Euclid，古希腊)几何学(公元前 300 年)。零散的几何学研究已可追溯到毕达哥拉斯(Pythagoras，古希腊，约公元前 572~前 497)年代，那时关于直角三角形的边长关系已有"毕达哥拉斯定

---

① 李文林. 2000. 数学史概论. 北京: 高等教育出版社.
② 纪志刚. 2009. 数学的历史. 南京: 江苏人民出版社.

理"，即中国古代的"勾股定理"。毕达哥拉斯学派认为"万物皆数"，即任何事物都可用整数或整数之比(有理数)表示。然而，一个叫做希帕索斯的人发现，单位正方形的对角线长 $\sqrt{2} \neq m/n$ (m、n 为整数)，它竟然不是"数"! 据说为了维护"万物皆数"信条，希帕索斯被悄悄扔进了大海。

欧几里得《几何原本》基于五条基本公设能够推证所有几何命题，因此直到 19 世纪以前许多数学家认为欧氏几何的逻辑完备，是绝对真理。也有个别数学家猜疑《几何原本》的第五公设(可等效表述为过已知直线外一点有且只有一条直线平行于已知直线)是否可由前四个公设推证得出。从公元 5 世纪的希腊数学家普罗克鲁斯(Proclus, 412~485)开始，达朗贝尔(J. le. R. d'Alembert，法国，1717~1783)、勒让德(A. Legendre，法国，1752~1833)和高斯(C. F. Gauss，德国，1777~1855)等许多数学家，都曾试图证明第五公设是一条定理或可用其他更简明公设取而代之，但都未成功。1826 年，罗巴切夫斯基(N. I. Lobachevsky，俄国，1792~1856)证明，若将第五公设改为"过直线外一点可做不止一条直线与原直线不相交"，仍然可得到逻辑一致的几何命题，只不过具体内涵与欧氏几何不同，例如三角形内角和不再是 180°。1854 年，黎曼(B. Riemann，德国，1826~1866)建立了一种更广泛的非欧几何，表明欧氏几何与罗氏几何只是这种非欧几何的特例。

非欧几何与欧氏几何一样，都是关于点、线、面等这些抽象的、自然界中不存在的物体所发展的公理逻辑系统。两者的区别，除过其具体内容不同之外，还在于欧氏几何从它诞生的那时起在相当好的近似程度可得到实际测量的验证，而黎曼几何与物理世界的实质相关是在其诞生后的 62 年(广义相对论，1916 年)。

2.2.2 集合的基本概念

德国数学家康托尔(G. Cantor, 1845~1918)是 19 世纪末至 20 世纪初最伟大的数学家，是数学史上最有想象力也是最有争议的人物之一[1]。他创立的无穷集合论(1872 年)为数学的统一提供了新的基础，被誉为 20 世纪最伟大的数学创造，虽然该理论曾遭遇严厉的谴责。

所谓**集合**(或简称集)是指由确定的、相互区别的一些对象组成的整体[2]，常用大写字符 X 表示。集内的对象称为元素，常用小写字符 $x(y,\cdots,a,b,\cdots)$ 表示，记作 $x \in X$。如果元素 y 不属于 X，则记为 $y \notin X$。

根据上述定义，集合(集)是一个具有十分普遍意义的概念。一个房间的各种书籍是一个集 X_1；该房间的书和笔是另一个集 X_2；该房间的各种物体是一个更大的集 X_3。在这种意义上可以说，集就是某一限定区域各种物体的组合。然而，

---

① 纪志刚. 2009. 数学的历史. 南京：江苏人民出版社。
② 马振华. 1998. 现代应用数学手册. 现代应用分析卷. 北京：清华大学出版社。

自然数集 **N**、整数集 **Z**、有理数集 **Q**、实数集 **R**、复数集 **C** 等却是一些非物体的
集合。显然，集是比"物体的组合"
更普遍、包容性更强的概念。

  数学意义上的集是一个抽象的概
念，集中的任一元素 x 可被视为一个
点，各种元素之间没有相对位置或距
离等概念。100 个物体的集合与 100
个自然数的集合可表示为同一图形
(图 2.1)。对于有限个元素构成的**有限
集**或元素可按某种次序排列的**无限
集**，可用**列举法**描写各元素。例如，
$A = \{a, b, c, d, e\}$ 表示集 A 有 5 个元素。

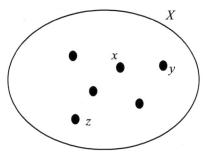

图 2.1 集合的示意图

一个无穷序列 $x_1, x_2, x_3, \cdots, x_n$(简记为 $\{x_n\}_{n=1}^{\infty}$)的集可表示为

$$X = \{x_1, x_2, \cdots, x_n\}$$

如果集中的元素可用一个"数学短语" $P(\bullet)$ 说明，则用**描述法**描写集中的元素。
例如，自然数集、整数集、有理数集、实数集、复数集分别可用**描述法**表示为

$$\mathbf{N} = \{n \,|\, n = 1, 2, \cdots\}$$

$$\mathbf{Z} = \{x \,|\, x = 0 \text{ 或 } \pm x \in \mathbf{N}\}$$

$$\mathbf{Q} = \{x = p/q \,|\, p \in \mathbf{Z}, q \in \mathbf{N}, p \text{ 与 } q \text{ 既约}\}$$

$$\mathbf{R} = \{x \,|\, -\infty < x < \infty\}$$

$$\mathbf{C} = \{x = a + \mathrm{i}b \,|\, a, b \in \mathbf{R}, \mathrm{i} = \sqrt{-1}\}$$

注意，在集合概念中，没有将实数集与一个数轴等同，也没有将复数集 **C** 与一个
复平面等同，因为集合不规定其中各元素之间的相对位置、距离、大小等属性，
而一个数轴或一个复平面已经确定各种元素的空间位置。

  如果集合 X 的全部元素都属于集合 Y，则称 X 是 Y 的**子集**，记作 $X \subseteq Y$ 或
$Y \supseteq X$，否则记作 $X \not\subseteq Y$ 或 $Y \not\supseteq X$。若 $X \subseteq Y$ 但 $Y \not\subseteq X$，则称 X 是 Y 的**真子集**。
规定空集 $\varnothing$ 是一切集的子集。若 $X \subseteq Y$ 且 $Y \subseteq X$，则称 X 与 Y 相等，记作 $X = Y$。
X 与 Y 的并集和交集分别记作 $X \cup Y$ 和 $X \cap Y$，定义为

$$X \cup Y = \{x \,|\, x \in X \text{ 或 } x \in Y\}$$

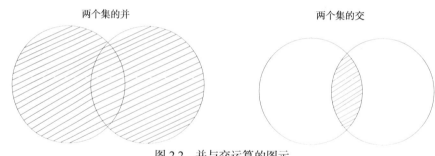

两个集的并　　　　　　　两个集的交

图 2.2　并与交运算的图示

$$X \bigcap Y = \{x \,|\, x \in X \text{ 且 } x \in Y\}$$

由集合 X 的任一元素 x 与集合 Y 的任一元素 y 配成的**序对** (x, y) 所形成的集合称为**积集**，记为

$$X \otimes Y = \{(x, y) \,|\, x \in X, y \in Y\}$$

其中，x、y 分别称为序对 (x, y) 在 X 和 Y 上的**投影**。若一对应规则 f 使得集合 X 中的任一元素 x 对应于集合 Y 中的唯一元素 y，则称 f 为 X 到 Y 的**映射**，记作 $f : X \to Y$。y 称为映射 f 下 x 的象，记作 $y = f(x)$；X 称为 f 的定义域，记作 $D(f)$；$f(X)$ 称为 f 的值域，也记作 $R(f)$；若 $f(X) = Y$，则称 f 是满映射；若关于 X 中的任意两个不同元素 x、x' 有 $f(x) \neq f(x')$，则称 f 为一对一映射或 1-1 映射。

映射具有十分广泛的数学和物理内涵。如果将上述的 X 和 Y 集合都取为实数集 $\mathbf{R}$，则映射就是通常的实函数；如果将 X 取为一元函数 $\varphi_i(t) \cdot (\sin t, \cos t, \tan t, t^2, t^{3/2}, \cdots)$ 的集合，而将 Y 取为实数集 $\mathbf{R}$，则普通积分 $\int_a^b \varphi_i(t) \mathrm{d}t$ 就是一个映射；如果 X 和 Y 都是函数集合，则普通的微商运算也是一个映射。在更广泛的意义上，任何一种运算都是映射。值得关注，如果映射 f 把任意集合 X(不限于实数或复数集，可以是矩阵集合，N 个物体的集合等)中的每个元素 x 都对应于一个实数(或复数)，则 f 被称为定义在集合上的实(或复)函数，这就大大扩展了普通函数概念，在现代分析数学中扮演重要角色。对于一个实际物理体系(例如由十万个原子组成的气体)，如果能够指认(分辨)其中的每一个原子，则可认为该体系是一个集合，能够分别测量每一个原子发射光谱的操作便是一种映射(由原子集合到光谱集合)。当然，播放电影拷贝是更直观的"映射"。

2.2.3　抽象空间

一个给定的集合 X 限定了其中的元素 $x, y, z, \cdots$，但并没有规定元素之间的任何关系。例如关于由一元任意函数 $x, x^{1/2}, x^2, \cdots, \sin x, \cos x, \cdots$ 构成的集合 Φ，我们不能说某两个元素(如 $x^{1/2}$ 与 $\sin x$)之间的距离如何、相对的方位如何。同样，关于实数集 $\mathbf{R}$ 也是如此。我们现在之所以能够谈论 $\mathbf{R}$ 中任意两元素的关系，是因为引入了实数轴概念，即在集合 $\mathbf{R}$ 上引入了一种空间结构。原则上，除这种直线数轴之外，我们可赋予 $\mathbf{R}$ 任何空间结构，例如将任一实数与一条曲线上的一个几何点对应。赋予任意集合一种空间结构具有重要的物理内涵。例如，可将物理系统的波函数 $\varphi_1(\bar{r}), \varphi_2(\bar{r}), \varphi_3(\bar{r}), \cdots$ 看做一个集合，如果赋予该集合一种空间结构，我们便可以谈论物理系统一个态 φ_m 与另一态 φ_n 之间的"方位"和"距离"。

设 $k, l, m, \cdots$ 是数域 P 的一些数，若针对集合 $V(\alpha, \beta, \gamma, \cdots \in V)$ 定义了加法 $\gamma = \alpha + \beta$ (保证了任意两个元素之和仍属于集合 V)和数乘 $\beta = k\alpha$，且满足：

(1) $\alpha + \beta = \beta + \alpha$。

(2) $(\alpha + \beta) + \gamma = \alpha + (\beta + \gamma)$。

(3) V 中含有零元素 $\hat{0}$，$\alpha + \hat{0} = \alpha$。

(4) V 中存在逆元，即若任意 $\alpha \in V$，则总存在 $\beta \in V$ 使得 $\alpha + \beta = 0$。

(5) V 中存在单位元 I，$I\alpha = \alpha$。

(6) $k(l\alpha) = (kl)\alpha$。

(7) $(k + l)\alpha = k\alpha + l\alpha$。

(8) $k(\alpha + \beta) = k\alpha + k\beta$。

则 V 称为数域 P 上的**向量空间**(亦称**线性空间**)，$\alpha, \beta, \gamma, \cdots$ 称为**向量**。V 空间线性独立的向量数目即为该空间的**维数**。

若在向量空间 V 定义了内积 $(\alpha, \beta) = A$(数值)，(若 $P \subseteq R$，则 $A \in R$；若 $P \subseteq C$，则 $A \in C$) 并满足条件：

(1) $(\alpha, \beta) = (\beta, \alpha)^*$。

(2) $(\alpha, \beta + \gamma) = (\alpha, \beta) + (\alpha, \gamma)$。

(3) $(\alpha, k\beta) = k(\alpha, \beta)$。

(4) $(\alpha, \alpha) \geqslant 0$，当且仅当 $\alpha = \hat{0}$ 时，等式成立。

则称 V 为**内积空间**，并且有如下性质：

(1) $(k\alpha, \beta) = k^*(\alpha, \beta)$。

(2) $(\alpha + \beta, \gamma) = (\alpha, \gamma) + (\beta, \gamma)$。

(3) $(\alpha, \hat{0}) = 0$。

定义向量 α 的**模**：$|\alpha| \equiv \sqrt{(\alpha, \alpha)}$，则有

$$|k \cdot \alpha| = |k| \cdot |\alpha|$$

希尔伯特，1862~1943，
德国数学家

$$|(\alpha,\beta)| \leqslant |\alpha| \cdot |\beta|$$

$$|\alpha + \beta| \leqslant |\alpha| + |\beta|$$

向量的正交归一定义：

$$(\alpha,\beta) = \delta_{\alpha,\beta} = \begin{cases} 1, & \alpha = \beta \text{ （归一）} \\ 0, & \alpha \neq \beta \text{ （正交）} \end{cases}$$

对于有限维空间 V：若 $P \in \mathbf{R}$，则称为**欧氏空间**；若 $P \in \mathbf{C}$，则称为**酉空间**。完备、无限维、属于复数域的内积空间即**希尔伯特空间**。

例 2.1 任意函数 $f(x)$，$x \in [a,b]$，若满足 $\int_a^b |f(x)|^2 \mathrm{d}x < \infty$，则称 $f(x)$ 为 $[a,b]$ 区间的平方可积函数，如 $x, x^2, x^3, x^2 - x^3, \sin x, \cos x, \mathrm{i}\sin x$ 等。平方可积函数集合 $\{f(x)\}$ 是希尔伯特空间吗?这取决于我们如何定义其加法、数乘和内积。显然，如果将加法和数乘都按代数常规法则定义，则 $\{f(x)\}$ 为线性空间 $V_{[f(x)]}$。若将内积定义为 $(f_1(x), f_2(x)) = \int f_1^*(x) f_2(x) \mathrm{d}x$，则 $V_{[f(x)]}$ 为希尔伯特空间。至于空间的基矢量，可采用如下正交归一化基：

$$\varphi_n = \frac{1}{\sqrt{a'}} \sin \frac{n\pi}{2a'}(x+a'), \quad n = 1,2,\cdots, \quad a' = \frac{|b-a|}{2}, \quad a \leqslant x \leqslant b$$

思考 若将加法和数乘分别定义为 $f_1 \oplus f_2 = f_1 + \mathrm{i}f_2$，$k \otimes f = f/k$，$\{f(x)\}$ 还是线性空间吗? 若将内积定义为 $(f_1(x), f_2(x)) = \int f_1(x) f_2(x) \mathrm{d}x$ 行吗?

按照上述定义，量子力学中一个给定物理系统的定态波函数 $\varphi_\alpha, \varphi_\beta, \varphi_\gamma, \cdots$ 集合构成了一个内积空间 V，其内积定义是 $(\varphi_\alpha, \varphi_\beta) = \int \varphi_\alpha^* \varphi_\beta \mathrm{d}\tau$。狄拉克将线性空间 V 中的元素 $\alpha, \beta, \gamma, \cdots$ 用右矢表示为 $|\alpha\rangle, |\beta\rangle, |\gamma\rangle, \cdots$，并形象地用一"镜面反射"定义与其对偶的左矢空间 V^+：$\langle\alpha|, \langle\beta|, \langle\gamma|, \cdots$，如图 2.3 所示，其中 C 为一复常数。

令 $$\langle\alpha|\beta\rangle \equiv (\alpha,\beta) \equiv (\varphi_\alpha, \varphi_\beta)$$

则 $$\langle\beta|\alpha\rangle = (\beta,\alpha)$$

$$\langle\alpha|\beta+\gamma\rangle = \langle\alpha|\beta\rangle + \langle\alpha|\gamma\rangle$$

$$\langle\alpha|C\beta\rangle = C\langle\alpha|\beta\rangle$$

$$\langle \alpha C | \beta \rangle = C^* \langle \alpha | \beta \rangle$$

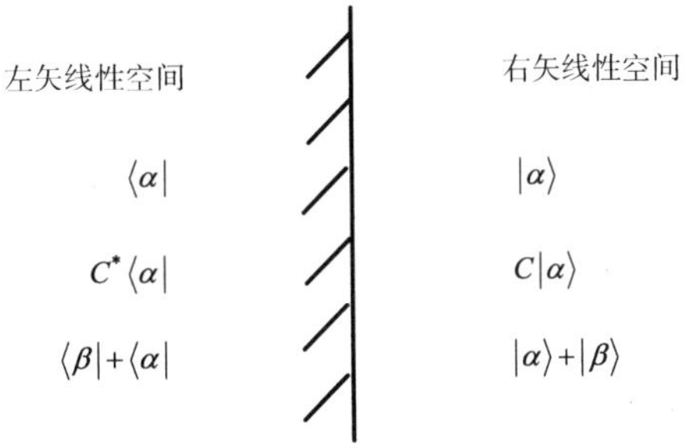

左矢线性空间   右矢线性空间

$$\langle \alpha |$$ $$| \alpha \rangle$$

$$C^* \langle \alpha |$$ $$C | \alpha \rangle$$

$$\langle \beta | + \langle \alpha |$$ $$| \alpha \rangle + | \beta \rangle$$

图 2.3   狄拉克对偶空间图示

注意：$|\alpha\rangle$ 与 $\langle\alpha|$ 属于不同空间的元素，不能相加。若对于任意 $|\beta\rangle$，有 $\langle\alpha|\beta\rangle = 0$，则定义 $\langle\alpha| = \langle 0|$，$|\alpha\rangle = |0\rangle$；若对于任意 $|\beta\rangle$，有 $\langle\alpha_1|\beta\rangle = \langle\alpha_2|\beta\rangle$，则定义 $\langle\alpha_1| = \langle\alpha_2|$。两个元素(向量)的正交归一条件 $(\alpha, \beta) = \delta_{\alpha\beta}$ 可用 $\langle\alpha|\beta\rangle = \delta_{\alpha\beta}$ 表示。

2.2.4 算符

1. 定义

任意算符 A 的作用是将矢量空间 V 中的向量 $|\varphi\rangle$ 变换为同一空间的另一向量 $|\phi\rangle$，即 $|\phi\rangle = A|\varphi\rangle$。算符 A、B 的联合作用定义为

$$(A + B)|\varphi\rangle = A|\varphi\rangle + B|\varphi\rangle$$

$$(AB)|\varphi\rangle = A(B|\varphi\rangle)$$

线性算符 A 满足：

$$A\left(a_1|\varphi_1\rangle + a_2|\varphi_2\rangle\right) = a_1 A|\varphi_1\rangle + a_2 A|\varphi_2\rangle, \qquad a_1, a_2 \text{ 为常数} \tag{2.1}$$

反线性算符 A' 定义为

$$A'\left(a_1|\varphi_1\rangle + a_2|\varphi_2\rangle\right) = a_1^* A'|\varphi_1\rangle + a_2^* A'|\varphi_2\rangle \tag{2.2}$$

算符 A 的函数 $f(A)$ 作用于 $|\varphi\rangle$，应理解为

$$f(A)|\varphi\rangle = \sum_n C_n A^n |\varphi\rangle \tag{2.3}$$

例 2.2   设 a 为复常数，A 为任意算符，则 $\mathrm{e}^{aA} = \sum_{n=0}^{\infty} \dfrac{a^n}{n!} A^n$。 \tag{2.4}

2. 性质

(1) 任意给定 $|\varphi\rangle$，若 $\langle\varphi|A|\varphi\rangle = 0$，则 $A = \hat{0}$。

(2) 任意 $|\varphi\rangle$，若 $\langle\varphi|A|\varphi\rangle = \langle\varphi|B|\varphi\rangle$（充要条件），则 $A = B$。

(3) 若 $[A,B] = C$，则 $\mathrm{e}^A\mathrm{e}^B = \mathrm{e}^{\frac{C}{2}}\mathrm{e}^{A+B}$。

(4) $((\langle\varphi|A)|\phi\rangle = \langle\varphi|(A|\phi\rangle)$。

3. 重要算符

(1) 逆算符：若 $A|\varphi\rangle = |\phi\rangle$，$A$ 的逆 A^{-1} 的作用为 $A^{-1}|\phi\rangle = |\varphi\rangle$，$AA^{-1} = I$（单位算符），容易证明

$$(AB)^{-1} = B^{-1}A^{-1}$$

(2) 转置算符：算符 A 的转置 $\tilde{A}$ 的作用定义为

$$\langle\varphi|\tilde{A}|\phi\rangle = \langle\phi|A|\varphi\rangle \tag{2.5}$$

显然，$\tilde{\tilde{A}} = A$。若 $\tilde{A} = A$，则称 A 为对称算符；若 $\tilde{A} = -A$，则称 A 为反对称算符。

(3) 伴算符：算符 A 的伴算符 A^+ 定义为

$$\langle\varphi|A^+|\phi\rangle = \langle\phi|A|\varphi\rangle^* \tag{2.6}$$

性质：线性算符的伴算符仍为线性算符；$(A^+)^+ = A$；$(AB)^+ = B^+A^+$。

(4) 厄米算符：若 $A^+ = A$，则 A 为厄米算符。反厄米算符：$A^+ = -A$。

对于任意算符 X 有：$X = \dfrac{1}{2}(X + X^+) + \dfrac{1}{2}(X - X^+) = H_X + I_X$，即任意算符都可表示为一个厄米算符 H_X 与一个反厄米算符 I_X 之和。

定理：A 为厄米算符的充要条件是，对于任意 $|\varphi\rangle$，$\langle\varphi|A|\varphi\rangle$ 始终为实数。

(5) 幺正算符(酉算符)：若算符 U 满足 $U^+ = U^{-1}$，则 U 称为幺正(酉)算符，显然

$$U^+U = UU^+ = I$$

性质：幺正算符之积仍为幺正算符。若 $H^+ = H$，α 为实数，则 $U = \mathrm{e}^{\mathrm{i}\alpha H}$ 为幺正算符(请证明)。

(6) 投影算符：设 $\{|e_i\rangle\}$ 为正交归一基，$\langle e_i|e_j\rangle = \delta_{ij}$，投影算符定义为

$$P_i = |e_i\rangle\langle e_i|$$

作用在任意矢量 $|\psi\rangle$：

$$P_i|\psi\rangle = |e_i\rangle\langle e_i|\psi\rangle = \langle e_i|\psi\rangle|e_i\rangle$$

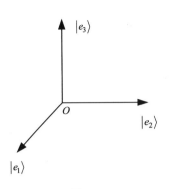

图 2.4

关于投影算符的解释：以 $\{e_i\}$ 为基，对任意态矢 $|\psi\rangle = \sum_i C_i|e_i\rangle$，由 $|e_i\rangle$ 的正交归一关系知 $C_i = \langle e_i|\psi\rangle$，故 P_i 为投向 $|e_i\rangle$ 子空间的投影算符。$P = \sum_i P_i = \sum_i |e_i\rangle\langle e_i|$ 称为**完全投影算符**(也称为**完备性关系**)，等于单位算符 I，因为(图 2.4)

$$P|\psi\rangle = \sum_i |e_i\rangle\langle e_i|\sum_j C_j|e_j\rangle = \sum_i C_i|e_i\rangle = |\psi\rangle$$

练习 证明： $P_i^+ = P_i$ (厄米性)， $P_i^2 = P_i$ (幂等性)。

4. 狄拉克共轭复量规则

狄拉克用一数学符号表达的"反射映射"操作(图 2.5)。

$$\overline{|\varphi\rangle} = \langle\varphi|, \qquad \overline{A} = A^+ \tag{2.7}$$

若 $\langle\varphi|\phi\rangle = C$，则

$$\overline{\langle\varphi|\phi\rangle} = \overline{|\phi\rangle}\ \overline{\langle\varphi|} = \langle\phi|\varphi\rangle = C^*$$

$$\overline{(AB)} = (AB)^+ = B^+A^+ \tag{2.8}$$

$$\overline{(ABC)} = (ABC)^+ = C^+B^+A^+ \tag{2.9}$$

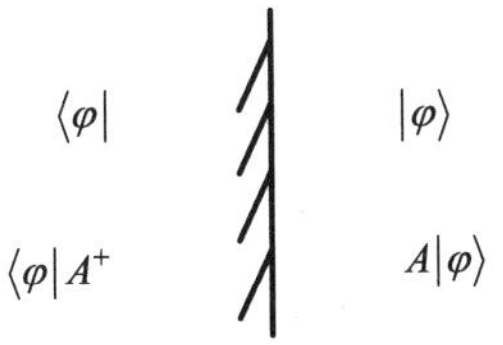

$\langle\varphi|$　　　　　$|\varphi\rangle$

$\langle\varphi|A^+$　　　　$A|\varphi\rangle$

图 2.5

例 2.3 $P_i^+ = \overline{P_i} = \overline{|e_i\rangle\langle e_i|} = \overline{\langle e_i|}\ \overline{|e_i\rangle} = |e_i\rangle\langle e_i| = P_i$。

5. 关于厄米算符的定理

任意算符 A 的本征方程定义为： $A|\varphi\rangle = a|\varphi\rangle$ （a 为复常数）。若 $A^+ = A$ ，则

(1) a 为实数。

(2) 属于不同本征值的本征向量正交。

证明：

$$A|\varphi_m\rangle = a_m|\varphi_m\rangle \tag{2.10}$$

$$A|\varphi_n\rangle = a_n|\varphi_n\rangle, \qquad a_n \neq a_m \tag{2.11}$$

由(2.11)式得

$$\langle\varphi_n|A^+ = a_n\langle\varphi_n| \tag{2.12}$$

用(2.12)式左乘(2.10)式得

$$a_n a_m\langle\varphi_n|\varphi_m\rangle = \langle\varphi_n|A^+A|\varphi_m\rangle = a_m^2\langle\varphi_n|\varphi_m\rangle$$

故

$$a_m(a_n - a_m)\langle\varphi_n|\varphi_m\rangle = 0$$

因为 $a_n \neq a_m$ ，所以

$$\langle\varphi_n|\varphi_m\rangle = 0$$

(3) 在有限维空间中，任意一个厄米算符的全部本征向量构成正交完全集。

6. 算符的分立谱与连续谱

若算符 F 有分立谱： $F|\varphi_n\rangle = f_n|\varphi_n\rangle$ （ f_n 为一些分立常数），则完备性关系为 $P = \sum_n |\varphi_n\rangle\langle\varphi_n| = I$ ，任意态矢 $|\psi\rangle = P|\psi\rangle = \sum_n \langle\varphi_n|\psi\rangle|\varphi_n\rangle$ 。

若算符 A 有连续谱，即 $A|a\rangle = a|a\rangle$ （ a 为连续变化常数），则完备性关系为 $P = \int \mathrm{d}a|a\rangle\langle a| = I$ ，任意态矢 $|\psi\rangle = \int \mathrm{d}a|a\rangle\langle a|\psi\rangle$ ，该态矢在 A 表象的投影 $\langle a'|\psi\rangle = \int \mathrm{d}a\langle a'|a\rangle\langle a|\psi\rangle$ ，即

$$\psi(a') = \int \mathrm{d}a\langle a'|a\rangle\psi(a)$$

故 $\langle a'|a\rangle = \delta(a - a')$ ，此式表明连续谱的本征态只能"归一"为 $\delta(x)$ 函数。若某算符同时具有分立谱和连续谱，则完备性关系为

$$P = \sum_i |a_i\rangle\langle a_i| + \int \mathrm{d}a|a\rangle\langle a| = I$$

其中

$$\langle a_i|a_j\rangle = \delta_{ij}$$

$$\langle a'|a\rangle = \delta(a - a'), \qquad \langle a_i|a\rangle = 0$$

2.2.5 表象理论

前面定义的线性空间，以及在该空间的算符，都是一些抽象的概念，能否用具体的数学表达(譬如矩阵)，将它们表示出来呢？若行，则可带来许多计算方面的方便。现以任意算符 A 的本征态作为基矢，推导 A 算符自身以及其他任意算符的表达。

假定算符 A 的本征矢为 $|i\rangle (i = 1,2,3,\cdots)$，即 $A|i\rangle = \lambda_i|i\rangle$，$\langle i|j\rangle = \delta_{ij}$，则算符 A 在自身表象(以 $|i\rangle$ 为基)表达为

$$A = \begin{pmatrix} \lambda_1 & 0 & 0 & 0 \\ 0 & \lambda_2 & 0 & 0 \\ \vdots & \vdots & \vdots & \vdots \\ 0 & 0 & 0 & \lambda_n \end{pmatrix} \tag{2.13}$$

即算符在自身表象为对角矩阵，矩阵元是相应的本征值。再考虑算符 B：

因为

$$|\varphi'\rangle = B|\varphi\rangle$$

所以

$$\sum_i |i\rangle\langle i|\varphi'\rangle = \sum_{ij} |i\rangle\langle i|B|j\rangle\langle j|\varphi\rangle$$

故

$$\langle i|\varphi'\rangle = \sum_j B_{ij}\langle j|\varphi\rangle$$

其中，$\langle i|\varphi'\rangle$ 的意义显然是 $|\varphi'\rangle$ 在 $|i\rangle$ 上的分量；$B_{ij} = \langle i|B|j\rangle$ 称为算符 B 在 A 表象

的矩阵元。将 $|\varphi\rangle = \sum_j \langle j|\varphi\rangle |j\rangle$ 和 $|\varphi'\rangle = \sum_i \langle i|\varphi'\rangle |i\rangle$ 分别用列矩阵表示为 $\begin{pmatrix} a_1 \\ a_2 \\ \vdots \\ a_n \end{pmatrix}$ 和

$\begin{pmatrix} a'_1 \\ a'_2 \\ \vdots \\ a'_n \end{pmatrix}$，则在 A 表象中算符 B 的作用 $|\varphi'\rangle = B|\varphi\rangle$ 可表示为

$$\begin{pmatrix} a'_1 \\ a'_2 \\ \vdots \\ a'_n \end{pmatrix} = \begin{pmatrix} B_{11} & B_{12} & \cdots & B_{1n} \\ B_{21} & B_{22} & \cdots & B_{2n} \\ \vdots & \vdots & & \vdots \\ B_{n1} & B_{n2} & \cdots & B_{nn} \end{pmatrix} \begin{pmatrix} a_1 \\ a_2 \\ \vdots \\ a_n \end{pmatrix} \tag{2.14}$$

B 的平均值为

$$\langle \varphi|B|\varphi\rangle = \sum_{ij} \langle \varphi|i\rangle \langle i|B|j\rangle \langle j|\varphi\rangle$$

$$= (a_1^*, a_2^*, \cdots, a_n^*) \begin{pmatrix} B_{11} & B_{12} & \cdots & B_{1n} \\ B_{21} & B_{22} & \cdots & B_{2n} \\ \vdots & \vdots & & \vdots \\ B_{n1} & B_{n2} & \cdots & B_{nn} \end{pmatrix} \begin{pmatrix} a_1 \\ a_2 \\ \vdots \\ a_n \end{pmatrix}$$

例 2.4 在希尔伯特空间有一右矢 $|\varphi(t)\rangle$，随时间的演化满足方程为

$i\hbar \dfrac{\partial |\varphi(t)\rangle}{\partial t} = \hat{H}|\varphi(t)\rangle$，其中 $\hat{H}$ 为一算符，现将该方程在 A 算符表象表达：

$$i\hbar \frac{\partial}{\partial t} \left[\sum_i |i\rangle \langle i|\varphi(t)\rangle \right] = \sum_{ij} |i\rangle \langle i|\hat{H}|j\rangle \langle j|\varphi(t)\rangle$$

$$i\hbar \frac{\partial}{\partial t} \left(\sum_i |i\rangle a_i \right) = \sum_{ij} |i\rangle H_{ij} a_j$$

其中，$H_{ij} = \langle i|\hat{H}|j\rangle$；$a_i = \langle i|\varphi(t)\rangle$。比较上式中 $|i\rangle$ 的系数，可得

$$\mathrm{i}\hbar\begin{pmatrix}\dot{a}_1\\\dot{a}_2\\\vdots\\\dot{a}_n\end{pmatrix}=\begin{pmatrix}H_{11}&H_{12}&\cdots&H_{1n}\\H_{21}&H_{22}&\cdots&H_{2n}\\\vdots&\vdots&&\vdots\\H_{n1}&H_{n2}&\cdots&H_{nn}\end{pmatrix}\begin{pmatrix}a_1\\a_2\\\vdots\\a_n\end{pmatrix}\tag{2.15}$$

其中，$\dot{a}_n$ 表示 $\dfrac{\mathrm{d}\,a_n}{\mathrm{d}t}$。若 $\hat{H}$ 不显含时间变量，即 $\dfrac{\partial \hat{H}}{\partial t}=0$，则由上式可得(令 $b_n=a_n\mathrm{e}^{+\mathrm{i}\lambda t/\hbar}$)

$$\begin{pmatrix}H_{11}&H_{12}&\cdots&H_{1n}\\H_{21}&H_{22}&\cdots&H_{2n}\\\vdots&\vdots&&\vdots\\H_{n1}&H_{n2}&\cdots&H_{nn}\end{pmatrix}\begin{pmatrix}b_1\\b_2\\\vdots\\b_n\end{pmatrix}=\lambda\begin{pmatrix}b_1\\b_2\\\vdots\\b_n\end{pmatrix}\tag{2.16}$$

表象变换：若把希尔伯特空间的基矢 $|i\rangle$ 更换，即 $A:\{|i\rangle\}\to B:\{|\alpha\rangle\}$，其中 $|\alpha\rangle$ 是 B 的本征矢($B|\alpha\rangle=b_\alpha|\alpha\rangle$)，那么一般向量及算符的矩阵表达如何变换？

态矢变换：

$$|\varphi\rangle=\sum_i|i\rangle\langle i|\varphi\rangle=\sum_i a_i|i\rangle=\sum_i a_i\sum_\alpha|\alpha\rangle\langle\alpha|i\rangle=\sum_{\alpha i}\langle\alpha|i\rangle a_i|\alpha\rangle$$

令 $b_\alpha=\sum_i\langle\alpha|i\rangle a_i$，则 $|\varphi\rangle=\sum_\alpha b_\alpha|\alpha\rangle$。

由此可见，基矢由 $\{|i\rangle\}$ 变换为 $\{|\alpha\rangle\}$ 后，向量 $|\varphi\rangle$ 在 A 表象的表达 $|\varphi\rangle_A=\begin{pmatrix}a_1\\a_2\\\vdots\\a_n\end{pmatrix}$

变换为 $|\varphi\rangle_B=\begin{pmatrix}b_1\\b_2\\\vdots\\b_n\end{pmatrix}$，即 $|\varphi\rangle_A=U|\varphi\rangle_B$，其中 $U_{\alpha i}=\langle\alpha|i\rangle$ 为幺正矩阵 U 的矩阵元，

显然只需将 B 算符在 A 表象中的本征矢分量 $\langle i|\alpha\rangle$ ($|\alpha\rangle=\sum_i\langle i|\alpha\rangle|i\rangle$) 取复共轭后横向排列即可得到 U 矩阵。

算符变换：在 B 表象中，

$$L_{\alpha\beta} = \langle \alpha | L | \beta \rangle$$
$$= \sum_{ij} \langle \alpha | i \rangle \langle i | L | j \rangle \langle j | \beta \rangle$$
$$= \sum_{ij} U_{\alpha i} L_{ij} U_{\beta j}^*$$

其中，$L_{ij} = \langle i | L | j \rangle$ 是算符 L 在 A 表象的矩阵元。

$$L_B = U L_A U^+ = U L_A U^- \tag{2.17}$$

练习 (1)证明：$U^+ = U^-$。(2)如何将一个矩阵对角化？

2.2.6 位置表象

位置算符 $\hat{x}$ 的本征方程是 $\hat{x} | x \rangle = x | x \rangle$，因此正交关系 $\langle x' | x \rangle = \delta(x - x')$，完备性关系 $\int dx | x \rangle \langle x | = I$。以 $| x \rangle$ 为基，任意矢量 $| \varphi \rangle$ 与 $| \psi \rangle$ 的内积

$$\langle \varphi | \psi \rangle = (\varphi, \psi) = \int \langle \varphi | x \rangle \langle x | \psi \rangle dx = \int \varphi_\alpha^* \psi_\beta dx$$

考虑方程 $i\hbar \dfrac{\partial | \varphi(t) \rangle}{\partial t} = \hat{H} | \varphi(t) \rangle$ 在 x 表象(位置表象)的表达(仅考虑一维情形)：

$$i\hbar \frac{\partial \langle x | \varphi(t) \rangle}{\partial t} = \langle x | \hat{H} | \varphi(t) \rangle \tag{2.18}$$

$$i\hbar \frac{\partial \varphi(x,t)}{\partial t} = \langle x | \hat{H} | \varphi(t) \rangle = \int \langle x | \hat{H} | x' \rangle \langle x' | \varphi(t) \rangle dx' = \int \langle x | \hat{H} | x' \rangle \varphi(x',t) dx' \tag{2.19}$$

若将其中的 $\hat{H}$ 理解为哈密顿算符，$\hat{H} = \dfrac{1}{2m} \hat{p}^2 + V(x)$，则

$$\langle x | \hat{H} | x' \rangle = \langle x | \left(V + \frac{\hat{p}^2}{2m} \right) | x' \rangle = V \delta(x - x') + \frac{1}{2m} \langle x | \hat{p}^2 | x' \rangle \tag{2.20}$$

其中

$$\langle x | \hat{p}^2 | x' \rangle = \int dp dp' \langle x | p \rangle \langle p | \hat{p}^2 | p' \rangle \langle p' | x' \rangle$$

$$= \int \mathrm{d}p\mathrm{d}p' \langle x|p \rangle p'^2 \delta(p-p') \langle p'|x' \rangle$$

$$= \int \mathrm{d}p \langle x|p \rangle p^2 \langle p|x' \rangle$$

称为 $\hat{p}^2$ 在位置表象的矩阵元。因动量算符 $\hat{p}$ 在位置表象中的本征态为 $\langle x|p \rangle = \dfrac{1}{\sqrt{2\pi\hbar}}\mathrm{e}^{ipx/\hbar}$，故上式可写成

$$\langle x|\hat{p}^2|x' \rangle = \frac{1}{2\pi\hbar}\int p^2 \mathrm{e}^{ip(x-x')/\hbar}\mathrm{d}p = -\hbar^2\frac{\partial^2}{\partial x^2}\left[\frac{1}{2\pi\hbar}\int \mathrm{e}^{ip(x-x')/\hbar}\mathrm{d}p\right]$$

$$= -\hbar^2\frac{\partial^2}{\partial x^2}\delta(x-x') \tag{2.21}$$

其中，最后一步应用了 $\delta(x)$ 函数性质：

$$\delta(x-x') = \frac{1}{2\pi}\int \mathrm{e}^{ik(x-x')}\mathrm{d}k = \frac{1}{2\pi\hbar}\int \mathrm{e}^{ip(x-x')/\hbar}\mathrm{d}p$$

将(2.21)式代入(2.20)式，由(2.19)式得

$$\mathrm{i}\hbar\frac{\partial \varphi(x,t)}{\partial t} = \left(-\frac{\hbar^2}{2m}\frac{\partial^2}{\partial x^2} + V\right)\varphi(x,t)$$

练习 在坐标表象求出角动量 $\vec{L} = \vec{r} \times \vec{p}$ 的矩阵元，$\langle x|\vec{L}|x' \rangle$。

2.2.7 向量空间的直和与直积

关于一个刚体球的运动，可用三维向量 $\vec{r}$ 描写其质心运动，而围绕质心的转动可用二维向量 $\vec{L}$ 描写。也就是说刚球的全部运动涉及两个维数不同的空间。能否将两个小空间整合为一个大空间，以达到数学描写的方便？(联想：初等量子力学如何处理电子的空间运动和自旋运动？)

考虑图 2.6 所示的属于同一数域的两个内积空间 $R_1(n_1$ 维) 和 $R_2(n_2$ 维)。由于 R_1 空间的向量 $|\alpha\rangle, |\beta\rangle, \cdots$ 表达为一列 n_1 行矩阵，算符 $\hat{A}, \hat{B}, \hat{C}, \cdots$ 表达为 $n_1 \times n_1$ 阶矩阵，而 R_2 空间的向量 $|\phi\rangle, |\varphi\rangle, \cdots$ 表达为一列 n_2 行矩阵，算符 $\hat{L}, \hat{M}, \hat{N}, \cdots$ 表达为 $n_2 \times n_2$ 阶矩阵，故两个空间的向量与算符不能直接进行矩阵运算。为了数学描写的方便，可将两个空间组装为一个新空间 R。下面先定义组装新空间的两种途径，即"直

和"（$R = R_1 \oplus R_2$）与"直积"（$R = R_1 \otimes R_2$），然后再讨论相关的物理意义。

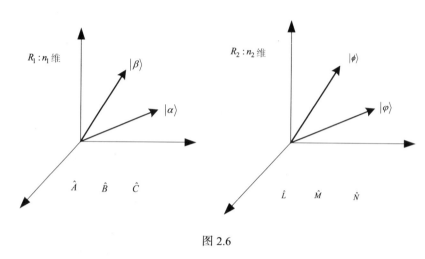

图 2.6

1. 直和空间

$R = R_1 \oplus R_2$，其任意向量定义为 $|\xi\rangle = |\alpha\rangle \oplus |\varphi\rangle$。作为一个向量空间 R，应定义其矢量的加法、数乘等。

加法：设 $|\xi_1\rangle$、$|\xi_2\rangle$ 分别为 R 空间的两个向量，$|\xi_1\rangle = |\alpha_1\rangle \oplus |\varphi_1\rangle$，$|\xi_2\rangle = |\alpha_2\rangle \oplus |\varphi_2\rangle$，定义

$$
\begin{aligned}
|\xi_1\rangle + |\xi_2\rangle &= (|\alpha_1\rangle \oplus |\varphi_1\rangle) + (|\alpha_2\rangle \oplus |\varphi_2\rangle) \\
&= (|\alpha_1\rangle + |\alpha_2\rangle) \oplus (|\varphi_1\rangle + |\varphi_2\rangle)
\end{aligned} \tag{2.22}
$$

数乘：设 a 为任意复数，定义

$$
|\zeta\rangle = a|\xi\rangle = a(|\alpha\rangle \oplus |\varphi\rangle) = a|\alpha\rangle \oplus a|\varphi\rangle \tag{2.23}
$$

内积：

$$
\langle\xi_1|\xi_2\rangle = ((\langle\alpha_1| \oplus \langle\varphi_1|)(|\alpha_2\rangle \oplus |\varphi_2\rangle) = \langle\alpha_1|\alpha_2\rangle + \langle\varphi_1|\varphi_2\rangle \tag{2.24}
$$

零矢：

$$
|0\rangle = |0^1\rangle \oplus |0^2\rangle \tag{2.25}
$$

直和算符的作用：

$$
(A \oplus L)|\xi\rangle = (A \oplus L)(|\alpha\rangle \oplus |\varphi\rangle) = A|\alpha\rangle \oplus L|\varphi\rangle \tag{2.26}
$$

直和空间的维数 $n=n_1+n_2$。假定 R_1 空间的基矢 $\{|v_i\rangle\}$ $(i=1,2,\cdots,n_1)$ 是某厄米算符 $\hat{C}$ 的本征矢，即 $\hat{C}|v_i\rangle=P_i|v_i\rangle$。类似地，$R_2$ 的基矢可取为厄米算符 $\hat{N}$ 的本征矢 $|\varepsilon_m\rangle$ $(m=1,2,\cdots,n_2)$，满足 $\hat{N}|\varepsilon_m\rangle=Q_m|\varepsilon_m\rangle$。由于空间 $R=R_1 \oplus R_2$ 中的任意向量可写为 $|\xi\rangle=|\alpha\rangle \oplus|\varphi\rangle$，故基矢也可构造为类似形式，$\{|v_i\rangle \oplus|0^{(2)}\rangle,|0^{(1)}\rangle \oplus|\varepsilon_m\rangle\}$ $(i=1,2,\cdots,n_1,\ m=1,2,\cdots,n_2)$，其中 $|0^{(1)}\rangle$、$|0^{(2)}\rangle$ 为 R_1、R_2 空间的"0"向量。显然任何 $|\xi\rangle=|\alpha\rangle \oplus|\varphi\rangle$ 都可用新基矢表达为一列 $n(n=n_1+n_2)$ 行矩阵。这一新表象称为 $\hat{N} \oplus \hat{C}$ 表象。

例 2.5　设在二维空间 R_1 有向量和算符 $|\alpha\rangle=\begin{pmatrix}\alpha_1 \\ \alpha_2\end{pmatrix}$，$\hat{A}=\begin{pmatrix}A_{11} & A_{12} \\ A_{21} & A_{22}\end{pmatrix}$，在三维空间 R_2 有向量和算符 $|\varphi\rangle=\begin{pmatrix}\varphi_1 \\ \varphi_2 \\ \varphi_3\end{pmatrix}$，$\hat{L}=\begin{pmatrix}L_{11} & L_{12} & L_{13} \\ L_{21} & L_{22} & L_{23} \\ L_{31} & L_{32} & L_{33}\end{pmatrix}$，则在 $R=R_1 \oplus R_2$ 空间，它们的表达分别是

$$|\alpha\rangle=\begin{pmatrix}\alpha_1 \\ \alpha_2 \\ 0 \\ 0 \\ 0\end{pmatrix}, \qquad |\varphi\rangle=\begin{pmatrix}0 \\ 0 \\ \varphi_1 \\ \varphi_2 \\ \varphi_3\end{pmatrix}, \qquad |\alpha\rangle \oplus|\varphi\rangle=\begin{pmatrix}\alpha \\ \varphi\end{pmatrix}=\begin{pmatrix}\alpha_1 \\ \alpha_2 \\ \varphi_1 \\ \varphi_2 \\ \varphi_3\end{pmatrix}$$

$$\hat{A} \oplus \hat{L}=\begin{pmatrix}A & 0 \\ 0 & L\end{pmatrix}=\begin{pmatrix}A_{11} & A_{12} & 0 & 0 & 0 \\ A_{21} & A_{22} & 0 & 0 & 0 \\ 0 & 0 & L_{11} & L_{12} & L_{13} \\ 0 & 0 & L_{21} & L_{22} & L_{23} \\ 0 & 0 & L_{31} & L_{32} & L_{33}\end{pmatrix}$$

2. 直积空间

$R=R_1 \otimes R_2$，这里假定 R_1 与 R_2 的基矢不变，即

$$R_1: \quad |\alpha\rangle = \sum_i^{n_1} \alpha_i |v_i\rangle, \qquad \hat{C}|v_i\rangle = P_i|v_i\rangle$$

$$R_2: \quad |\varphi\rangle = \sum_m^{n_2} \varphi_m |\varepsilon_m\rangle, \quad \hat{N}|\varepsilon_m\rangle = Q_m|\varepsilon_m\rangle$$

定义直积空间 R 中的向量为 $|\xi\rangle = |\alpha\rangle \otimes |\varphi\rangle = |\alpha\rangle|\varphi\rangle$，即

$$|\xi\rangle = \sum_{i=1}^{n_1}\sum_{m=1}^{n_2} \alpha_i \varphi_m |v_i\rangle|\varepsilon_m\rangle = \sum_{im} \alpha_i \varphi_m |E_{im}\rangle \tag{2.27}$$

其中，$|E_{im}\rangle = |v_i\rangle|\varepsilon_m\rangle$ 定义为 R 空间的基矢。

加法：设 $|\xi_1\rangle = \sum_{im} \alpha_i^1 \varphi_m^1 |E_{im}\rangle$ 和 $|\xi_2\rangle = \sum_{im} \alpha_i^2 \varphi_m^2 |E_{im}\rangle$ 为 R 空间的的两个任意矢量，则

$$|\xi_1\rangle + |\xi_2\rangle = \sum_{im} (\alpha_i^1 \varphi_m^1 + \alpha_i^2 \varphi_m^2)|E_{im}\rangle \tag{2.28}$$

数乘：

$$|\xi'\rangle = a|\xi\rangle = \sum_{im} a\alpha_i \varphi_m |E_{im}\rangle \tag{2.29}$$

内积：

$$|\xi_1\rangle = |\alpha_1\rangle|\varphi_1\rangle, \qquad |\xi_2\rangle = |\alpha_2\rangle|\varphi_2\rangle$$

$$\langle \xi_1 | \xi_2 \rangle = \langle \alpha_1 | \alpha_2 \rangle \langle \varphi_1 | \varphi_2 \rangle \tag{2.30}$$

零矢：

$$|0\rangle = |0^{(1)}\rangle + |0^{(2)}\rangle \tag{2.31}$$

算符：

$$(A \otimes L)|\xi\rangle = (A \otimes L)|\alpha\rangle \otimes |\varphi\rangle = A|\alpha\rangle \otimes L|\varphi\rangle \tag{2.32}$$

维数：

$$n = n_1 \times n_2$$

例 2.6 由上一例中的 R_1、R_2 空间构造直积空间 $R = R_1 \otimes R_2$。

$$|\xi\rangle = |\alpha\rangle \otimes |\varphi\rangle = \begin{pmatrix} \alpha_1\varphi_1 \\ \alpha_1\varphi_2 \\ \alpha_1\varphi_3 \\ \alpha_2\varphi_1 \\ \alpha_2\varphi_2 \\ \alpha_2\varphi_3 \end{pmatrix}$$

$$\begin{aligned} (A \otimes L)_{im,jn} &= \langle E_{im}|A \otimes L|E_{jn}\rangle \\ &= \langle v_i|\langle \varepsilon_m|A \otimes L|v_j\rangle|E_n\rangle \\ &= \langle v_i|A|v_j\rangle\langle \varepsilon_m|L|E_n\rangle \\ &= A_{ij}L_{mn} \end{aligned}$$

$$A \otimes L = \begin{pmatrix} A_{11} & A_{12} \\ A_{21} & A_{22} \end{pmatrix} \otimes \begin{pmatrix} L_{11} & L_{12} & L_{13} \\ L_{21} & L_{22} & L_{23} \\ L_{31} & L_{32} & L_{33} \end{pmatrix} = \begin{pmatrix} A_{11}L & A_{12}L \\ A_{21}L & A_{22}L \end{pmatrix}$$

3. 应用

在物理学应用中选取直和或直积具有完全不同的物理内涵。事实上,三维实空间可看成是三个一维空间的直和,要求三个维度具有"完全平等"的"地位",当坐标架旋转后,任一给定矢量的某一分量(如 x 分量)可以"转移"到另一分量(y 或 z 分量)上去。在相对论空间中,引入时间维度与三维空间维度之"直和"构成四维时空标架(见 3.1 节),意味着任意时空矢量的时间分量可转化为空间分量。也就是说仅仅引入四维时空便引入了新物理。在量子力学中,由于轨道自由度与自旋自由的"地位"相去甚远,故选取直积空间。

2.3 继续 1906 年的故事

又快到 1907 年的校庆了。去年校庆时普朗克教授的报告好像还在眼前,时间真快,别忘了爱因斯坦提出的那个问题。最近数学课上讲授的向量空间能否派上用场?能否用向量场描写电子、光子、质子的运动状态?光子好像太虚,先考虑电子和质子吧。

用一个向量代表电子的一种运动状态,就是说将后者映像成一支箭。经典力学不是常用吗:位置向量 $\vec{r}$、速度向量 $\vec{v}$、力向量 $\vec{F}$。这不行,太机械,不能反

映电子的波动性，也没有"道"味。这样吧，用一个向量代表那个"道"场加上电子的状态，$|道+e\rangle$，或简单一些就用$|\psi\rangle$表示。这应是多少维的线性空间呢？三种可能：0 维(0-D)、一维(1-D)、无限维。0-D 排除，因为它代表无，留下 1-D 和无限维。那么，如果上帝选取 1-D，为什么不选取 2-D, 3-D,…呢？看来只能是无限维了。无限维怎样运算呢？先用 N 维，然后再拓展至无限维。显然(电子+道场)这一复合体不可能永远不变，故引入时间变量 t，即$|\psi\rangle=|\psi(t)\rangle$，它随时间如何变化呢？也就是说$\dfrac{\mathrm{d}|\psi(t)\rangle}{\mathrm{d}t}=$？

按照分析力学，体系状态可由其哈密顿量 $H=T+V(\bar{r})$ 唯一确定，有理由猜测$\dfrac{\mathrm{d}|\psi(t)\rangle}{\mathrm{d}t}=f(H)$。现在的情况有所不同，在经典力学中 $H=T+V(\bar{r})=\dfrac{p^2}{2m}+V(\bar{r})$ 是体系的总能量 E。而按现在假设，E 应与$|\psi(t)\rangle$ 密切相关，因此上式应写为$\dfrac{\mathrm{d}|\psi(t)\rangle}{\mathrm{d}t}=f(H,|\psi(t)\rangle)$，然而如何确定函数 $f(H,|\psi(t)\rangle)$ 的具体形式呢？可提出几个要求：

(1) 方程应能够给出自由电子的平面波解，类似于 $Ce^{\mathrm{i}(kx-\omega t)}$，因为自由光子的解就是这个样子。

(2) 方程应能够给出氢原子的光谱。

显然，只要想到这一步，不出几年时间就可能得到薛定谔方程，从而使得量子力学提前二十年诞生。怕就怕半途而废!

2.4　量子力学基本原理

(1) 物理系统的状态由希尔伯特空间的态矢量$|\psi(t)\rangle$描写，它满足：

$$\mathrm{i}\hbar\frac{\partial|\psi(t)\rangle}{\partial t}=\hat{H}|\psi(t)\rangle \tag{2.33}$$

其中，$\hat{H}$ 为系统哈密顿量算符。注意，这是在抽象空间(没有选取具体表象)的薛定谔方程，它描写希尔伯特空间的矢量$|\psi(t)\rangle$随时间的演化。态矢量$|\psi(t)\rangle$在位置表象的表达 $\psi(\bar{x},t)=\langle\bar{x}|\psi(t)\rangle$ 即是通常所谓的波函数，其模平方$|\psi(\bar{x},t)|^2$ 正比于粒子在空间点 $\bar{x}$ 出现的概率(玻恩统计诠释)。

(2) 物理系统的力学量由厄米算符描写。对于一个可用 N 个广义坐标 q_1，q_2，…，q_N 描写的体系，先由体系拉格朗日函数 $L(q_i,\dot{q}_i)$ 求出正则动量 $p_i=\dfrac{\partial L}{\partial \dot{q}_i}$，

再将经典物理量 F 用正则变量 (q_i, p_i) 表达，$F = F(q_i, p_i)$，然后将 q_i、p_i 换为算符，即 $q_i \to \hat{q}_i$，$p_i \to \hat{p}_i$，它们满足对易关系 $[\hat{q}_i, \hat{p}_i] = \mathrm{i}\hbar\delta_{ij}$，由此的得到力学量算符 $\hat{F}(\hat{q}_i, \hat{p}_i)$。值得注意，将坐标 q_i 换为算符 $\hat{q}_i$ 似乎没有作任何改变(与 $p_i \to \hat{p}_i \to -\mathrm{i}\hbar\dfrac{\partial}{\partial q_i}$ 不同)。然而，物理含义发生了质的改变，$\hat{q}_i$ 不再是描写粒子空间位置的物理量，只是对空间点的描写。

很多力学量(动量、角动量、自旋)算符不是时间 t 的显函数，但主宰体系演化的哈密顿算符 $\hat{H}$ 是一例外，它通常是时间的显函数。需要强调，在一般坐标系中的量子化程序并没有完美的答案，因为有些正则坐标或动量不具有量子力学算符的意义。因此，在进行一些构架性的基本讨论时应尽可能使用笛卡儿坐标系。

(3) 对于给定的一个物理体系(例如自由空间中的电子)进行一次力学量 $F(q_i, p_i)$(如动量、能量、角动量、自旋、空间位置等)的测量，所得结果只能是算符 $\hat{F}(q_i, p_i)$ 可能的本征值 f_n 之一 ($n = 1, 2, 3, \cdots$)，并且体系随之处于相应的本征态 $|\varphi_n\rangle$ $\left[\hat{F}(q_i, p_i)|\varphi_n\rangle = f_n|\varphi_n\rangle\right]$。也就是说，无论测量前体系的态矢量 $|\psi(t)\rangle$ 如何，测量后必然"坍缩"到测量所对应的算符 $\hat{F}(q_i, p_i)$ 的本征态之一。以自由电子为例，测量前的态矢在位置表象中可能是动量为 $\bar{p}$ 的平面波 $\psi_{\bar{p}} = A\mathrm{e}^{\mathrm{i}(\bar{p}\cdot\bar{r} - Et)/\hbar}$，也可能是无数多平面波叠加所形成的波包 $\psi(\bar{r}, t) = B\int_{-\infty}^{\infty} g(\bar{p})\mathrm{e}^{\mathrm{i}(\bar{p}\cdot\bar{r} - Et)/\hbar}\mathrm{d}\bar{p}$，其中 $g(\bar{p})$ 为任意连续函数。对其动量 $\bar{p}$ 测量后，自由电子必然处于算符 $\hat{\bar{p}}$ 的某一本征态 $\psi_{\bar{p}'} = A\mathrm{e}^{\mathrm{i}(\bar{p}'\cdot\bar{r} - Et)/\hbar}$；若对其轨道角动量 L_z 分量进行测量，所得结果必然是 $m\hbar$ (m 可能取任一整数)，测量后电子处于 L_z 的本征态 $\varphi_m = A\mathrm{e}^{\mathrm{i}m\varphi}$。

对于由无限多相同物理体系(例如封闭在一个体积为 $1\mathrm{cm}^3$ 的方盒子中的一百万个氢原子，若忽略原子间的碰撞和相互作用，则可被认为是一百万个相同的物理体系)所组成的系综。若其态矢量 $|\psi(t)\rangle$ 已知，则对任意力学量 $F(q_i, p_i)$ 进行测量的量子力学平均是

$$\overline{F} = \langle\psi(t)|\hat{F}(\hat{q}_i, \hat{p}_i)|\psi(t)\rangle = \sum_n |c_n(t)|^2 f_n \tag{2.34}$$

其中，$|c_n(t)|^2$ 代表出现 $|\varphi_n\rangle$ 本征态的概率，且 $c_n(t)$ 满足：

$$|\psi(t)\rangle = \sum_n c_n(t)|\varphi_n\rangle \tag{2.35}$$

也可以这样理解，测量过程破坏了(2.35)式中各个展开系数 $c_n(t)$ 之间的确定相位关系，导致一个纯系综蜕化为混合系综(关于混合系综的进一步讨论见 2.6 节)。

(4) 由 N 个全同粒子组成的体系的态矢量 $|\psi(1,2,\cdots,j,k,\cdots,t)\rangle$，关于任意两个粒子的交换具有对称性(玻色子)或反对称性(费米子)：

$$|\psi(1,2,\cdots,j,k,\cdots,t)\rangle = \pm|\psi(1,2,\cdots,k,j,\cdots,t)\rangle \tag{2.36}$$

量子力学关于测量的诠释具有深远的物理及哲学内涵。首先，(2.35)式隐含了这样一个假设，即在数学相等的意义上，$|\varphi_n\rangle$ $(n=1,2,\cdots)$ 足以将 $|\psi(t)\rangle$ 进行展开。然而，可能有这样的测量，它所对应的力学量算符 $\hat{F}'$ 的本征态 $|\varphi_n'\rangle$ 不能使(2.35)式完全成立。例如，可以设计图 2.7 所示的动量测量仪，即在圆柱管中间部位放置一晶体，其晶面间距为 $2a$。圆柱管两端的轴线上分别开有等大的小圆孔，以保证入射和出射的粒子径迹都垂直于晶面。沿轴线设坐标 x 轴，则动量算符的本征方程是

$$-i\hbar\frac{d\varphi(x)}{dx} = p\varphi(x) \tag{2.37}$$

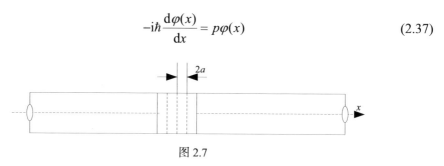

图 2.7

因此 $\varphi(x) = A\mathrm{e}^{ipx/\hbar}$。考虑到晶面的空间周期为 $2a$，因此 $\varphi(x)$ 的周期也为 $2a$，故动量 p 只能取分立值

$$p_n = \frac{n\pi\hbar}{a}, \qquad n = \pm1,\pm2,\pm3,\cdots \tag{2.38}$$

相应的本征态为

$$\varphi_n(x) = \frac{1}{\sqrt{2a}}\mathrm{e}^{ip_nx/\hbar} \tag{2.39}$$

根据波叠加原理，采用类似于法布里-珀罗干涉仪的分析方法，当粒子沿平行 x 轴的方向进入测量仪后，出射粒子的动量只可能是某一 p_n 值。也就是说，与图 2.7 所示测量仪相应的动量算符的本征态是(2.39)式。我们可以使用该仪器测量任何状态 $|\psi(t)\rangle$ 粒子的动量，但是不能保证 $\psi(x,t) = \sum_n c_n(t)\varphi_n(x)$。然而，使用上述仪器的测量后果仍然是，体系波函数 $\psi(x,t)$ 坍缩到某一本征态 $\varphi_n(x)$，相应的测量值是 p_n。

下面考虑宽度为 a 的一维无限深势阱中的一个处于基态的电子，其波函数

$$\psi_1(x) = \sqrt{\frac{2}{a}} \sin \frac{\pi x}{a}, \quad 0 \leqslant x \leqslant a \tag{2.40}$$

如果使用图 2.7 所示仪器测量，在区间 $(0 \leqslant x \leqslant a)$ 可将 $\psi_1(x)$ 展开为 $\varphi_n(x)$ 的线性叠加

$$\begin{aligned}
\psi_1(x) &= \frac{1}{2\mathrm{i}} \sqrt{\frac{2}{a}} \left(\mathrm{e}^{\mathrm{i}\pi x/a} - \mathrm{e}^{-\mathrm{i}\pi x/a} \right) \\
&= \frac{1}{\mathrm{i}} \left(\sqrt{\frac{1}{2a}} \mathrm{e}^{\mathrm{i}\pi x/a} - \sqrt{\frac{1}{2a}} \mathrm{e}^{-\mathrm{i}\pi x/a} \right) \\
&= \mathrm{i}\varphi_{-1} - \mathrm{i}\varphi_1 \tag{2.41}
\end{aligned}$$

显然，测量结果应该是动量为 $\dfrac{\pi\hbar}{a}$ 或 $-\dfrac{\pi\hbar}{a}$ 的概率各占 50%。注意，在区间 $(0 \leqslant x \leqslant a)$ 之外 (2.41) 式不成立。

如果测量使用了另一种仪器，它是一个足够长的空心筒，能够分别记录电子从左端进入而从右端射出的时刻(从而确定电子的动量)，则应该作这样的展开：

$$\psi_1(x) = \frac{1}{\sqrt{2\pi\hbar}} \int_{-\infty}^{\infty} \varphi(p) \mathrm{e}^{\mathrm{i}px/\hbar} \mathrm{d}p \tag{2.42}$$

因为这一动量测量仪的本征态矢 $\varphi_p(x) = (2\pi\hbar)^{-1/2} \mathrm{e}^{\mathrm{i}px/\hbar}$ (本征谱 p 连续)。所以，测量中任何动量值 p 都可能出现，其概率为[注意，求解 $\varphi(p)$ 时 $\psi_1(x)$ 的区间不是无限大]

$$|\varphi(p)|^2 = \frac{4\pi\hbar^3}{a^3} \cos^2\left(\frac{pa}{2\hbar}\right) \left[p^2 - \left(\frac{\pi\hbar}{a}\right)^2 \right]^{-2} \tag{2.43}$$

问题来了，对于同一存在(处于基态的电子)的不同测量给出了完全不同的结果，你相信哪一种结果？在历史上爱因斯坦、泡利和汤川秀树认为(2.41)式正确，朗道则认同(2.43)式[①]。更耐人寻味的是，对于一个具体的物理体系，测量前粒子到底处于什么状态(动量、角动量、自旋取何值)？在这方面目前仍有很多的争论，不过有一点是肯定的，即一般的测量必然改变客体的状态。

---

① 近年来仍有相关讨论，见倪光炯，陈苏卿. 2004. 高等量子力学. 2 版. 上海：复旦大学出版社：450.

2.5 量子力学绘景

2.5.1 绘景

预测量子系统的未来特性是量子力学的主要任务之一。在 2.4 节中，所用绘景是体系态矢量 $|\psi(t)\rangle$ 随时间演化，而力学量算符(动量、角动量)不随时间变化。可以作这样的比喻，这些算符类似于一些放置在不同固定方位的反射镜，能够从不同角度映射出被观测体系随时间演化的特性。这便是薛定谔绘景，类似于这样的经典力学绘景，即物理系统的状态随时间演化，而力学量(如动量、角动量、能量)的数学表达公式与时间无关，这些力学量的**值**随时间的变化仅仅是因为系统的状态发生了变化。

在经典力学中可以有另一种不同的绘景，即认为给定的物理体系在本质上没有改变，只是体系的力学量 $F(p,q,t)$ 在变化，并满足方程：

$$\frac{\mathrm{d}F}{\mathrm{d}t} = \{H,F\} + \frac{\partial F}{\partial t} \tag{2.44}$$

其中，泊松括号

$$\{A,B\} = \frac{\partial A}{\partial p}\frac{\partial B}{\partial q} - \frac{\partial B}{\partial p}\frac{\partial A}{\partial q} \tag{2.45}$$

与这种经典绘景对应的量子力学绘景是所谓的海森伯绘景，即认为体系态矢 $|\psi\rangle$ 不随时间演化，但力学量算符随时间演化，并满足：

$$\frac{\mathrm{d}\hat{F}}{\mathrm{d}t} = \frac{\mathrm{i}}{\hbar}\left[\hat{H},\hat{F}\right] + \frac{\partial \hat{F}}{\partial t} \tag{2.46}$$

它来自(2.44)式，只需将其中的泊松括号换为 $\frac{\mathrm{i}}{\hbar}\left[\hat{H},\hat{F}\right]$。这种替换规律即所谓的海森伯对应原理，其依据是：在经典力学中对坐标 q 与动量 p 应用(2.45)式，有

$$\left.\begin{array}{l} \{p_i,q_j\} = \delta_{ij} \\ \{p_i,p_j\} = \{q_i,q_j\} = 0 \end{array}\right\} \tag{2.47}$$

作对应原理替换后，有

$$\left.\begin{array}{l} \left[\hat{q}_{jH}(t),\hat{p}_{iH}(t)\right] = \mathrm{i}\hbar\delta_{ij} \\ \left[\hat{p}_{iH}(t),\hat{p}_{jH}(t)\right] = \left[\hat{q}_{iH}(t),\hat{q}_{jH}(t)\right] = 0 \end{array}\right\} \tag{2.48}$$

此即海森伯绘景中坐标和动量算符 $\hat{q}_H(t)$、$\hat{p}_H(t)$ 的对易关系。

在海森伯绘景中，力学量算符 $\hat{F}(p,q,t)$ 大都显含时间[(2.46)式]，其量子力学平均为

$$F \equiv {}_H\langle\psi|\hat{F}(p,q,t)|\psi\rangle_H \tag{2.49}$$

其中

$$\frac{\partial|\psi\rangle_H}{\partial t} = 0 \tag{2.50}$$

除上述两种绘景外，还有其他绘景(见下文)。

2.5.2 时间演化算符

在薛定谔绘景中，如何精确求解系统态矢 $|\psi\rangle$ 随时间的演化是长期以来困扰物理学家的棘手问题。若哈密顿算符 $\hat{H}$ 不显含时间 t，则由薛定谔方程(2.33)知 t_a 时刻的态矢 $|\psi(t_a)\rangle$ 将演化为 t_b 时刻的态矢

$$|\psi(t_b)\rangle = \hat{U}(t_b,t_a)|\psi(t_a)\rangle \tag{2.51}$$

其中

$$\hat{U}(t_b,t_a) = e^{-i(t_b-t_a)\hat{H}/\hbar} \tag{2.52}$$

称为时间演化算符。显然，它是幺正算符(参见 2.2.4 节)

$$\hat{U}^+(t_b,t_a) = e^{i(t_b-t_a)\hat{H}/\hbar} = \hat{U}^{-1}(t_b,t_a) = \hat{U}(t_a,t_b) \tag{2.53}$$

在这种情况下，求解态矢的时间演化问题比较简单。然而，通常面临的大量问题是，$\hat{H}$ 显含时间 $\left(\dfrac{\partial\hat{H}}{\partial t}\neq 0\right)$ (例如激光场与原子相互作用势的哈密顿算符，见 1.1.4 节)，$\hat{U}(t_b,t_a)$ 的表达不再像(2.52)式那样简单。将(2.51)式代入(2.33)式得

$$i\hbar\frac{\partial\hat{U}}{\partial t} = \hat{H}(t)\hat{U} \tag{2.54}$$

应用初始条件 $\hat{U}(t_a,t_a)=1$ 得到形式解：

$$\hat{U}(t_b, t_a) = 1 - \frac{i}{\hbar} \int_{t_a}^{t_b} \hat{H}(t)\hat{U}(t, t_a)dt, \qquad t_b > t_a \qquad (2.55)$$

所谓形式解是指上式右侧仍包含待求解的算符 $\hat{U}(t, t_a)$。采用逐级迭代法可得到戴森(Dyson)级数解。具体步骤是，以零级近似 $\hat{U}^{(0)} = 1$ 代入(2.55)式右侧得到一级近似解：

$$\hat{U}^{(1)}(t_b, t_a) = 1 - \frac{i}{\hbar} \int_{t_a}^{t_b} \hat{H}(t_1)dt_1 \qquad (2.56)$$

再以此代入(2.55)式得到二级近似：

$$\hat{U}^{(2)}(t_b, t_a) = 1 - \frac{i}{\hbar} \int_{t_a}^{t_b} \hat{H}(t_1)dt_1 + \left(-\frac{i}{\hbar}\right)^2 \int_{t_a}^{t_b} dt_2 \int_{t_a}^{t_2} dt_1 \hat{H}(t_2)\hat{H}(t_1)$$

重复迭代得戴森级数

$$\hat{U}(t_b, t_a) = 1 + \left(-\frac{i}{\hbar}\right) \int_{t_a}^{t_b} \hat{H}(t_1)dt_1 + \left(-\frac{i}{\hbar}\right)^2 \int_{t_a}^{t_b} dt_2 \int_{t_a}^{t_2} dt_1 \hat{H}(t_2)\hat{H}(t_1)$$
$$+ \left(-\frac{i}{\hbar}\right)^3 \int_{t_a}^{t_b} dt_3 \int_{t_a}^{t_3} dt_2 \int_{t_a}^{t_2} dt_1 \hat{H}(t_3)\hat{H}(t_2)\hat{H}(t_1) + \cdots \qquad (2.57)$$

此式有明显的规律，可以方便地写出任意高阶项。但是，实际应用此表达求解态矢量时会遇到许多麻烦，因为多重积分的上限不相同。以该式右侧的第三项为例，积分

$$I_2 = \int_{t_a}^{t_b} dt_2 \int_{t_a}^{t_2} dt_1 \hat{H}(t_2)\hat{H}(t_1) \qquad (2.58)$$

对应于图 2.8 所示 t_1-t_2 平面上阴影部分的积分，当给定 t_2 后，t_1 变化范围从 t_a 到 t_2。如果变量 t_1 的积分上下限是常数(如 t_b、t_a)而不是积分变量 t_2，那么重积分便蜕化为两个单积分之积，使计算量大大减小。现将 t_1 积分上限换为 t_b，则积分

$$\int_{t_a}^{t_b} dt_2 \int_{t_a}^{t_b} dt_1 \hat{H}(t_2)\hat{H}(t_1) \qquad (2.59)$$

比 I_2 多出了另一部分

$$I_2' = \int_{t_a}^{t_b} dt_2 \int_{t_2}^{t_b} dt_1 \hat{H}(t_2)\hat{H}(t_1) \qquad (2.60)$$

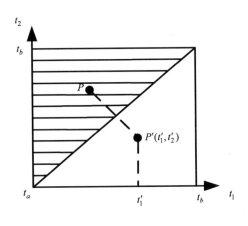

图 2.8

对应于图 2.8 所示 t_1-t_2 平面空白三角形区域的积分。在这个空白三角形内任意给定一点 $P'(t_1', t_2')$，以三角形斜边为镜面必然可在阴影三角形内找到一镜像点 P，其坐标值为 (t_2', t_1')，因为两个 45° 三角形全等。由于 P'、P 两点上的被积"函数值"分别为 $\hat{H}(t_2')\hat{H}(t_1')$、$\hat{H}(t_1')\hat{H}(t_2')$，因此只要不同时刻的哈密顿算符对易，即 $\hat{H}(t_2')\hat{H}(t_1') = \hat{H}(t_1')\hat{H}(t_2')$，则 $I_2' = I_2$，因此有

$$I_2 = \frac{1}{2} \int_{t_a}^{t_b} \mathrm{d}t_2 \int_{t_a}^{t_b} \mathrm{d}t_1 \hat{H}(t_2)\hat{H}(t_1) = \frac{1}{2} \left[\int_{t_a}^{t_b} \mathrm{d}t_2 \hat{H}(t_2) \right]\left[\int_{t_a}^{t_b} \mathrm{d}t_1 \hat{H}(t_1) \right] \tag{2.61}$$

在有些情况下，不同时刻的哈密顿算符不对易，即 P' 点上的被积"函数值" $\hat{H}(t_2')\hat{H}(t_1')$ 不等于 P 点上的 $\hat{H}(t_1')\hat{H}(t_2')$。为了使(2.61)式仍然成立，只需要将 P' 点上的被积"函数值" $\hat{H}(t_2')\hat{H}(t_1')$ "人为"地调整为 $\hat{H}(t_1')\hat{H}(t_2')$ 即可。这一操作实质上是对算符的时间序进行了重排，即始终保证(2.61)式中时间后序的算符始终位于时间前序算符的左侧，从而可保证(2.61)式的正确性[因为(2.58)式中的积分中 t_2 始终大于 t_1]。因此，引入时间**排序算符**(time-ordering operator) $\hat{T}$，其作用是对 n 个算符乘积 $\hat{O}_n(t_n)\cdots\hat{O}_2(t_2)\hat{O}_1(t_1)$ 的左右相邻次序按时间排序：

$$\hat{T}\left(\hat{O}_n(t_n)\cdots\hat{O}_2(t_2)\hat{O}_1(t_1)\right) \equiv \hat{O}_{in}(t_{in})\cdots\hat{O}_{i2}(t_{i2})\hat{O}_{i1}(t_{i1}) \tag{2.62}$$

使得(2.53)式中 $t_{in} > t_{in-1} > \cdots > t_{i2} > t_{i1}$。应用 $\hat{T}$ 算符，类似于(2.61)式的表达可写为

$$I_2 = \frac{1}{2!} \hat{T} \int_{t_a}^{t_b} \mathrm{d}t_2 \int_{t_a}^{t_b} \mathrm{d}t_1 \hat{H}(t_2)\hat{H}(t_1) \tag{2.63}$$

对于(2.57)式中的三重以上积分应用类似的方法，可得

$$\hat{U}(t_b,t_a) = 1 + \left(\frac{-i}{\hbar}\right)\int_{t_a}^{t_b} dt_1 \hat{H}(t_1) + \left(\frac{-i}{\hbar}\right)^2 \frac{\hat{T}}{2!}\int_{t_a}^{t_b} dt_2 \int_{t_a}^{t_b} dt_1 \hat{H}(t_2)\hat{H}(t_1)$$

$$+ \left(\frac{-i}{\hbar}\right)^3 \frac{\hat{T}}{3!}\int_{t_a}^{t_b} dt_3 \int_{t_a}^{t_b} dt_2 \int_{t_a}^{t_b} dt_1 \hat{H}(t_3)\hat{H}(t_2)\hat{H}(t_1) + \cdots \quad (2.64)$$

上式又通常被简写为

$$\hat{U}(t_b,t_a) = \hat{T}\exp\left[-\frac{i}{\hbar}\int_{t_a}^{t_b} dt\hat{H}(t)\right] \quad (2.65)$$

时间演化算符具有如下性质：

(1) 分解律：如果 $\hat{H}$ 不显含时间，由(2.43)式易见：

$$\hat{U}(t_b,t_a) = \hat{U}(t_b,t)\hat{U}(t,t_a) \quad (2.66)$$

下面证明此式对含时 $\hat{H}$ 同样成立：

$$\hat{T}\exp\left[-\frac{i}{\hbar}\int_{t}^{t_b} d\tau\hat{H}(\tau)\right] \cdot \hat{T}\exp\left[-\frac{i}{\hbar}\int_{t_a}^{t} d\tau\hat{H}(\tau)\right]$$

$$= \hat{T}\exp\left[-\frac{i}{\hbar}\int_{t}^{t_b} d\tau\hat{H}(\tau)\right] \cdot \exp\left[-\frac{i}{\hbar}\int_{t_a}^{t} d\tau\hat{H}(\tau)\right]$$

$$= \hat{T}\exp\left[-\frac{i}{\hbar}\int_{t_a}^{t_b} d\tau\hat{H}(\tau)\right]$$

(2) 幺正性：对于 $\hat{H}$ 不含时的情况，由(2.43)式易见时间演化算符的幺正性：

$$\hat{U}^{+}(t_b,t_a) = \hat{U}(t_b,t_a)^{-1}, \qquad t_b > t_a \quad (2.67)$$

可以证明该幺正性普遍成立。

2.5.3 绘景变换

利用 $\hat{U}(t,t_0)$ 算符(2.65)式对薛定谔绘景中的态矢 $|\psi_S(t)\rangle$、算符 $\hat{A}_S$ 作如下变换：

$$|\psi_H\rangle = U^{+}(t,t_0)|\psi_S(t)\rangle = |\psi_S(t_0)\rangle \quad (2.68)$$

$$\hat{A}_H(t) = U^{+}(t,t_0)\hat{A}_S U(t,t_0) \quad (2.69)$$

则有 $\dfrac{\partial |\psi\rangle_H}{\partial t} = 0$，并可证明

$$\frac{\mathrm{d}\hat{A}_H}{\mathrm{d}t} = \frac{\mathrm{i}}{\hbar}\left[\hat{A}_H, \hat{H}_H\right] + \left(\frac{\partial \hat{A}}{\partial t}\right)_H \tag{2.70}$$

这正是海森伯绘景中算符满足的方程(2.46)。注意，(2.70)式中 $\left(\dfrac{\partial \hat{A}}{\partial t}\right)_H = U^+ \dfrac{\partial \hat{A}_S}{\partial t} U$。

因此(2.68)和(2.69)式建立了海森伯绘景与薛定谔绘景之间的联系。显然，与薛定谔绘景明显的区别是海森伯绘景中的态矢不随时间变化，但是算符大都是时间的显函数。注意，如果薛定谔绘景中的哈密顿算符 $\hat{H}_S$ 不显含时间 $\left(\dfrac{\partial \hat{H}_S}{\partial t} = 0\right)$，则有 $\hat{H}_H = \hat{H}_S$。

在有些情况下，将系统哈密顿量分解为 $\hat{H} = \hat{H}_0 + \hat{H}'$ 会带来方便，其中 $\hat{H}'$ 代表复杂相互作用。令 $U_0(t, t_0)$ 满足方程：

$$\mathrm{i}\hbar\frac{\mathrm{d}}{\mathrm{d}t}U_0(t, t_0) = \hat{H}_0 U_0(t, t_0) \tag{2.71}$$

并令

$$\left|\psi_I(t)\right\rangle = U_0^+(t, t_0)\left|\psi_S(t)\right\rangle \tag{2.72}$$

$$\hat{A}_I = U_0^+(t, t_0)\hat{A}_S U_0(t, t_0) \tag{2.73}$$

则可证明

$$\mathrm{i}\hbar\frac{\mathrm{d}}{\mathrm{d}t}\left|\psi_I(t)\right\rangle = \hat{H}_I' \left|\psi_I(t)\right\rangle \tag{2.74}$$

$$\mathrm{i}\hbar\frac{\mathrm{d}}{\mathrm{d}t}\hat{A}_I(t) = \left[\hat{A}_I(t), H_{0I}\right] + \mathrm{i}\hbar\left(\frac{\partial \hat{A}}{\partial t}\right)_I \tag{2.75}$$

此即所谓的**相互作用绘景**，这里态矢和力学量算符都随时间演化。显然 t_0 时刻薛定谔绘景、海森伯绘景与相互作用绘景三者重合。

2.6 密度矩阵理论

2.6.1 问题的提出

在经典力学和量子力学中，若体系涉及两个质点的相互作用(例如氢原子中的质子和电子)，通常可采用质心坐标系将这一两体问题转化为单体问题而得到精确解。然而，经常面临的是涉及大量原子分子相互作用的多体问题，例如超导过程，激光的产生、种子的发育、钻石的生长(参见第 5 章)等都涉及 10^{23} 数量级的电子、原子核相互作用体系。无论是经典力学还是量子力学都不能精确求解涉及如此多体的动力学方程(牛顿力学方程或薛定谔方程)，因此采用了各种近似方法。以 He-Ne 激光器为例，虽然数不清的气体 He 原子和 Ne 原子被封闭在玻璃管中，但人们采用量子力学仅仅描写一个 Ne 原子中电子的运动，即认为一个 Ne 原子便是一个量子体系。玻璃管中的大量 Ne 原子便形成了一个量子系综，这个系综产生波长 632.8nm 的激光。显然，这个量子系综的各个体系(各个 Ne 原子)之间以及各个体系与 He 原子之间有随机碰撞，它可导致 Ne 原子中的电子从基态跃迁到激发态或从激发态跃迁到基态，也可能只是影响体系波函数的相干性而不诱发能态之间的跃迁。例如，若波函数 $\Psi(t) = C_1\varphi_1 + C_2\varphi_2$ 是基态波函数 φ_1 和第一激发态函数 φ_2 的叠加态，碰撞可能导致 C_1、C_2 的相位差随机改变。想想看，如何将这些碰撞作用以及自发辐射，以算符形式加入到 Ne 原子的哈密顿算符[关于 10 个电子的哈密顿算符： $\hat{H} = \sum_{n=1}^{10}\left(-\frac{\hbar^2}{2m}\nabla_n^2 - \frac{10e^2}{r_n}\right) + \sum_{i<j}^{10}\frac{e^2}{r_{ij}}$]来求解体系的时间演化问题？

上述问题，只涉及一个纯量子系综内部各系统之间的相互作用问题。所谓**纯系综**是指可用一个波函数描写的无限多量子体系，而**混合系综**则不能用同一波函数描写。例如，1.1 节中讨论的激光与 ^{238}U 原子的相互作用过程，就必须用混合系综描写。一般来说，如果一个物理系统处于纯系综 $\Phi_1(t)$、$\Phi_2(t)$、$\Phi_3(t)$ 的概率分别为 P_1、P_2 和 P_3，就不能将系统波函数写为

$$\Phi = P_1\Phi_1 + P_2\Phi_2 + P_3\Phi_3$$

因为此式表示系统处于 Φ_1、Φ_2 和 Φ_3 的线性叠加量子态，这些态之间有确定的位相关系。正确的处理方法应是在每一个纯系综内作**量子力学平均**后，再将此平均根据概率 P_1、P_2 和 P_3 加权平均，最后便得到具有综合测量意义的**系综平均**。显然，如果混合系综包含大量纯系综，这种平均过程将十分繁杂。能否建立更简洁的物理模型处理一般的混合系综问题？

即便对于纯系综问题，量子力学经常采用的流程是，首先求解体系的态矢量

$|\psi(\vec{r},t)\rangle$ [波函数 $\psi(\vec{r},t)$]，然后计算有关的力学量。然而，态矢量或波函数并没有测量意义，直接可观测的物理量大都与概率密度 $\rho(\vec{r},t) = \psi^*(\vec{r},t)\psi(\vec{r},t)$ 相关。从方便计算的观点出发，是否有可能直接建立并求解关于概率密度的演化方程而无需求解关于波函数的薛定谔方程？关于此问题以及前两个问题的解答，需要引入密度算符，其矩阵表达便是密度矩阵。

2.6.2　密度算符和矩阵

考虑由 N 个点粒子所组成的体系，它所对应的纯系综的态矢量 $|\Psi(t)\rangle$ 满足：

$$i\hbar \frac{\partial |\Psi(t)\rangle}{\partial t} = \hat{H}(t)|\Psi(t)\rangle \tag{2.76}$$

这里的哈密顿算符一般可写为

$$\hat{H}(t) = \sum_{i=1}^{N} \hat{h}_i + \sum_{i<j}^{N} \hat{h}_{ij} + V(t) \tag{2.77}$$

其中，$\hat{h}_i$、$\hat{h}_{ij}$ 分别表示单体和两体哈密顿算符，都不显含时间；$V(t)$ 表示显含时间的外场作用。

以原子序数为 z 的多电子原子为例，在位置表象可令

$$\hat{h}_i = \frac{-\hbar^2}{2m}\nabla_i^2 - \frac{ze^2}{r_i} \tag{2.78}$$

$$\hat{h}_{ij} = \frac{e^2}{|\vec{r}_i - \vec{r}_j|} \tag{2.79}$$

与其他外场(如激光场)相关的哈密顿算符由 $V(t)$ 描写。

定义密度算符：

$$\hat{\rho}(t) \equiv |\Psi(t)\rangle\langle\Psi(t)| \tag{2.80}$$

则

$$\frac{\partial \hat{\rho}(t)}{\partial t} = \left[\frac{\partial}{\partial t}|\Psi(t)\rangle\right]\langle\Psi(t)| + |\Psi(t)\rangle\left[\frac{\partial}{\partial t}\langle\Psi(t)|\right]$$

应用(2.76)式得

$$i\hbar\frac{\partial\hat{\rho}(t)}{\partial t}=\left(\hat{H}(t)\big|\Psi(t)\big\rangle\right)\big\langle\Psi(t)\big|-\big|\Psi(t)\big\rangle\big\langle\Psi(t)\big|\hat{H}(t)$$

考虑到 $\hat{H}(t)$ 不包含对时间 t 的微商，再应用(2.80)式则有

$$i\hbar\frac{\partial\hat{\rho}(t)}{\partial t}=\hat{H}(t)\hat{\rho}(t)-\hat{\rho}(t)\hat{H}(t)\tag{2.81}$$

这便是密度算符满足的演化方程，称为冯•诺伊曼(von Neumann)方程，亦称为量子刘维尔(Liouville)方程。

以上是在抽象希尔伯特空间关于密度算符的一般讨论。在具体表象中便得到矩阵形式的表达。例如，选取 N 粒子体系的能量表象，即选取基矢 $\left\{\big|U_n\big\rangle\right\}$ 满足：

$$\hat{H}_0\big|U_n\big\rangle=E_n\big|U_n\big\rangle,\qquad n=1,2,\cdots\tag{2.82}$$

其中，$\hat{H}_0=\hat{H}-V(t)$，表示体系不显含时间的哈密顿算符。则可将体系的任意态矢[包括有外场 $V(t)$ 作用时的态矢]展开为

$$\big|\Psi(t)\big\rangle=\sum_{n=1}^{\infty}C_n(t)\big|U_n\big\rangle\tag{2.83}$$

在此表象中密度算符的矩阵元

$$\rho_{mn}=\big\langle U_m\big|\hat{\rho}(t)\big|U_n\big\rangle=C_m(t)C_n^*(t)\tag{2.84}$$

密度算符

$$\hat{\rho}=\sum_{mn}C_m(t)C_n^*(t)\big|U_m\big\rangle\big\langle U_n\big|=\sum_{mn}\rho_{mn}\big|U_m\big\rangle\big\langle U_n\big|\tag{2.85}$$

(2.81)式表示为

$$i\hbar\frac{\partial\rho_{mn}}{\partial t}=\sum_{l=1}\left(H_{ml}\rho_{ln}-\rho_{ml}H_{ln}\right)\tag{2.86}$$

其中

$$H_{ml}=\big\langle U_m\big|\hat{H}(t)\big|U_n\big\rangle\tag{2.87}$$

写成矩阵形式：

$$i\hbar\frac{\partial\rho}{\partial t}=H\rho-\rho H\equiv[H,\rho]\tag{2.88}$$

此即矩阵形式的冯·诺伊曼方程，注意它与(2.70)式的区别。任意力学量 $\hat{F}$ 的量子力学平均：

$$\overline{F} = \langle \Psi(t) | \hat{F} | \Psi(t) \rangle$$

$$= \sum_{m,n} \langle \Psi(t) | U_m \rangle \langle U_m | \hat{F} | U_n \rangle \langle U_n | \Psi(t) \rangle$$

$$= \sum_{m,n} C_n C_m^* F_{mn}$$

$$= \sum_{m,n} \rho_{nm} F_{mn}$$

$$= \mathrm{tr}(\rho F) = \mathrm{tr}(F\rho) \tag{2.89}$$

其中，F_{mn} 表示 $\hat{F}$ 在 $|U_n\rangle$ 表象的矩阵元 $\langle U_m | \hat{F} | U_n \rangle$；tr 表示矩阵的迹。

如果选取 N 粒子体系的位置表象 $|\bar{x}\rangle = |\bar{x}_1\rangle|\bar{x}_2\rangle\cdots|\bar{x}_N\rangle$，则体系的波函数：

$$\Psi(\bar{x},t) = \langle \bar{x} | \Psi(t) \rangle \tag{2.90}$$

密度算符的矩阵元：

$$\rho_{\bar{x}\bar{x'}} = \langle \bar{x} | \hat{\rho}(t) | \vec{x'} \rangle$$

$$= \Psi(\bar{x},t) \Psi^*(\vec{x'},t) \tag{2.91}$$

(2.88)和(2.89)式同样成立，只是求和变积分而已。

以上的讨论限于纯系综。对于由若干纯系综组成的混合系综，若态矢为 $|\Psi_k(t)\rangle$ 的第 k 个纯系综的相对概率 p_k 满足 $\sum p_k = 1$，则混合系综的密度算符

$$\hat{\rho}(t) \equiv \sum_k p_k |\Psi_k(t)\rangle\langle\Psi_k(t)| \tag{2.92}$$

与上述纯系综的情形相似，这里的 $\hat{\rho}(t)$ 同样满足冯·诺伊曼方程(2.81)；同样可在具体表象中表示为矩阵，并满足(2.88)和(2.89)式。

2.6.3 性质及意义

很容易证明，密度算符(因而密度矩阵)具有如下性质：

(1) $$\mathrm{tr}\hat{\rho} = 1 \tag{2.93}$$

(2) $\qquad\qquad \hat{\rho}^+ = \hat{\rho}$ （厄米算符） $\qquad\qquad$ (2.94)

(3) $\qquad\qquad \mathrm{tr}\hat{\rho}^2 \leqslant 1$（等式仅对纯系综成立） $\qquad\qquad$ (2.95)

(4)对于任意态矢

$$|U\rangle ,\quad \langle U|\hat{\rho}|U\rangle \geqslant 0 \qquad\qquad (2.96)$$

需要指出，$\hat{\rho}$ 的意义有点像(但不是)投影算符(参见 2.2.4 节)，对于纯系综 $\hat{\rho}^2 = \hat{\rho}$(幂等性)，但对于混合系综 $\hat{\rho}^2 \neq \hat{\rho}$。为了探讨密度算符的物理意义，可任意选取一表象而将 $\hat{\rho}$ 表示为矩阵。考虑到在科学研究中，特别是在原子分子物理、激光物理和固体物理研究领域，普遍采用类似于(2.82)式的能量表象，下面仅在能量表象 $|U_n\rangle$ 中进行讨论，但所得结论具有普适性，很容易推广到其他表象。

在能量表象 $|U_n\rangle$ 中，密度矩阵的对角元

$$\rho_{nn}(t) = \langle U_n|\hat{\rho}|U_n\rangle$$

$$= \sum_k p_k \langle U_n|\Psi_k(t)\rangle\langle\Psi_k(t)|U_n\rangle$$

$$= \sum_k p_k \left|C_n^k(t)\right|^2$$

$$C_n^k(t) = \langle U_n|\Psi_k(t)\rangle \qquad\qquad (2.97)$$

其物理意义显然是，t 时刻体系处于能态 $|U_n\rangle$ 的总概率[同时包含了量子力学平均 $\left|C_n^k(t)\right|^2$ 和系综平均 p_k]，在科技文献中常称为**布居**。当一个含时的外部作用(例如一束激光脉冲)施加于一个物理体系(例如玻璃管中的一群 Ne 原子)时，将外部作用能量以 $V(t)$ 表示写入哈密顿算符(2.77)式，求解方程(2.88)便可得知任意时刻 t 能态 $|U_n\rangle$ 的布居 $\rho_{nn}(t)$，它可提供许多重要信息(Ne 原子被电离为 Ne^{+1}、Ne^{+2} 的概率如何？处于激发态的 Ne 原子能否与 S、C、Fe 原子发生化学反应？等)。当然，方程(2.88)的求解需要初始条件[$\rho_{nm}(0) = ?$]。以玻璃管中的 Ne 原子为例，激光作用前室温条件下的 Ne 原子在各个能态的分布概率 P_n^0 可由统计物理得到，即 $P_n^0 = \dfrac{1}{z}e^{-E_n/kT}$ $\left(z = \sum\limits_{n=1}^{\infty} e^{-E_n/kT} \text{为配分函数}\right)$。对于 $n > 3$ 的能态，$P_n^0 \sim 0$ $(E_n/kT \gg 1)$，故可认为全部 Ne 原子分为三个系综，其初态分别为 $|U_1\rangle$、$|U_2\rangle$ 和 $|U_3\rangle$，相应的概率分别是 $P_1 = \dfrac{1}{z}e^{-E_1/kT}$，$P_2 = \dfrac{1}{z}e^{-E_2/kT}$，$P_3 = \dfrac{1}{z}e^{-E_3/kT}$。因此有

$$\begin{cases} \rho_{11}(0) = \frac{1}{z}e^{-E_1/kT}, & \rho_{22}(0) = \frac{1}{z}e^{-E_2/kT} & (2.98a) \\[3mm] \rho_{33}(0) = \frac{1}{z}e^{-E_3/kT}, & \rho_{nn}(0) = 0, \quad n > 3 & (2.98b) \end{cases}$$

密度矩阵的非对角元

$$\rho_{mn}(t) = \langle U_m | \hat{\rho} | U_n \rangle = \sum_k P_k C_m^k(t) C_n^{*k}(t), \qquad m \neq n \tag{2.99}$$

描写不同能态之间的相干作用。因为由(2.83)式可知 $C_m^k(t)$ 是第 k 个系综、第 m 个能态的概率振幅，故 $C_m^k(t) C_n^{*k}(t)$ 是一个复数，其系综加和 ρ_{mn} 可以等于负值或零[尽管 $C_m^k(t) \neq 0$，$C_n^k(t) \neq 0$]。这种情形与对角矩阵元的系综加和(2.97)式不同，$\rho_{nn}(t)$ 始终取不小于零的实数。以 Ne 原子为例，由于电偶极算符 $e\bar{r} = e(x\bar{i} + y\bar{j} + z\bar{k})$ 的宇称性质，对角元 $\bar{u}_{nn} = \langle U_n | e\bar{r} | U_n \rangle = 0$，只有其非对角元 $\bar{u}_{mn} = \langle U_m | e\bar{r} | U_n \rangle$ 才可能不等于零。根据(2.89)式，电偶极矩的平均值

$$\langle \bar{u} \rangle = \mathrm{tr}(\bar{u}\rho) = \sum_{mn} \bar{u}_{mn} \rho_{nm} \tag{2.100}$$

显然，只要密度矩阵非对角元 $\rho_{nm} = 0$，则物理体系的宏观电偶极矩为零，根据电动力学此时体系便不能发射相干性良好(具有确定的偏振方向、传播方向、相位)的电磁波或光波。

处于热平衡状态(温度为 T)的任何体系，任意能态 $|U_n\rangle$ 的概率是 $P_n = \frac{1}{z}e^{-E_n/kT}$，形成了由无限多纯系综组成的混合系综，其密度算符是

$$\begin{aligned} \hat{\rho} &= \sum_n \frac{1}{z}e^{-E_n/kT} |U_n\rangle\langle U_n| \\ &= \sum_n \frac{1}{z}e^{-\hat{H}/kT} |U_n\rangle\langle U_n| \\ &= \frac{1}{z}e^{-\hat{H}/kT} \end{aligned} \tag{2.101}$$

这个混合系综的非对角矩阵元

$$\rho_{mn} = \frac{1}{z}\langle U_m | e^{-\hat{H}/kT} | U_n \rangle = 0 \tag{2.102}$$

表明体系各能态之间没有相干性，电偶极矩等于零，不会产生相干辐射。通常我们看到的高温环境下气体或固体所发的光，没有任何相干性(其偏振方向、传播方向在空间各向均匀)。对于上述的 Ne 气体，激光作用前

$$\rho_{mn}(0) = 0, \qquad m \neq n \tag{2.103}$$

此式与(2.98)式便是求解方程(2.88)的初始条件。

密度矩阵理论广泛应用于光与物理相互作用研究领域，已构成激光光谱学、非线性光学的理论基础。沈元壤教授在其《非线性光学原理》[①]一书中写道："密度矩阵表述方法对于这样的(非线性极化率)计算来说也许是最方便的方法，当必须处理激发的弛豫时，这种方法无疑是更为恰当的。"这里所谓的激发弛豫，包括真空涨落(参见第 7 章)诱发的自发辐射，热碰撞引起的各能态之间的无辐射跃迁(称为**纵向弛豫**)，热碰撞导致的**横向弛豫**(不改变各能态的布居 ρ_{nn}，但减弱能态间的相干性从而使非对角元 ρ_{mn} 减小)。为了描写这些过程，将体系哈密顿算符写为

$$\hat{H}(t) = \hat{H}_0 + \hat{H}_i(t) + \hat{H}_r \tag{2.104}$$

其中，$\hat{H}_0$ 代表不含时的体系内部作用(如原子实与电子、电子与电子之间的库仑作用)；而 $\hat{H}_i(t)$ 可以是含时的外场作用，例如在非线性光学中常用的电偶极近似下，外部电场(如光场)$\vec{E}(t)$ 的作用：

$$\hat{H}_i(t) = e\vec{r} \cdot \vec{E}(t) \tag{2.105}$$

(2.104)式中的 $\hat{H}_r$ 是唯象引入的描写弛豫的作用项。在 $\hat{H}_0$ 表象中，$(H_0)_{mn} = E_n \delta_{mn}$，$\hat{H}_i$ 和 $\hat{H}_r$ 以(2.88)式的矩阵元形式表示为

$$\begin{cases} i\hbar\dot{\rho}_{nn} = \sum_m \left[(H_i)_{nm}\rho_{mn} - \rho_{nm}(H_i)_{mn} \right] + i\hbar\sum_{n'} (W_{n'n}\rho_{n'n'} - W_{nn'}\rho_{nn}) & (2.106a) \\ i\hbar\dot{\rho}_{nk} = (E_n - E_k)\rho_{nk} + \sum_m \left[(H_i)_{nm}\rho_{mk} - \rho_{nm}(H_i)_{mk} \right] - i\hbar\Gamma_{nk}\rho_{nk} & (2.106b) \end{cases}$$

其中，$W_{mn}(m \neq n)$ 表示碰撞所导致的从 $|U_m\rangle$ 态到 $|U_n\rangle$ 态的跃迁速率与自发辐射速率之和，称为**纵向弛豫速率**；而 Γ_{nk} 表示碰撞所致的非对角元 ρ_{nk} 的衰减速率，称为**横向弛豫速率**。完全从理论上确定 W_{mn} 和 Γ_{nk} 之值是困难的，因为我们不清楚一次机械碰撞对应多大的跃迁或衰减概率，况且不同原子之间的不同方式碰撞

① 沈元壤.1987. 非线性光学原理. 北京：科学出版社。

可能诱发的跃迁或衰减概率也不同。但无论如何，密度矩阵理论至少提供了引入**横向弛豫**的可能，这是在我们熟悉的波动力学或矩阵力学构架中不能实现的。

2.6.4　约化密度矩阵

我们经常面对的物理系统包含两种以上不同的粒子(如电子与质子)，对应两种以上不同的自由度。即便是同一种粒子也可能涉及两种以上不同的自由度，例如电子的空间自由度和自旋自由度。不失一般性，下面讨论只有两种自由度 $\bar{r}$、ξ 的物理系统。首先应明确，系统空间 R 应是空间 R_1 (自由度为 $\bar{r}$)与 R_2 (自由度为 ξ)的直积(参见 2.7 节)，系统态矢量 $|\Psi\rangle = |\psi_1(\bar{r})\rangle \otimes |\psi_2(\xi)\rangle$，故系统密度算符

$$\hat{\rho}^R = |\Psi\rangle\langle\Psi|$$

$$= |\psi_1(\bar{r})\rangle \otimes |\psi_2(\xi)\rangle\langle\psi_2(\xi)| \otimes \langle\psi_1(\bar{r})|$$

$$= |\psi_1(\bar{r})\rangle|\psi_2(\xi)\rangle\langle\psi_2(\xi)|\langle\psi_1(\bar{r})| \tag{2.107}$$

系统哈密顿算符

$$\hat{H}^R = \hat{H}^{R_1}(\bar{r}) \otimes I^{R_2} + I^{R_1} \otimes \hat{H}^{R_2}(\xi) + \hat{G}(\bar{r},\xi)$$

$$= \hat{H}^{R_1}(\bar{r}) + \hat{H}^{R_2}(\xi) + \hat{G}(\bar{r},\xi) \tag{2.108}$$

其中，I^{R_1}、I^{R_2} 分别为子空间 R_1、R_2 的单位算符；G 表示两个子空间相互作用的哈密顿算符。很容易证明冯·诺伊曼方程(2.88)在此仍然成立：

$$i\hbar\dot{\rho}^R = \left[\hat{H}^R, \hat{\rho}^R\right] \tag{2.109}$$

在 R_1、R_2 空间分别选取基矢 $|\varphi_m\rangle$、$|\chi_n\rangle$，将 $|\Psi\rangle$ 展开：

$$|\Psi\rangle = \sum_{m,n} C_{mn}|\varphi_m\rangle|\chi_n\rangle \tag{2.110}$$

则

$$\hat{\rho}^R = \sum_{\substack{m,n\\m',n'}} C_{mn}C_{m'n'}^*|\varphi_m\rangle|\chi_n\rangle\langle\chi_{n'}|\langle\varphi_{m'}| \tag{2.111}$$

其密度矩阵元

$$\rho_{mn,m'n'} = C_{mn}C_{m'n'}^* \tag{2.112}$$

假如所考察的物理量 $\hat{F}(\bar{r})$ 仅仅与 R_1 空间有关，则其平均

$$\langle \hat{F} \rangle = \text{tr}\left[\hat{F}, \hat{\rho}^R \right]$$

$$= \sum_{\substack{m,n \\ m',n'}} \langle \chi_m | \langle \varphi_n | \hat{F}(\bar{r}) | \varphi_{m'} \rangle | \chi_{n'} \rangle \langle \chi_{n'} | \langle \varphi_{m'} | \hat{\rho}^R | \varphi_n \rangle | \chi_m \rangle$$

$$= \sum_{n,m'} F_{nm'}(1) \sum_m \langle \varphi_{m'} | \langle \chi_m | \hat{\rho}^R | \chi_m \rangle | \varphi_n \rangle \tag{2.113}$$

令

$$\hat{\rho}^r = \sum_m \langle \chi_m | \hat{\rho}^R | \chi_m \rangle = \text{tr}_2 \hat{\rho}^R \tag{2.114}$$

为约化密度算符，则(2.113)式可写为

$$\langle \hat{F} \rangle = \sum_{nm} F_{nm}(1) \langle \varphi_m | \hat{\rho}^r | \varphi_n \rangle$$

$$= \sum_{nm} F_{nm}(1) \rho^r_{nm}$$

$$= \text{tr}_1 \left(F(1) \hat{\rho}^r \right) \tag{2.115}$$

对(2.109)式求迹可得到 $\hat{\rho}^r$ 满足的方程

$$\text{i}\hbar \dot{\hat{\rho}}^r = \text{tr}_2 \left[\hat{H}^R, \hat{\rho}^R \right] \tag{2.116}$$

2.7　波包与相干态

2.7.1　自由粒子波包

在 1.1 节我们分别用经典力学和量子力学考察了自由电子的飞行过程。无论如何，必须承认这样的实验事实，电子(包括大量基本粒子)在云室中都有经典轨迹，虽然尚不能肯定这样的轨迹就是完全意义的经典(几何曲线)轨迹。事实上，目前应用经典力学(考虑相对论效应)描写粒子在真空室(如加速器或显像管)中飞行，都能得到与测量相吻合的预测。从量子力学观点来看，这些粒子不可能对应单能 $(E, \bar{p})$ 平面波

$$\psi_p(\bar{r}, t) = A \text{e}^{\text{i}(\bar{p} \cdot \bar{r} - Et)/\hbar} \tag{2.117}$$

因为该平面波的相速度 $v_p = \dfrac{E}{p} = \dfrac{v}{2}$，只是粒子机械速度的 1/2，并且该平面波没有任何经典运动特征。所以云室或真空室中被观测到的粒子的量子态必然是一个波包，它可以是平面波 $\psi_p(\bar{r}, t)$ 的相干叠加

$$\Psi = \int G(p)\psi_p(\bar{r}, t)\mathrm{d}\bar{p} \tag{2.118}$$

因为波包中心的速度(群速度)等于粒子的机械速度[①]，在这种意义上可以这样说，在测量位置(或动量)之前，无论粒子处于何种量子态，观测后的量子态必然是一个波包。至于波包的具体表达不能由纯理论方法完全确定，因为观测后波包的具体形式既取决于观测前的量子状态，也依赖于具体的观测操作细节。注意，通常意义上所谓的位置(或动量)观测并非位置(或动量)本征态测量，因为观测没有完全确定粒子的空间位置或动量$(\Delta x \neq 0,\ \Delta p \neq 0)$。在此，可以提出这样一个问题，什么形式的波包最接近粒子的经典运动？或者说，如何裁剪波包以使粒子运动最接近经典行为？

考虑到普通测量中动量误差 $\Delta p = p - p_0$(为简单计，考虑一维空间)呈现高斯分布 $\mathrm{e}^{-(p-p_0)^2/2\sigma_p^2}$，令(2.118)式中的函数

$$G(p) = \frac{1}{(2\pi)^{1/4}\sqrt{\sigma_p}}\exp\left[-\frac{(p - p_0)^2}{4\sigma_p^2}\right] \tag{2.119}$$

代入(2.118)式得

$$\Psi = \frac{1}{(2\pi)^{1/4}\sqrt{\sigma_x}}\exp\left[-\frac{(x - x_0 - v_0 t)^2}{4\sigma_x^2}\right]\mathrm{e}^{\mathrm{i}\phi(x,t)} \tag{2.120}$$

其中

$$\phi(x,t) = \frac{1}{\hbar}\left[p_0 + \frac{\sigma_p^2}{\sigma_x^2}\frac{v_0 t}{2p_0}(x - x_0 - v_0 t)\right](x - x_0 - v_0 t)$$

$$+ \frac{p_0}{2\hbar}v_0 t + \frac{1}{2}\arctan\left(\frac{2}{\hbar}\frac{\sigma_p^2}{m}t\right) \tag{2.121}$$

① 曾谨言. 2007. 量子力学(卷 I). 4 版. 北京: 科学出版社: 503; 苏汝铿. 2002. 量子力学. 2 版. 北京: 高等教育出版社: 13。

$$\sigma_x^2 = \frac{\hbar^2}{4\sigma_p^2}\left(1 + \frac{4\sigma_p^4}{m^2\hbar^2}t^2\right) \tag{2.122}$$

$$v_0 = p_0 / m \tag{2.123}$$

故而有

$$|G(p)|^2 = \frac{1}{(2\pi)^{1/2}\sigma_p}\exp\left[-\frac{(p-p_0)^2}{2\sigma_p^2}\right] \tag{2.124}$$

$$|\Psi|^2 = \frac{1}{(2\pi)^{1/2}\sigma_x}\exp\left[-\frac{(x-x_0-v_0 t)^2}{2\sigma_x^2}\right] \tag{2.125}$$

上面各式的物理含义是，$t=0$ 时刻，关于粒子位置 x 的测量以平均值 x_0 为中心呈现高斯分布[(2.125)式]；与此同时，关于动量的测量值 p 也以 p_0 为中心呈现高斯分布[(2.124)式]；两种测量的不确定度满足(2.122)式，即

$$\sigma_x\sigma_p = \hbar/2 \tag{2.126}$$

这已达到测不准关系 $(\Delta x \cdot \Delta p \geqslant \hbar/2)$ 的极小值。在此测量后，波包以群速度 v_0 [粒子的机械运动速度，见(2.123)式]传播，但因各个分波(动量为 $\bar{p}$)的相速度 $v_p = p/2m$ 不同，导致波包在空间的宽度 σ_x 随时间 t 按(2.122)式所示规律加宽。在任意时刻 t ，坐标与动量的不确定度是

$$\sigma_x \cdot \sigma_p = \left(1 + \frac{4\sigma_p^4}{m^2\hbar^2}t^2\right)^{\frac{1}{2}} \cdot \frac{\hbar}{2} \tag{2.127}$$

不再保持最小测不准关系。

以上讨论表明，即便我们在某时刻制备了满足(2.126)式的最小波包[(2.120)式]，最逼近经典粒子的行为，但最终将发散到整个空间而"排斥"粒子的经典行为。事实上，即使波包自身不扩散，环境(如热辐射)干扰也破坏组成波包的各分波之间的固定相位关系，最终使波包坍缩到某一个能量本征态 $\psi_p(\bar{r},t)$ ，使粒子失去经典行为[①]。

---

① 关于波包运动与经典粒子的关系可参阅黄湘友. 1992. 中国科学 A 辑，10：1065。

2.7.2 谐振子波包

考虑质量为 m 的粒子在简谐势场中的一维运动，其哈密顿算符：

$$\hat{H} = \frac{1}{2m}\hat{p}^2 + \frac{1}{2}m\omega^2 x^2 \tag{2.128}$$

令

$$\begin{cases} a \equiv \sqrt{\dfrac{m\omega}{2\hbar}}\left(x + \dfrac{\mathrm{i}p}{m\omega}\right) & (2.129\mathrm{a}) \\[3mm] a^+ \equiv \sqrt{\dfrac{m\omega}{2\hbar}}\left(x - \dfrac{\mathrm{i}p}{m\omega}\right) & (2.129\mathrm{b}) \end{cases}$$

则有

$$\left[a, a^+\right] = 1 \tag{2.130}$$

$$\hat{H} = \hbar\omega\left(a^+ a + \frac{1}{2}\right) = \hbar\omega\left(\hat{N} + \frac{1}{2}\right) \tag{2.131}$$

其中，$\hat{N} = a^+ a$ 是厄米算符，而 a^+、a 是非厄米算符。将 $\hat{H}$ 的本征态按能量 E_n 递增次序记为 $|n\rangle$ $(n = 0, 1, 2, \cdots)$，即

$$\hat{H}|n\rangle = E_n|n\rangle, \qquad E_0 < E_1 < E_2 \cdots \tag{2.132}$$

因此有

$$\hat{H}\left(a|n\rangle\right) = \hbar\omega\left[\left(aa^+ - 1\right)a + \frac{1}{2}a\right]|n\rangle$$

$$= \hbar\omega\left[a\left(\hat{N} + \frac{1}{2}\right) - a\right]|n\rangle$$

$$= \left(E_n - \hbar\omega\right)\left(a|n\rangle\right) \tag{2.133}$$

此式表明 $a|n\rangle$ 属于 $\hat{H}$ 的本征态，对应本征值 $(E_n - \hbar\omega)$。在(2.133)式中令 $n = 0$，

则

$$\hat{H}\left(a|0\rangle\right) = \left(E_0 - \hbar\omega\right)\left(a|0\rangle\right) \tag{2.134}$$

因为 E_0 已经是最低本征值，不存在与更低能量 $(E_0 - \hbar\omega)$ 对应的本征态，故必然有

$$a|0\rangle = 0 \tag{2.135}$$

所以

$$\hat{H}|0\rangle = \hbar\omega\left(a^+a + \frac{1}{2}\right)|0\rangle = \frac{1}{2}\hbar\omega|0\rangle \qquad (2.136)$$

表明基态 $|0\rangle$ 的本征值 $E_0 = \frac{1}{2}\hbar\omega$。由(2.130)和(2.131)式可得[类似于推演(2.133)式]

$$\hat{H}\left(a^+|n\rangle\right) = \left(E_n + \hbar\omega\right)\left(a^+|n\rangle\right) \qquad (2.137)$$

因此

$$\hat{H}\left(a^+|0\rangle\right) = \left(E_0 + \hbar\omega\right)\left(a^+|0\rangle\right) \qquad (2.138)$$

由于 $(E_0 + \hbar\omega)$ 是略高于基态本征值 E_0 的本征值，因此相应的本征态应是 $|1\rangle$，故 $a^+|0\rangle = c_1|1\rangle$，其中 c_1 为一比例常数。重复上述操作必然有

$$a^+|n\rangle = c_n|n+1\rangle \qquad (2.139\text{a})$$

类似地可得

$$a|n\rangle = b_n|n-1\rangle \qquad (2.139\text{b})$$

上述分析也表明，体系的能级差为 $\hbar\omega$，因此对应于 $|0\rangle, |1\rangle, |2\rangle, \cdots$ 态的本征能量分别是 $\left(0+\frac{1}{2}\right)\hbar\omega$，$\left(1+\frac{1}{2}\right)\hbar\omega$，$\left(2+\frac{1}{2}\right)\hbar\omega, \cdots$，即

$$\hat{H}|n\rangle = \left(\hat{N} + \frac{1}{2}\right)\hbar\omega|n\rangle = \left(n + \frac{1}{2}\hbar\omega\right)|n\rangle$$

所以有

$$\hat{N}|n\rangle = n|n\rangle \qquad (2.140)$$

如果将 $\hbar\omega$ 称为体系的量子，则态矢 $|n\rangle$ 代表有 N 个量子的本征态，因此通常将 $\hat{N} = a^+a$ 称为粒(量)子数算符。由(2.139a)式可得

$$\langle n+1|n+1\rangle|c_n|^2 = \langle n|aa^+|n\rangle = \langle n|\left(1+\hat{N}\right)|n\rangle$$

考虑到 $\langle n|n\rangle = 1$ 及(2.140)式，则 $|c_n|^2 = n+1$，故 $c_n = \sqrt{n+1}$ (略去一相因子)。同理

可得 $b_n = \sqrt{n}$ ，因此(2.139)式改写为

$$\begin{cases} a^+|n\rangle = \sqrt{n+1}|n+1\rangle & (2.141a) \\ a|n\rangle = \sqrt{n}|n-1\rangle & (2.141b) \end{cases}$$

a^+、a 分别称为**产生**和**湮没算符**。

由(2.129)式可知：

$$\begin{cases} x = \sqrt{\dfrac{\hbar}{2m\omega}}\left(a^+ + a\right) & (2.142a) \\ \hat{p} = \mathrm{i}\sqrt{\dfrac{m\hbar\omega}{2}}\left(a^+ - a\right) & (2.142b) \end{cases}$$

显然，在任何本征态 $|n\rangle$ 中 x、$\hat{p}$ 的平均值都为零：

$$\begin{cases} \bar{x} = \langle n|x|n\rangle = 0 & (2.143a) \\ \bar{p} = \langle n|\hat{p}|n\rangle = 0 & (2.143b) \end{cases}$$

容易证明它们的涨落 $(\Delta x)^2 = \overline{x^2} - \bar{x}^2$ 和 $(\Delta p)^2 = \overline{p^2} - \bar{p}^2$ 满足关系

$$(\Delta x)(\Delta p) = \left(n + \frac{1}{2}\right)\hbar \qquad (2.144)$$

表明只有谐振子基态 $|0\rangle$ 才是最小波包，其他任何能态 $(n \neq 0)$ 都不能使不确定关系的等式成立。下面在位置表象考察基态 $|0\rangle$ 的波函数 $\varphi_0 = \langle x|0\rangle$。根据湮没算符的性质，有

$$\langle x|a|0\rangle = 0$$

$$= \sqrt{\frac{m\omega}{2\hbar}}\langle x|\left(x + \frac{\mathrm{i}\hat{p}}{m\omega}\right)|0\rangle$$

$$= \sqrt{\frac{m\omega}{2\hbar}}\left(x\langle x|0\rangle + \int \mathrm{d}x'\langle x|\frac{\mathrm{i}\hat{p}}{m\omega}|x'\rangle\langle x'|0\rangle\right)$$

采用类似于推导(2.21)式的方法，上式可化为

$$\left(\frac{\mathrm{d}}{\mathrm{d}x} + \frac{m\omega}{\hbar}x\right)\langle x|0\rangle = 0$$

也就是

$$\frac{\mathrm{d}\varphi_0}{\mathrm{d}x} + \frac{m\omega}{\hbar}x\varphi_0 = 0 \tag{2.145}$$

其归一化的解是

$$\varphi_0(x) = \left(\frac{m\omega}{\hbar\pi}\right)^{\frac{1}{4}}\exp\left(-\frac{m\omega}{2\hbar}x^2\right) \tag{2.146}$$

与自由粒子的最小波包(2.120)式相似，这也是一个在空间上呈现高斯分布的波包，而其他激发态的波包分布(参见一般量子力学教材)显然不是高斯型。作为谐振子的本征态，波包 $\varphi_0(x)$ 的中心保持不动，并且波包不随时间发散，而(2.120)式的波包总是随时间而加宽[见(2.122)式]。问题来了，在谐振子势场中还存在其他形式的最小波包吗？如果有，它们将随时间如何演化？

2.7.3 相干态

在上面的推演中我们看到，谐振子的本征态 $|n\rangle$ 代表具有 n 个量子 $\hbar\omega$ 的量子态。对于角频率为 ω 的单色光场，每一个光量子的能量也是 $\hbar\omega$，因此具有 n 个光子的光场也可表示为 $|n\rangle$。事实上，单色光场的量子力学描写(参见第 7 章)与谐振子完全相同，光场的哈密顿算符 $\hat{H} = \hbar\omega\left(a^+a + \frac{1}{2}\right)$ 与(2.131)式相同，其中的产生、湮没算符 a^+、a 的意义就是(2.141)式。作为厄米算符 $\hat{H}$ 的本征态[参见(2.132)式]，$|n\rangle$ $(n = 0,1,2,\cdots)$ 构成了完备基矢，其完备性关系表示为

$$I = \sum_{n=0}|n\rangle\langle n| \tag{2.147}$$

这样的表象称为**粒子数表象**，在现代物理学中有广泛应用(参见第 5~7 章)。下面在粒子数表象研究一种量子态——相干态。

广义来讲，相干态是指能够使不确定关系等式成立的最小波包，有多种不同的定义。作为最普遍的应用，相干态 $|z\rangle$ 定义为湮没算符 a(非厄米算符)的本征态

$$a|z\rangle = z|z\rangle \tag{2.148}$$

为了具体求解该本征方程，在粒子数表象将相干态 $|z\rangle$ 展开为

$$|z\rangle = \sum_n C_n |n\rangle \tag{2.149}$$

代入(2.148)式有

$$\sum_n C_n \sqrt{n} |n-1\rangle = z \sum_n C_n |n\rangle \tag{2.150}$$

显然只要展开系数 C_n 满足递推关系

$$C_n = \frac{zC_{n-1}}{\sqrt{n}} \tag{2.151}$$

则(2.148)式成立,而对 z 值没有任何要求。故非厄米算符 a 的本征值可以取任意复数,也就是说算符 a 的本征谱覆盖了整个复平面。由归一化条件 $\langle z|z\rangle = 1$ 可得到相干态的表达:

$$|z\rangle = \exp\left(-|z|^2/2\right) \sum_{n=0}^{\infty} \frac{z^n}{\sqrt{n!}} |n\rangle \tag{2.152}$$

$$= \exp\left(-|z|^2/2\right) \sum_{n=0}^{\infty} \frac{\left(za^+\right)^n}{n!} |0\rangle$$

$$= \exp\left(-|z|^2/2\right) e^{za^+} |0\rangle \tag{2.153}$$

相干态具有如下性质:

(1) 相干态由无数多个谐振子态 $|n\rangle$ [亦称为福克(Fock)态]相干叠加而成,每一个态的相应权重为

$$P_n = \left| \exp\left(-|z|^2/2\right) \frac{z^n}{\sqrt{n!}} \right|^2 = \frac{|z|^{2n}}{n!} e^{-|z|^2} \tag{2.154}$$

相干态的平均量子(粒子、光子)数

$$\bar{n} = \langle z|\hat{N}|z\rangle = \langle z|a^+a|z\rangle = |z|^2 \tag{2.155}$$

此式告诉我们,在复平面上任意选取一个复数,如 $z_0 = 1+i$,则有一个相干态 $|z_0\rangle = |1+i\rangle$,其平均量子(光子)数为 2,平均能量是 $2\hbar\omega$。这里应注意,$z=2$ 的相干态也表示为 $|2\rangle$,但它不是谐振子的本征态 $|2\rangle$,故相干态应表示为 $|z\rangle_c$,但为了方便这里略去了下标。

将(2.155)式代入(2.154)式得到

$$W_n(\bar{n}) = \frac{(\bar{n})^n}{n!} e^{-\bar{n}} \tag{2.156}$$

这正是著名的**泊松分布**，其分布图像如图 2.9 所示。显然该分布关于 $\bar{n}$ 不是对称结构。对于处于相干态的光场，若平均光子数为 $\bar{n}$，则每次测量到 n 个光子的概率是 $W_n(\bar{n})$。有趣的是，该结论可由纯数学方法推导出来：假设在体积为 V 的容器中放置了 N 个处于平衡态的粒子，在容器中一个小体积 v 中出现 n 个粒子的概率是

$$W_n(N) = \frac{N!}{(N-n)!n!} p^n q^{N-n}$$

其中，$p = v/V$；$q = 1-p$。当保持粒子数密度 N/V 不变而 $V \to \infty$ 时，$W_n(N) \to$ 泊松分布。

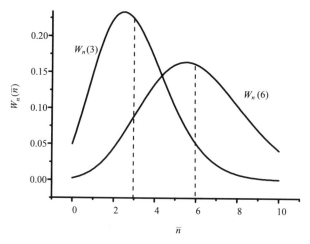

图 2.9　平均量子数 $\bar{n} = 3$ 和 $\bar{n} = 6$ 时的泊松分布

(2) 相干态满足最小不确定关系：

$$\langle z|x|z\rangle = \left(\frac{\hbar}{2m\omega}\right)^{\frac{1}{2}} \langle z|a^+ + a|z\rangle = \left(\frac{\hbar}{2m\omega}\right)^{\frac{1}{2}} \left(z^* + z\right)$$

$$= \left(\frac{2\hbar}{m\omega}\right)^{\frac{1}{2}} \operatorname{Re}(z) \tag{2.157}$$

此式表明相干态波包中心一般不在谐振子平衡位置[与(2.146)式比较]，除非 z 为纯

虚数 $(z = \mathrm{i}y)$。

$$\langle z|\hat{p}|z\rangle = \mathrm{i}\left(\frac{1}{2}m\hbar\omega\right)^{\frac{1}{2}}\langle z|(a^+ - a)|z\rangle = \mathrm{i}\left(\frac{1}{2}m\hbar\omega\right)^{\frac{1}{2}}\left(z^* - z\right) \tag{2.158}$$

$$\langle z|x^2|z\rangle = \frac{\hbar}{2m\omega}\langle z|(a^+ + a)^2|z\rangle$$

$$= \frac{\hbar}{2m\omega}\left[\left(z^* + z\right)^2 + 1\right] \tag{2.159}$$

$$\langle z|\hat{p}^2|z\rangle = -\frac{m\hbar\omega}{2}\left[\left(z^* - z\right)^2 - 1\right] \tag{2.160}$$

$$\Delta_x^2 = \langle z|(\Delta x)^2|z\rangle = \langle z|x^2|z\rangle - \left(\langle z|x|z\rangle\right)^2 = \frac{\hbar}{2m\omega}$$

$$\Delta_p^2 = \langle z|(\Delta p)^2|z\rangle = \langle z|\hat{p}^2|z\rangle - \left(\langle z|\hat{p}|z\rangle\right)^2 = \frac{1}{2}m\hbar\omega$$

故 $\Delta_x \cdot \Delta_p = \dfrac{\hbar}{2}$。

(3) 相干态波包在空间呈现为高斯分布。

欲知相干态波包在空间的分布，需求解相干态在位置表象的波函数 $\varphi_c = \langle x|z\rangle$。由(2.152)式知

$$\varphi_c(x) = \langle x|z\rangle = \exp\left(-|z|^2/2\right)\langle x|\mathrm{e}^{za^+}|0\rangle \tag{2.161}$$

由(2.129b)式知

$$a^+ = 2\sqrt{\frac{m\omega}{2\hbar}}x - a \tag{2.162}$$

故 $\qquad \langle x|\mathrm{e}^{za^+}|0\rangle = \mathrm{e}^{(2m\omega/\hbar)^{1/2}zx}\langle x|0\rangle = \varphi_0(x)\exp\left[(2m\omega/\hbar)^{\frac{1}{2}}zx\right]$

应用(2.146)式，代入(2.161)式得

$$\varphi_c(x) = \left(\frac{m\omega}{\hbar\pi}\right)^{\frac{1}{4}}\exp\left(z^2 - \frac{1}{2}|z|^2\right)\exp\left\{-\frac{m\omega}{2\hbar}\left[x - \left(\frac{2\hbar}{m\omega}\right)^{\frac{1}{2}}z\right]^2\right\} \tag{2.163}$$

$$|\varphi_c(x)|^2 = \left(\frac{m\omega}{\hbar\pi}\right)^{\frac{1}{2}} \exp\left(-\rho^2 \sin^2\varphi\right) e^{-\left(\sqrt{\frac{m\omega}{\hbar}}x - \sqrt{2}\rho\cos\varphi\right)^2} \tag{2.164}$$

其中，ρ、φ 是复数 z 的模与极角 $\left(z = \rho e^{i\varphi}\right)$。当 $z = 0$ 时，$|\varphi_c(x)|^2 = |\varphi_0(x)|^2$，波包以平衡点 $x = 0$ 为中心形成高斯分布。对于 $z \neq 0$ 的一般相干态 $|z\rangle$，其波包中心位于 $x = \sqrt{\frac{2\hbar}{m\omega}}\rho\cos\varphi$，形状亦为高斯函数图像。

(4) 属于不同本征值 z 的相干态一般不正交。

应用(2.153)式，两个相干态 $|\alpha\rangle$、$|\beta\rangle$ $(\alpha \neq \beta)$ 的内积

$$\langle\beta|\alpha\rangle = \exp\left[-\frac{1}{2}\left(|\alpha|^2 + |\beta|^2\right)\right]\langle 0|e^{\beta^* a}e^{\alpha a^+}|0\rangle \tag{2.165}$$

考虑到 $\left[\beta^* a, \alpha a^+\right] = \beta^*\alpha$ 以及算符公式

$$e^{\hat{A}}e^{\hat{B}} = e^{\hat{B}}e^{\hat{A}}e^{\left[\hat{A},\hat{B}\right]} \tag{2.166}$$

$$\langle\beta|\alpha\rangle = \exp\left[-\frac{1}{2}\left(|\alpha|^2 + |\beta|^2\right)\right]e^{\alpha\beta^*}\langle 0|e^{\alpha a^+}e^{\beta^* a}|0\rangle$$

$$= \exp\left[-\frac{1}{2}\left(|\alpha|^2 + |\beta|^2\right)\right]e^{\alpha\beta}\langle 0|\left(1 + \alpha a^+ + \frac{\alpha^2 a^{+2}}{2!} + \cdots\right)\left(1 + \beta^* a + \frac{\beta^{*2} a^2}{2!} + \cdots\right)|0\rangle$$

$$= \exp\left[-\frac{1}{2}\left(|\alpha|^2 + |\beta|^2\right)\right]e^{\alpha\beta}\langle 0|0\rangle$$

$$= \exp\left[-\frac{1}{2}\left(|\alpha|^2 + |\beta|^2\right)\right]e^{\alpha\beta} \neq 0 \tag{2.167}$$

(5) 全体相干态的集合具有完全性，可形成一个表象。

将任意复数写为 $z = \rho e^{i\varphi}$，则由(2.152)式有

$$|z\rangle = \exp\left(-\rho^2/2\right)\sum_{n=0}^{\infty}\frac{\rho^m e^{in\varphi}}{\sqrt{n!}}|n\rangle$$

故
$$\frac{1}{\pi}\int \mathrm{d}^2 z |z\rangle\langle z|$$

$$= \sum_{m,n} \int_0^\rho \rho \mathrm{d}\rho \int_0^{2\pi} \mathrm{d}\varphi \exp\left(-\rho^2\right) \rho^{m+n} \exp\left[\mathrm{i}\left(m-n\right)\phi\right] \frac{1}{\pi\sqrt{m!n!}} |m\rangle\langle n| \quad (2.168)$$

因
$$\int_0^{2\pi} \exp\left[\mathrm{i}\left(m-n\right)\dot{\varphi}\right]\mathrm{d}\varphi = 2\pi\delta_{nm}$$

$$\int_0^\infty \exp\left(-\rho^2\right)\rho^{2n+1}\mathrm{d}\rho = \frac{1}{2}n!$$

故
$$\frac{1}{\pi}\int \mathrm{d}^2 z |z\rangle\langle z| = \sum_n |n\rangle\langle n| = I \quad (2.169)$$

(6) 谐振子相干态随时间的演化保持波包的高斯分布不变，而波包中心以经典谐振子频率 ω 围绕平衡位置周期振动。

谐振子中的任意态 $|T(t)\rangle$ 都应满足薛定谔方程：

$$\mathrm{i}\hbar\frac{\partial|T\rangle}{\partial t} = \left(a^+ a + \frac{1}{2}\right)\hbar\omega|T\rangle$$

假设 "0" 时刻 $|T(0)\rangle = |z\rangle$，则有

$$\begin{aligned}
|T(t)\rangle &= \mathrm{e}^{-\mathrm{i}\left(a^+ a + \frac{1}{2}\right)\omega t}|z\rangle \\
&= \mathrm{e}^{-|z|^2/2}\sum_{n=0}^\infty \frac{z^n}{\sqrt{n!}}\mathrm{e}^{-\mathrm{i}\left(n\omega + \frac{1}{2}\omega\right)t}|n\rangle \\
&= \mathrm{e}^{-\mathrm{i}\omega t/2}\mathrm{e}^{-|z|^2/2}\sum_{n=0}^\infty \frac{\left(z\mathrm{e}^{-\mathrm{i}\omega t}\right)^n}{\sqrt{n!}}|n\rangle \\
&= \mathrm{e}^{-\mathrm{i}\omega t/2}\mathrm{e}^{-\left|z\mathrm{e}^{-\mathrm{i}\omega t}\right|^2/2}\sum_{n=0}^\infty \frac{\left(z\mathrm{e}^{-\mathrm{i}\omega t}\right)^n}{\sqrt{n!}}|n\rangle \\
&= \mathrm{e}^{-\mathrm{i}\omega t/2}\left|z\mathrm{e}^{-\mathrm{i}\omega t}\right\rangle \quad (2.170)
\end{aligned}$$

在位置表象中的波函数

$$\langle x|T(t)\rangle = \left(\frac{m\omega}{\hbar\pi}\right)^{\frac{1}{4}}\mathrm{e}^{-\mathrm{i}\omega t/2}\exp\left(z^2\mathrm{e}^{-2\mathrm{i}\omega t} - \frac{1}{2}|z|^2\right)$$

$$\cdot \exp\left\{-\frac{m\omega}{2\hbar}\left[x-\left(\frac{2\hbar}{m\omega}\right)^{\frac{1}{2}}z\mathrm{e}^{-\mathrm{i}\omega t}\right]^2\right\} \tag{2.171}$$

波函数的模平方

$$\left|\langle x|T(t)\rangle\right|^2 = \left(\frac{m\omega}{\hbar\pi}\right)^{\frac{1}{2}}\exp\left[\rho^2\sin^2(\omega t-\varphi)\right]$$
$$\cdot \exp\left\{-\left[\sqrt{\frac{m\omega}{\hbar}}x-\sqrt{2}\rho\cos(\omega t-\varphi)\right]\right\} \tag{2.172}$$

显然, 零时刻的初始相干态在演化的过程仍保持了相干态的特征: $t=0$ 时, 波包中心位于 $x_0=\sqrt{\dfrac{2\hbar}{m\omega}}\rho\cos\varphi$, 波包呈现高斯分布; 随着 t 增大, 波包中心向平衡位置 $x_0=0$ 移动, 波包空间分布不变, 最后形成以频率为 ω 的简谐周期振动。

2.8 量子力学简单应用

2.8.1 简谐振子模型

环顾周围的物体, 墙壁、桌椅、书本, 你知道其中的 N、H、O、C、Ca 等原子是怎样运动的? 空气中 O_2、N_2、CO_2 分子中的原子怎样运动? 热运动。没错, 但太笼统, 几乎等于哲学意义上的答案。按照经典力学, 这些原子大都作经典的简谐振动, 受到的作用势为 $V(r)=\dfrac{1}{2}kx^2=\dfrac{1}{2}u\omega^2x^2$, 其中 $\omega=\sqrt{k/u}$ 为振动角频率(u 为折合质量)。试问按照量子力学, 这些原子还作类似的简谐振动吗? 否。这个原子围绕平衡点跳动, 但毫无周期可言。但当你长时间统计其位置时, 会发现满足谐振子波函数模平方分布。你会问, 单摆(摆角小于 5°)也受同样的势作用, 为什么它只服从牛顿力学而不服从量子力学? 因为摆球体积太大。面对眼前的一个经典单摆, 保持各种参数不变, 只要你将摆球体积不断减小(相应地也要减小摆线直径), 它最后便服从量子力学规律, 即在 5°幅角范围内无规则跳动而无任何周期可言。对于这样的量子单摆, 测量摆球的动量如何?

假定量子单摆处于 $n=3$ 的本征态, 相应本征函数为

$$\varphi_3(x)=Cx(2\alpha^2x^2/3-1)\exp(-\alpha^2x^2/2)$$

其中，$\alpha = \sqrt{u\omega/\hbar}$。可将 $\varphi_3(x)$ 视为希尔伯特空间的态矢 $|\varphi_3(x)\rangle$ 在坐标表象的表达，即

$$|\varphi_3(x)\rangle = \int dx |x\rangle \langle x|\varphi_3(x)\rangle$$

$$\langle x|\varphi_3(x)\rangle = \varphi_3(x)$$

按量子测量理论，欲得知动量之测量结果，需将 $|\varphi_3(x)\rangle$ 用动量本征态 $|p\rangle$ 进行展开，即

$$|\varphi_3(x)\rangle = \int dp |p\rangle \langle p|\varphi_3(x)\rangle$$

$$\langle p|\varphi_3(x)\rangle = \int dx \langle p|x\rangle \langle x|\varphi_3(x)\rangle$$
$$= \int dx \langle x|p\rangle^* \langle x|\varphi_3(x)\rangle$$

其中，$\langle x|p\rangle$ 即动量算符本征函数在坐标表象的表达，即 $Ae^{ipx/\hbar}$。所以

$$\langle p|\varphi_3(x)\rangle = A\int dx \varphi_3(x)e^{-ipx/\hbar}$$

故测量到动量 p 的概率正比于 $\left|\langle p|\varphi_3(x)\rangle\right|^2$。

　　而事实上我们现在只面对一个单摆，没有测量概率可言，进行一次测量后(假如观测到动量 $p=10$)，按量子理论 $|\varphi_3(x)\rangle$ 坍缩到动量算符本征态 $|10\rangle$。如果在此测量后，再做一次动量测量，得到的结果还是 $p=10$ 吗？为什么？如果在测量前用镊子夹住摆球，它会随镊子一起运动吗？

　　谐振子模型广泛应用于确定作用力常数 k。由于电极性分子(如 NO、CO、NC 等)的振动辐射电磁波，故通过光谱测量，利用本征能量表达 $E_n = \left(n+\dfrac{1}{2}\right)\hbar\omega$ 即可确定 ω，进一步得到 $k=u\omega^2$。原子核中的质子也作简谐振动，故核力常数也可通过谐振子模型得出(借助于核光谱测量)。

2.8.2　制备激发态原子

　　在目前的科学研究中，常常需要制备处于激发态的原子(分子)。例如，通常的化学反应(如 $H_2+O_2 \rightarrow H_2O$，$Na+Cl_2 \rightarrow NaCl$)涉及的反应物都处于能量基态，如若采用某种技术能使反应物的原子(分子)有选择地处于特定的激发态，则不仅能够影响化学反应速率而且可以控制不同的反应通道，即实现化学反应通道的人

为"裁剪"。再例如，^{235}U 在自然铀矿中仅有0.7%的丰度，如果能够仅仅使^{235}U 原子(不包括^{238}U 及其他原子)中的一个电子从基态"爬上"第一激发态，再进一步跳到电离态(^{238}U$^+ + e$)，则加一个静电场就可将^{235}U 原子从自然铀矿中分离出来，即实现了一种同位素分离方法。利用自由电子轰击原子(分子)，可以将其中束缚电子从基态撞击到高能态。然而，由于自由电子的动能难以精确控制，因此不能将原子(分子)中的电子准确地从基态激发到期望的某一高能态，即激发的选择性很差。而在同位素分离技术中激发的选择性变得尤为重要，因为同位素原子(如^{235}U 与^{238}U)之间的能级差别只有十万分之一电子伏特(10^{-5}eV)。良好的单色性使得激光广泛应用于选择性地制备原子(分子)激发态，为高纯度分离稀有同位素提供了可靠的技术路线。

光与电子相互作用可能是我们日常经验中最普遍的现象，眼帘开启，比比皆是。但必须应用量子力学描述这种过程才能得到较精确结果。然而，光场与眼下这几个字的作用已涉及数不清的电子，如何应用量子力学描写其动力学过程呢？通常采用单电子近似，即只描写光场与单个电子的作用过程，而把其他电子的作用处理为对单个电子的平均势。单电子的哈密顿算符在坐标表象一般表达为

$$\hat{H} = -\frac{\hbar^2}{2m}\nabla^2 + V(\bar{r}) - \sum_N \frac{Z_N e^2}{|\bar{R}_N - \bar{r}|} + H'(\bar{r}, \bar{E}(t)) \tag{2.173}$$

其中，Z_N、$\bar{R}_N$ 分别为核电荷数及核位置向量；$V(\bar{r})$ 为其他电子的平均作用势；$H'(\bar{r}, \bar{E})$ 是单电子与光场$\bar{E}(t)$ 的相互作用能量算符。精确快速计算$V(\bar{r})$ 仍是目前量子理论研究的课题，虽然已经有各种各样获得$V(\bar{r})$ 表达式的理论方法(如哈特里-福克方法)，在这里不作讨论。在坐标表象求解这一类问题，即求解含时薛定谔方程

$$\mathrm{i}\hbar\frac{\partial \psi(\bar{r},t)}{\partial t} = \left[-\frac{\hbar^2}{2m}\nabla^2 + V(\bar{r}) - \sum_N \frac{Z_N e^2}{|\bar{R}_N - \bar{r}|} + H'(\bar{r}, \bar{E}(t)) \right] \psi(\bar{r},t) \tag{2.174}$$

一般没有解析解，精确地数值求解也很困难。

下面从更基本的观点处理上述单电子问题。单电子态由希尔伯特空间一态矢$|\psi(t)\rangle$ 描写，它应是一个无限维空间的向量，其演化满足方程：$\mathrm{i}\hbar\frac{\partial |\psi(t)\rangle}{\partial t} = \hat{H}|\psi(t)\rangle$(或其他绘景的相应方程)。原则上我们可采用任意力学量算符的本征态作为基矢来展开上述方程，但由于只能在有限维子空间展开上述方程，故选择不同的基矢对问题的最后求解影响很大。基矢选取不合适，则需要维数很高的子空间才能得到可信的结果。若选用坐标算符本征态为基矢(坐标表象)，上

式即表达为方程(2.174)。在处理晶体中的电子时，通常采用动量表象，即选取动量算符的本征态作为基矢(也称为平面波基组)；在处理原子中的电子时，通常选用原子能量表象，即以原子哈密顿算符本征态为基矢。

在很好的近似程度上，可将激光场处理为近平面波电场(忽略磁场作用)，即 $\vec{E}(t) = \vec{A}(t)\cos(\vec{k}\cdot\vec{r} - \omega t)$，其中振幅 $\vec{A}(t)$ 为时间的慢变函数。由于光频 ω 在 $10^{15}\,\mathrm{Hz}$ 量级，故 $\vec{A}(t)$ 在纳秒甚至皮秒量级变化都属慢变函数，也就是说上式在描写纳秒 $(10^{-9}\,\mathrm{s})$ 和皮秒 $(10^{-12}\,\mathrm{s})$ 脉冲激光时都适用。实验和理论都表明，当激光频率 ω 远离物理系统本征能量间隔频率 ω_0(玻尔频率，如第一激发态与基态间的跃迁频率)时，激光对物质作用不明显(大能量激光的热效应除外)，而当 $\omega \approx \omega_0$ 时(近共振)，激光场与物质相互作用急剧增强。这一事实使得选取能量表象非常有利。具体方法是将(2.173)式改写为

$$\begin{cases} \hat{H} = \hat{H}_0 + \hat{H}' & (2.175a) \\[2mm] \hat{H}_0 = -\dfrac{\hbar^2}{2m}\nabla^2 + V(\vec{r}) - \displaystyle\sum_N \dfrac{Z_N e^2}{\left|\vec{R}_N - \vec{r}\right|} & (2.175b) \\[2mm] \hat{H}' = e\vec{r}\cdot\vec{A}(t)\cos(\vec{k}\cdot\vec{r} - \omega t) \\[2mm] \qquad = e\vec{r}\cdot\vec{A}(t)\left[\mathrm{e}^{\mathrm{i}(\vec{k}\cdot\vec{r}-\omega t)} + \mathrm{e}^{-\mathrm{i}(\vec{k}\cdot\vec{r}-\omega t)}\right]\Big/2 & (2.175c) \end{cases}$$

其中，$\hat{H}_0$ 为原子(分子)内部哈密顿算符；$\hat{H}'$ 为单电子与外部光场作用的哈密顿算符。由于光波长远大于原子(分子)线径，故可将(2.175c)式写为(偶极近似)

$$\hat{H}' = e\vec{r}\cdot\vec{A}(t)\left(\mathrm{e}^{\mathrm{i}\omega t} + \mathrm{e}^{-\mathrm{i}\omega t}\right)\Big/2 \qquad (2.175d)$$

能量表象的基 $|\varphi_n\rangle$ 选为 $\hat{H}_0$ 的本征态，即 $\hat{H}_0|\varphi_n\rangle = E_n|\varphi_n\rangle$。激光作用前的原子初态由统计物理方法确定，例如在很多情况下原子(分子)处于能量基态 $|\varphi_1\rangle$。

1. 单色激光作用

最方便的制备激发态原子(分子)的方法，是只使用一束单色激光。譬如说期望将原子(分子)泵浦到激发态 E_n，可调谐激光频率 ω 使其等于相应的玻尔频率 $\omega_0 = (E_n - E_1)/\hbar$。若激光功率不超过 $10^9\,\mathrm{W/cm}^2$，采用二维空间即可得到与实验相吻合的理论预测。二维空间基矢取为 $|1\rangle = |\varphi_1\rangle$，$|2\rangle = |\varphi_n\rangle$，系统态矢表达为 $|\psi(t)\rangle = C_1(t)|1\rangle + C_2(t)|2\rangle$，或用矩阵表示为 $|\psi(t)\rangle = \begin{pmatrix} C_1 \\ C_2 \end{pmatrix}$。在薛定谔绘景中 $|\psi(t)\rangle$

满足 $i\hbar\begin{pmatrix}\dot{C}_1(t)\\\dot{C}_2(t)\end{pmatrix}=\begin{pmatrix}H_{11}&H_{12}\\H_{21}&H_{22}\end{pmatrix}\begin{pmatrix}C_1(t)\\C_2(t)\end{pmatrix}$，其中 $H_{mn}=\langle m|\hat{H}|n\rangle$，取初态为 $|\psi(0)\rangle=\begin{pmatrix}1\\0\end{pmatrix}$

便得到 1.1.4 节中的拉比振荡结果。1933~1934 年，物理学家拉比(I. I. Rabi, 美国, 1898~1988)应用此方法描写核自旋在磁场中的翻转现象，因此获得 1944 年诺贝尔物理学奖。应该说明的是，单色激光只能导致布居在基态 E_1 与激发态 E_n 之间振荡，无论激光功率多大，平均说来最多只有 50% 的原子(分子)布居在激发态 $|\varphi_n\rangle$，不可能制备出"纯净"的激发态原子(分子)(参见 1.1.4 节)。

作为与 1.1.4 节的比较，下面在相互作用绘景中研究同一问题。将系统哈密顿量按(2.175a)式分解，因 $\hat{H}_0$ 不显含时间 t，由 $U_0(t,t_0)$ 满足的方程[参见 2.5.3 节，$t_0=0$]可得 $U_0(t,0)=\mathrm{e}^{-\mathrm{i}\hat{H}_0t/\hbar}$，并且

$$\hat{H}'_{\mathrm{I}}=U_0^+(t,0)\hat{H}'U_0(t,0)$$

$$=\frac{1}{2}\mathrm{e}^{\mathrm{i}\hat{H}_0t/\hbar}e\vec{r}\cdot\vec{A}(t)\left(\mathrm{e}^{\mathrm{i}\omega t}+\mathrm{e}^{-\mathrm{i}\omega t}\right)\mathrm{e}^{-\mathrm{i}\hat{H}_0t/\hbar} \tag{2.176}$$

系统的基矢仍取为 $|1\rangle$、$|2\rangle$，因此

$$\left(H'_{\mathrm{I}}\right)_{11}=\langle 1|\hat{H}'_{\mathrm{I}}|1\rangle$$

$$=\frac{1}{2}\langle 1|\left[\mathrm{e}^{\mathrm{i}\hat{H}_0t/\hbar}e\vec{r}\cdot\vec{A}(t)\left(\mathrm{e}^{\mathrm{i}\omega t}+\mathrm{e}^{-\mathrm{i}\omega t}\right)\mathrm{e}^{-\mathrm{i}\hat{H}_0t/\hbar}\right]|1\rangle$$

$$=\frac{1}{2}\mathrm{e}^{\mathrm{i}E_1t/\hbar}e\langle 1|\vec{r}|1\rangle\cdot\vec{A}(t)\left(\mathrm{e}^{\mathrm{i}\omega t}+\mathrm{e}^{-\mathrm{i}\omega t}\right)\mathrm{e}^{-\mathrm{i}E_1t/\hbar}$$

考虑中心力场情况，$\langle 1|\vec{r}|1\rangle=0$，$\langle 2|\vec{r}|2\rangle=0$，故 $\left(H'_{\mathrm{I}}\right)_{11}=0$，$\left(H'_{\mathrm{I}}\right)_{22}=0$。

$$\left(H'_{\mathrm{I}}\right)_{12}=\langle 1|\hat{H}'_{\mathrm{I}}|2\rangle$$

$$=\frac{1}{2}\vec{u}\cdot\vec{A}(t)\mathrm{e}^{\mathrm{i}E_1t/\hbar}\left(\mathrm{e}^{\mathrm{i}\omega t}+\mathrm{e}^{-\mathrm{i}\omega t}\right)\mathrm{e}^{-\mathrm{i}E_2t/\hbar}$$

$$=\frac{1}{2}\vec{u}\cdot\vec{A}(t)\mathrm{e}^{-\mathrm{i}\omega_0 t}\left(\mathrm{e}^{\mathrm{i}\omega t}+\mathrm{e}^{-\mathrm{i}\omega t}\right)$$

$$\approx\frac{1}{2}\vec{D}\cdot\vec{A}(t)\mathrm{e}^{\mathrm{i}(\omega-\omega_0)t} \tag{2.177}$$

其中，$\vec{D}=e\langle 1|\vec{r}|2\rangle$ 称为**偶极矩阵元**；$\omega_0=(E_2-E_1)/\hbar$ 为玻尔频率，最后一步推导

忽略了 $e^{-i(\omega+\omega_0)t}$ 一项 (称为**旋转波近似**)。在共振条件 $(\omega=\omega_0)$ 下，$(H'_I)_{12}=\dfrac{1}{2}\vec{D}\cdot\vec{A}(t)$。同理可得，$(H'_I)_{21}=\dfrac{1}{2}\vec{D}\cdot\vec{A}(t)$ (由于选取了实波函数，故 $\langle 1|\vec{r}|2\rangle=\langle 2|\vec{r}|1\rangle$)。所以态演化满足：

$$i\hbar\begin{pmatrix}\dot{b}_1(t)\\\dot{b}_2(t)\end{pmatrix}=\begin{pmatrix}0 & \dfrac{1}{2}\vec{D}\cdot\vec{A}(t)\\\dfrac{1}{2}\vec{D}\cdot\vec{A}(t) & 0\end{pmatrix}\begin{pmatrix}b_1(t)\\b_2(t)\end{pmatrix} \tag{2.178}$$

或

$$i\begin{pmatrix}\dot{b}_1\\\dot{b}_2\end{pmatrix}=\begin{pmatrix}0 & \dfrac{1}{2}\Omega\\\dfrac{1}{2}\Omega & 0\end{pmatrix}\begin{pmatrix}b_1\\b_2\end{pmatrix} \tag{2.179}$$

其中，$\Omega=\vec{D}\cdot\vec{A}(t)/\hbar$ 称为**拉比频率**。利用初始条件 $b_1(0)=1$，$b_2(0)=0$ 即可得到拉比严格解[参见(1.26)式]。值得注意的是相互作用绘景中的相互作用哈密顿量可写为

$$H'_I=\hbar\begin{pmatrix}0 & \dfrac{1}{2}\Omega\\\dfrac{1}{2}\Omega & 0\end{pmatrix} \tag{2.180}$$

这种对称的表达形式对处理多束激光与多能级的共振作用可带来很大方便。

2. 两束激光作用

利用单色激光制备高能态原子(分子)的本质缺点是,在统计水平上最多只有50%的原子(分子)处于高能态,另外 50%的原子仍处于基态。由于这两种原子(分子)在空间混合在一起,给实验观测激发态原子(分子)效应造成诸多不便。增大激光强度 $\left[I\propto\left|\vec{A}(t)\right|^2\right]$ 的结果,只是加快电子在两能态之间的振荡(拉比振荡,频率 $\Omega=\vec{D}\cdot\vec{A}/\hbar$),而不能实质改变原子(分子)在两能态的分布概率。如何制备"纯净"的高能态原子(分子)?

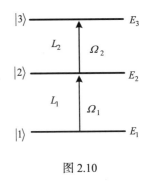

图 2.10

尝试图 2.10 所示的作用方式:将两束激光 L_1 和 L_2 的频率 ω_1、ω_2 分别调谐至相

应的玻尔频率，分别产生拉比频率 Ω_1 和 Ω_2。在相互作用绘景选取 $\hat{H}_0$ 本征态 $|1\rangle$、$|2\rangle$、$|3\rangle$ 为基矢，则相互作用哈密顿量 H_I' 表达为(由二能级情况类推)

$$H_I' = \hbar \begin{pmatrix} 0 & \dfrac{\Omega_1}{2} & 0 \\ \dfrac{\Omega_1}{2} & 0 & \dfrac{\Omega_2}{2} \\ 0 & \dfrac{\Omega_2}{2} & 0 \end{pmatrix} \tag{2.181}$$

系统态矢 $|\psi(t)\rangle = \begin{pmatrix} C_1 \\ C_2 \\ C_3 \end{pmatrix}$ 满足：

$$i\begin{pmatrix} \dot{C}_1 \\ \dot{C}_2 \\ \dot{C}_3 \end{pmatrix} = \begin{pmatrix} 0 & \dfrac{\Omega_1}{2} & 0 \\ \dfrac{\Omega_1}{2} & 0 & \dfrac{\Omega_2}{2} \\ 0 & \dfrac{\Omega_2}{2} & 0 \end{pmatrix}\begin{pmatrix} C_1 \\ C_2 \\ C_3 \end{pmatrix} \tag{2.182}$$

利用初始条件 $C_1(0) = 1, C_2(0) = C_3(0) = 0$ 可方便地得到数值解。你能猜到三个能态的布居随时间的变化规律吗？类似于上述二能级系统的振荡行为，不能实现制备"纯净"激发态的目标。现在采取一种比较"奇怪"的理论方法，即先求解 H_I' 的本征方程：

$$\begin{pmatrix} 0 & \dfrac{\Omega_1}{2} & 0 \\ \dfrac{\Omega_1}{2} & 0 & \dfrac{\Omega_2}{2} \\ 0 & \dfrac{\Omega_2}{2} & 0 \end{pmatrix}\begin{pmatrix} b_1 \\ b_2 \\ b_3 \end{pmatrix} = \lambda\begin{pmatrix} b_1 \\ b_2 \\ b_3 \end{pmatrix} \tag{2.183}$$

它的解有三个：

$$\lambda_1 = 0, \qquad |\varphi_1\rangle = \frac{\Omega_2}{\sqrt{\Omega_1^2 + \Omega_2^2}}|1\rangle - \frac{\Omega_1}{\sqrt{\Omega_1^2 + \Omega_2^2}}|3\rangle \tag{2.184}$$

$$\lambda_2 = \sqrt{\Omega_1^2 + \Omega_2^2}\Big/2, \qquad |\varphi_2\rangle = A_1|1\rangle + A_2|2\rangle + A_3|3\rangle \tag{2.185}$$

$$\lambda_3 = -\frac{1}{2}\sqrt{\Omega_1^2 + \Omega_2^2}, \qquad |\varphi_3\rangle = B_1|1\rangle + B_2|2\rangle + B_3|3\rangle \tag{2.186}$$

其中，A_1、A_2、A_3、B_1、B_2、B_3 是一些不为零的常数，可以先不管其具体表达。

现在选取这三个态作为基矢，将系统态矢 $|\psi(t)\rangle$ 展开：

$$|\psi(t)\rangle = A|\varphi_1\rangle + B|\varphi_2\rangle + C|\varphi_3\rangle \tag{2.187}$$

代入相互作用绘景方程：

$$i\hbar \frac{\partial |\psi(t)\rangle}{\partial t} = H_I'|\psi(t)\rangle \tag{2.188}$$

将会发现(将 Ω_1、Ω_2 视为常数)A 是一个与时间无关的常数，而 B、C 都与时间有关：$B(t) = B(0)\mathrm{e}^{-i\lambda_2 t}$，$C(t) = C(0)\mathrm{e}^{-i\lambda_3 t}$。利用初始条件 $|\psi(0)\rangle = |1\rangle$ 便可确定 A、$B(0)$ 和 $C(0)$。如果在初始时刻 L_1 激光没有开启，只有 L_2 激光作用，即 $\Omega_1 = 0$，则得到 $A = 1$，由布居守恒可知 $B(0) = C(0) = 0$，从而得到在任意时刻 t 系统的态矢为

$$|\psi(t)\rangle = |\varphi_1\rangle = \frac{\Omega_2}{\sqrt{\Omega_1^2 + \Omega_2^2}}|1\rangle - \frac{\Omega_1}{\sqrt{\Omega_1^2 + \Omega_2^2}}|3\rangle \tag{2.189}$$

即便随后 L_1 激光也加入作用，系统的态矢仅仅与基态 $|1\rangle$ 和激发态 $|3\rangle$ 有关，而与态 $|2\rangle$ 无关。这是一条很重要的信息。

根据上面的理论结果设计这样的实验：使原子(分子)炉出射的原子(分子)束穿越激光束 L_1 和 L_2 的重叠区域并使 L_2 光束处于上游，则原子(分子)首先"看"到 L_2，然后再"感受"到 L_1 激光(图 2.11)。

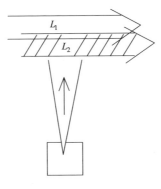

图 2.11

如果原子(分子)感受到的激光强度分布如图 2.12a 所示，则相应的拉比频率类似于图 2.12b。由(2.189)式可知，当原子(分子)穿越激光作用区后，$\Omega_2 = 0$，$\Omega_1 \neq 0$，

系统态矢变为 $|\psi(\infty)\rangle = |3\rangle$，也就是说原子(分子)全部布居于激发态 $|3\rangle$。这样便实现了从基态 $|1\rangle$ 到激发态 $|3\rangle$ 的**布居转移**。在此过程中布居没有振荡现象，基态布居 P_1 由"1"逐渐减小至"0"，与此同时态 $|3\rangle$ 的布居 P_3 由"0"增大到"1"而激发态 $|2\rangle$ 的布居 P_2 始终为"0"(图 2.12c)，因此实验不可能观察到从态 $|2\rangle$ 到态 $|1\rangle$ 的自发辐射，虽然 L_1 激光频率与 $|1\rangle \to |2\rangle$ 态的玻尔频率严格共振。1990 年，由伯格曼领导的德国一个工作组完成了这一理论推演及实验观测[①]。这是一项很漂亮的工作！理论预测与实验观测一致吻合。

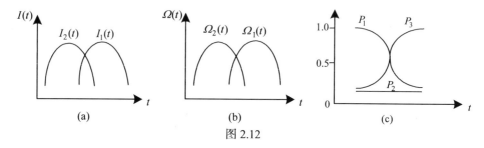

图 2.12

考虑到上述工作中的原子束只能产生很低的原子数密度，我们期望在原子蒸气中(原子数密度可以很高)实现类似过程(图 2.13)。但是，因为蒸气原子的无定向运动，很难使原子首先看到 L_2 激光束。为此我们提出使 L_2 激光束包裹 L_1 激光束，从而也实现了布居转移[②]。然而，当时受实验条件限制，两束激光功率只有几十毫瓦，实验结果并不完美。后来，我们在此基础上提出了一种同位素分离新方案，可大大提高分离效率[③]。

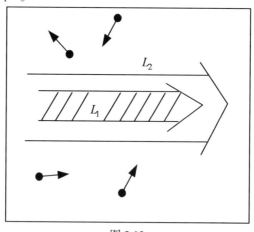

图 2.13

① Gaubatz U, Rudecki P, Schiemann S, et al. 1990. J. Chem. Phys., 92: 5363。
② Ning X J, Jing C Y, Lin F C. 1996. Chin. Phys. Lett., 13: 590。
③ 宁西京，林福成. 1997. 中国科学 A 辑, 27: 763；Liu B, Ning X J. 2001. Phys. Rev. A, 64: 013401。

值得思考的是，上述的理论预测不仅实现了无振荡布居转移，而且消除了中间态 $|2\rangle$ 的自发辐射。这一预测结果难以从数值求解含时薛定谔方程得到。它的得出受益于选取了基矢 $|\varphi_1\rangle$，$|\varphi_2\rangle$，$|\varphi_3\rangle$。这组基矢称为**缀饰原子**基矢，因为它是相

互作用算符 $H_1' = \begin{pmatrix} 0 & \dfrac{\Omega_1}{2} & 0 \\ \dfrac{\Omega_1}{2} & 0 & \dfrac{\Omega_2}{2} \\ 0 & \dfrac{\Omega_2}{2} & 0 \end{pmatrix}$ 的本征

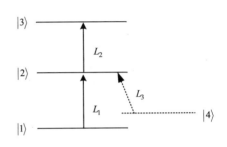

图 2.14

态，此中含有的 Ω_1、Ω_2 同时涉及原子的偶极矩 (D_{12}, D_{13}) 和光场 $\left[\vec{A}(t)\right]$ 信息。在通常的文献中将没有光场作用时的原子态称为**裸原子态**，相应的基矢称为**裸原子基矢**。

3. 多束激光作用

很多种原子(分子)具有图 2.14 所示能级结构，即存在类似于态 $|4\rangle$ 的低能亚稳态，当原子气化时的温度达到 1000℃时，一些亚稳态的热布居可达到基态布居的 50% 左右。利用与上面类似的思想，使 L_2 先作用而 L_1 和 L_3 后作用，能否将基态 $|1\rangle$ 及亚稳态 $|4\rangle$ 的布居都转移到激发态 $|3\rangle$ 呢？

类似于上面的结果，当三束激光都与相应的跃迁共振时，相互作用哈密顿为

$$H_1' = \begin{pmatrix} 0 & \dfrac{\Omega_1}{2} & 0 & 0 \\ \dfrac{\Omega_1}{2} & 0 & \dfrac{\Omega_2}{2} & \dfrac{\Omega_3}{2} \\ 0 & \dfrac{\Omega_2}{2} & 0 & 0 \\ 0 & \dfrac{\Omega_3}{2} & 0 & 0 \end{pmatrix} \tag{2.190}$$

它有四个本征态，分别为

$$\lambda_1 = 0, \qquad |\varphi_1\rangle = G_1\left(\Omega_2|1\rangle - \Omega_1|3\rangle\right) \tag{2.191a}$$

$$\lambda_2 = 0, \qquad |\varphi_2\rangle = G_2\left(\Omega_2|4\rangle - \Omega_3|3\rangle\right) \tag{2.191b}$$

$$\lambda_3 = +G_2/2, \qquad |\varphi_3\rangle = G_3\left(\Omega_1|1\rangle + 2\lambda_3|2\rangle + \Omega_2|3\rangle + \Omega_3|4\rangle\right) \tag{2.191c}$$

$$\lambda_4 = -G_2/2, \qquad |\varphi_4\rangle = G_4\left(\Omega_1|1\rangle + 2\lambda_4|2\rangle + \Omega_2|3\rangle + \Omega_3|4\rangle\right) \tag{2.191d}$$

其中

$$\begin{cases} G_1 = \left(\Omega_1^2 + \Omega_2^2\right)^{-\frac{1}{2}}, & G_2 = \left(\Omega_2^2 + \Omega_3^2\right)^{-\frac{1}{2}} \tag{2.192a} \\[2mm] G_3 = \left(\Omega_1^2 + \Omega_2^2 + \Omega_3^2 + 4\lambda_3^2\right)^{-\frac{1}{2}}, & G_4 = \left(\Omega_1^2 + \Omega_2^2 + \Omega_3^2 + 4\lambda_4^2\right)^{-\frac{1}{2}} \tag{2.192b} \end{cases}$$

系统态矢可按缀饰态(2.191)式展开为

$$|\psi(t)\rangle = A_1|\varphi_1\rangle + A_2|\varphi_2\rangle + A_3|\varphi_3\rangle + A_4|\varphi_4\rangle \tag{2.193}$$

按照前面的基本思想，应使 L_2 激光先作用，然后 L_1 与 L_3 再作用。假设激光作用前，系统部分(60%)处于基态 $|1\rangle$，部分(40%)处于亚稳态 $|4\rangle$，构成混合系综，拟先作量子力学平均后再作系综平均(见 1.1.4 节)。对于初态处基态 $|1\rangle$ 的系综，$|\psi(0)\rangle = |1\rangle$，由(2.191)~(2.193)式可得 $A_1 = 1$，$A_2 = A_3 = A_4 = 0$，即系综处于缀饰态

$$|\varphi_1\rangle = \frac{\Omega_2}{\sqrt{\Omega_1^2 + \Omega_2^2}}|1\rangle - \frac{\Omega_1}{\sqrt{\Omega_1^2 + \Omega_2^2}}|3\rangle \tag{2.194}$$

似乎基态布居能够像两束激光作用过程一样被全部转移到激发态 $|3\rangle$。然而，由于缀饰态 $|\varphi_1\rangle$ 与 $|\varphi_2\rangle$ 简并，前者的布居很容易自发转移到后者，即在激光强度变化过程中 A_1 由 1 减小伴随着 A_2 由初始的零值增大，而 $|\varphi_2\rangle$ 与裸原子态 $|4\rangle$ 相关，表明一部分布居转移到亚稳态 $|4\rangle$。类似地，对于初态处于亚稳态 $|4\rangle$ 的系综，其布居并非全部被转移到激发态 $|3\rangle$，另一部分转移到了基态 $|1\rangle$。我们仔细计算了具体的转移比例，发现最多只能将基态与亚稳态布居总和的 50% 转移到 $|3\rangle$ 态，其余 50% 被"囚禁"于态 $|1\rangle$ 与 $|4\rangle$[①]。德国伯格曼的工作组可能未曾看到我们的论文，他们于 1998 年在 Phys. Rev. A 上发表了类似的理论工作。

2.8.3 一种非厄米哈密顿算符

1. 问题的提出

众所周知，在量子力学中力学量算符应该是厄米的，因为厄米算符的本征值是实数，具有可测量的物理意义。然而，在处理具体问题时人们发现，引进非厄米的哈密顿量能够带来很大方便。在描述光场与多能级系统的相互作用过程中，

---

① 宁西京，景春阳，林福成. 1996. 光学学报，16: 1065。

为了考虑自发辐射或电离，衰减项经常被引入哈密顿量[1]，这实际上导致了一个非厄米的哈密顿算符。事实上，波多野和纳尔逊曾利用非厄米哈密顿量描述超导体中的柱状缺[2]；格里戈连科提出用非厄米哈密顿量建立非线性量子力学[3]；戴等采用非厄米哈密顿量紧耦合方法描写激光短脉冲作用时原子级饰态的衰减[4]。如果能够把非厄米哈密顿算符普遍地纳入量子力学框架，即首先求解该非厄米哈密顿算符的本征值方程，然后把系统的波函数展开为相应本征态的线性叠加，那将得到关于系统演化的解析解，为分析问题提供更大的方便。

事实上，从纯理论的观点出发，没有充分的理由在量子力学中排斥非厄米算符。狄拉克在《量子力学原理》中写道：一个线性算符如果不是实算符(厄米算符特例)，那么关于它的本征值和本征矢量的理论在量子力学中没有很多用处。显然，狄拉克并没有完全否认非厄米力学量存在的可能性。这里我们以激光与多能级系统相互作用为例，引入非厄米哈密顿量描写电离过程，并将其纳入量子力学框架[5]。

2. 非厄米哈密顿算符

考虑一个同时与三束激光相互作用的四能级原子系统(图2.15)，其中$|i\rangle$代表裸原子(没有激光作用的原子)系统哈密顿算符的本征态，第四能级为自电离态，其自电离速率为γ，这必然导致一个非厄米哈密顿算符的出现[类似于(2.190)式]：

$$H = \hbar \begin{pmatrix} 0 & \dfrac{\Omega_1}{2} & 0 & 0 \\ \dfrac{\Omega_1}{2} & 0 & \dfrac{\Omega_2}{2} & 0 \\ 0 & \dfrac{\Omega_2}{2} & 0 & \dfrac{\Omega_3}{2} \\ 0 & 0 & \dfrac{\Omega_3}{2} & -\dfrac{i\gamma}{2} \end{pmatrix} \qquad (2.195)$$

其中，$-\dfrac{i\gamma\hbar}{2}$是这样得出的：假设初始时刻态$|4\rangle$已有粒子布居$|C_4(0)|^2$，若没有激光作用，态$|4\rangle$的概率振幅C_4应满足$i\hbar\dfrac{dC_4}{dt} = -\dfrac{i\hbar\gamma}{2}C_4$，它给出

① Radmore P M, Knight P L. 1982. J. Phys. B, 15: 561。

② Hatano N, Nelson D R. 1996. Phys. Rev. Lett., **77**: 570；Hatano N, Nelson D R. 1997. Phys. Rev. B, 56: 651；Hatano N. 1998. Physica A, 254: 317。

③ Grigorenko A N. 1993. Phys. Lett. A, 172: 350。

④ Day H C, et al. 2000. Phys. Rev. A, 61: 031402。

⑤ 宁西京，林福成，景春阳. 1998. 光学学报, 18: 431；陈增军，宁西京. 2003. 物理学报, 52: 2683；Ning X J. 2003. Opt. Soc. Am. B, 20: 2363。

$$C_4(t) = C_4(0)\mathrm{e}^{-\gamma t/2} \left[\text{即} \left|C_4(t)\right|^2 = \left|C_4(0)\right|^2 \mathrm{e}^{-\gamma t}\right] \text{恰好符合电离速率} \gamma \text{的意义。与矩阵}$$

形式的薛定谔方程比较可知 $H_{44} = -\dfrac{\mathrm{i}\hbar\gamma}{2}$。显然，(2.195)式所示的哈密顿算符是非

厄米算符。下面从数学上考虑这一矩阵的本征值和本征函数。

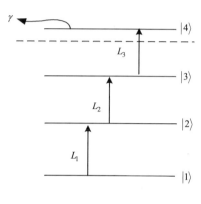

图 2.15

如设哈密顿量 H 的本征值为 λ，则 λ 满足：

$$\lambda^4 + \left(\frac{\mathrm{i}\gamma}{2}\right)\lambda^3 - \left(\frac{\Omega_1^2}{4} + \frac{\Omega_2^2}{4} + \frac{\Omega_3^2}{4}\right)\lambda^2 + \left(\frac{\Omega_1^2}{4} - \frac{\Omega_2^2}{4}\right)\left(-\frac{\mathrm{i}\gamma}{2}\right)\lambda + \left(\frac{\Omega_1^2\Omega_2^2}{16}\right) = 0$$

方程的解可表述为

$$\left.\begin{aligned}
\lambda_1 &= \frac{-k + \sqrt{2q/k - 2p - k^2}}{2} - \frac{a}{4} \\[2mm]
\lambda_2 &= \frac{-k - \sqrt{2q/k - 2p - k^2}}{2} - \frac{a}{4} \\[2mm]
\lambda_3 &= \frac{k + \sqrt{2q/k - 2p - k^2}}{2} - \frac{a}{4} \\[2mm]
\lambda_4 &= \frac{k - \sqrt{2q/k - 2p - k^2}}{2} - \frac{a}{4}
\end{aligned}\right\}
\qquad (2.196)$$

其中

$$p = \frac{8b - 3a^2}{8}$$

$$q = \frac{a^3 - 4ab + 8c}{8} \tag{2.197}$$

$$r = \frac{-3a^4}{256} + \frac{a^2 b}{16} - \frac{ac}{4} + d$$

$$a = \frac{\mathrm{i}\gamma}{2}$$

$$b = -\left(\frac{\Omega_1^2}{4} + \frac{\Omega_2^2}{4} + \frac{\Omega_3^2}{4} \right)$$

$$c = \left(\frac{\Omega_1^2}{4} - \frac{\Omega_2^2}{4} \right) \left(-\frac{\mathrm{i}\gamma}{2} \right) \lambda \tag{2.198}$$

$$d = \left(\frac{\Omega_1^2 \Omega_2^2}{16} \right)$$

$$k = \sqrt{\alpha + \beta - 2p/3} \tag{2.199}$$

$$\alpha = \sqrt[3]{-\frac{g}{2} + \sqrt{\frac{g^2}{4} + \frac{f^3}{27}}} \tag{2.200}$$

$$\beta = \sqrt[3]{-\frac{g}{2} - \sqrt{\frac{g^2}{4} + \frac{f^3}{27}}} \tag{2.201}$$

$$f = -\frac{p^2 + 12r}{3}$$

$$g = \frac{-2p^3 + 72pr - 27q^2}{27} \tag{2.202}$$

从上面的表达式中可以看出，p、r 为实数，q 为纯虚数，因此 f、g 都成为实数。但是 α、β、k 则有可能成为实数或者纯虚数，因此矩阵本征值将为复数。与本征值相应的本征函数有如下形式：

$$\phi_j = C_j \begin{pmatrix} 1 \\ 2\lambda_j / \Omega_1 \\ (4\lambda_j^2 - \Omega_1^2)/(\Omega_1 \Omega_2) \\ 2\Omega_3 (\lambda_j^2 - \Omega_1^2/4)/\left[(\mathrm{i}\gamma/2 + \lambda_j)\Omega_1 \Omega_2 \right] \end{pmatrix} \tag{2.203}$$

其中

$$C_j = \cfrac{1}{\sqrt{1 + \cfrac{4\lambda_j^2}{\Omega_1^2} + \cfrac{\left(4\lambda_j^2 - \Omega_1^2\right)^2}{\Omega_1^2\Omega_2^2} + \cfrac{4\Omega_3^2\left(\lambda_j^2 - \Omega_1^2/4\right)^2}{\left(\mathrm{i}\gamma/2 + \lambda_j\right)^2\Omega_1^2\Omega_2^2}}} \qquad (2.204)$$

$$j = 1, 2, 3, 4$$

我们尝试将系统总的波函数展开为上述本征态的线性叠加:

$$\Psi(r,t) = \sum_{j=1}^{4} C_j(t)\phi_j \exp\left[-\mathrm{i}\int_0^t \lambda_j(\varepsilon)\mathrm{d}\varepsilon\right] \qquad (2.205)$$

虽然式中 $\lambda_j(j=1,2,3,4)$ 为复数,但总可以表示为实数与纯虚数之和,因此式中的指数部分可以表示为一个振荡项与一个衰减项的乘积。

按上述公式,各个裸原子能级的布居变化函数可以表达如下:

$$P_i(t) = \left|\langle i \mid \Psi(r,t)\rangle\right|^2 \qquad (2.206)$$

其解析表达式为

$$\left.\begin{aligned}
P_1(t) &= \left|\sum_{j=1}^{4} C_j^2(t)\exp\left[-\mathrm{i}\int_0^t \lambda_i(\varepsilon)\mathrm{d}\varepsilon\right]\right|^2 \\[2mm]
P_2(t) &= \left|\sum_{j=1}^{4} C_j^2(t)\frac{2\lambda_j}{\Omega_1}\exp\left[-\mathrm{i}\int_0^t \lambda_i(\varepsilon)\mathrm{d}\varepsilon\right]\right|^2 \\[2mm]
P_3(t) &= \left|\sum_{j=1}^{4} C_j^2(t)\frac{4\lambda_j^2 - \Omega_1^2}{\Omega_1\Omega_2}\exp\left[-\mathrm{i}\int_0^t \lambda_i(\varepsilon)\mathrm{d}\varepsilon\right]\right|^2 \\[2mm]
P_4(t) &= \left|\sum_{j=1}^{4} C_j^2(t)\frac{2\Omega_3\left(\lambda_j^2 - \Omega_1^2/4\right)}{\Omega_1\Omega_2(\mathrm{i}\gamma/2 + \lambda_j)}\exp\left[-\mathrm{i}\int_0^t \lambda_i(\varepsilon)\mathrm{d}\varepsilon\right]\right|^2
\end{aligned}\right\} \qquad (2.207)$$

由此可得到系统各个能级布居随着时间的演化。在实际的激光与原子相互作用系统中,拉比频率 $\Omega_i(i=1,2,3)$ 一般是时间的函数,因此(2.205)式中各本征态 ϕ_i 之间的非绝热耦合不可避免(对于厄米哈密顿量也是如此)。但是如果原子所"感受"

到的激光脉冲足够强，且随时间变化足够慢，则绝热条件可以很好地满足，使得本征态之间的非绝热跃迁概率小到忽略不计。相对于通常所用的数值解法(见下一部分)，上述解析方法的优越性在于能够给出普遍适用的结果，对于解释和预测系统的布居演化具有普遍意义。

3. 与数值计算结果的比较

通常在处理激光与多能级系统相互作用问题时，人们更加倾向于使用数值方法。为了说明上一节所述解析方法的正确性，下面作一些数值计算，并与解析结果比较。首先，简单说明数值计算方法。在裸原子态表象 $|\varphi_i\rangle$，系统态矢展开为

$$|\Psi(t)\rangle = C_1|\varphi_1\rangle + C_2|\varphi_2\rangle + C_3|\varphi_3\rangle + C_4|\varphi_4\rangle \tag{2.208}$$

在相互作用绘景中[应用(2.195)式]可得

$$\left.\begin{aligned} \mathrm{i}\dot{C}_1 &= \frac{\Omega_1}{2}C_2 \\ \mathrm{i}\dot{C}_2 &= \frac{\Omega_1}{2}C_1 + \frac{\Omega_2}{2}C_3 \\ \mathrm{i}\dot{C}_3 &= \frac{\Omega_2}{2}C_2 + \frac{\Omega_3}{2}C_4 \\ \mathrm{i}\dot{C}_4 &= \frac{\Omega_3}{2}C_3 - \mathrm{i}\frac{\gamma}{2}C_4 \end{aligned}\right\} \tag{2.209}$$

一般情况下，激光输出的脉冲大都为高斯型，故将拉比频率的表达式写为 $\Omega = \Omega_0\mathrm{e}^{-t^2}$，为了保证绝热条件的满足[①]，选取了较大的拉比频率，即 $\Omega_0 = 8\times10^{11}\,\mathrm{rad}/\mathrm{s}$。应用龙格-库塔积分方法，选取时间步长为 $7.2\times10^{-14}\,\mathrm{s}$，由(2.209)式得到 $C_n(t)$ 的表达，再由 $P_j(t) = |C_j(t)|^2$ 得到各个能级布居数随时间的演化。假设最初布居全部在态 $|1\rangle$，激光脉冲的半宽为 4ns，第四能级的自发电离速率 $\gamma = 8\times10^{11}\,\mathrm{s}^{-1}$，所得结果示于图 2.16。该结果与(2.207)式给出的解析结果基本相同，二者的误差最大时不超过 10%。

---

① 宁西京，林福成，景春阳. 1998. 光学学报, 18: 431；龙德顺，宁西京. 2001. 物理学报, 50: 2335.

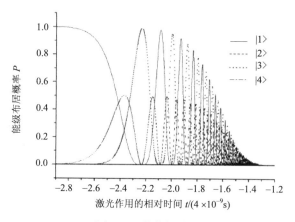

图 2.16 数值解结果

4. 实例

下面应用非厄米哈密顿算符考察一个激光分离同位素的实例，也就是在图2.15所示系统的基础上再加一束激光 L_4(图2.17)，不断将处于 $|3\rangle$ 态的原子(分子)抽运到电离阈值以上的连续态(或自电离态)使其电离(电子脱离原子实运动)。根据关于(2.190)~(2.194)式的讨论，基态 $|1\rangle$ 与亚稳态 $|4\rangle$ 总布居的 50% 可能被因禁。1996年以前对此很有争议。有的实验证明可以解除因禁，而另外一些实验则否定。我们应用非厄米哈密顿算符得到了解析解，发现仅当 L_3 激光频率不与 $|2\rangle \to |4\rangle$ 跃迁严格共振时才有可能打破"布居因禁"，很好地解释了以前有关的实验争端[①]。

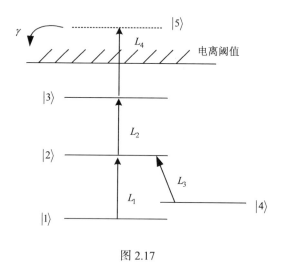

图 2.17

---

① 宁西京，林福成，景春阳. 1998. 光学学报，18: 431；Ning X J. 2003. Opt. Soc. Am. B, 11: 2363。

类似于(2.195)式的得出，裸原子表象的相互作用哈密顿为

$$H_1' = \hbar \begin{pmatrix} 0 & \dfrac{\Omega_1}{2} & 0 & 0 & 0 \\ \dfrac{\Omega_1}{2} & 0 & \dfrac{\Omega_2}{2} & \dfrac{\Omega_3}{2} & 0 \\ 0 & \dfrac{\Omega_2}{2} & 0 & 0 & \dfrac{\Omega_4}{2} \\ 0 & \dfrac{\Omega_3}{2} & 0 & 0 & 0 \\ 0 & 0 & \dfrac{\Omega_4}{2} & 0 & -\dfrac{i\gamma}{2} \end{pmatrix} \tag{2.210}$$

其中，$-\dfrac{i\gamma\hbar}{2}$ 代表裸原子态 $|5\rangle$ 的电离速率。H_1' 有五个本征态，其中本征值为零的缀饰态为

$$|\varphi_1\rangle = \frac{\Omega_3}{\sqrt{\Omega_1^2 + \Omega_3^2}}|1\rangle - \frac{\Omega_1}{\sqrt{\Omega_1^2 + \Omega_3^2}}|4\rangle \tag{2.211}$$

如果四束激光同时作用，并假定 $\Omega_1(t) \sim \Omega_3(t)$，则基态系综或亚稳态系综 50% 的布居将被"死"因禁于 $|\varphi_1\rangle$ 态，因为该态仅仅由裸原子基态 $|1\rangle$ 和亚稳态 $|4\rangle$ 叠加而成，与其他裸原子态无关。我们的进一步计算表明，如果 L_3 激光频率稍偏离共振条件(例如 L_3 选为多纵模非单色激光)，则全部基态与亚稳态布居都可被抽运到态 $|5\rangle$ 而被离化。

2.8.4　解读光谱"密码"

　　上帝用光照亮了世界，物体便有了颜色，使人们得以辨认不同物体。13 世纪德国的一位传教士西奥多里克曾将水注满玻璃球壳，用以观察阳光照射时产生的"彩虹"。笛卡儿在 1637 年的《方法论》中介绍了用以研究彩虹的棱镜分光实验。这一研究工作启发牛顿用棱镜研究太阳光的色散，他在 1704 年出版的《光学》一书总结了他的研究成果：白色光由一些原始的单色光按适当比例混合而成；不同颜色的单色光线折射率不同；物体的颜色取决于物体对白色光中不同单色光的反射能力；光应该由微粒组成。这些结论在当时看来实在太新奇，招致人们特别是胡克的不断挑剔和攻击。胡克的可取之处，在于明确认为光是波动，发展了笛卡儿的波动说观点。1678 年，惠更斯建立了波动光学的惠更斯原理，不仅解释了光

线的反射定律而且推导出折射定律。但是直到 18 世纪末，由于牛顿力学的成功，牛顿主张的光微粒学说一直被认为是唯一合理的理论。托马斯·杨(T. Young, 英国, 1773~1829)在 1801 年用双缝干涉实验给予微粒学说沉重一击，并提出了光波长概念。然而，当时的一些权威学者认为杨氏实验"称不上是实验"、"没有任何价值"、"干涉原理是荒唐和不合逻辑的"等，致使在此后十余年时间里几乎没有人理解杨的工作。1818 年，由当时著名的科学家如比奥特、拉普拉斯和泊松等主持了法国科学院的悬奖征文，鼓励用微粒学说解释光的衍射现象以期取得微粒学说的决定性胜利。然而，无名小辈菲涅尔却用波动理论以严密的数学推导解释了光的干涉衍射现象。此后微粒学说被动摇，支持波动学说的实验大量涌现。

自从年轻的德国人夫琅禾费(J. von Fraunhofer, 1787~1826)在 1814 年左右发明衍射光栅并精确测量太阳光谱中的多条黑线之后，德国物理学家基尔霍夫(G. R. Kirchhoff, 1824~1887)和阿斯特姆(A. J. Ångström, 1814~1874)深入研究了太阳光谱，并测量了许多元素的光谱。由于元素特征谱线对鉴别物质有巨大的意义，到 19 世纪 80 年代初，光谱学研究已经积累了大量光谱数据。如何整理这些浩杂的数据并解释元素光谱的成因，是当时物理学家感到最棘手的问题，因为应用传统的力学理论很难给出不连续的光谱线结构。在此以后，虽然巴耳末(J. J. Balmer, 瑞士, 1825~1898)、里德伯(J. R. Rydberg, 瑞典, 1854~1919)等可用与整数相关的代数式来唯象地描写氢原子和碱金属原子的光谱，但对氢原子光谱的物理解释是二十年后(1913 年)玻尔根据原子有核模型建立的量子化轨道，而对原子光谱"密码"的实质性解读是 1926 年之后所建立的量子力学。在这一过程中，人们确立了电子自旋概念。1947~1952 年，美国人兰姆(W. E. Lamb, 1913~)在研究氢原子光谱的精细结构过程中发现了所谓的兰姆位移，极大地推动了量子电动力学的发展。

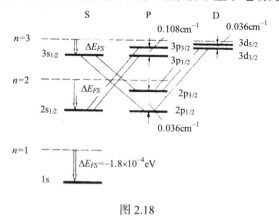

图 2.18

氢原子(以及其他许多原子)的光谱线都呈现双线或多线结构，即所谓光谱线精细结构。氢原子能级的精细结构如图 2.18 所示，其中 ΔE_{FS} 表示考虑电子自旋后的能级位移。下面用量子力学求解与氢原子精细结构相应的能级。1924 年，有几位年轻的学者以经典的模型描写电子的自旋(参见 3.3.4 节)。我们先考察一个电荷 q 绕平面空间一点 O 作匀速圆周运动时所产生的磁矩 μ(图 2.19)。根据电磁学定义(CGS 单位制)，$\mu = IA/c$，其中 I、A、c 分别为电流、围道面积和光速常数。设轨道长为 l，电荷绕轨周期为 τ，则 $I = \dfrac{q}{l} \cdot \dfrac{l}{\tau} = \dfrac{q}{\tau}$，故

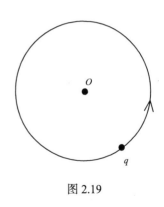

图 2.19

$$\mu = I \cdot A/c = \frac{q}{c\tau} \pi r^2 = \frac{q}{2mc} L \tag{2.212}$$

其中，L 为角动量。按照这一思路，一个质量为 M、带电为 Q 的刚性球体(M 与 Q 均匀分布)，若其自转角动量为 $\bar{L}$，则其磁矩应为

$$\bar{\mu} = \frac{Q}{2Mc} \bar{L} \tag{2.213}$$

若假定电子是一个有限大小的刚性小球，其电荷($-e$)和质量均匀分布，且自旋角动量为 $\bar{S}$，则其磁矩为

$$\bar{\mu} = \frac{-e}{2mc} \bar{S} \tag{2.214}$$

然而，有关实验(见 3.4.4 节)给出的结果却是 $\bar{\mu} = \dfrac{-e}{mc} \bar{S}$，即上式分母中的"2"应除去。这一结果与经典模型矛盾，但可从狄拉克相对论性波动方程得到(见 3.4.3 节)。

在氢原子中，电子绕核运动将产生磁场 $\bar{B}$，该磁场又与电子自旋磁矩相互作用[1]，因此产生的相互作用能为($H' = -\bar{\mu} \cdot \bar{B}$，CGS 单位制)

$$H' = \frac{1}{2} \frac{e^2}{m^2 c^2} \frac{1}{r^3} \bar{L} \cdot \bar{S} \tag{2.215}$$

---

① 褚圣麟. 1979. 原子物理学. 北京: 人民教育出版社: 130。

氢原子体系的总哈密顿量为

$$H = H_0 + H' = \left(\frac{p^2}{2m} - \frac{e^2}{r} \right) + \left(\frac{1}{2} \frac{e^2}{m^2 c^2} \frac{1}{r^3} \vec{L} \cdot \vec{S} \right) \tag{2.216}$$

注意，H 实际上涉及电子在真实空间和自旋空间的两种运动。自旋空间是一个二维空间，其本征矢可选为 S_z 的本征态 $|\alpha\rangle = \begin{pmatrix} 1 \\ 0 \end{pmatrix}$ 和 $|\beta\rangle = \begin{pmatrix} 0 \\ 1 \end{pmatrix}$。电子在实空间的运动，原则上涉及无限维的希尔伯特空间，其基矢可选为 H_0 的本征态 $|\varphi_{nlm}\rangle$，满足 $H_0 |\varphi_{nlm}\rangle = E_n |\varphi_{nlm}\rangle$，其中 n、l、m 分别为主量子数、角量子数和磁量子数。为了使问题简化，现仅考虑 $n=2$，$l=1$，$m=0,\pm1$ 和 $l=0$，$m=0$ 的子空间。这样一来，由自旋空间与实空间所组成的直积空间基矢可选为(思考：为什么要选取直积空间而不取直和空间？)

$$\left. \begin{aligned} |\phi_1\rangle &= |\varphi_{211}\rangle \otimes |\alpha\rangle = |\varphi_{211}\rangle |\alpha\rangle \\ |\phi_2\rangle &= |\varphi_{210}\rangle \otimes |\alpha\rangle = |\varphi_{210}\rangle |\alpha\rangle \\ |\phi_3\rangle &= |\varphi_{21-1}\rangle \otimes |\alpha\rangle = |\varphi_{21-1}\rangle |\alpha\rangle \\ |\phi_4\rangle &= |\varphi_{200}\rangle \otimes |\alpha\rangle = |\varphi_{200}\rangle |\alpha\rangle \\ |\phi_5\rangle &= |\varphi_{211}\rangle \otimes |\beta\rangle = |\varphi_{211}\rangle |\beta\rangle \\ |\phi_6\rangle &= |\varphi_{210}\rangle \otimes |\beta\rangle = |\varphi_{210}\rangle |\beta\rangle \\ |\phi_7\rangle &= |\varphi_{21-1}\rangle \otimes |\beta\rangle = |\varphi_{21-1}\rangle |\beta\rangle \\ |\phi_8\rangle &= |\varphi_{200}\rangle \otimes |\beta\rangle = |\varphi_{200}\rangle |\beta\rangle \end{aligned} \right\} \tag{2.217}$$

在这一直积空间(2.216)式应写为

$$H = \left(\frac{p^2}{2m} - \frac{e^2}{r} \right) \otimes I^{(s)} + \frac{e^2}{2m^2 c^2} \frac{1}{r^3} \vec{L} \otimes \vec{S} \tag{2.218}$$

其中，$I^{(s)}$ 为自旋空间的单位算符。

> **练习** 继续上述方法，数值求解久期方程，将所得结果与图 2.18 所示精细结构进行比较。

如果采用微扰方法[①]可得到一级微扰解：

---

① Bohm A. 1979. Quantum Mechanics. New York: Springer-Verlag: 220~234。

$$E_{nj} = E_n^0 \left[1 + \frac{\alpha^2}{n^2} \left(\frac{n}{j+1/2} - \frac{3}{4} \right) \right] \tag{2.219}$$

其中，j 为总角动量 $(\vec{J} = \vec{L} + \vec{S})$ 量子数；$\alpha = \dfrac{e^2}{\hbar c} \approx \dfrac{1}{137}$，称为精细结构常数；

$E_n^0 = -\dfrac{me^4}{\hbar^2} \dfrac{1}{2n^2}$，为未考虑自旋-轨道相互作用的氢原子能级。应用(2.219)式可以很好地解释图 2.18 所示精细结构。值得强调的是，应用此方法以及所有量子力学方法都给出 $2S_{1/2}$ 与 $2P_{1/2}$ 具有完全相等的能量。然而，兰姆却在实验中发现 $2S_{1/2}$ 比 $2P_{1/2}$ 的能量高 $0.03\,\text{cm}^{-1} (\sim 4 \times 10^{-6}\,\text{eV})$。这便是著名的兰姆位移。1955 年，兰姆因此获得诺贝尔物理学奖。

第3章 相对论性量子力学

设想你自己就坐在 1927 年初的一个办公室，刚刚读完薛定谔、海森伯、玻恩等关于量子力学的论文，并已理解量子力学的基本框架，在你脑海中将产生什么战略目标呢？不必着急，看着下面的图片，真正进入那个年代去思考。

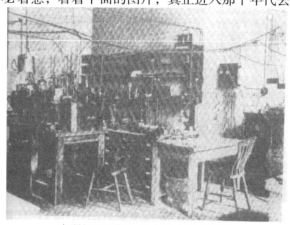

卢瑟福 20 世纪 20 年代初的实验室

1927 年第五次索尔维会议参与者(摄于国际索尔维物理研究所)

第三排：奥古斯特·皮卡尔德、亨里厄特、保罗·埃伦费斯特、爱德华·赫尔岑、顿德尔、欧文·薛定谔、费斯哈费尔特、沃尔夫冈·泡利、沃纳·海森伯、福勒、里昂·布里渊

第二排：彼得·德拜、马丁·努森、威廉·劳伦斯·布拉格、亨德里克·安东尼·克雷默、保罗·狄拉克、阿瑟·康普顿、路易·德布罗意、马克斯·玻恩、尼尔斯·玻尔

第一排：欧文·朗缪尔、马克斯·普朗克、玛丽·居里、亨德里克·洛伦兹、阿尔伯特·爱因斯坦、保罗·朗之万、古耶、查尔斯·威尔逊、欧文·威兰斯·理查森

薛定谔，1927 年 40 岁，　　　　玻恩，1927 年 45 岁，　　　　海森伯，1927 年 26 岁，
1933 年获诺贝尔物理学奖　　　1954 年获诺贝尔物理学奖　　　1932 年获诺贝尔物理学奖

在 1927 年你可能选的目标：①为了让更多人理解量子力学，编写一些习题让他们去解答；②应用量子力学求解一些具体问题，如计算多电子(He、Na、Li 等)原子的光谱、计算水分子结构、研究晶体能带结构等；③ "玩赏" 量子力学，探讨其哲学含义；④考察量子力学的逻辑，发展更 "高级" 的理论……当然，还可能有其他研究目标。

如果你选取了第四个目标，你将采取什么样的实施路线？①整天进行实验观测，从中有所发现；②整天在书房 "异想天开"，寻找奇妙之法。如果你选取路线②，你将想到什么？放开胆子去想，没有什么损失，最多占用你一些等人或等车的时间，减慢你饭后的脚步……为了解释原子线状光谱，1912 年左右，玻尔提出了量子化原子轨道概念，此后索末菲将量子化条件归纳为 $\oint p_i \mathrm{d}q_i = n_i h$；而 1923 年德布罗意提出物质波后又将量子化条件表述为轨道长度必须为 $\lambda = h/p$ 的整数倍；1926 年薛定谔抛弃了这些条件，由一个微分方程的本征值解释了氢原子光谱，薛定谔方程能描写光子的运动吗？否。因为光子静止质量为零，导致动能算符 $-\dfrac{h^2}{2m}\nabla^2$ 变为无限大。是否可用质能关系 $E = \sqrt{p^2 c^2 + m_0^2 c^4}$ ？因 $m_0 = 0$ ，故 $E = pc$ ，动能算符可表示为 $-i\hbar c\nabla$ 。如果可行，该方程能否给出光子的速度始终为 c ，即与光源及观测者的速度无关？还有，薛定谔方程满足相对性原理要求吗？即它对于所有的惯性系变换(洛伦兹变换)是否保持不变？更进一步，薛定谔方程在所有的参考系(包括非惯性参考系)中是否都成立？

1927 年一位年轻的英国人狄拉克正在追逐第四个目标，于 1928 年终于建立了狄拉克波动方程，预言了反粒子(反电子、反质子等)的存在。这是一个典型的 "运筹帷幄，决胜千里" 的奇迹。而在此之前，科学界已基本认为宇宙仅仅由质子、电子、光子三种粒子组成。狄拉克不是发现了新大陆，而是打开了通往另一个世界——反物质世界的大门，他因此获得了 1933 年的诺贝尔物理学奖。在同一时期，克莱因(O. Klein，瑞士，1894~1977)和戈尔登(W. Gordon，德国，1893~1939)等也在思考类似的问题，对量子理论也做出了重大贡献。

3.1 狭义相对论的数学构架

最漂亮的物理理论应该是以逻辑上明了的一两条公理为基础,应用数学演绎推导出所有结论,就像欧几里得平面几何的公理体系一样。下面先介绍现代理论物理学中常用的数学时空语言,进而用其表述狭义相对论。注意,为了预先熟悉量子场理论(第 6 章)所用到的数学知识,下面所介绍的数学知识已超出本章的使用范围。

狄拉克,1927 年 25 岁,1933 年获诺贝尔物理学奖

克莱因,1927 年 33 岁

3.1.1 任意坐标系

对于任意给定的空间,可任意选取坐标系描写一空间点 $P(x^u)(u=0,1,2,\cdots)$。

在三维**平坦空间**,若选取笛卡儿坐标系,则两不同点 $P(x^u)$ 和 $P'(x^u+dx^u)$ 之间距离平方为

$$ds^2 = dx^2 + dy^2 + dz^2$$
$$\Delta s^2 = \Delta x^2 + \Delta y^2 + \Delta z^2$$

若选取球坐标系,则有

$$ds^2 = dr^2 + r^2 d\theta^2 + r^2 \sin^2\theta d\varphi^2$$
$$\Delta s^2 \approx \Delta r^2 + r^2 \Delta\theta^2 + r^2 \sin^2\theta \Delta\varphi^2$$

三维弯曲空间难以直观想象,可以考虑二维弯曲空间,如一个气球的表面,显然,你不可能将气球从中间分割而平铺在桌面上,因它不是二维的平坦空间(平面)。生活在这个二维弯曲空间的生物,如果也使用上面公式表达球面两点的距离平方,必然得到错误结果,因为这时直角坐标的差值 dx^u 并不代表距离。

一般来说,在任意空间(包括弯曲空间)中坐标系的作用仅在于标记空间点 P,使之与一组数值 $x^u(u=0,1,2,\cdots)$ 相对应。点 $P(x^u)$ 与 $P'(x^u+dx^u)$ 之距离,即便选用笛卡儿坐标系,也一般不再满足 $ds^2 = dx^2 + dy^2 + dz^2$。取而代之的是, $ds^2 = g_{uv}dx^u dx^v$,其中 g_{uv} 称为**度规**,它是 x^u 的函数 $g_{uv}(x^u)$。在上式及下文中都使用**爱因斯坦求和规则**,即上下指标若相同则表示求和,如:

$$dx^u dx_u = dx^0 dx_0 + dx^1 dx_1 + dx^2 dx_2 + dx^3 dx_3 + \cdots$$

在平坦空间，若选取笛卡儿坐标系，则度规是常数，即

$$g_{uv} = \begin{cases} \begin{pmatrix} 1 & 0 & 0 \\ 0 & 1 & 0 \\ 0 & 0 & 1 \end{pmatrix} & \text{笛卡儿坐标} \\ \\ \begin{pmatrix} 1 & 0 & 0 \\ 0 & r^2 & 0 \\ 0 & 0 & r^2\sin^2\theta \end{pmatrix} & \text{球坐标系} \end{cases}$$

任意弯曲空间的几何结构由度规 g_{uv} 唯一确定。在三维平坦空间无论建立何种坐标系，总可以通过坐标变换将其转化为笛卡儿坐标系而得到常数度规但在弯曲的三维空间，无论通过何种坐标变换，都不可能得到常数度规。

黎曼，1826~1866，德国数学家，对数学分析和微分几何做出了重要贡献，为广义相对论的发展铺平了道路

3.1.2　坐标变换及张量

为了简明起见，下面的表述限于四维空间，而拓展至更高维空间是简便易行的。对于任意的坐标变换：

$$x'^u = f^u(x^0, x^1, x^2, x^3), \qquad u = 0, 1, 2, 3$$

定义：

$$\left| \frac{\partial x'}{\partial x} \right| = \begin{pmatrix} \dfrac{\partial f^0}{\partial x^0} & \dfrac{\partial f^1}{\partial x^0} & \dfrac{\partial f^2}{\partial x^0} & \dfrac{\partial f^3}{\partial x^0} \\ \vdots & & \ddots & \vdots \\ \dfrac{\partial f^0}{\partial x^3} & \dfrac{\partial f^1}{\partial x^3} & \dfrac{\partial f^2}{\partial x^3} & \dfrac{\partial f^3}{\partial x^3} \end{pmatrix}$$

根据隐函数存在定理，若在点 $P(x^0, x^1, x^2, x^3)$ 之邻域 $\dfrac{\partial f^u}{\partial x^v}$ 具有连续偏导数且

$\det \left| \dfrac{\partial x'}{\partial x} \right| \neq 0$，则在 P 点存在唯一的逆变换，使 $x^u = g^u(x'^0, x'^1, x'^2, x'^3)$，并且

$$dx'^u = \frac{\partial x'^u}{\partial x^v} dx^v = \frac{\partial f^u}{\partial x^v} dx^v$$

（已采用爱因斯坦求和规则）

$$dx^u = \frac{\partial x^u}{\partial x'^v} dx'^v = \frac{\partial g^u}{\partial x'^v} dx'^v$$

$$\frac{\partial x'^u}{\partial x^\alpha} \frac{\partial x^\alpha}{\partial x'^v} = \delta^u_v$$

$$\frac{\partial x^\alpha}{\partial x'^u} \frac{\partial x'^u}{\partial x^\beta} = \delta^\alpha_\beta$$

$$\left| \frac{\partial x}{\partial x'} \right| \left| \frac{\partial x'}{\partial x} \right| = 1$$

我们已经知道，在任意时空点 $x^u (u = 0,1,2,3)$ 可定义各种物理量，如电荷与电位(标量)、速度和加速度(矢量)等。从数学的观点出发，可将这些量统一分类，并统称为张量。下面给出张量的数学定义(先不要考虑其物理含义)。

零阶张量——标量：若函数 $\phi(x^u)$ 之值不随坐标变换而变化，即 $\phi(x^u) = \phi(x'^u)$，则称 $\phi(x^u)$ 为标量。

一阶张量——矢量：矢量有 u 个分量，记为 $V^u(x^u)$ 或 $V_u(x^u)$，分别称为**抗变矢量**或**协变矢量**。当坐标变换 $(x^u \to x'^u)$ 时，它们在新坐标系的表达分别定义为

$$V'^u = \frac{\partial x'^u}{\partial x^v} V^v，\qquad V'_u = \frac{\partial x^v}{\partial x'^u} V_v$$

按照上述定义，坐标微元 $dx^u (u = 0,1,2,3)$ 为抗变矢量，因为 $dx'^u = \dfrac{\partial x'^u}{\partial x^v} dx^v$，

而标量 $\phi(x^u)$ 之偏导数 $\dfrac{\partial \phi}{\partial x^u}$ 为协变矢量，因 $\dfrac{\partial \phi}{\partial x'^u} = \dfrac{\partial \phi}{\partial x^v} \dfrac{\partial x^v}{\partial x'^u} = \dfrac{\partial x^v}{\partial x'^u} \dfrac{\partial \phi}{\partial x^v}$。

二阶张量有 u^2 个分量，分为抗变张量 $T^{uv}(x^u)$、协变张量 $T_{uv}(x_u)$ 和混合张量 $T^u_v(x^u)$ 三类，其变化规律分别定义为

$$T'^{uv} = \frac{\partial x'^u}{\partial x^\alpha} \frac{\partial x'^v}{\partial x^\beta} T^{\alpha\beta}$$

$$T'_{uv} = \frac{\partial x^\alpha}{\partial x'^u} \frac{\partial x^\beta}{\partial x'^v} T_{\alpha\beta}$$

$$T'^u_v = \frac{\partial x'^u}{\partial x^\alpha} \frac{\partial x^\beta}{\partial x'^v} T^\alpha_\beta$$

高阶混合张量定义为

$$T'^{u_1 u_2 \dots u_m}_{v_1 v_2 \dots v_n} = \frac{\partial x'^{u_1}}{\partial x^{\rho_1}} \frac{\partial x'^{u_2}}{\partial x^{\rho_2}} \cdots \frac{\partial x'^{u_m}}{\partial x^{\rho_m}} \frac{\partial x^{\sigma_1}}{\partial x'^{v_1}} \cdots \frac{\partial x^{\sigma_1}}{\partial x'^{v_n}} T^{\rho_1 \rho_2 \dots \rho_m}_{\sigma_1 \sigma_2 \dots \sigma_n}$$

张量具有如下性质:

(1) 同类张量之线性组合为同类张量。例如在点 $P(x^u)$ 有二阶协变张量 $A_{\alpha\beta}(x^u)$ 和 $B_{\alpha\beta}(x^u)$,则 $T_{\alpha\beta} = aA_{\alpha\beta}(x^u) + bB_{\alpha\beta}(x^u)$ 仍为 P 点之二阶协变张量。

(2) 张量之积:若 $A_{\alpha\beta}(x^u)$、B^v 为点 $P(x^u)$ 的张量,则 $T^v_{\alpha\beta} = A_{\alpha\beta}B^v$ 为三阶混合张量。任意两个抗变矢量之积为二阶抗变张量。例如坐标微元 $\mathrm{d}x^u$ 为抗变矢量,两个这样的矢量之积 $\mathrm{d}x^u \mathrm{d}x^v$ 则为二阶抗变张量。

(3) 张量缩编:若 $T^u_{\alpha v\beta}$ 为四阶混合张量,则 $T_{\alpha\beta} = T^u_{\alpha u\beta}$ 为二阶协变张量,称为张量的缩编。又例如令 $T^u_v = A^u B_v$,则 T^u_v 为二阶混合张量,$T^u_u = A^u B_u$ 为零阶张量(标量),也称为 T^u_v 之迹,它不随坐标变换而变化:

$$T'^u_u = A'^u B'_u = \frac{\partial x'^u}{\partial x^\alpha} \frac{\partial x^\beta}{\partial x'^u} A^\alpha B_\beta = A^\alpha B_\alpha = T^u_u$$

(4) 张量的各种性质,包括对称性 $\left(s_{\alpha\beta} = s_{\beta\alpha}\right)$ 和反对称性 $\left(A_{\alpha\beta} = -A_{\beta\alpha}\right)$ 与坐标变换无关。

3.1.3 度规张量

在任何空间(包括弯曲空间)选取任何坐标参量 x^u $(u = 0,1,2,3,\cdots)$ 描写空间点 P,都可将间隔元表示为 $\mathrm{d}s^2 = g_{uv}(x^u)\mathrm{d}x^u \mathrm{d}x^v$。由于 $\mathrm{d}s$ 与坐标系的选取无关,$\mathrm{d}s^2 = g_{uv}\mathrm{d}x^u \mathrm{d}x^v$ 应为标量,而 $\mathrm{d}x^u \mathrm{d}x^v$ 为二阶抗变张量,因此 g_{uv} 应为二阶协变张量,并且 $g_{uv} = g_{vu}$。

练习 根据 ds^2 为标量，证明 g_{uv} 为二阶协变张量。

定义：$g^{uv} = \dfrac{\Delta^{uv}}{g}$，其中 $g = \det|g_{uv}|$，Δ^{uv} 为 g_{uv} 的代数余因子，则

(1) $g_{u\sigma}g^{v\sigma} = \delta_u^v = \begin{cases} 0, & u \neq v \\ 1, & u = v \end{cases}$。

(2) g^{uv} 为二阶抗变对称张量。

若 A^u 为抗变矢量，则相应的协变矢量定义为 $A_u = g_{u\sigma}A^\sigma$。容易验证 A_u 满足协变矢量的定义。类似地，若 B_u 为协变矢量，则相应的抗变矢量 $B^u = g^{u\sigma}B_\sigma$。从形式上看，度规张量 g_{uv}（或 g^{uv}）有升降张量指示的功能。

例3.1 (1) 检验上述定义是否自洽

$$A^u = g^{u\sigma}A_\sigma = g^{u\sigma}g_{\sigma v}A^v = \delta_v^u A^v = A^u$$

(2) 利用 g_{uv} 或 g^{uv} 可升高或下降任意张量指标，如

$$dx_u = g_{uv}dx^v, \qquad T_u^v = g_{u\sigma}T^{\sigma v} \qquad g_u^v = g^{v\sigma}g_{u\sigma} = \delta_u^v$$

3.1.4 狭义相对论原理与闵可夫斯基四维时空

闵可夫斯基，1864~1909，德国数学家，四维时空理论的创立者，曾经是著名物理学家爱因斯坦的老师

虽然，许多普通物理和电动力学教科书都论述狭义相对论，但大都采用经验的或直观的论述方法，不能表现出理论物理学独有的简单明了与缜密逻辑。因此，下面以另一种方式给出相对论的主要构架和结论。

狭义相对论有两条基本原理：

(1) 物理学定律对所有惯性参照系之间的变换应保持不变(相对性原理)。

(2) 物理空间是四维平坦时空，相对于任意惯性参考系光速 c 保持不变。

当我们针对任何物理体系尝试建立其演化方程时，都应要求方程满足上述两条基本原理。在前面建立的数学基础上，显而易见，满足相对性原理的方程必须具有张量形式 $F(x^u) = G(x^u)$，其中 $F(x^u)$ 和 $G(x^u)$ 是同阶

同类型张量(标量、矢量或高阶张量)，因为这种方程对于任意坐标变换都保持形式不变。1907 年，闵可夫斯基建立了四维时空，使狭义相对论表述为漂亮的公理体系。

如果在三维空间建立笛卡儿坐标系(x,y,z)(图 3.1)，四维时空坐标点记为

$$\left.\begin{aligned} x^0 &= ct \\ x^1 &= x \\ x^2 &= y \\ x^3 &= z \end{aligned}\right\} \tag{3.1}$$

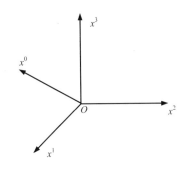

图 3.1

其中，c 为光速。这时空间线元 ds 定义为 $\mathrm{d}s^2 = \mathrm{d}x^2 + \mathrm{d}y^2 + \mathrm{d}z^2$，它对于任意坐标变换保持不变。在四维时空所定义的线元 ds 也应保持这种性质。假设四维时空坐标系 $\Sigma'(x',y',z',t')$ 相对于 $\Sigma(x,y,z,t)$ 作匀速运动，并假设零时刻$(t=t'=0)$两坐标系原点重合，这时若在原点发生一次闪光，则根据光速不变原理

$$c^2\mathrm{d}t^2 = \mathrm{d}x^2 + \mathrm{d}y^2 + \mathrm{d}z^2 , \qquad c^2\mathrm{d}t'^2 = \mathrm{d}x'^2 + \mathrm{d}y'^2 + \mathrm{d}z'^2 \tag{3.2}$$

也就是说四维时空的线元 ds 应定义为(保证 $\mathrm{d}s' = \mathrm{d}s$)

$$\begin{aligned} \mathrm{d}s^2 &= (\mathrm{d}x^0)^2 - (\mathrm{d}x^1)^2 - (\mathrm{d}x^2)^2 - (\mathrm{d}x^3)^2 \\ &= \mathrm{d}x^0\mathrm{d}x^0 - \mathrm{d}x^1\mathrm{d}x^1 - \mathrm{d}x^2\mathrm{d}x^2 - \mathrm{d}x^3\mathrm{d}x^3 \end{aligned} \tag{3.3}$$

若写成 $\mathrm{d}s^2 = g_{uv}\mathrm{d}x^u\mathrm{d}x^v$ 形式，则相应的度规张量是

$$g_{uv} = \begin{pmatrix} 1 & 0 & 0 & 0 \\ 0 & -1 & 0 & 0 \\ 0 & 0 & -1 & 0 \\ 0 & 0 & 0 & -1 \end{pmatrix} = g^{uv} \tag{3.4}$$

根据 $x_u = g_{u\sigma}x^\sigma$ 可得

$$\left.\begin{aligned} x_0 &= x^0 \\ x_1 &= -x^1 = -x \\ x_2 &= -x^2 = -y \\ x_3 &= -x^3 = -z \end{aligned}\right\} \tag{3.5}$$

对于任意的四维时空(包括弯曲时空)，由于坐标选择的任意性，线元平方 ds^2 一般地可写为 $ds^2 = g_{uv} dx^u dx^v$。平坦的四维时空，也就是可通过坐标变换将 g_{uv} 变换为 (3.4)式的时空，称为闵可夫斯基空间。

定理：在闵可夫斯基空间，作线性变换 $x'^u = a_{\alpha\beta} x^v$($a_{\alpha\beta}$ 与 x^v 无关)可得到一系列坐标系，若能保持 $x'^u x'_u = x^u x_u$，则在这些坐标系中有如下结果：

(1) $\dfrac{\partial}{\partial x^0}$、$\dfrac{\partial}{\partial x^1}$、$\dfrac{\partial}{\partial x^2}$、$\dfrac{\partial}{\partial x^3}$ 组成协变矢量的四个分量 ∇_u ($u=0,1,2,3$)；$\dfrac{\partial}{\partial x_0}$、$\dfrac{\partial}{\partial x_1}$、$\dfrac{\partial}{\partial x_2}$、$\dfrac{\partial}{\partial x_3}$ 组成抗变矢量的四个分量 ∇^u ($u=0,1,2,3$)。任意标量 ϕ 之梯度 $\nabla_u \phi = \dfrac{\partial \phi}{\partial x^u}$ 为协变矢量，而 $\nabla^u \phi = \dfrac{\partial \phi}{\partial x_u}$ 为抗变矢量。

(2) 向量之散度 $\begin{cases} \nabla^u A_u = \dfrac{\partial A_0}{\partial x_0} + \dfrac{\partial A_1}{\partial x_1} + \dfrac{\partial A_2}{\partial x_2} + \dfrac{\partial A_3}{\partial x_3} \quad \text{是标量。} \\ \nabla_u A^u = \dfrac{\partial A^0}{\partial x^0} + \dfrac{\partial A^1}{\partial x^1} + \cdots \end{cases}$

(3) 张量之散度 $\nabla^u T_{uv} = \dfrac{\partial T_{uv}}{\partial x_u}$ 是矢量，

$$\nabla_u \nabla^u = \sum_{u=0}^{3} \frac{\partial^2}{\partial x^u \partial x_u} = \frac{\partial^2}{\partial x^{0^2}} - \frac{\partial^2}{\partial x^2} - \frac{\partial^2}{\partial y^2} - \frac{\partial^2}{\partial z^2} \tag{3.6}$$

是标量，通常也用"□"表示。

根据该定理，满足相对性原理的方程，如果涉及时间或空间微商，则必须同时包含对时间坐标 x^0 及空间 (x^1, x^2, x^3) 的同阶微商。例如，用 $\varphi(x^u)$ 表示体系的一个物理标量，则方程 $\nabla_u \varphi(x^u) = 0$ 和 $\nabla_u \nabla^u \varphi(x^u) = 0$ 都满足相对性原理，但是，方程 $\dfrac{\partial \varphi(x^u)}{\partial x^0} - \dfrac{\partial \varphi(x^u)}{\partial x^1} + \dfrac{\partial \varphi(x^u)}{\partial x^2} = 0$ 和 $\nabla_u \varphi + \nabla_u \nabla^u \varphi = 0$ 都不满足相对性原理要求。

3.1.5 洛伦兹变换

假设 Σ' 参考系相对于 Σ 参考系沿 x 轴以速度 $\bar{v}$ 作匀速运动(图 3.2)，则有如下关系：

$$\left. \begin{array}{l} x = vt + \lambda x' \\ y = y' \\ z = z' \end{array} \right\} \tag{3.7}$$

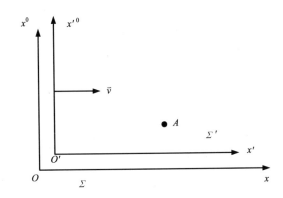

图 3.2

故
$$x' = \frac{1}{\lambda} x - \frac{1}{\lambda} \beta x^0, \qquad \beta = \frac{v}{c} \tag{3.8}$$

其中，λ 为一待定参数。Σ' 系中的时间 x'^0 关于 Σ 系中时空坐标的函数关系可假定为

$$x'^0 = f(x^0, x, y, z) \tag{3.9}$$

则
$$\mathrm{d}x' = \frac{\partial x'}{\partial x^\nu} \mathrm{d}x^\nu = \frac{1}{\lambda} \mathrm{d}x - \frac{1}{\lambda} \beta \mathrm{d}x^0$$

$$
\begin{aligned}
\mathrm{d}x'^0 &= \frac{\partial f}{\partial x^0} \mathrm{d}x^0 + \frac{\partial f}{\partial x^1} \mathrm{d}x + \frac{\partial f}{\partial y} \mathrm{d}y + \frac{\partial f}{\partial z} \mathrm{d}z \\
&= f_0' \mathrm{d}x^0 + f_x' \mathrm{d}x + f_y' \mathrm{d}y + f_z' \mathrm{d}z
\end{aligned}
$$

在 Σ' 参考系中：

$$
\begin{aligned}
\mathrm{d}s'^2 &= g'_{uv} \mathrm{d}x'^u \mathrm{d}x'^v \\
&= \mathrm{d}(x'^0)^2 - \mathrm{d}x'^2 - \mathrm{d}y'^2 - \mathrm{d}z'^2 \\
&= (f_0')^2 \mathrm{d}x^{02} + (f_x')^2 \mathrm{d}x^2 + (f_y')^2 \mathrm{d}y^2 + (f_z')^2 \mathrm{d}z^2 \\
&\quad + 2 f_0' f_x' \mathrm{d}x^0 \mathrm{d}x + 2 f_0' f_y' \mathrm{d}x^0 \mathrm{d}y + \cdots \\
&\quad - \frac{\beta^2}{\lambda^2} \mathrm{d}x^{02} - \frac{1}{\lambda^2} \mathrm{d}x^2 + \frac{2\beta^2}{\lambda^2} \mathrm{d}x^0 \mathrm{d}x + \mathrm{d}y^2 + \mathrm{d}z^2
\end{aligned}
$$

令 $\mathrm{d}s'^2 = \mathrm{d}s^2 = \mathrm{d}x^{02} - \mathrm{d}x^2 - \mathrm{d}y^2 - \mathrm{d}z^2$，则有

$$(f_0')^2 - \frac{\beta^2}{\lambda^2} = 1 \tag{3.10}$$

$$(f_x')^2 - \frac{1}{\lambda^2} = -1 \tag{3.11}$$

$$f_0' f_x' + \frac{\beta^2}{\lambda^2} = 0 \tag{3.12}$$

$$f_0' f_y' = 0 \tag{3.13}$$

$$f_0' f_z = 0 \tag{3.14}$$

$$f_x' f_y' = 0 \tag{3.15}$$

$$f_x' f_z' = 0 \tag{3.16}$$

由(3.10)~(3.12)式得

$$\lambda^2 = 1 - \beta^2$$

$$\lambda = \pm\sqrt{1 - \beta^2}$$

由(3.7)式知取正号。由(3.10)式得

$$(f_0')^2 = \frac{1}{1 - \beta^2}$$

$$f_0' = \pm\sqrt{\frac{1}{1 - \beta^2}}$$

由(3.9)式知取正号(时间正流)。由(3.13)和(3.14)式知:

$$f_y' = f_z' = 0$$

故而

$$f = \sqrt{\frac{1}{1 - \beta^2}} x^0 + F(x)$$

由(3.12)式知

$$f_x' = -\frac{\beta}{\sqrt{1-\beta^2}}$$

故 $\qquad \dfrac{\mathrm{d}F(x)}{\mathrm{d}x} = -\dfrac{\beta}{\sqrt{1-\beta^2}} \quad \Rightarrow \quad F(x) = -\dfrac{\beta}{\sqrt{1-\beta^2}}x + C$

所以

$$x_0' = \frac{1}{\sqrt{1-\beta^2}}\left(x^0 - \beta x\right) + C$$

$x = 0$ 时校准时钟：$x^0 = x'^0 = 0$，故 $C = 0$。所以

$$x^{0'} = \frac{1}{\sqrt{1-\beta^2}}(x^0 - \beta x)$$

从 Σ 系到 Σ' 的坐标变换可总结为

$$t' = \frac{1}{\sqrt{1-\beta^2}}\left(t - \frac{\beta}{c}x\right) \tag{3.17}$$

$$x' = \frac{1}{\sqrt{1-\beta^2}}(x - vt) \tag{3.18}$$

$$y' = y, \qquad z' = z$$

写成矩阵形式：

$$\begin{pmatrix} x^{0'} \\ x' \\ y' \\ z' \end{pmatrix} = \begin{pmatrix} \gamma & -\beta\gamma & 0 & 0 \\ -\beta\gamma & \gamma & 0 & 0 \\ 0 & 0 & 1 & 0 \\ 0 & 0 & 0 & 1 \end{pmatrix} \begin{pmatrix} x^0 \\ x \\ y \\ z \end{pmatrix} \tag{3.19}$$

其中，$\gamma = \dfrac{1}{\sqrt{1-\beta^2}}$；$\beta = \dfrac{v}{c}$。其逆变换为

$$t = \frac{1}{\sqrt{1-\beta^2}}\left(t' + \frac{\beta}{c}x'\right) \tag{3.20}$$

$$x = \frac{1}{\sqrt{1-\beta^2}}(x' - vt') \tag{3.21}$$

$$y = y', \qquad z = z'$$

写成矩阵形式:

$$\begin{pmatrix} x^0 \\ x \\ y \\ z \end{pmatrix} = \begin{pmatrix} \gamma & \beta\gamma & 0 & 0 \\ \beta\gamma & \gamma & 0 & 0 \\ 0 & 0 & 1 & 0 \\ 0 & 0 & 0 & 1 \end{pmatrix} \begin{pmatrix} x^{0\prime} \\ x' \\ y' \\ z' \end{pmatrix} \tag{3.22}$$

下面推演两个坐标系之间的速度变换公式,由(3.21)式得

$$v_x = \frac{dx}{dt} = \frac{1}{\sqrt{1-\beta^2}}\left(\frac{dx'}{dt} + v\frac{dt'}{dt}\right) = \frac{1}{\sqrt{1-\beta^2}}\left(\frac{dx'}{dt'}\frac{dt'}{dt} + v\frac{dt'}{dt}\right) = \frac{1}{\sqrt{1-\beta^2}}(v_x' + v)\frac{dt'}{dt}$$

又由(3.17)式得 $\dfrac{dt'}{dt} = \dfrac{1}{\sqrt{1-\beta^2}}\left(1 - \dfrac{\beta}{c}v_x\right)$,代入上式可解出 v_x。同理可得到 v_y 和 v_z

的变换关系如下:

$$\left. \begin{aligned} v_x &= \frac{v + v_x'}{1 + \dfrac{vv_x'}{c^2}} \\ v_y &= \frac{v_y'\sqrt{1-\beta^2}}{1 + \dfrac{vv_x'}{c^2}} \\ v_z &= \frac{v_z'\sqrt{1-\beta^2}}{1 + \dfrac{vv_x'}{c^2}} \end{aligned} \right\} \tag{3.23}$$

练习 Σ 与 Σ' 坐标系之间的矢量变化关系就是(3.19)和(3.22)式,那么能否由此可得到(3.23)式呢?若不能得到(3.23)式,请说明原因。

3.1.6 四维速度与四维动量

在牛顿力学中,速度定义为 $v^i = \dfrac{dx^i}{dt}$,似乎在相对论空间可将四维速度定义

为 (c, v^1, v^2, v^3)。然而在相对论情况下，虽然 dx^u $(u = 0,1,2,3)$ 是矢量，但因 $dt = dx^0/c$ 不是标量，所以说 $\dfrac{dx^u}{dt}$ 一定不是矢量，故不能如此定义四维速度。

为了定义四维速度矢量，我们需要一个标量时间。为此考察一个质点从 x^u 到 $x^u + dx^u$ 的微小运动。以质点为原点建立一个参考系 Σ'，其中的钟与质点一起运动。当质点由 x^u 点运动到 $x^u + dx^u$ 点时，该时钟前进了 $d\tau$ 时间。但是在 Σ' 中质点是静止不动的，因此 $ds^2 = c^2 d\tau^2 - 0$。由于 ds 是标量，所以 $d\tau$ 也是标量。故可将四维速度定义为 $U^u = \dfrac{dx^u}{d\tau}$。注意，$dx^u$ 是在 Σ 系中观察到的位移，而 $d\tau$ 是 Σ' 系中的时间。考虑到 $dt = \dfrac{d\tau}{\sqrt{1 - \dfrac{v^2}{c^2}}}$，则有

$$U^u = \frac{1}{\sqrt{1 - \dfrac{v^2}{c^2}}} \frac{dx^u}{dt} = \gamma \frac{dx^u}{dt}$$

其中，v 是在 Σ 系中所观测到的质点运动速度。相对论时空中的四维速度是

$$U^u = \gamma(c, v_x, v_y, v_z)$$

其中，v_x、v_y、v_z 是牛顿力学中的速度分量；γ 中的 $v^2 = v_x^2 + v_y^2 + v_z^2$。仅当 $v^2 \ll c^2$ 时，$v^1 = v_x$，$v^2 = v_y$，$v^3 = v_z$。

设粒子的静止质量为 m_0(标量)，四维动量(矢量)可定义为

$$p^u = m_0 U^u \tag{3.24}$$

其空间分量

$$\bar{p} = \frac{m_0}{\sqrt{1 - v^2/c^2}} \bar{v} = m\bar{v} \tag{3.25}$$

此式表明，粒子质量 m 随质点速度增大而增大。四维动量的时间分量

$$p^0 = c\gamma m_0 = \frac{1}{c} \frac{m_0 c^2}{\sqrt{1 - \dfrac{v^2}{c^2}}} = \frac{W}{c}$$

其中，$W = \dfrac{m_0 c^2}{\sqrt{1 - \dfrac{v^2}{c^2}}} = mc^2$。由力学做功原理可知 W 为物体能量[①]。因此，四维动

量矢量亦可表达为 $p^u = \left(\dfrac{W}{c}, \vec{p} \right)$，从而可得

$$p^u p_u = \frac{W^2}{c^2} - p^2 = 不变量 \qquad (标量) \tag{3.26}$$

在物体静止的参考系内

$$\vec{v} = 0, \quad \vec{p} = 0, \quad W_0 = m_0 c^2 \tag{3.27}$$

故而，$\dfrac{W^2}{c^2} - p^2 = \dfrac{W_0^2}{c^2} = m_0^2 c^2$，由此得到质能关系

$$W = \sqrt{m_0^2 c^4 + p^2 c^2} \tag{3.28}$$

例 3.2 运动尺度与时钟效应

假定有一长为 l 的刚性杆在 Σ 参考系中以速度 $\vec{v}$ 沿 x 轴方向运动(图 3.3)。在与刚性杆一起运动的参考系 Σ' 中，某时刻 t' 测出刚性杆两端的坐标分别为 x_1'、x_2'，得知 $l = x_2' - x_1'$。现考察在 Σ 系中刚性杆的长度。

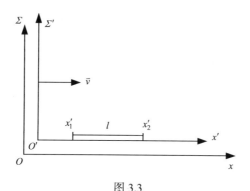

图 3.3

根据(3.21)式，在 Σ 系中直尺两端点的坐标分别为

$$x_1 = \gamma(x_1' + vt') \tag{3.29}$$

① 郭硕鸿. 2008. 电动力学. 北京：人民教育出版社：223。

$$x_2 = \gamma(x_2' + vt') \tag{3.30}$$

但是 $x_2 - x_1 = \gamma(x_2' - x_1')$ 并非在 Σ 系中测出的长度, 因为在 Σ 系中测量 x_1、x_2 的时刻分别为[(3.20)式]

$$t_1 = \gamma\left(t' + \frac{\beta}{c}x_1'\right) \tag{3.31}$$

$$t_2 = \gamma\left(t' + \frac{\beta}{c}x_2'\right) \tag{3.32}$$

由于 $x_1' \neq x_2'$, 故 $t_1 \neq t_2$。在 Σ 系中测量杆的长度必须在 Σ 系中同时(在 t 时刻)测量刚性杆两端的坐标 x_1 和 x_2, 它们对应的 Σ' 系中的坐标分别为

$$x_1' = \gamma(x_1 - vt)$$

$$x_2' = \gamma(x_2 - vt)$$

故 $$x_1 - x_2 = \frac{1}{\gamma}(x_2' - x_1') = \sqrt{1 - \frac{v^2}{c^2}}(x_2' - x_1')$$

由于 $x_2' - x_1' = l$, 上式则表明**运动尺度缩短效应**。

时钟延缓效应: 若在 Σ' 系中看到一盆固定不动的昙花开放了 24 小时, 则在 Σ 系中看到那只昙花的寿命[(3.20 式)]应是 $24/(1-v^2/c^2)^{1/2}$。若昙花相对于 Σ 系的速度为 0.8c, 则在 Σ 系中看到该昙花开放了 40 个小时! 时钟延缓效应已被大量实验所证实。μ子静止时平均寿命为 2.2μs, 当它在加速器中作高速运动时, 按(3.20)式计算, 其平均寿命延长至 26.7μs, 而实验测量值为 26.4μs。

例 3.3 光学多普勒效应

当一束单色激光辐照一团原子蒸气时, 由于原子的无规则运动(速度约 10^3 m/s), 每个原子所感受到的激光频率不同, 尽管它们"看"到的光速是一样的。这已被大量实验所证实。那么这种效应该如何理解呢?

平面光波可用 $A\cos(\vec{k} \cdot \vec{r} - \omega t)$ 描写, 当在空间某一点光波的相位 $\phi = \vec{k} \cdot \vec{r} - \omega t = 2n\pi$ 时, 这点的电场强度达到最大值。这一事实无论在哪一个参考系观察都应是相同的。因此, 相位 ϕ 应是标量, 即不随参考系变换而变化。现构造一四维波矢量 $k^u = \left(\frac{\omega}{c}, k^1, k^2, k^3\right)$, 其中 k^1、k^2、k^3 为三维波矢量 $\vec{k}$ 的三个分量。下面要证明 k^u 的确是四维矢量。考虑 k^u 与四维位置矢量 $x^u = (ct, x^1, x^2, x^3)$ 的标积: $k^u x_u = \omega t - k^1 x^1 - k^2 x^2 - k^3 x^3 = \omega t - \vec{k} \cdot \vec{r} = -\phi$, 因为 ϕ 是标量, 故 $k^u x_u$ 是标量;

又因 x_u 是四维矢量，故 k^u 为四维矢量。因此当参考系变换时 k^u 应满足(3.19)或(3.22)式所示的变换关系。

假定在相对于 Σ 系以匀速 $\vec{v}$ 运动的 Σ' 系中有一个固定的光源(图 3.4)，它发射频率为 ω_0 的光(沿 x' 反方向)，波矢为 $\vec{k}_1$。根据(3.22)式，在 Σ 系中观测，其频率为 $\omega = \omega_0/\sqrt{1+|v|/c}$，即在 Σ 系中观测到的光频低于固有频率 ω_0。该结果已被现代光谱测量实验充分证实。采用类似方法也可很好地解释光行差现象。

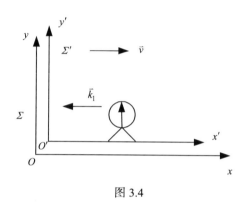

图 3.4

3.2 克莱因-戈尔登方程

3.2.1 薛定谔方程的得出及其缺陷

对于静止质量为 m 的质点，若其运动速度 v 远小于光速 c 时($v \ll c$)，总能量可表达为

$$E = \frac{p^2}{2m} + V(\vec{r})$$

作替换

$$E \to i\hbar\frac{\partial}{\partial t}, \quad \vec{p} \to -i\hbar\nabla \tag{3.33}$$

则得到薛定谔方程

$$i\hbar\frac{\partial}{\partial t}\Psi = \left[-\frac{\hbar^2}{2m}\nabla^2 + V(\vec{r})\right]\Psi \tag{3.34}$$

由此得到

$$i\hbar \Psi^* \frac{\partial \Psi}{\partial t} = -\frac{\hbar^2}{2m} \Psi^* \nabla^2 \Psi + \Psi^* V(\bar{r}) \Psi \tag{3.35}$$

$$-i\hbar \Psi \frac{\partial \Psi^*}{\partial t} = -\frac{\hbar^2}{2m} \Psi \nabla^2 \Psi^* + \Psi V(\bar{r}) \Psi^* \tag{3.36}$$

由(3.35)和(3.36)式得

$$\frac{\partial \rho}{\partial t} + \nabla \cdot \vec{J} = 0 \tag{3.37}$$

其中

$$\rho = \Psi^*(t)\Psi(t) \tag{3.38}$$

$$\vec{J} = \frac{i\hbar}{2m}\left(\Psi \nabla \Psi^* - \Psi^* \nabla \Psi\right) \tag{3.39}$$

对(3.37)式积分有 $\dfrac{\mathrm{d}}{\mathrm{d}t}\displaystyle\int_V \rho \mathrm{d}\tau + \int \nabla \cdot \vec{J} \mathrm{d}\tau = 0$，根据 $\nabla \cdot \vec{J} = \displaystyle\int \vec{J} \cdot \mathrm{d}\bar{s}$（散度定理）则有

$$\frac{\mathrm{d}}{\mathrm{d}t}\int_V \rho \mathrm{d}\tau = -\int \vec{J} \cdot \mathrm{d}\bar{s} \tag{3.40}$$

该式表明，ρ 和 $\vec{J}$ 应分别解释为概率密度和概率流密度。然而薛定谔方程有明显缺陷：①仅仅适用低速 $v \ll c$ 运动；②不满足相对论协变性要求，因为(3.34)式两侧不是四维张量。

3.2.2 克莱因-戈尔登方程

1. 方程的建立

上面通过"推导"薛定谔方程，相当于建立了一个逻辑圈，即将总能量 E 和动量 $\bar{p}$ 分别用 $i\hbar\dfrac{\partial}{\partial t}$ 和 $-i\hbar\nabla$ 替代可得到与实验观测大致吻合的方程。现将此逻辑圈扩大，应用于静止质量为 m_0 的质点的任意运动。根据自由质点的质能关系：$E^2 = p^2 c^2 + m_0^2 c^4$（为简单计，以下将 m_0 记为 m），作算符替代得 $-\hbar^2 \dfrac{\partial^2}{\partial t^2}\Psi = (-\hbar^2 c^2 \nabla^2 + m^2 c^4)\Psi$，或

$$\frac{\partial^2}{c^2 \partial t^2}\Psi - \nabla^2 \Psi + \left(\frac{mc}{\hbar}\right)^2 \Psi = 0 \tag{3.40a}$$

也可表示为

$$\nabla_u \nabla^u \Psi + \left(\frac{mc^2}{\hbar}\right)\Psi = 0 \tag{3.40b}$$

$$\left[\nabla^u \nabla_u + \left(\frac{mc}{\hbar}\right)^2\right]\Psi = 0 \tag{3.40c}$$

$$\left[\partial_u \partial^u + \left(\frac{mc}{\hbar}\right)^2\right]\Psi = 0 \tag{3.40d}$$

其中

$$\partial_u = \frac{\partial}{\partial x^u} , \qquad \partial^u = \frac{\partial}{\partial x_u}$$

(3.40)式即是各种形式的克莱因-戈尔登方程。

由(3.40)式得

$$\Psi^*\left[\partial_u \partial^u + \left(\frac{mc}{\hbar}\right)^2\right]\Psi = 0 \tag{3.41}$$

$$\Psi\left[\partial_u \partial^u + \left(\frac{mc}{\hbar}\right)^2\right]\Psi^* = 0 \tag{3.42}$$

由(3.41)式–(3.42)式有

$$\Psi \partial_u \partial^u \Psi^* - \Psi^* \partial_u \partial^u \Psi = 0$$

由上式得

$$\partial_u(\Psi^* \partial^u \Psi - \Psi \partial^u \Psi^*) - \partial_u \Psi^* \partial^u \Psi + \partial_u \Psi \partial^u \Psi^* = 0$$

即

$$\partial_0(\Psi^* \partial^0 \Psi - \Psi \partial^0 \Psi^*) + \sum_{k=1}^{3} \partial_k(\Psi^* \partial^k \Psi - \Psi \partial^k \Psi^*) = 0$$

上式乘以 $\dfrac{\mathrm{i}\hbar}{2m}$，并令

$$\rho = \frac{\mathrm{i}\hbar}{2mc^2}\left(\Psi^*\frac{\partial \Psi}{\partial t} - \Psi\frac{\partial \Psi^*}{\partial t}\right) \tag{3.43}$$

$$\bar{J} = \frac{\mathrm{i}\hbar}{2m}\left(\Psi\nabla\Psi^* - \Psi^*\nabla\Psi\right) \tag{3.44}$$

则有连续性方程：

$$\frac{\partial \rho}{\partial t} + \nabla\cdot\bar{J} = 0 \tag{3.45}$$

2. 非相对论极限

如果 K-G 方程(3.40)是正确的关于自由质点的相对论性波动方程，那么它应在非相对论极限(质点速度 $v\ll c$)下与自由粒子的薛定谔方程相同。为了考察这一点，我们注意到(3.40)式有平面波解：

$$\Phi(\bar{x},t) = C\exp(-\mathrm{i}p_u x^u/\hbar) = C\exp[-\mathrm{i}(Et - \bar{p}\cdot\bar{x})/\hbar] \tag{3.46}$$

其中，E、$\bar{p}$ 分别为自由质点 m 的总能量 $\left[E = \pm(p^2c^2 + m^2c^4)^{1/2}\right]$ 和三维空间动量。显然，这个解涉及静止能量 $E_0 = mc^2$，表明 K-G 方程与薛定谔方程的显著不同之一是，前者包含了静止能量。因此，欲比较两个方程，首先应将 E_0 从 K-G 方程中"抹去"。为此，令 K-G 方程的一般解为

$$\Psi(\bar{x},t) = \varphi(\bar{x},t)\exp(-\mathrm{i}mc^2t/\hbar) \tag{3.47}$$

所以

$$\frac{\partial^2 \Psi(\bar{x},t)}{\partial t^2} = \left(\frac{\partial^2 \varphi}{\partial t^2} - \mathrm{i}\frac{2mc^2}{\hbar}\frac{\partial \varphi}{\partial t} - \frac{m^2c^4}{\hbar^2}\varphi\right)\exp(-\mathrm{i}mc^2t/\hbar) \tag{3.48}$$

下面证明该式中 $\dfrac{\partial^2 \varphi}{\partial t^2}$ 是一个小量，可以忽略不计。

由(3.46)式得

$$\frac{\partial \Phi}{\partial t} = -\mathrm{i}\frac{E}{\hbar}C\exp[-\mathrm{i}(Et - \bar{p}\cdot\bar{x})/\hbar] \tag{3.49}$$

由(3.47)式得

$$\frac{\partial \Psi}{\partial t} = \left(\frac{\partial \varphi}{\partial t} - i \frac{mc^2}{\hbar} \varphi \right) \exp(-i mc^2 t / \hbar) \tag{3.50}$$

令(3.49)与(3.50)式相等，则有

$$\left| \frac{\partial \varphi}{\partial t} - i \frac{mc^2}{\hbar} \varphi \right| = \left| \frac{E}{\hbar} \right| = \frac{(p^2 c^2 + m^2 c^4)^{1/2}}{\hbar} \tag{3.51}$$

当$v \ll c$时，(3.51)式转化为

$$\left| \frac{\partial \varphi}{\partial t} - i \frac{mc^2}{\hbar} \varphi \right| \approx \frac{1}{\hbar} \left| \frac{1}{2} mv^2 + mc^2 \right| \tag{3.52}$$

因为$|\varphi|$的量级约为"1"，故$\left| \frac{\partial \varphi}{\partial t} \right| \sim \frac{mv^2}{2\hbar}$，因此可得

$$\left| \frac{\partial \varphi}{\partial t} \right| \sim \frac{mv^2}{2\hbar} \ll \frac{mc^2}{\hbar} \tag{3.53}$$

由于$\frac{\partial \varphi}{\partial t}$的连续性，$\left| \frac{\partial^2 \varphi}{\partial t^2} \right|$与$\left| \frac{\partial \varphi}{\partial t} \right|$应具有同样量级，因此(3.48)式中$\frac{\partial^2 \varphi}{\partial t^2}$可以略去不计，即

$$\frac{\partial^2 \Psi(\bar{x}, t)}{\partial t^2} = -\left(i \frac{2mc^2}{\hbar} \frac{\partial \varphi}{\partial t} + \frac{m^2 c^4}{\hbar^2} \varphi \right) \exp(-i mc^2 t / \hbar) \tag{3.54}$$

将(3.54)和(3.47)式一同代入 K-G 方程(3.40)可得薛定谔方程

$$i\hbar \frac{\partial \varphi}{\partial t} = -\frac{\hbar^2}{2m} \nabla^2 \varphi$$

说明 K-G 方程在低速极限可回到薛定谔方程。

3. 方程的合理性分析

(1) K-G 方程(3.40)满足相对性原理要求，因为$\nabla_u \nabla^u$、$\nabla^u \nabla_u$、$\partial_u \partial^u$、Ψ 都是

四维零阶张量(标量)

(2) K-G 方程在非相对论极限下回到薛定谔方程，而后者给出的结果能够与大量实验观测吻合。

(3) 负能问题：以试探解 $\Psi(\vec{x},t) = C\exp[i(\vec{\xi}\cdot\vec{x}-\eta t)/\hbar]$ 代入 K-G 方程，将 $\vec{\xi}$ 和 η 分别视为三维矢量和常数，会发现只要条件 $\eta^2 = |\vec{\xi}|^2 c^2 + m^2 c^4$ 成立，$\Psi(\vec{x},t)$ 就满足 K-G 方程。根据质能关系，$\vec{\xi}$ 应为自由粒子的三维空间动量，η 为该粒子的总能量。显然，当 $\eta = -\sqrt{|\vec{\xi}|^2 c^2 + m^2 c^4}$ 时方程也成立，就是说 K-G 方程允许负能解。有人可能会说，这没有什么奇怪，舍去负能解了事，因为自由粒子的总能量不可能小于零。这样的说法有问题吗？你如果把上述试探解代入薛定谔方程，会发现有解条件是 $\eta = \dfrac{|\vec{\xi}|^2}{2m}$，显然薛定谔方程不允许负能解。

(4) 负概率问题：由薛定谔方程给出的概率密度 (3.38) 式是正定的 ($\rho = \Psi^*\Psi \geqslant 0$)，而由 K-G 方程给出的概率密度 (3.43) 式并非正定。一个极端情况是，负能解的概率密度处处为负。

(5) 氢原子精细结构问题：由 K-G 方程可得到氢原子能谱的解析解[①]，将其关于精细结构常数 α 进行泰勒展开可得

$$E_n = E_n^0\left[1 + \frac{\alpha^2}{n^2}\left(\frac{n}{l+1/2} - \frac{3}{4}\right)\right] + \cdots$$

其中，$E_n^0 = -\dfrac{me^4}{\hbar^2}\dfrac{1}{2n^2}$。由此所得 $n=2$ 的精细结构分列 $\alpha^4 mc^2/12 \approx 0.97\mathrm{cm}^{-1}$，明显大于 2.8 节中图 2.18 所给出的实验值 ($0.36\mathrm{cm}^{-1}$)。

根据狄拉克的回忆[②]，薛定谔首先得到了 K-G 方程，但因为上述精细结构问题只发表了 K-G 方程的非相对论极限方程，即现在所谓的薛定谔波动方程。等到几个月后他发表相对论性波动方程 (K-G 方程) 时，克莱因和戈尔登已分别独立地发表了类似工作，这就是 K-G 方程以克莱因和戈尔登命名的原因。当时因为无法解释负能问题特别是负概率问题，致使该方程在提出后的近十年时间里被人们忽视。

---

① Greiner W. 2000. Relativistic Quantum Mechanics. Third Edition. Springer-Verlag: 61。
② Weinberg S. 2002. The Quantum Theory of Field I. Cambridge University Press: 4。

3.3 狄拉克方程

3.3.1 方程的建立

在薛定谔方程和克莱因-戈尔登方程建立的 1926 年之后，1928 年狄拉克为了克服薛定谔方程的不协变(不满足相对性原理要求)缺陷和 K-G 方程的负概率困难，着手建立新的波动方程。仍然使用质能关系和"推演" K-G 方程的逻辑圈，只是"出发"形式不同。考虑到 K-G 方程的负概率困难主要源于波函数关于时间的二阶导数，故期望从 $E = \sqrt{p^2 c^2 + m^2 c^4}$ 得到 $\hat{H} = c\vec{\alpha} \cdot \vec{p} + \beta mc^2$，其中 $\vec{\alpha} = \alpha^1 \vec{i} + \alpha^2 \vec{j} + \alpha^3 \vec{k}$，它和 β 的具体表达由下面的推演确定。

由于

$$E^2 = (c\vec{\alpha} \cdot \vec{p} + \beta mc^2)(c\vec{\alpha} \cdot \vec{p} + \beta mc^2)$$

$$= \frac{1}{2} c^2 (\alpha^i \alpha^j + \alpha^j \alpha^i) p_i p_j + mc^3 (\alpha^i \beta + \beta \alpha^i) p_i + \beta^2 m^2 c^4$$

$$= p^2 c^2 + m^2 c^4 \qquad (i, j = 1, 2, 3) \tag{3.55}$$

故要求

$$\begin{cases} \alpha^i \alpha^j + \alpha^j \alpha^i = 2\delta^{ij} & (3.56) \\ \alpha^i \beta + \beta \alpha^i = 0 & (3.57) \\ \beta^2 = 1 & (3.58) \end{cases}$$

若 β 取为一数值，则 $\alpha^i = 0$，导致 $\hat{H}$ 为一常数，不可能得到有物理内含的方程，故 β 应取为矩阵。再由(3.57)式知 α^i 也只能为矩阵，故相应之波函数应为列阵

$$\Psi = \begin{pmatrix} \psi_1 \\ \psi_2 \\ \psi_3 \\ \vdots \\ \psi_N \end{pmatrix}$$

其共轭为一行阵 $\Psi^+ = (\psi_1^*, \psi_2^*, \psi_3^*, \cdots, \psi_N^*)$。

在 $E = c\vec{\alpha} \cdot \vec{p} + \beta mc^2$ 中作替代，$E \rightarrow i\hbar \dfrac{\partial}{\partial t}$，$\vec{p} \rightarrow -i\hbar \nabla$，则

$$\mathrm{i}\hbar\frac{\partial\varPsi}{\partial t}=-\mathrm{i}\hbar c\alpha^i\partial_i\varPsi+mc^2\beta\varPsi$$

$$\mathrm{i}\hbar\varPsi^+\frac{\partial\varPsi}{\partial t}=-\mathrm{i}\hbar c\varPsi^+\alpha^i\partial_i\varPsi+mc^2\varPsi^+\beta\varPsi \tag{3.59}$$

$$-\mathrm{i}\hbar\frac{\partial\varPsi^+}{\partial t}\varPsi=\mathrm{i}\hbar c\left(\partial_i\varPsi^+\right)\alpha^{i+}\varPsi+mc^2\varPsi^+\beta^+\varPsi \tag{3.60}$$

两式相减得

$$\frac{\partial}{\partial t}(\varPsi^+\varPsi)=-c\left[\left(\partial_i\varPsi^+\right)\alpha^{i+}\varPsi+\varPsi^+\alpha^i\partial_i\varPsi\right]+\frac{\mathrm{i}mc^2}{\hbar}\left(\varPsi^+\beta^+\varPsi-\varPsi^+\beta\varPsi\right)$$

考虑到 $\hat{H}$ 应为厄米算符，故要求 $\beta^+=\beta$，$\alpha^{i+}=\alpha^i$，因此

$$\frac{\partial}{\partial t}(\varPsi^+\varPsi)+\partial_i(c\varPsi^+\alpha^i\varPsi)=0$$

令

$$\rho=\varPsi^+\varPsi \tag{3.61}$$

$$\vec{J}=(c\varPsi^+\alpha^i\varPsi)\qquad(i=1,2,3) \tag{3.62}$$

则

$$\frac{\partial\rho}{\partial t}+\nabla\cdot\vec{J}=0 \tag{3.63}$$

定义四维概率流密度矢量 $j^0=c\rho$，$j^k=c\varPsi^+\alpha^k\varPsi$ $(k=1,2,3)$，则(3.63)式可写为

$$\partial_u j^u=\frac{1}{c}\frac{\partial}{\partial t}j^0+\frac{\partial}{\partial x^k}j^k=0 \tag{3.64}$$

由(3.56)式知

$$(\alpha^k)^2=I=\beta^2$$

由(3.57)式有

$$\alpha^k=-\beta\alpha^k\beta$$

因为

$$\mathrm{tr}\,\alpha^k=-\mathrm{tr}(\beta\alpha^k\beta)=-\mathrm{tr}(\alpha^k\beta^2)=-\mathrm{tr}\,\alpha^k$$

所以

$$\mathrm{tr}\,\alpha^k = 0 \tag{3.65}$$

类似可得

$$\mathrm{tr}\,\beta = 0 \tag{3.66}$$

满足(3.56)~(3.58)式、(3.65)和(3.66)式及厄米条件的矩阵如何？

因为 $\beta\alpha^i = -\alpha^i\beta = -I\alpha^i\beta$，故

$$\det\beta \cdot \det\alpha^i = (-1)^N \det\alpha^i \det\beta$$

所以 $(-1)^N = 1$，故 N 为偶数，考虑 $N = 2$，即 2×2 矩阵，但可证明找不到满足上述关系的 2×2 矩阵，故取为 4×4 矩阵：

$$\alpha^i = \begin{pmatrix} 0 & \sigma^i \\ \sigma^i & 0 \end{pmatrix}, \qquad \beta = \begin{pmatrix} I & 0 \\ 0 & -I \end{pmatrix}$$

$$\sigma^1 = \begin{pmatrix} 0 & 1 \\ 1 & 0 \end{pmatrix}, \qquad \sigma^2 = \begin{pmatrix} 0 & -i \\ i & 0 \end{pmatrix}, \qquad \sigma^3 = \begin{pmatrix} 1 & 0 \\ 0 & -1 \end{pmatrix}$$

$$\sigma^i\sigma^j + \sigma^j\sigma^i = 2\delta^{ij}I \tag{3.67}$$

例3.4 验证(3.56)式：

$$\alpha^i\alpha^j = \begin{pmatrix} 0 & \sigma^i \\ \sigma^i & 0 \end{pmatrix}\begin{pmatrix} 0 & \sigma^j \\ \sigma^j & 0 \end{pmatrix} = \begin{pmatrix} \sigma^i\sigma^j & 0 \\ 0 & \sigma^i\sigma^j \end{pmatrix}$$

$$\alpha^i\alpha^j + \alpha^j\alpha^i = \begin{pmatrix} \sigma^i\sigma^j + \sigma^j\sigma^i & 0 \\ 0 & \sigma^i\sigma^j + \sigma^j\sigma^i \end{pmatrix} = 2\delta^{ij}I$$

注意：(3.55)式中的 $\bar{p}$ 为相对论形式中四维动量之空间分量，与薛定谔方程中的 $\bar{p}$ 不完全相同，但仍用 $-i\hbar\nabla$ 取代 $\bar{p}$。由上述方法确定 $\hat{\alpha}$、β 后，便得到**狄拉克方程**：

$$i\hbar\frac{\partial\Psi}{\partial t} = -i\hbar c\alpha^i\partial_i\Psi + mc^2\beta\Psi \tag{3.68}$$

该方程也经常写为

$$i\hbar\frac{\partial\Psi}{\partial t} = \hat{H}\Psi \tag{3.69}$$

其中

$$\hat{H} = c\vec{\alpha} \cdot \vec{p} + mc^2\beta \tag{3.70}$$

$$\vec{\alpha} = \alpha^1 \vec{i} + \alpha^2 \vec{j} + \alpha^3 \vec{k} \tag{3.71}$$

因 α^i、β 为四阶矩阵，故 $\Psi = \begin{pmatrix} \psi_1 \\ \psi_2 \\ \psi_3 \\ \psi_4 \end{pmatrix}$ 为四分量列阵。

3.3.2 方程的协变形式

用 β/c 乘(3.68)式得

$$-i\hbar\partial_0\Psi - i\hbar\beta\alpha^i\partial_i\Psi + mc\Psi = 0 \tag{3.72}$$

令

$$\gamma^0 \equiv \beta = \begin{pmatrix} I & 0 \\ 0 & -I \end{pmatrix} \tag{3.73}$$

$$\gamma^k \equiv \beta\alpha^k = \begin{pmatrix} 0 & \sigma^i \\ -\sigma^i & 0 \end{pmatrix} \quad (k=1,2,3) \tag{3.74}$$

则有

$$\left. \begin{array}{l} (\gamma^0)^2 = I \\ (\gamma^k)^+ = -\gamma^k \quad (\text{反厄米性}) \\ (\gamma^k)^2 = -I \end{array} \right\} \tag{3.75}$$

应用(3.75)式及如下关系：

$$\gamma^0\gamma^k + \gamma^k\gamma^0 = \beta\beta\alpha^k + \beta\alpha^k\beta = \beta(\beta\alpha^k + \alpha^k\beta) = 0$$

$$\gamma^k\gamma^l + \gamma^l\gamma^k = \beta\alpha^k\beta\alpha^l + \beta\alpha^l\beta\alpha^k$$

$$= -\beta(\alpha^k\alpha^l\beta + \alpha^l\alpha^k\beta)$$

$$= -\beta(\alpha^k\alpha^l + \alpha^l\alpha^k)\beta = 0 \qquad (k,l=1,2,3, \ l \neq k)$$

$$\gamma^u\gamma^v + \gamma^v\gamma^u = 2g^{uv}I \tag{3.76}$$

(3.72)式可写为

$$\left(-\mathrm{i}\gamma^u\partial_u + \frac{mc}{\hbar}\right)\Psi = 0 \tag{3.77}$$

或令

$$\not\partial = \gamma^u\partial_u = \gamma_u\partial^u \qquad (\gamma_u = g_{u\sigma}\gamma^\sigma)$$

$$\left(-\mathrm{i}\not\partial + \frac{mc}{\hbar}\right)\Psi = 0 \tag{3.78}$$

方程(3.77)和(3.78)显然是协变的,因为 $\gamma_u\partial^u$、$\not\partial$ 是标量算符,而 Ψ 也为标量。

3.3.3 力学量随时间的变化

任意力学量 F 的量子力学平均

$$\left\langle \hat{F} \right\rangle = \int \Psi^+(\bar{r},t)\hat{F}\Psi(\bar{r},t)\mathrm{d}\bar{r}$$

其中,$\Psi(\bar{r},t)$ 为满足狄拉克方程的波函数。因此

$$\frac{\mathrm{d}\left\langle \hat{F} \right\rangle}{\mathrm{d}t} = \int \Psi^+ \frac{\partial \hat{F}}{\partial t}\Psi\mathrm{d}\bar{r} + \int \frac{\partial \Psi^+}{\partial t}\hat{F}\Psi\mathrm{d}\bar{r} + \int \Psi^+ \hat{F}\frac{\partial \Psi}{\partial t}\mathrm{d}\bar{r}$$

利用 $\dfrac{\partial \Psi}{\partial t} = \dfrac{1}{\mathrm{i}\hbar}\hat{H}\psi$ 和 $\dfrac{\partial \Psi^+}{\partial t} = -\dfrac{1}{\mathrm{i}\hbar}\left(\hat{H}\psi\right)^+$,则有

$$\frac{\mathrm{d}\left\langle \hat{F} \right\rangle}{\mathrm{d}t} = \int \Psi^+ \left[\frac{\partial \hat{F}}{\partial t} + \frac{1}{\mathrm{i}\hbar}\left(\hat{F}\hat{H} - \hat{H}\hat{F}\right)\right]\Psi\mathrm{d}\bar{r}$$

$$= \left\langle \left[\frac{\partial \hat{F}}{\partial t} + \frac{1}{\mathrm{i}\hbar}\left(\hat{F}\hat{H} - \hat{H}\hat{F}\right)\right]\right\rangle \tag{3.79}$$

定义 $\dfrac{\mathrm{d}\hat{F}}{\mathrm{d}t}$ 的量子力学平均为 $\left\langle \dfrac{\mathrm{d}\hat{F}}{\mathrm{d}t} \right\rangle = \dfrac{\left\langle \mathrm{d}\hat{F} \right\rangle}{\mathrm{d}t}$,则有

$$\frac{\mathrm{d}\hat{F}}{\mathrm{d}t} = \frac{\partial \hat{F}}{\partial t} + \frac{1}{\mathrm{i}\hbar}\left[\hat{F}, \hat{H}\right] \tag{3.80}$$

这正是海森伯绘景中力学量算符满足的演化方程(2.46)。在具体应用中，该式具有重要意义。例如，对于给定的物理系统(如 C_{60} 分子)，判断力学量(如轨道角动量或自旋角动量、磁矩等)是否守恒具有重要的观测意义。容易证明无论在薛定谔绘景或海森伯绘景中，只要 $\dfrac{\partial \hat{F}}{\partial t} = 0$ 并且 $\left[\hat{F}, \hat{H}\right] = 0$，则该力学量 F 守恒。

练习　证明电子速度算符 $\vec{v} = \dfrac{\mathrm{d}\vec{r}}{\mathrm{d}t} = c\vec{\alpha}$ [提示：应用(3.80)式]。

3.3.4　自由粒子的角动量

根据(3.70)式，$\left[\vec{p}, \hat{H}\right] = 0$，再由(3.80)式可知自由粒子的动量守恒。该结论与薛定谔方程以及经典力学给出的结论相同。下面考察自由粒子的角动量 $\vec{l} = \vec{r} \times \vec{p}$ 是否守恒。

考虑到 $\vec{\alpha} \times \vec{p} = \begin{vmatrix} \vec{i} & \vec{j} & \vec{k} \\ \alpha^1 & \alpha^2 & \alpha^3 \\ p^1 & p^2 & p^3 \end{vmatrix}$，并应用(3.80)式可得

$$\frac{\mathrm{d}}{\mathrm{d}t}\hat{l}_x = \left[\hat{l}_x, \hat{H}\right]/\mathrm{i}\hbar = c\left(\vec{\alpha} \times \vec{p}\right)_x$$

其中，$l_x = yp_z - zp_y$。写成矢量形式：

$$\frac{\mathrm{d}\hat{l}}{\mathrm{d}t} = c\left(\vec{\alpha} \times \vec{p}\right) \tag{3.81}$$

这里出现了严重问题，自由粒子的角动量不守恒！你可能会说，量子力学中角动量矢量的三个分量算符不对易，故不能同时有确定值，因此总角动量不守恒是必然结果。你的分析太粗糙，因为(3.81)式表明，角动量的每一个分量都不守恒，这是和经典力学截然不同的结果。

【题外之言】　设想你就是当年 26 岁的狄拉克，遇到此困难怎么办？真有点"刚出虎穴，又入狼窝"之感，好不容易想出奇招克服了负概率困难，却又遇到这个麻烦。已经搞了好几个月了，仍然没有进展。很可能得出方程(3.69)的思路是错的，纯属异想天开，导致 $\hat{H}$ 的表达不对。也是啊，薛定谔、克莱因、戈尔登这些人都是"吃素"的？人家怎么不这样去搞呢？要不，算了吧，重选一个研究课

题? 不! 不能轻易放弃! 要坚持!【言归正传】

引入 $\overline{\Sigma} = \begin{pmatrix} \vec{\sigma} & 0 \\ 0 & \vec{\sigma} \end{pmatrix}$, $\vec{\sigma} = \sigma^1 \vec{i} + \sigma^2 \vec{j} + \sigma^3 \vec{k}$, 则可证明

$$\left[\overline{\Sigma}, \hat{H} \right] = -2ic(\vec{\alpha} \times \vec{p})$$

令
$$\hat{J} = \hat{l} + \frac{1}{2}\hbar\overline{\Sigma} \tag{3.82}$$

则 $\dfrac{\mathrm{d}\hat{J}}{\mathrm{d}t} = c(\vec{\alpha} \times \vec{p}) + \dfrac{\hbar}{2}\left[\overline{\Sigma}, \hat{H}\right]/i\hbar = 0$, 即 $\hat{J}$ 是一个守恒量。再定义 $\hat{s} = \dfrac{1}{2}\hbar\overline{\Sigma}$, 则有 $\hat{s} \times \hat{s} = i\hat{s}$, 并且 $\hat{s}_z$ 的本征值为 $\lambda = \pm\dfrac{\hbar}{2}$, 相应的本征方程是

$$\hat{s}_z \begin{pmatrix} a \\ b \\ c \\ d \end{pmatrix} = \lambda \begin{pmatrix} a \\ b \\ c \\ d \end{pmatrix}$$

这个数学"把戏"表明自由粒子还有另外一个角动量 $\hat{s}$, 它与轨道角动量 $\hat{l}$ 之和 $\hat{J}$ 是守恒量。那么, $\hat{s}$ 是什么东西呢? 有什么效应? 粒子的自转(旋)角动量嘛, 类似于地球的自转运动。不完全是。$\hat{s}$ 是粒子的一种角动量, 但不是由粒子的自旋而形成的, 因为在写出哈密顿算符时考虑的是"点"粒子, 而不是有限大小的球体。确切地说, 自旋角动量是粒子在一种新自由度(非三维实空间自由度)上的"运动"。我们今天将其称为自旋角动量是由于下面的历史原因。

1924 年一位美籍德国物理学家克勒尼希(R. Kronig, 1904~1995)从经典模型出发, 认为电子围绕自己的轴作自转运动而具有自旋角动量。他根据这一模型得到了与用相对论推证同样的结论。于是他急忙找泡利讨论, 但是遭到了泡利强烈反对。泡利不相信电子会有固有角动量, 因为他早就考虑过这一模型将导致电子的表面速度超过光速。其实更深层的原因是泡利并不希望量子理论中保留任何经典的概念。由于泡利的强烈态度, 克勒尼希也就搁置了他的想法。

半年后, 荷兰著名物理学家埃伦费斯特的两个学生, 乌伦贝克和古德斯米特提出了与克勒尼希同样的想法。他们找埃伦费斯特讨论, 埃伦费斯特觉得这个想法很重要, 建议他们写了一篇短文给 Nature 杂志。接着他们又去请教大师洛伦兹。洛伦兹考虑了一周后指出, 按此模型电子表面速度将达到光速的十倍。于是他们马上请埃伦费斯特还回论文, 谁知埃伦费斯特早已将论文寄出, 且即将发表。乌

伦贝克和古德斯米特感到非常懊丧，埃伦费斯特劝说他们："你们还很年轻，做点蠢事不要紧。"

该论文刊出之后，海森伯立刻来信表示赞许，认为可以利用自旋-轨道耦合作用解决泡利理论中所谓"二重性"的困难。不过，棘手的问题是如何解释双线公式中多出的因子"**2**"(参见 3.4.4 节)。对于这个问题，乌伦贝克和古德斯米特一时无法解决。玻尔也很赞赏乌伦贝克和古德斯米特的工作，他没有想到困扰多年的光谱精细结构问题竟然仅用"自旋"这一简单力学概念得以解决。但因子"2"无法完全解释也使他觉得非常棘手。泡利则始终反对运用力学模型来进行思考。他和玻尔争辩道："一种新的邪说将被引进物理学。"

在 1926 年英国人托马斯宣称解决了因子"2"的困难。他运用相对论进行计算，认为前人的错误在于忽略了坐标系变换时的相对论效应，只要考虑到电子具有加速度这一相对论效应就可以自然地得到因子"2"。这样一来，电子自旋的概念很快被物理学界接收，连泡利也承认这个假设。他给玻尔写信说："现在对我来说，只好完全投降了。"可惜啊! 泡利要能坚持到 1928 年看到狄拉克的上述结果就不用投降了。

大约是 1981 年夏天，杨振宁教授在(中国)西北大学说道："作物理学研究必须有自己的观点，即便是错误的观点也比没有观点要好。"这句话对我后来从事物理学研究有重要影响。那么你认为，电子的自旋成因是其自转还是狄拉克方程给出的内禀自旋自由度? 这两个概念能协调吗? 为什么?

3.3.5 负能问题

如果新得到的方程是正确的，那么质量为 m 的自由粒子的哈密顿算符就是(3.70)式:

$$\hat{H} = c\bar{\alpha} \cdot \hat{\bar{p}} + \beta mc^2 \tag{3.83}$$

注意，为了下文表述方便，将(3.70)式中的角动量算符用 $\hat{\bar{p}}$ 表示，而下文中的 $\bar{p}$ 表示动量矢量而非算符。

对于狄拉克波动方程:

$$i\hbar \frac{\partial \Psi}{\partial t} = \left(c\bar{\alpha} \cdot \hat{\bar{p}} + \beta mc^2 \right) \Psi \tag{3.84}$$

可设试探解:

$$\Psi = U(\bar{p}) e^{i(\bar{p} \cdot \bar{x} - Et)/\hbar} \tag{3.85}$$

其中

$$U(\vec{p}) = \begin{pmatrix} U_1 \\ U_2 \\ U_3 \\ U_4 \end{pmatrix} = \begin{pmatrix} \varphi(p) \\ \chi(p) \end{pmatrix} \tag{3.86}$$

代入(3.84)式，得

$$\left(c\vec{\alpha} \cdot \vec{p} + \beta mc^2 \right) U(\vec{p}) = EU(p) \tag{3.87}$$

注意，(3.87)式中 $\vec{p}$ 已变为数值，而不是算符。

因为

$$\vec{\alpha} = \begin{pmatrix} 0 & \vec{\sigma} \\ \vec{\sigma} & 0 \end{pmatrix}, \qquad \beta = \begin{pmatrix} I & 0 \\ 0 & -I \end{pmatrix}$$

所以

$$c \begin{pmatrix} 0 & \vec{\sigma} \cdot \vec{p} \\ \vec{\sigma} \cdot \vec{p} & 0 \end{pmatrix} \begin{pmatrix} \varphi \\ \chi \end{pmatrix} + mc^2 \begin{pmatrix} I & 0 \\ 0 & -I \end{pmatrix} \begin{pmatrix} \varphi \\ \chi \end{pmatrix} = E \begin{pmatrix} \varphi \\ \chi \end{pmatrix}$$

由此得到两个方程：

$$(mc^2 - E)\varphi + c\vec{\sigma} \cdot \vec{p}\chi = 0 \tag{3.88}$$

$$c\vec{\sigma} \cdot \vec{p}\varphi - (mc^2 + E)\chi = 0 \tag{3.89}$$

它们有非零解的条件是(注意 φ 、χ 为两行一列矩阵)

$$(E - m^2 c^4)I = c^2 \left(\vec{\sigma} \cdot \vec{p} \right)^2 \tag{3.90}$$

其中

$$\left(\vec{\sigma} \cdot \vec{p} \right)^2 = (\sigma_1 p_1 + \sigma_2 p_2 + \sigma_3 p_3)(\sigma_1 p_1 + \sigma_2 p_2 + \sigma_3 p_3)$$
$$= \begin{pmatrix} p^2 & 0 \\ 0 & p^2 \end{pmatrix}$$

因此，(3.90)式给出质能关系

$$E^2 = p^2 c^2 + m^2 c^4$$

也就是说两个本征值

$$E = \pm\sqrt{p^2c^2 + m^2c^4} \tag{3.91}$$

都是容许的, 分别对应的解是

$$\chi = \frac{c\vec{\sigma} \cdot \vec{p}}{mc^2 + E_\pm}\varphi \tag{3.92}$$

糟糕, 负能解仍然存在! 还有, 解的形式也不能唯一确定。已经应用了三个量子数 (p_x, p_y, p_z) 来表征本征函数, 但与薛定谔方程比较, 波函数未能完全确定, 意味着什么? (提示: 可考虑氢原子本征函数的确定过程)还有一个自旋自由度没有考虑, 应先再寻找一个与 $\hat{H}$、$\hat{p}$ 对易的算符。假定粒子运动方向的单位矢量为 $\vec{n} = \vec{p}/p$ (图 3.5), 定义算符:

$$s_p = \hat{s} \cdot \vec{n} = \frac{\hbar}{2}\overline{\Sigma} \cdot \frac{\vec{p}}{p} = \frac{\hbar}{2}\Sigma_p$$

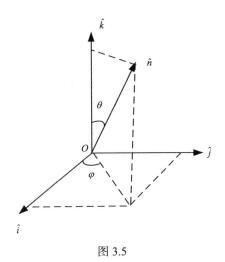

图 3.5

其中, $\Sigma_p = \dfrac{1}{p}\begin{pmatrix} \vec{\sigma} \cdot \vec{p} & 0 \\ 0 & \vec{\sigma} \cdot \vec{p} \end{pmatrix}$。注意到这里 $\vec{p}$ 是力学量而非算符, 容易验证:

$$\left[\Sigma_p, \hat{H} \right] = 0$$
$$\left[\Sigma_p, \hat{\vec{p}} \right] = 0$$

表明 Σ_p (因而 s_p)与 $\hat{H}$、$\hat{p}$ 算符可拥有共同本征函数。为了得到这样的本征函数,

先求解 Σ_p 的本征方程：

$$\Sigma_p \begin{pmatrix} a \\ b \\ c \\ d \end{pmatrix} = \lambda \begin{pmatrix} a \\ b \\ c \\ d \end{pmatrix}$$

因为 $\Sigma_p^2 = \begin{pmatrix} 1 & 0 & 0 & 0 \\ 0 & 1 & 0 & 0 \\ 0 & 0 & 1 & 0 \\ 0 & 0 & 0 & 1 \end{pmatrix}$，故有

$$\lambda^2 \begin{pmatrix} a \\ b \\ c \\ d \end{pmatrix} = \begin{pmatrix} a \\ b \\ c \\ d \end{pmatrix}$$

因此可得 $\lambda = \pm 1$。所以可将久期方程进行如下分解：

$$\Sigma_p \begin{pmatrix} a \\ b \\ c \\ d \end{pmatrix} = \begin{pmatrix} a \\ b \\ c \\ d \end{pmatrix} \quad \Rightarrow \quad \begin{cases} \vec{\sigma} \cdot \vec{n} \begin{pmatrix} a \\ b \end{pmatrix} = \begin{pmatrix} a \\ b \end{pmatrix} \\ \vec{\sigma} \cdot \vec{n} \begin{pmatrix} c \\ d \end{pmatrix} = \begin{pmatrix} c \\ d \end{pmatrix} \end{cases}$$

$$\Sigma_p \begin{pmatrix} a \\ b \\ c \\ d \end{pmatrix} = - \begin{pmatrix} a \\ b \\ c \\ d \end{pmatrix} \quad \Rightarrow \quad \begin{cases} \vec{\sigma} \cdot \vec{n} \begin{pmatrix} a \\ b \end{pmatrix} = - \begin{pmatrix} a \\ b \end{pmatrix} \\ \vec{\sigma} \cdot \vec{n} \begin{pmatrix} c \\ d \end{pmatrix} = - \begin{pmatrix} c \\ d \end{pmatrix} \end{cases}$$

下面先求解 $\vec{\sigma} \cdot \vec{n}$ 的本征态，然后构造 Σ_p 的本征态。如图 3.5 所示，令

$$\hat{n} = \frac{\vec{p}}{p} = \sin\theta\cos\varphi\,\hat{i} + \sin\theta\sin\varphi\,\hat{j} + \cos\theta\,\hat{k}$$

则有

$$\vec{\sigma} \cdot \hat{n}\xi_+ = \xi_+, \qquad \vec{\sigma} \cdot \hat{n}\xi_- = -\xi_-$$

其中

$$\xi_+ = \begin{pmatrix} \cos\dfrac{\theta}{2}e^{-i\varphi/2} \\ \sin\dfrac{\theta}{2}e^{i\varphi/2} \end{pmatrix}, \qquad \xi_- = \begin{pmatrix} -\sin\dfrac{\theta}{2}e^{-i\varphi/2} \\ \cos\dfrac{\theta}{2}e^{i\varphi/2} \end{pmatrix}$$

显然，$\begin{pmatrix} \xi_+ \\ \xi_+ \end{pmatrix}$ 和 $\begin{pmatrix} \xi_- \\ \xi_- \end{pmatrix}$ 都是 Σ_p 的本征态(相应的本征值分别为 +1 和 -1)，但根据

(3.92)式它们并非 $\hat{H}$ 的本征态。容易发现 $\begin{pmatrix} A\xi_+ \\ B\xi_+ \end{pmatrix}$ 和 $\begin{pmatrix} C\xi_- \\ D\xi_- \end{pmatrix}$ 也是 Σ_p 的本征态(本征值

分别为 ±1)，如果系数 A、B、C、D 满足(3.92)式，则它们也是 $\hat{H}$ 的本征态。因此

当 $E = E_+$ 时，若令 $\varphi = \xi_+$，则 $\chi = \dfrac{c\vec{\sigma}\cdot\vec{p}}{mc^2+E_+}\xi_+ = \dfrac{c|p|}{mc^2+E_+}\xi_+$；若令 $\varphi = \xi_-$，则

$\chi = \dfrac{-c|p|}{mc^2+E_+}\xi_-$。当 $E = E_-$ 时，若令 $\varphi = \xi_+$，则 $\chi = \dfrac{-c\vec{\sigma}\cdot\vec{p}}{mc^2+E_+}\xi_+ = \dfrac{-c|p|}{mc^2+E_+}\xi_+$。这

样就可完全确定方程(3.84)的平面波解，$\Psi = U(p)e^{i(\vec{p}\cdot\vec{x}-Et)/\hbar}$，其中 $U(p)$ 及相应的

量子数见表 3.1。

表 3.1

能量本征值 E	Σ_p 本征值	s_p 本征值	$U(p)$
$E_+ = \sqrt{p^2c^2+m^2c^4}$	+1	$\dfrac{1}{2}\hbar$	$N\begin{pmatrix} \xi_+ \\ \dfrac{c|p|}{mc^2+E_+}\xi_+ \end{pmatrix}$
$E_+ = \sqrt{p^2c^2+m^2c^4}$	-1	$\dfrac{1}{2}\hbar$	$N\begin{pmatrix} \xi_- \\ \dfrac{-c|p|}{mc^2+E_+}\xi_- \end{pmatrix}$
$E_- = -\sqrt{p^2c^2+m^2c^4}$	+1	$\dfrac{1}{2}\hbar$	$N\begin{pmatrix} \dfrac{-c|p|}{mc^2+E_+}\xi_+ \\ \xi_+ \end{pmatrix}$
$E_- = -\sqrt{p^2c^2+m^2c^4}$	-1	$\dfrac{1}{2}\hbar$	$N\begin{pmatrix} \dfrac{c|p|}{mc^2+E_+}\xi_- \\ \xi_- \end{pmatrix}$

注：$N = \left(\dfrac{mc^2+E_+}{2E_+}\right)^{\frac{1}{2}}$。

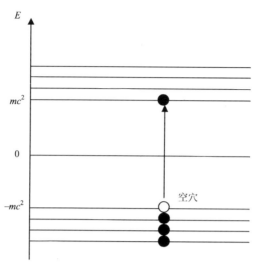

图 3.6

上述求解过程表明，虽然自由粒子(如电子)的自旋角动量不守恒，但它在粒子运动方向(动量 $\vec{p}$ 的方向)的投影 s_p 是守恒量 $\pm\dfrac{\hbar}{2}$，也就是说自由飞行电子的自旋取向要么向前，要么向后，具有确定不变的方向。如何诠释负能解呢？方程(3.84)可能的能谱为 $E > mc^2$ 或 $E < -mc^2$ (图 3.6)。那么自由粒子可从 $E > mc^2$ 能态跃迁到 $E < -mc^2$ 能态，并继续向更低能态跃迁，这样粒子能稳定吗？1930 年狄拉克的解释如下：按照前面的讨论，方程(3.84)描写自旋为 1/2 的费米子，而负能区已被费米子填满，按泡利原理每个态只能容纳一个粒子，因此正能粒子一般不能迁入负能区。除此诠释外，他还预言了反电子(正电子)。假如一个入射光子的频率 ν_0 满足 $h\nu_0 = 2mc^2$，则该光子便有一定概率将处于最高负能态($E = -mc^2$)的电子激发到最低正能态($E = mc^2$)，即光子被"吸收"的同时产生了一个能量为 mc^2 的正常电子。然而光子的另一半能量到哪里去了？注意，这时在负能区(或称负能海)中多出一个空穴，它相对于环境处于高能 mc^2，并应该带一个单位正电荷，因它的孪生子带负电荷。这个空穴就是所谓的正电子。继 1932 年正电子被实验发现后，反质子和反中子也相继被实验发现。狄拉克打开了通往另一个世界——反物质世界的大门。

根据狄拉克回忆：当他 1928 年在哥本哈根时，玻尔问他近来在做什么，他回答说试图得到有关电子的令人满意的相对论性理论。玻尔说：但是克莱因和戈尔登已经得到了。这一回答使狄拉克很不安。玻尔似乎对 K-G 方程很满意，但狄拉克却相反，因为存在负概率问题。他仍然继续努力以获得无负概率问题的理论。伽莫夫回忆到，狄拉克发现该问题的答案是在 1928 年的一个傍晚，当时他走向一个壁炉，认识到 K-G 方程产生负概率的主要原因是它包含了时间的二阶偏导数。

3.4 电磁场中的电子

3.4.1 运动方程(CGS 单位制)

若用四维矢势 $A^u = (\Phi, \vec{A})$ 描写电磁场，则磁感应强度和电场强度可表示为

$$\vec{B} = \nabla \times \vec{A}, \qquad \vec{E} = -\frac{1}{c}\frac{\partial \vec{A}}{\partial t} - \nabla \Phi$$

电磁场中静质量为 m 的带电粒子(q)的哈密顿量应表示为

$$H = \frac{1}{2m}\left(\vec{p} - \frac{q}{c}\vec{A}\right)^2 + q\Phi \tag{3.93}$$

由此出发应用哈密顿正则方程可得到牛顿方程：

$$m\ddot{\vec{r}} = q\left(\vec{E} + \frac{1}{c}\vec{v} \times \vec{B}\right) \tag{3.94}$$

证明如下：由(3.93)式得

$$H(x_i, p_i) = \frac{1}{2m}\left(p^2 + \frac{q^2}{c^2}A^2 - \frac{2q}{c}\vec{A}\cdot\vec{p}\right) + q\Phi$$

根据哈密顿正则方程有

$$\dot{x}_i = \frac{\partial H}{\partial p_i}, \qquad \dot{p}_i = -\frac{\partial H}{\partial x_i},$$

故

$$\dot{x} = \frac{1}{m}\left(p_x - \frac{q}{c}A_x\right)$$

从而有

$$m\ddot{x} = \dot{p}_x - \frac{q}{c}\dot{A}_x = -\frac{\partial H}{\partial x} - \frac{q}{c}\dot{A}_x$$

$$= \frac{1}{m}\sum_i^3\left(p_i - \frac{q}{c}A_i\right)\frac{q}{c}\frac{\partial \dot{A}_x}{\partial x} - q\frac{\partial \phi}{\partial x} - \frac{q}{c}\dot{A}_x$$

$$= \frac{q}{c}\sum_i^3\dot{x}_i\frac{\partial \dot{A}_x}{\partial x} - q\frac{\partial \phi}{\partial x} - \frac{q}{c}\left(\frac{\partial A_x}{\partial t} + \sum_{i=1}^3\dot{x}_i\frac{\partial \dot{A}_x}{\partial x_i}\right)$$

$$= -q\left(\frac{\partial\phi}{\partial x} + \frac{1}{c}\frac{\partial A_x}{\partial t}\right) + \frac{q}{c}\left(\dot{x}\frac{\partial A_x}{\partial x} + \dot{y}\frac{\partial A_y}{\partial x} + \dot{z}\frac{\partial A_z}{\partial x} - \dot{x}\frac{\partial A_x}{\partial x} - \dot{y}\frac{\partial A_x}{\partial y} - \dot{z}\frac{\partial A_x}{\partial z}\right)$$

$$= -q\left(\nabla\phi + \frac{1}{c}\frac{\partial\vec{A}}{\partial t}\right)_x + \frac{q}{c}\left[\vec{v}\times(\nabla\times\vec{A})\right]_x$$

$$= q\vec{E}_x + \frac{q}{c}(\vec{v}\times\vec{B})_x$$

如此便得到(3.94)式。

注意，(3.93)式表明电磁场中带电粒子的机械动量 $m\vec{v} = \vec{p} - \frac{q}{c}\vec{A}$，因此电磁场中电子的狄拉克哈密顿算符(3.70)应是

$$\hat{H} = c\vec{\alpha}\cdot\left(\vec{p} + \frac{e}{c}\vec{A}\right) + mc^2\beta - e\varPhi$$

其中，$-e\varPhi$ 为电子的势能。这样便得到

$$\left[\left(i\hbar\frac{\partial}{\partial t} + e\varPhi\right) - c\vec{\alpha}\cdot\left(\vec{p} + \frac{e}{c}\vec{A}\right) - mc^2\beta\right]\psi = 0 \tag{3.95}$$

此即电磁场中电子所满足的狄拉克方程(这里及下文中用 $\vec{p}$ 表示算符 $-i\hbar\nabla$)。类似地，根据 $E^2 = p^2c^2 + m^2c^4$，考虑到总能量 $\varepsilon = E + q\varPhi$，将 ε 和 $\vec{p}$ 分别用 $i\hbar\frac{\partial}{\partial t}$ 和 $-i\hbar\nabla - \frac{q}{c}\vec{A}$ 替代，则可得到电磁场中电子满足的 K-G 方程

$$\left[\left(i\hbar\frac{\partial}{\partial t} + e\varPhi\right)^2 - (c\vec{p} + e\vec{A})^2 - m^2c^4\right]\psi = 0 \tag{3.96}$$

然而，将该方程应用于氢原子，所得结果与实验不符(见 3.2.2 节)。下面将(3.95)式变换到类似于(3.96)式的形式，以便考察两个方程的差别。

用 $\left[\left(i\hbar\frac{\partial}{\partial t} + e\varPhi\right) - c\vec{\alpha}\cdot\left(\vec{p} + \frac{e}{c}\vec{A}\right) - mc^2\beta\right]$ 左乘(3.95)式得

$$\left\{\left(i\hbar\frac{\partial}{\partial t} + e\varPhi\right)^2 - \left[\vec{\alpha}\cdot(c\vec{p} + e\vec{A})\right]^2 - m^2c^4 + \vec{\alpha}\cdot(c\vec{p} + e\vec{A})\left(i\hbar\frac{\partial}{\partial t} + e\varPhi\right)\right.$$

$$\left. - \left(i\hbar\frac{\partial}{\partial t} + e\varPhi\right)\vec{\alpha}\cdot(c\vec{p} + e\vec{A})\right\}\psi = 0$$

利用练习所给结果可得

$$\left[\left(i\hbar\frac{\partial}{\partial t}+e\Phi\right)^2 - \left(c\vec{p}+e\vec{A}\right)^2 - m^2c^4 - e\hbar c\vec{\Sigma}\cdot\vec{B} + ie\hbar c\vec{\alpha}\cdot\vec{E}\right]\psi = 0 \tag{3.97}$$

与(3.96)式比较，狄拉克方程比 K-G 方程多出了两项，其中 $\vec{\Sigma}\cdot\vec{B}$ 一项表现自旋与磁场的作用。

3.4.2　泡利方程

为了得到狄拉克方程的低速近似，先考察如下事实。

当电子速度 $v \ll c$ 时，$E = \sqrt{p^2c^2+m^2c^4} \approx mc^2 + \dfrac{p^2}{2m}$，故可得

$$i\hbar\frac{\partial\psi}{\partial t} = \left(mc^2 + \frac{p^2}{2m}\right)\psi$$

该方程比薛定谔方程多出 $mc^2\psi$ 一项。如果作替代，$\psi = \psi'\mathrm{e}^{-imc^2t/\hbar}$，则 ψ' 满足薛定谔方程：$i\hbar\dfrac{\partial\psi'}{\partial t} = \dfrac{p^2}{2m}\psi'$。因此，为了得到(3.95)式在低速 $(v \ll c)$ 条件下的类似于薛定谔方程的形式，可令 $\psi = \psi'\mathrm{e}^{-imc^2t/\hbar}$，代入(3.95)式有

$$\left(i\hbar\frac{\partial}{\partial t}+mc^2\right)\psi' = \left[c\vec{\alpha}\cdot\left(\vec{p}+\frac{e}{c}\vec{A}\right) + mc^2\beta + V\right]\psi' \tag{3.98}$$

其中，$V = -e\Phi$。再令 $\psi' = \begin{pmatrix}\varphi \\ \chi\end{pmatrix}$ 则有

$$\left(i\hbar\frac{\partial}{\partial t}-V\right)\varphi=c\vec{\sigma}\cdot\left(\vec{p}+\frac{e}{c}\vec{A}\right)\chi \tag{3.99}$$

$$\left(i\hbar\frac{\partial}{\partial t}-V+2mc^2\right)\chi=c\vec{\sigma}\cdot\left(\vec{p}+\frac{e}{c}\vec{A}\right)\varphi \tag{3.100}$$

令

$$\begin{pmatrix}\varphi\\\chi\end{pmatrix}=\begin{pmatrix}\varphi'\\\chi'\end{pmatrix}e^{-iEt/\hbar}$$

因 $i\hbar\dfrac{\partial}{\partial t}\sim E=K+V$，故 $i\hbar\dfrac{\partial}{\partial t}-V\sim K=\dfrac{1}{2}mv^2\ll mc^2$，由(3.100)式并考虑到 $\vec{p}+\dfrac{e}{c}\vec{A}$ 为机械动量，则

$$\chi\approx\frac{1}{2mc}\vec{\sigma}\cdot\left(\vec{p}+\frac{e}{c}\vec{A}\right)\varphi\sim\left(\frac{v}{c}\right)\varphi$$

再由(3.98)式得

$$\left(i\hbar\frac{\partial}{\partial t}-V\right)\varphi=\frac{1}{2m}\left[\vec{\sigma}\cdot\left(\vec{p}+\frac{e}{c}\right)\right]^2\varphi \tag{3.101}$$

利用 $(\vec{\sigma}\cdot\vec{A})(\vec{\sigma}\cdot\vec{B})=\vec{A}\cdot\vec{B}+i\vec{\sigma}\cdot(\vec{A}\times\vec{B})$ 得

$$\left[\vec{\sigma}\cdot\left(\vec{p}+\frac{e}{c}\right)\right]^2=\left(\vec{p}+\frac{e}{c}\vec{A}\right)^2+i\vec{\sigma}\cdot\left(\vec{p}+\frac{e}{c}\vec{A}\right)\times\left(\vec{p}+\frac{e}{c}\vec{A}\right)$$

$$=\left(\vec{p}+\frac{e}{c}\vec{A}\right)^2+i\frac{e}{c}\vec{\sigma}\cdot(\vec{p}\times\vec{A}+\vec{A}\times\vec{p})$$

$$=\left(\vec{p}+\frac{e}{c}\vec{A}\right)^2+\frac{e\hbar}{c}\vec{\sigma}\cdot\vec{B}$$

因 $\vec{B}=\nabla\times\vec{A}$，故

$$i\hbar\frac{\partial\varphi}{\partial t}=\left[\frac{1}{2m}\left(\vec{p}+\frac{e}{c}\vec{A}\right)^2+V+\frac{e\hbar}{2mc}\vec{\sigma}\cdot\vec{B}\right]\varphi \tag{3.102}$$

此即泡利方程。考虑到 $\vec{s}=\dfrac{\hbar}{2}\vec{\sigma}$，则有

$$i\hbar\frac{\partial\varphi}{\partial t}=\left[\frac{1}{2m}\left(\vec{p}+\frac{e}{c}\vec{A}\right)^2+V+\frac{e}{mc}\vec{s}\cdot\vec{B}\right]\varphi \tag{3.103}$$

方程右侧最后一项是自旋磁矩 $\vec{\mu}_s = \dfrac{-e}{mc}\vec{s}$ 与磁场 $\vec{B}$ 的相互作用能 $W = -\vec{\mu}_s \cdot \vec{B}$。显然，电子自旋磁矩 $\vec{\mu}_s$ 与自旋角动量 $\vec{s}$ 的关系不同于电子轨道磁矩 $\vec{\mu}_L$ 与轨道角动量 $\vec{L}$ 的关系($\vec{\mu}_L = \dfrac{-e}{2mc}\vec{L}$，参见 2.8.4 节)，它们相差了一个"2"因子。值得注意，历史上泡利方程的得出，是在狄拉克方程建立之前根据实验观测结果"人为"地抹去了"2"因子后，再将作用能 $W = -\vec{\mu}_s \cdot \vec{B}$ "塞进"薛定谔方程得到的。

3.4.3 等效哈密顿量

狄拉克方程涉及四分量(旋量)波函数，其求解比较复杂。如果能将其"简化"为二分量的薛定谔方程(注意：若考虑自旋，薛定谔方程中的波函数有两个分量)，则将给具体应用带来很多方便。事实上，上一节已做到了这一点，只不过所用条件 $\rho = \psi'^+\psi' = \varphi^+\varphi + \chi^+\chi \sim \varphi^+\varphi$ 过于苛刻，实际上等于认为电子运动速度足够小以致 χ 分量可忽略不计。这种近似不适用运动速度较大的情况。以下推导 χ 分量不能被完全忽略时，类似于薛定谔方程的等效狄拉克方程。

为简单起见，令 $\vec{A} = 0$，因此

$$\chi = \frac{1}{2mc}\vec{\sigma}\cdot\left(\vec{p} + \frac{e}{c}\vec{A}\right)\varphi = \frac{1}{2mc}\vec{\sigma}\cdot\vec{p}\varphi$$

$$\rho = \varphi^+\varphi + \chi^+\chi = |\varphi|^2 + \frac{\hbar^2}{4m^2c^2}|\vec{\sigma}\cdot\nabla\varphi|^2$$

因为考虑自旋作用的薛定谔方程实际是二分量方程，故构造二分量波函数 φ_{sch} 使其满足 $\varphi_{\text{sch}}^+\varphi_{\text{sch}} = \varphi^+\varphi + \chi^+\chi$，据此推演 φ_{sch} 应满足的等效狄拉克方程。

由上式可知：

$$\int \varphi_{\text{sch}}^+\varphi_{\text{sch}}\mathrm{d}V$$

$$= \int\left[\varphi^+\varphi + \frac{\hbar^2}{4m^2c^2}(\nabla\varphi^+\cdot\vec{\sigma})(\vec{\sigma}\cdot\nabla\varphi)\right]\mathrm{d}V$$

$$= \int\varphi^+\varphi\mathrm{d}V - \frac{\hbar^2}{4m^2c^2}\int\varphi^+(\vec{\sigma}\cdot\nabla)(\vec{\sigma}\cdot\nabla)\varphi\mathrm{d}V$$

$$= \int\varphi^+\varphi\mathrm{d}V - \frac{\hbar^2}{4m^2c^2}\int\varphi^+\nabla^2\varphi\mathrm{d}V \tag{3.104}$$

其中，应用了

$$\int (\nabla \varphi^+ \cdot \vec{\sigma})(\vec{\sigma} \cdot \nabla \varphi) \mathrm{d}V$$

$$= \int \left(\nabla_x \varphi^+ \sigma_1 + \nabla_y \varphi^+ \sigma_2 + \nabla_z \varphi^+ \sigma_3 \right)(\vec{\sigma} \cdot \nabla \varphi) \mathrm{d}x\mathrm{d}y\mathrm{d}z$$

$$= \varphi^+ \Big|_{\pm\infty} \sigma_1 \int_{-\infty}^{\infty} (\vec{\sigma} \cdot \nabla \varphi) \mathrm{d}y\mathrm{d}z - \int \varphi^+ \sigma_1 \nabla_x (\vec{\sigma} \cdot \nabla \varphi) \mathrm{d}x\mathrm{d}y\mathrm{d}z$$

$$+ \varphi^+ \Big|_{\pm\infty} \sigma_2 \int_{-\infty}^{\infty} (\vec{\sigma} \cdot \nabla \varphi) \mathrm{d}x\mathrm{d}z - \int \varphi^+ \sigma_2 \nabla_y (\vec{\sigma} \cdot \nabla \varphi) \mathrm{d}x\mathrm{d}y\mathrm{d}z$$

$$+ \varphi^+ \Big|_{\pm\infty} \sigma_3 \int_{-\infty}^{\infty} (\vec{\sigma} \cdot \nabla \varphi) \mathrm{d}x\mathrm{d}y - \int \varphi^+ \sigma_3 \nabla_z (\vec{\sigma} \cdot \nabla \varphi) \mathrm{d}x\mathrm{d}y\mathrm{d}z$$

$$= -\int \varphi^+ \sigma \cdot \nabla (\vec{\sigma} \cdot \nabla \varphi) \mathrm{d}V$$

采用与上面类似的方法而对 φ 作分部积分可得

$$\int \varphi_{\mathrm{sch}}^+ \varphi_{\mathrm{sch}} \mathrm{d}V = \int \varphi^+ \varphi \mathrm{d}V - \frac{\hbar^2}{4m^2c^2} \int (\nabla^2 \varphi^+) \varphi \mathrm{d}V \tag{3.105}$$

(3.104)式+(3.105)式再除以 2 得

$$\int \varphi_{\mathrm{sch}}^+ \varphi_{\mathrm{sch}} \mathrm{d}V = \int \left\{ \varphi^+ \varphi - \frac{\hbar^2}{8m^2c^2} \left[\varphi^+ \nabla^2 \varphi + (\nabla^2 \varphi^+) \varphi \right] \right\} \mathrm{d}V \tag{3.106}$$

此式表明:

$$\varphi_{\mathrm{sch}} = \left(1 + \frac{p^2}{8m^2c^2} \right) \varphi \tag{3.107}$$

略去 $1/c^4$ 等高阶小量, 则有

$$\varphi = \left(1 - \frac{p^2}{8m^2c^2} \right) \varphi_{\mathrm{sch}} \tag{3.108}$$

由(3.99)和(3.100)式得

$$(E-V)\varphi = c\vec{\sigma} \cdot \vec{p} \chi \tag{3.109}$$

$$(E-V+2mc^2)\chi = c\vec{\sigma} \cdot \vec{p} \varphi \tag{3.110}$$

因此(忽略了 $\dfrac{E-V}{2mc^2}$ 的高次项)

$$\chi = \frac{c}{E-V+2mc^2} (\vec{\sigma} \cdot \vec{p}) \varphi$$

$$= \frac{1}{2mc} \left(1 - \frac{E-V}{2mc^2} \right) (\vec{\sigma} \cdot \vec{p}) \varphi$$

由(3.110)式得

$$(E-V)\varphi = \frac{1}{2m}(\vec{\sigma} \cdot \vec{p})\left(1 - \frac{E-V}{2mc^2}\right)(\vec{\sigma} \cdot \vec{p})\varphi \tag{3.111}$$

利用(3.108)式可得

$$\hat{H}\varphi_{\text{sch}} = E\varphi_{\text{sch}}$$

其中，$\hat{H} = \dfrac{p^2}{2m} + V - \dfrac{p^4}{8m^3c^2} + \dfrac{1}{4m^2c^2} \cdot \left[(\vec{\sigma} \cdot \vec{p})V(\vec{\sigma} \cdot \vec{p}) - \dfrac{1}{2}(p^2V + Vp^2)\right]$ 称为**等效哈密顿量**。$\hat{H}$ 表达式中括号中的第一项：

$$\begin{aligned}
& (\vec{\sigma} \cdot \vec{p})V(\vec{\sigma} \cdot \vec{p}) \\
&= V(\vec{\sigma} \cdot \vec{p})(\vec{\sigma} \cdot \vec{p}) + [\vec{\sigma} \cdot \vec{p}, V]\vec{\sigma} \cdot \vec{p} \\
&= Vp^2 - i\hbar\vec{\sigma} \cdot (\nabla V)\vec{\sigma} \cdot \vec{p} \\
&= Vp^2 - i\hbar(\nabla V) \cdot \vec{p} + \hbar\vec{\sigma} \cdot [(\nabla V) \times \vec{p}]
\end{aligned}$$

其中，利用了

$$(\vec{\sigma} \cdot \vec{A})(\vec{\sigma} \cdot \vec{B}) = \vec{A} \times \vec{B} + i\vec{\sigma} \cdot (\vec{A} \times \vec{B})$$

$\hat{H}$ 表达式中括号中的第二项：

$$\begin{aligned}
& p^2V + Vp^2 \\
&= \vec{p} \cdot \left[(\vec{p}V) + V\vec{p}\right] + Vp^2 \qquad \{因为 \ p^2(V\Psi) = \vec{p} \cdot [(\vec{p}V)\Psi + V(\vec{p}\Psi)]\} \\
&= (p^2V) + (\vec{p}V) \cdot \vec{p} + (\vec{p}V) \cdot \vec{p} + Vp^2 + Vp^2 \\
&= p^2V + 2(\vec{p}V) \cdot \vec{p} + 2Vp^2
\end{aligned}$$

因此等效哈密顿量可写为

$$\hat{H} = \frac{p^2}{2m} + V - \frac{p^4}{8m^3c^2} + \frac{\hbar}{4m^2c^2}\vec{\sigma} \cdot [(\nabla V) \times \vec{p}] + \frac{\hbar^2}{8m^2c^2}(\nabla^2 V) \tag{3.112}$$

式中右侧前三项可理解为总机械能 E_k (动能与势能之和)的相对论修正，因为

$$E_k = \sqrt{m^2c^4 + c^2p^2} - mc^2 \approx \frac{p^2}{2m} - \frac{p^4}{8m^3c^2}$$

(3.112)式中第四项称为托马斯进动项 $\hat{H}'$。应用于氢原子，$V = \dfrac{-e^2}{r}$，

$$\hat{H}' = \frac{\hbar}{4m^2c^2}\,\vec{\sigma}\cdot\frac{e^2}{r^3}\,\vec{r}\times\vec{p} = \frac{e^2}{2m^2c^2}\frac{1}{r^3}\,\hat{l}\cdot\hat{s} \tag{3.113}$$

这正是 2.8.4 节中表达式(2.215)。值得注意，在 1926 年之前乌伦贝克和古德斯米特应用经典自旋模型所得到的 H' 表达式总是(2.215)式的两倍，不能得到与氢原子精细结构相吻合的观测结果。直到 1926 年托马斯在经典模型上考虑相对论效应后才解决了这一"2"因子问题。这里我们看到，狄拉克方程可以自然地产生与实验吻合的结果。

练习　应用等效哈密顿算符求解电子在一维无限深势阱中的本征态和本征能量。

3.4.4　历史上的两个"2"因子

如果将电子视为质量与电荷都均匀分布的刚性球,则应用经典模型(参见 2.8.4 节)得到其自旋 $\vec{S}$ 与磁矩的关系为 $\vec{\mu}=-\frac{e}{2mc}\vec{S}$。但按照爱因斯坦与德哈斯(W. J. de Haas，荷兰，1878~1960)于 1915 年的磁回转比实验，正确结果应该是 $\vec{\mu}=-\frac{e}{mc}\vec{S}$ ，即相差一个因子"2"。这是历史上的第一个"2"因子问题。爱因斯坦-德哈斯实验如图 3.7 所示,在一个圆柱铁棒外围环绕磁化线圈(与铁棒不接触)。当回路接通后，棒中电子在磁场作用下运动，但棒体(由原子实组成)与 N 个电子的总角动量应守恒(等于零)，即 $\vec{L}+N\vec{S}=0$ 。其中，$\vec{L}$、$\vec{S}$ 分别为棒体与单个电子的角动量。测量磁化过程中光线的偏角，根据悬丝的扭矩确定 $\vec{L}$ 值，再测量铁棒磁化后的总磁矩 $\vec{M}(N\vec{\mu}_s)$ ，发现 $\vec{M}=\frac{e}{mc}\vec{L}=-\frac{e}{mc}N\vec{S}$ ，即 $\vec{\mu}_s=-\frac{e}{mc}\vec{S}$ 。这正是狄拉克方程所给出的结果 [见(3.103)式]。在 20 世纪 20 年代初，应用这一关系可以定量解释磁场中原子光谱的塞曼效应。但是将这一关系应用于氢原子所得到的自旋轨道耦合项 $H'=\frac{e^2}{m^2c^2}\frac{1}{r^3}\vec{L}\cdot\vec{S}$ ，与(2.215)式相差因子"2"，不能与实验相吻合。这是历史上的第二个"2"因子问题。虽然

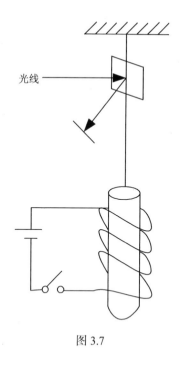

光线

图 3.7

第二个"2"因子问题最终由托马斯用经典模型上的相对论效应解释了，但第一个"2"因子仍无法解释。然而，两个"2"因子问题在狄拉克方程中都被自然而然地解决了。

问题来了，20 世纪 30 年代初，当施特恩(O. Stern，美国，1888~1969)询问理论物理学家质子的磁矩时，得到的回答是，由狄拉克方程可知，质量为 m、电荷为 q 的粒子必然具有磁矩 $\bar{\mu} = -\dfrac{q}{mc}\bar{S}$。因此，质子磁矩应是电子磁矩的 1/1836 倍。然而，施特恩从实验测量所得到的质子磁矩明显大于这一理论值，他因此获 1943 年诺贝尔物理学奖。更不可思议的是，中子的磁矩也不等于零(虽然其电荷 $q=0$)。难道狄拉克方程不能应用于质子和中子吗？

3.5 氢原子光谱的精细结构

3.5.1 哈密顿久期方程(CGS 单位制)

虽然应用等效哈密顿量(3.112)式，利用一阶微扰方法可得到与氢原子光谱(包括精细结构)观测基本吻合的结果(参见 2.8 节)，但毕竟是近似结果。在狄拉克波动方程建立的 1928 年，达尔文(C. G. Darwin，英国，1887~1962)、戈尔登就分别独立地从该方程得到了氢原子能谱的严格解。欲从狄拉克波动方程严格求得氢原子能谱，必须求解如下本征方程：

$$\hat{H}\begin{pmatrix}\varphi_1\\\varphi_3\\\varphi_3\\\varphi_4\end{pmatrix} = E\begin{pmatrix}\varphi_1\\\varphi_3\\\varphi_3\\\varphi_4\end{pmatrix} \tag{3.114}$$

其中

$$\hat{H} = c\vec{\alpha}\cdot\vec{p} + mc^2\beta + V(r) \tag{3.115}$$

与薛定谔方程比较，方程(3.114)涉及四个函数，其求解更加困难。为此，先寻找与 $\hat{H}$ 对易的力学量算符 $\hat{F}$ (如角动量算符)，再由这些算符的本征函数组合成尝试解。根据前面的讨论，单个电子具有四个自由度，因此至少需要四个力学量组成的完全集才能完全确定单个电子的本征态。与求解薛定谔方程的氢原子问题相似，需要寻找与总哈密顿量(3.115)式对易的另外三个力学量算符。

3.5.2 中心力场中的守恒量

1. 薛定谔波动力学

先回顾一下应用薛定谔方程所得到的氢原子束缚态。如果不考虑自旋，哈密顿算符

$$\hat{H}_{0S} = -\frac{\hbar^2}{2m}\nabla^2 + V(r) = -\frac{\hbar^2}{2m}\frac{1}{r^2}\frac{\partial}{\partial r}\left(r^2\frac{\partial}{\partial r}\right) + \frac{\hat{l}^2}{2mr^2} + V(r)$$

其中，轨道角动量的平方 $\hat{l}^2 = -\frac{\hbar^2}{\sin\theta}\frac{\partial}{\partial\theta}\left(\sin\theta\frac{\partial}{\partial\theta}\right) - \frac{\hat{l}_z}{\sin^2\theta}$，这里 $\hat{l}_z = -i\hbar\frac{\partial}{\partial\phi}$。由于 $\hat{l}^2$、$\hat{l}_z$ 不含变量 r，故与 $\hat{H}$ 对易，又因 $\hat{l}^2$ 与 $\hat{l}_z$ 对易，所以 $\hat{H}_{0S}$、$\hat{l}^2$ 和 $\hat{l}_z$ 具有共同的本征函数 $\varphi_{nlm}(r,\theta,\phi)$。由于电子运动只有三个自由度(未考虑自旋)，所以上述三个算符便构成了完全集。考虑自旋轨道作用时需要四个相互对易的算符组成完全集，由于哈密顿算符 $\hat{H}_S = -\frac{\hbar^2}{2m}\nabla^2 + V(r) + \xi(r)\hat{s}\cdot\hat{l}$，它与轨道角动量 $\hat{l}^2$，总角动量 $\hat{j} = \hat{l} + \hat{s}$ 及其 z 分量 $\hat{j}_z$ 对易，但不再与 $\hat{l}_z$ 对易，因此可由 $\hat{H}_S$、$\hat{l}$、$\hat{j}$、$\hat{j}_z$ 组成完全集，其共同本征态为 φ_{nljj_z}，其中 j、j_z 为 $\hat{j}$ 和 $\hat{j}_z$ 的量子数。

2. 狄拉克波动力学

在狄拉克波动力学中，电子自旋自由度被自然引入，因此需要四个力学量算符组成完全集。然而中心力场中单粒子的哈密顿量 $\hat{H} = c\vec{\alpha}\cdot\vec{p} + mc^2\beta + V(r)$ 与 $\hat{l}^2$、$\hat{l}_z$ 不再对易：

$$\left[\hat{l}_z, \hat{H}\right] \neq 0$$

$$\begin{aligned}
\left[\hat{l}^2, \hat{H}\right] &= c\left[\hat{l}^2, \vec{\alpha}\cdot\vec{p}\right] \\
&= c\left(\hat{l}^2\vec{\alpha}\cdot\vec{p} - \vec{\alpha}\cdot\vec{p}\hat{l}^2\right) \\
&= c\left(\hat{l}\cdot\hat{l}\vec{\alpha}\cdot\vec{p} - \hat{l}\vec{\alpha}\cdot\vec{p}\hat{l} + \hat{l}\vec{\alpha}\cdot\vec{p}\hat{l} - \vec{\alpha}\cdot\vec{p}\hat{l}^2\right) \\
&= c\left\{\hat{l}\cdot\left[\hat{l}, \vec{\alpha}\cdot\vec{p}\right] + \left[\hat{l}, \vec{\alpha}\cdot\vec{p}\right]\cdot\hat{l}\right\} \\
&\neq 0
\end{aligned}$$

由(3.82)式所定义的总角动量 $\hat{J}$ 满足 $\left[\hat{J}, \hat{H}\right] = \left[\hat{J}^2, \hat{H}\right] = 0$，故可用 $\hat{H}$、$\hat{J}^2$、$\hat{J}_z$ 确定

氢原子本征态，这里 $\hat{J}^2$、$\hat{J}_z$ 可写为(已用 $\hat{\sigma}$ 代替了 $\bar{\sigma}$)

$$\hat{J}^2 = \begin{pmatrix} \hat{j}^2 & 0 \\ 0 & \hat{j}^2 \end{pmatrix} = \left.\begin{pmatrix} \hat{l}^2 + \hbar \hat{l}\cdot\hat{\sigma} + \dfrac{\hbar^2}{4}\hat{\sigma}^2 & 0 \\ 0 & \hat{l}^2 + \hbar \hat{l}\cdot\hat{\sigma} + \dfrac{\hbar^2}{4}\hat{\sigma}^2 \end{pmatrix}\right\}$$

$$\hat{J}_z = \begin{pmatrix} \hat{j}_z & 0 \\ 0 & \hat{j}_z \end{pmatrix} = \begin{pmatrix} \hat{l}_z + \dfrac{\hbar}{2}\hat{\sigma}_z & 0 \\ 0 & \hat{l}_z + \dfrac{\hbar}{2}\hat{\sigma}_z \end{pmatrix} \tag{3.116}$$

然而，还缺少一个力学量算符。现定义新算符 $\hat{K}$：

$$\hat{K} = \beta\left(\bar{\Sigma}\cdot\hat{l} + \hbar\right)$$

$$= \begin{pmatrix} \hat{k} & 0 \\ 0 & -\hat{k} \end{pmatrix} = \begin{pmatrix} \left(\hbar + \hat{l}\cdot\hat{\sigma}\right) & 0 \\ 0 & -\left(\hbar + \hat{l}\cdot\hat{\sigma}\right) \end{pmatrix} \tag{3.117}$$

因为 $\left[\bar{\Sigma}, \beta\right] = 0$，则有

$$\left[\hat{K}, \hat{H}\right] = c\left[\hat{K}, \vec{\alpha}\cdot\vec{p}\right]$$

$$= c\left[\beta\bar{\Sigma}\cdot\hat{l}, \vec{\alpha}\cdot\vec{p}\right] + c\left[\beta, \vec{\alpha}\cdot\vec{p}\right]$$

$$= 0 \tag{3.118}$$

即 $\hat{K}$ 算符与体系哈密顿算符对易。

3.5.3 $\hat{J}^2$、$\hat{J}_z$、$\hat{K}$ 的共同本征态

首先利用球谐函数 $Y_{lm}(\theta,\varphi)$ 构造三个算($\hat{J}^2$，J_z，$\hat{K}$)符共同的四分量本征态，$\psi(\theta,\varphi) = \begin{pmatrix} \Omega_{jlm} \\ \Omega_{jl'm} \end{pmatrix}$，这里

$$\Omega_{jlm} = \begin{pmatrix} \sqrt{\dfrac{j+m}{2j}} \ Y_{l,m-\frac{1}{2}} \\ \sqrt{\dfrac{j-m}{2j}} \ Y_{l,m+\frac{1}{2}} \end{pmatrix}, \qquad j = l + \dfrac{1}{2}$$

$$\Omega_{jlm} = \begin{pmatrix} -\sqrt{\dfrac{j-m+1}{2j+2}} \ Y_{l,m-\frac{1}{2}} \\ \sqrt{\dfrac{j+m+1}{2j+2}} \ Y_{l,m+\frac{1}{2}} \end{pmatrix}, \qquad j = l - \dfrac{1}{2} \qquad (3.119)$$

$$\Omega_{jl'm} = \Omega_{j(2l-1)m}, \qquad l' = 2j - l = \begin{cases} l+1, & j = l + \dfrac{1}{2} \\ l-1, & j = l - \dfrac{1}{2} \end{cases}$$

(为方便起见,以下均令 $\Omega = \Omega_{jlm}$, $\Omega' = \Omega_{jl'm}$)可以验证 $\hat{J}^2 \psi = j(j+1)\hbar^2 \psi$,
$\hat{J}_z \psi = j_z \hbar \psi$ 。下面证明 $\psi(\theta, \varphi)$ 也是 $\hat{K}$ 算符的本征态并给出相应的本征值。因为

$$\hat{j}^2 = \left(\hat{l} + \frac{\hbar}{2}\hat{\sigma} \right)^2 = \hat{l}^2 + \left(\frac{\hbar}{2}\hat{\sigma} \right)^2 + \hbar\hat{\sigma} \cdot \hat{l} \qquad (3.120)$$

所以

$$\hat{K}\Omega' = \left(\hbar + \hat{l} \cdot \hat{\sigma} \right)\Omega'$$

$$= \hbar\Omega' + \left[\hat{j}^2 - \hat{l}^2 - \left(\frac{\hbar}{2}\hat{\sigma} \right)^2 \right]\Omega' / \hbar$$

$$= \left[1 + j(j+1) - l'(l'+1) - \frac{3}{4} \right]\hbar\Omega'$$

$$= \begin{cases} \left(-j - \dfrac{1}{2} \right)\hbar\Omega', & j = l + \dfrac{1}{2} \\ \left(j + \dfrac{1}{2} \right)\hbar\Omega', & j = l - \dfrac{1}{2} \end{cases} \qquad (3.121)$$

同理可得

$$\hat{K}\Omega = \pm\left(j+\frac{1}{2}\right)\hbar\Omega, \qquad j = l \pm \frac{1}{2} \tag{3.122}$$

显然 $\varphi(\theta,\phi)$ 也是 $\hat{K}$ 的本征态，即 $\hat{K}\varphi(\theta,\phi) = \pm\left(j+\frac{1}{2}\right)\hbar\varphi(\theta,\phi)$，相应的量子数记为

$$K = \begin{cases} j+\dfrac{1}{2}, & j = l+\dfrac{1}{2} \\[2mm] -j-\dfrac{1}{2}, & j = l-\dfrac{1}{2} \end{cases} \tag{3.123}$$

3.5.4 $\hat{H}$、$\hat{J}^2$、$\hat{J}_z$、$\hat{K}$ 的共同本征态

既然上述的 $\psi(\theta,\phi)$ 是 $\hat{J}^2$、$\hat{J}_z$、$\hat{K}$ 的共同本征态，可尝试地将 $\hat{H}$、$\hat{J}^2$、$\hat{J}_z$、$\hat{K}$ 的共同本征态构造为

$$\Psi = \begin{pmatrix} \phi_{jlm}(r,\theta,\varphi) \\ \chi_{jl'm}(r,\theta,\varphi) \end{pmatrix} \tag{3.124}$$

其中

$$\left. \begin{aligned} \phi_{jlm}(r,\theta,\varphi) &= \mathrm{i}g(r)\Omega\left(\frac{\vec{r}}{r}\right) \\ \chi_{jl'm}(r,\theta,\varphi) &= -f(r)\Omega'\left(\frac{\vec{r}}{r}\right) \end{aligned} \right\} \tag{3.125}$$

这里，$g(r)$、$f(r)$ 为径向波函数。将(3.124)式代入(3.114)式得到(略去下标 jlm)

$$\left. \begin{aligned} c(\hat{\sigma}\cdot\vec{p})\chi + \left[mc^2 - V(r) - E\right]\phi &= 0 \\ c(\hat{\sigma}\cdot\vec{p})\phi + \left[-mc^2 + V(r) - E\right]\chi &= 0 \end{aligned} \right\} \tag{3.126}$$

根据角向波函数及泡利矩阵性质：

$$\left. \begin{aligned} \left(\hat{\sigma}\cdot\frac{\vec{r}}{r}\right)\Omega_{jlm} &= -\Omega_{jl'm} \\ (\hat{\sigma}\cdot A)(\vec{\sigma}\cdot B) &= A\cdot B + \mathrm{i}\hat{\sigma}\cdot(A\times B) \end{aligned} \right\} \tag{3.127}$$

可得

$$\left(\hat{\sigma}\cdot\vec{p}\right)\Omega = -\left(\hat{\sigma}\cdot\vec{p}\right)\left(\hat{\sigma}\cdot\frac{\vec{r}}{r}\right)\Omega'$$

$$= -\left[\vec{p}\cdot\frac{\vec{r}}{r} + \mathrm{i}\hat{\sigma}\cdot\left(\vec{p}\times\frac{\vec{r}}{r}\right)\right]\Omega' \tag{3.128}$$

$$\left(\hat{\sigma}\cdot\vec{p}\right)\Omega' = -\left(\hat{\sigma}\cdot\vec{p}\right)\left(\hat{\sigma}\cdot\frac{\vec{r}}{r}\right)\Omega$$

$$= -\left[\vec{p}\cdot\frac{\vec{r}}{r} + \mathrm{i}\hat{\sigma}\cdot\left(\vec{p}\times\frac{\vec{r}}{r}\right)\right]\Omega \tag{3.129}$$

将 $\hat{p} = -\mathrm{i}\hbar\nabla$ 和 $\hat{L} = \hat{r}\times\hat{p}$ 代入并令 $\kappa = -K$,得

$$\left.\begin{aligned}
\left(\hat{\sigma}\cdot\vec{p}\right)\Omega &= \frac{\mathrm{i}}{r}\left(2\hbar + \hat{L}\cdot\hat{\sigma}\right)\Omega' \\
&= \frac{\mathrm{i}}{r}(1+\kappa)\Omega' \\
\left(\hat{\sigma}\cdot\vec{p}\right)\Omega' &= \frac{\mathrm{i}}{r}\left(2\hbar + \hat{L}\cdot\hat{\sigma}\right)\Omega \\
&= \frac{\mathrm{i}}{r}(1-\kappa)\Omega
\end{aligned}\right\} \tag{3.130}$$

利用(3.130)式由(3.126)式可得径向波函数方程:

$$\left.\begin{aligned}
\hbar c\frac{\mathrm{d}g(r)}{\mathrm{d}r} + (1+\kappa)\hbar c\frac{g(r)}{r} - [E + mc^2 - V(r)]f(r) = 0 \\
\hbar c\frac{\mathrm{d}f(r)}{\mathrm{d}r} - (1-\kappa)\hbar c\frac{f(r)}{r} - [E - mc^2 - V(r)]g(r) = 0
\end{aligned}\right\} \tag{3.131}$$

作变量替代 $G = rg(r)$ 、 $F = rf(r)$,且考虑氢原子束缚势 $V(r) = \dfrac{e^2}{r}$,有

$$\left.\begin{aligned}
\frac{\mathrm{d}G}{\mathrm{d}r} &= -\frac{\kappa}{r}G + \left(\frac{E + mc^2}{\hbar c} + \frac{\alpha}{r}\right)F \\
\frac{\mathrm{d}F}{\mathrm{d}r} &= \frac{\kappa}{r}F - \left(\frac{E - mc^2}{\hbar c} + \frac{\alpha}{r}\right)G
\end{aligned}\right\} \tag{3.132}$$

其中, $\alpha = 1/137$ 为精细结构常数。为了得到径向波函数的解析表达式,再次作变量替换,

$$\rho = 2\lambda r, \qquad \lambda = \frac{(m^2 c^4 - E^2)^{1/2}}{\hbar c} \tag{3.133}$$

将 $d\rho / dr = 2\lambda$ 和 $d / dr = 2\lambda d / d\rho$ 代入(3.132)式，并且同时除以常数 2λ ，可得

$$\left. \begin{aligned} \frac{dG(\rho)}{d\rho} &= -\frac{\kappa G(\rho)}{\rho} + \left(\frac{E + mc^2}{2\lambda \hbar c} + \frac{\alpha}{\rho} \right) F(\rho) \\ \frac{dF(\rho)}{d\rho} &= \frac{\kappa F(\rho)}{\rho} - \left(\frac{E - mc^2}{2\lambda \hbar c} + \frac{\alpha}{\rho} \right) G(\rho) \end{aligned} \right\} \tag{3.134}$$

考虑当 $\rho \to \infty$ 时，可以略去(3.134)式中的 $1/\rho$ 项，因此可得

$$\left. \begin{aligned} \frac{d^2 G(\rho)}{d\rho^2} &= -\frac{E - m^2 c^4}{(2\lambda \hbar c)^2} G(\rho) = \frac{1}{4} G(\rho) \\ \frac{d^2 F(\rho)}{d\rho^2} &= -\frac{E - m^2 c^4}{(2\lambda \hbar c)^2} F(\rho) = \frac{1}{4} F(\rho) \end{aligned} \right\} \tag{3.135}$$

可见当 $\rho \to \infty$ 时，$F(\rho)$ 和 $G(\rho)$ 的渐近行为正比于 $\mathrm{e}^{-\rho/2}$ ，因此可将(3.134)式的一般解取为如下形式：

$$\left. \begin{aligned} G &= \left(mc^2 + E \right)^{1/2} \mathrm{e}^{-\rho/2} \left[\phi_1(\rho) + \phi_2(\rho) \right] \\ F &= \left(mc^2 - E \right)^{1/2} \mathrm{e}^{-\rho/2} \left[\phi_1(\rho) - \phi_2(\rho) \right] \end{aligned} \right\} \tag{3.136}$$

其中，$\phi_1(\rho)$ 和 $\phi_2(\rho)$ 为待定函数，代入(3.134)式可得它们满足的方程组：

$$\left. \begin{aligned} \frac{d\phi_1}{d\rho} &= \left(1 - \frac{\alpha E}{\hbar c \lambda \rho} \right) \phi_1 - \left(\frac{\kappa}{\rho} + \frac{\alpha mc^2}{\hbar c \lambda \rho} \right) \phi_2 \\ \frac{d\phi_2}{d\rho} &= \frac{\alpha E}{\hbar c \lambda \rho} \phi_2 + \left(-\frac{\kappa}{\rho} + \frac{\alpha mc^2}{\hbar c \lambda \rho} \right) \phi_1 \end{aligned} \right\} \tag{3.137}$$

当 $\rho \to 0$ 时，对 ϕ_1 和 ϕ_2 作级数展开，

$$\left. \begin{aligned} \phi_1 &= \rho^\gamma \sum_{m'=0}^{\infty} \alpha_{m'} \rho^{m'} \\ \phi_2 &= \rho^\gamma \sum_{m'=0}^{\infty} \beta_{m'} \rho^{m'} \end{aligned} \right\} \tag{3.138}$$

其中，$\gamma = \sqrt{\left(j+\dfrac{1}{2}\right)^2 - \alpha^2}$ 。代入(3.137)式可得到展开系数 α_m 和 β_m 的关系：

$$
\begin{cases}
\alpha_{m'}(m'+\gamma) = \alpha_{m'-1} - \dfrac{\alpha E}{\hbar c\lambda}\alpha_{m'} - \left(\kappa + \dfrac{\alpha mc^2}{\hbar c\lambda}\right)\beta_{m'} & (3.139a) \\[4mm]
\beta_{m'}(m'+\gamma) = \dfrac{\alpha mc^2}{\hbar c\lambda}\beta_{m'} + \left(-\kappa + \dfrac{\alpha mc^2}{\hbar c\lambda}\right)\alpha_{m'} & (3.139b)
\end{cases}
$$

由(3.139b)式知：

$$
\frac{\beta_m}{\alpha_m} = \frac{\kappa - \alpha mc^2/(\hbar c\lambda)}{n'-m'} \tag{3.140}
$$

其中，$n' = \dfrac{\alpha E}{\hbar c\lambda} - \gamma$ 。特别地，当 $m'=0$ 时，

$$
\frac{\beta_0}{\alpha_0} = \frac{\kappa - \alpha mc^2/(\hbar c\lambda)}{n'}
$$

$$
= \frac{\kappa - (n'+\gamma)mc^2/E}{n'} \tag{3.141}
$$

将(3.140)式代入(3.139a)式可得

$$
\alpha_{m'}\left[\left(m'+\gamma+\frac{\alpha E}{\hbar c\lambda}\right)(n'-m') + \kappa^2 - \frac{\alpha^2 m^2 c^4}{\hbar^2 c^2\lambda^2}\right] = \alpha_{m'-1}(n'-m') \tag{3.142}
$$

将 $n' = \dfrac{\alpha E}{\hbar c\lambda} - \gamma$ 代入并化简即可得到 $\alpha_{m'}$ 的递推关系：

$$
\alpha_{m'} = -\frac{n'-m'}{m'(2\gamma+m')}\alpha_{m'-1}
$$

$$
= \frac{(1-n')(2-n')\cdots(m'-n')}{m'!(2\gamma+1)(2\gamma+2)\cdots(2\gamma+m')}\alpha_0 \tag{3.143}
$$

同样也可得到 $\beta_{m'}$ 的递推关系：

$$
\beta_{m'} = -\frac{\kappa - \alpha mc^2/(\hbar c\lambda)}{n'-m'}\frac{(-1)^{m'}(n'-1)\cdots(n'-m')}{m'!(2\gamma+1)\cdots(2\gamma+m')}\alpha_0
$$

$$= (-1)^{m'} \frac{n'(n'-1)\cdots(n'-m'+1)}{m'!(2\gamma+1)\cdots(2\gamma+m')}\beta_0 \tag{3.144}$$

根据 Γ 函数性质，

$$\begin{cases} \Gamma(n+1) = n(n-1)\cdots2\cdot1\cdot\Gamma(1) = n! & \text{(3.145a)} \\ \Gamma(z+n) = (z+n-1)\cdots(z+1)\cdot z\cdot\Gamma(z), \quad |z| < 1 & \text{(3.145b)} \end{cases}$$

以及合流超几何函数表达式

$$F(\alpha,\gamma,z) = \frac{\Gamma(\gamma)}{\Gamma(\alpha)}\sum_{n=0}^{\infty}\frac{\Gamma(\alpha+n)}{\gamma+n}\frac{z^n}{n!} \tag{3.146}$$

可以得到 ϕ_1 和 ϕ_2 的解析表达式：

$$\left.\begin{aligned} \phi_1 &= \rho^\gamma \alpha_0 F(1-n', 2\gamma+1, \rho) \\ \phi_2 &= \rho^\gamma \beta_0 F(-n', 2\gamma+1, \rho) \end{aligned}\right\} \tag{3.147}$$

代入(3.136)式可得

$$\left.\begin{aligned} G(\rho) &= \left(mc^2+E\right)^{\frac{1}{2}}\mathrm{e}^{-\rho/2}\rho^\gamma\left[\alpha_0 F(1-n', 2\gamma+1, \rho) + \beta_0 F(-n', 2\gamma+1, \rho)\right] \\ F(\rho) &= \left(mc^2-E\right)^{\frac{1}{2}}\mathrm{e}^{-\rho/2}\rho^\gamma\left[\alpha_0 F(1-n', 2\gamma+1, \rho) - \beta_0 F(-n', 2\gamma+1, \rho)\right] \end{aligned}\right\} \tag{3.148}$$

由此便可求得径向波函数 $f(r)$ 和 $g(r)$，因而也就确定了 $\hat{H}$、$\hat{J}^2$、$\hat{J}_z$、$\hat{K}$ 的共同本征态(3.124)式。

3.5.5 能谱结构

由(3.146)式知 $F(1-n', 2\gamma+1, \rho)$ 和 $F(-n', 2\gamma+1, \rho)$ 都是关于 ρ 的无穷级数，当 $r\to\infty$（因而 $\rho\to\infty$）时其发散速率比 $\mathrm{e}^{-\rho/2}$ 的收敛速率高，从而导致 $F(\rho)$ 和 $G(\rho)$ 发散。这是波函数的有限性不允许的。由(3.145b)和(3.146)式可知，当 n' 为非负整数时，$F(1-n', 2\gamma+1, \rho)$ 和 $F(-n', 2\gamma+1, \rho)$ 转为 ρ 的有限阶多项式，从而可保证 $F(\rho)$ 和 $G(\rho)$ 的有限性。所以，允许的本征态必须是由 $n' = 0, 1, 2, \cdots$ 确定的函数。定义量子数：

$$n = n' + |K| = n' + j + \frac{1}{2} \tag{3.149}$$

由于 j 的取值是 $\dfrac{1}{2}, \dfrac{3}{2}, \dfrac{5}{2}, \cdots$，故 n 的取值范围是

$$n = 1, 2, 3, \cdots \tag{3.150}$$

结合 n' 的定义有

$$\frac{\alpha E}{\left(m^2 c^4 - E^2\right)^{\frac{1}{2}}} = n' + \gamma = n - j - \frac{1}{2} + \gamma \tag{3.151}$$

从而可得到氢原子能谱：

$$E = mc^2 \left(1 + \frac{\alpha^2}{\left\{ n - j - \dfrac{1}{2} + \left[\left(j + \dfrac{1}{2} \right)^2 - \alpha^2 \right]^{1/2} \right\}^2} \right)^{-\frac{1}{2}} \tag{3.152}$$

在这里舍去了负能解，因为它不满足(3.151)式。将(3.152)式进行幂级数展开，则有

$$E_{nj} = E - mc^2 = E_n^0 \left[1 + \frac{\alpha^2}{n^2} \left(\frac{n}{j + 1/2} - \frac{3}{4} \right) + \cdots \right] \tag{3.153}$$

其中，$n = 1, 2, 3 \cdots$；$j = \dfrac{1}{2}, \dfrac{3}{2}, \dfrac{5}{2}, \cdots, n - \dfrac{1}{2}$；$E_n^0 = -\dfrac{me^4}{\hbar^2} \dfrac{1}{2n^2}$。(3.153)与(2.219)式相同，表明主量子数为 n 的薛定谔能级分裂为 n 条精细结构，它们只依赖于量子数 j 而不依赖于角量子数 l，故 $2S_{1/2}$ 与 $2P_{1/2}$ 应具有同样能量。

确定氢原子各个本征函数需要确定四个量子数，即 n'、j、j_z、K [K 值通过(3.123)式与 l 值联系]，具体方程式如下：当主量子数 n 给定后，由选定的 j 值通过(3.149)式确定 n'，而 K 值可取 $\left(j + \dfrac{1}{2} \right)$ 和 $\left(-j - \dfrac{1}{2} \right)$，由此通过(3.123)式确定 l 值，而 j_z 的取值是 $\pm\dfrac{1}{2}, \pm\dfrac{3}{2}, \cdots, \pm j$，最后便可具体确定(3.124)式给出的本征函数。

3.6 量子霍尔效应

电子在导体中的定向流动形成电流，如果沿垂直于电流方向施加一稳恒磁场，则电子运动必然受到洛伦兹力影响而产生其他效应。1879 年霍尔(A. H. Hall，美

国，1855~1938)发现了所谓的经典霍尔效应。恰好 100 年之后，克利青(K. von Klitzing，德国，1943~)等于 1980 发现了量子霍尔效应[①]，并因此获 1985 年诺贝尔物理学奖。

3.6.1　霍尔效应简介

给一长方条形导体两端(x 方向)施加一静电场 E_x(图 3.8)，则在导体中产生的电流密度为

$$j_x = nqv \qquad (3.154)$$

其中，n 为载流子密度；q 和 v 分别为载流子电荷和速度。在 z 方向施加一稳恒磁场 $\vec{B}$ ，则载流子因受到洛伦兹力而在导体 A 表面及其对面 A' 表面产生异号电荷积累，从而形成横向电场 E_y 使 $A-A'$ 表面形成电势差 U_H，称为霍尔电压。随着

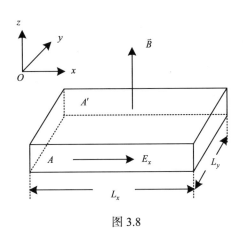

图 3.8

$A-A'$ 电荷的不断积累，当 E_y 增大至 vB/c (CGS 单位制)时，洛伦兹力与静电力平衡，载流子不再受力，因此 U_H 到达稳定值。这时定义横向电阻率(霍尔电阻率)：

$$\rho_\mathrm{H} = E_y / j_x \qquad (3.155)$$

由于平衡时 $E_y = vB/c$ ，结合(3.120)式可得

$$\rho_\mathrm{H} = B/nqc \qquad (3.156)$$

设导体沿 y 方向的宽度为 L_y，则

$$U_\mathrm{H} = E_y L_y = B j_x L_y / nqc \qquad (3.157)$$

通过测量 U_H、B、j_x 即可得知载流子电荷 q 及浓度 n。实验发现在通常导体中载流子电荷为电子电荷 $-e$ ，但在有些物体中载流子电荷为 e (>0)。问题来了，你如何理解带正电荷的载流子？

按照(3.156)式，霍尔电阻率 ρ_H 与磁场 B 成比例关系(图 3.9 中实斜线)，这便是 1879 年发现的经典霍尔效应。然而，事隔 100 年之后，克利青等在低温(~ K)

---

① Klitzing K V, Dorda G, Pepper M. 1980. Phys. Rev. Lett., 45: 494。

和强磁场(~10T)条件下却观测到图 3.9 中阶梯状(虚线)的 ρ_H-B 关系，并且阶梯平台可表示为

$$\rho_H = \frac{\hbar}{Ne^2}, \qquad N = 1,2,3,\cdots \tag{3.158}$$

与每一个霍尔电阻平台相应的纵向电阻率($\rho_x = E_x/j_x$)为零。有趣的是，这些性质与具体材料无关，已应用于标准电阻测量。此即量子霍尔效应。

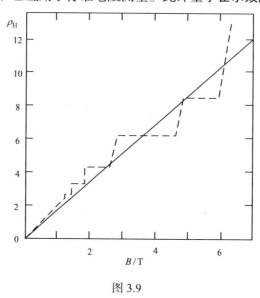

图 3.9

3.6.2 量子理论模型

霍尔效应实质上应是电子在稳恒电磁场中的运动，因而必须应用量子力学才能得到深入理解。为简单起见，将导体中的电子视为自由电子在稳恒磁场 B 中的运动，相应矢势取为

$$A_x = -By, \qquad A_y = A_z = 0 \tag{3.159}$$

下面分别用薛定谔方程和狄拉克方程求解电子的本征态。薛定谔本征方程是

$$\frac{1}{2m}\left[\left(\hat{p}_x - \frac{eB}{c}y\right)^2 + \hat{p}_y^2 + \hat{p}_z^2\right]\psi - \mu_z B\psi = E\psi \tag{3.160}$$

其中，μ_z 为自旋磁矩 z 分量。因为上式不含有 x 和 z 坐标，故可将 ψ 写为

$$\psi(x,y,z) = \exp\left[\mathrm{i}\left(p_x x + p_z z\right)\big/\hbar\right]\phi(y) \tag{3.161}$$

代入(3.160)式得

$$\phi''(y) + \frac{2m}{\hbar^2}\left[\left(E + \mu_z B - \frac{p_z^2}{2m}\right) - \frac{1}{2}m\omega^2(y-y_0)^2\right]\phi(y) = 0 \tag{3.162}$$

其中

$$y_0 = \frac{cp_x}{eB}, \qquad \omega = \frac{eB}{mc} \tag{3.163}$$

(3.162)式正是一维谐振子所满足的方程，式中$\left(E + \mu_z B - \dfrac{p_z^2}{2m}\right)$对应能量本征值

$\left(n+\dfrac{1}{2}\right)\hbar\omega$，即

$$E_n = \left(n+\frac{1}{2}\right)\hbar\omega + \frac{p_z^2}{2m} - \mu_z B \tag{3.164}$$

相应的本征函数

$$\phi_n(y) = \frac{1}{\pi^{1/4}a^{1/2}\sqrt{2^n n!}}\exp\left[-\frac{(y-y_0)^2}{2a^2}\right]H_n\left(\frac{y-y_0}{a}\right) \tag{3.165}$$

其中，$H_n(x)$是埃尔米特多项式；$a = \sqrt{\hbar/m\omega}$。显然，能级E_n是简并的，因为相应的波函数$\phi_n(y)$因y_0不同而异，而y_0可由p_x决定。考虑到p_x的可能取值：

$$p_x = \frac{2\pi\hbar}{L_x}l, \qquad l = 0, \pm 1, \pm 2, \cdots \tag{3.166}$$

y_0的可能取值的间隔为

$$\Delta y_0 = \frac{2\pi\hbar c}{eBL_x} \tag{3.167}$$

根据$0 \leqslant y_0 \leqslant L_y$，可知能态$E_n$的简并度为

$$\frac{L_y}{\Delta y_0} = \frac{eB}{\hbar c}L_x L_y \tag{3.168}$$

或者说，在 x-y 平面，E_n 能态的态密度为

$$n_B = \frac{eB}{\hbar c} \tag{3.169}$$

若导体沿 z 方向足够薄，则 $p_z = 0$。若磁场 B 足够强以致电子完全极化，则可将 $\mu_z B$ 视为常数，而将能量写作

$$E_n = \left(n + \frac{1}{2}\right)\hbar\omega \tag{3.170}$$

该结果是朗道(Landau，前苏联，1908~1968)于 1930 年所得到的，故亦称为**朗道能级**。

原则上，上述电子的运动应由狄拉克方程描写，这时哈密顿量写为

$$\hat{H} = c\vec{\alpha} \cdot \left(\hat{p} + \frac{e}{c}\vec{A}\right) + mc^2\beta$$

$$= c\begin{pmatrix} 0 & \vec{\sigma} \\ \vec{\sigma} & 0 \end{pmatrix} \cdot \left(\hat{p} + \frac{e}{c}\vec{A}\right) + mc^2\begin{pmatrix} I & 0 \\ 0 & -I \end{pmatrix}$$

令 $\psi = \begin{pmatrix} \varphi \\ \chi \end{pmatrix}$，则由 $\hat{H}\psi = E\psi$，得

$$(E - mc^2)\varphi = c\vec{\sigma} \cdot \left(\hat{p} + \frac{e}{c}\vec{A}\right)\chi$$

$$(E + mc^2)\chi = c\vec{\sigma} \cdot \left(\hat{p} + \frac{e}{c}\vec{A}\right)\varphi$$

消去 χ，得

$$(E^2 - m^2c^4)x = c^2\left[\vec{\sigma} \cdot \left(\hat{p} + \frac{e}{c}\vec{A}\right)\right]^2 \varphi$$

因为

$$\left[\vec{\sigma} \cdot \left(\hat{p} + \frac{e}{c}\vec{A}\right)\right]^2 = \left(\hat{p} + \frac{e}{c}\vec{A}\right)^2 + \frac{e\hbar}{c}\vec{\sigma} \cdot \vec{B}$$

其中，$\vec{B} = \nabla \times \vec{A}$。故有

$$\frac{E^2 - m^2c^4}{c^2}\varphi = \left[\left(\hat{p} + \frac{e}{c}\vec{A}\right)^2 + \frac{e\hbar}{c}\vec{\sigma} \cdot \vec{B}\right]\varphi \tag{3.171}$$

将(3.159)式代入得

$$\frac{E^2 - m^2 c^4}{c^2}\varphi = \left[\left(\hat{p} - \frac{e}{c}B\bar{y}_i\right)^2 + \frac{e\hbar}{c}\vec{\sigma}\cdot\vec{B}\right]\varphi = \left[\left(\hat{p}_x - \frac{eB}{c}y\right)^2 + \hat{p}_y^2 + \hat{p}_z^2 + \frac{e\hbar}{c}\sigma_z B\right]\varphi$$

应用 $\vec{s} = \frac{\hbar}{2}\vec{\sigma}, \ \mu_z = -\frac{e}{mc}s_z$，得

$$\frac{E^2 - m^2 c^4}{c^2}\varphi = \left[\left(\hat{p}_x - \frac{eB}{c}y\right)^2 + \hat{p}_y^2 + \hat{p}_z^2 - 2m\mu_z B\right]\varphi \tag{3.172}$$

与(3.160)式比较可知，这里的狄拉克方程与薛定谔方程具有完全相似的解，所不同的是，需将(3.160)式中的 E 理解为 $E' = (E^2 - m^2 c^4)/c^2$。

下面分析电子在朗道能级的填充情况。图 3.10 中虚线表示电子因热运动所能获得的最大能量，虚线以下的三组能级分别对应三个不同的磁感强度 $(B_1 < B_2 < B_3)$。由(3.163)和(3.170)式可知，朗道能级间隔随 B 增大而线性增大，因此可被电子填充的能态数量随 B 增大而减少。若只有一个能态被填充，则根据(3.169)式可知，单位面积可填充 $n_B = \frac{eB}{\hbar c}$ 个电子；若电子填充 N 个能态，则单位面积可填充 $N\frac{eB}{\hbar c}$ 个电子。若认为这些占据朗道能态的电子皆为载流子，则根据(3.156)式可知：

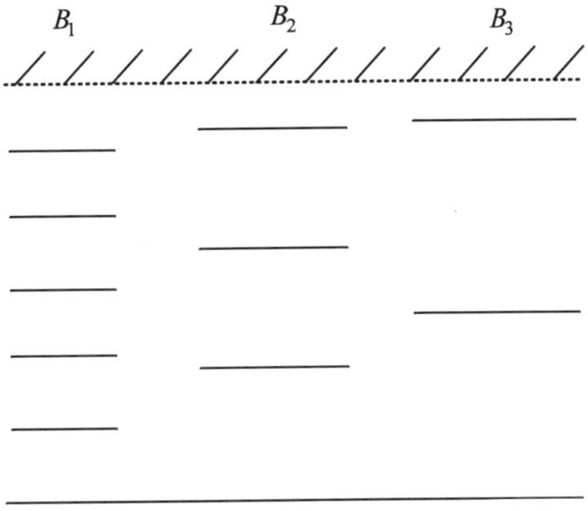

图 3.10

$$\rho_H = \frac{\hbar}{Ne^2} \tag{3.173}$$

这正是实验观测所给出的(3.124)式。

练习　根据上述结果解释量子霍尔效应中的平台现象。

3.7 克莱因佯谬

1926 年克莱因和戈尔登分别独立地建立了 K-G 方程,可该方程存在负概率等问题,也不能解释氢原子光谱的精细结构。1928 年狄拉克建立的方程不仅解决了这些问题,而且自然地给出了电子自旋概念,完美地解释了此前的两个"2"因子问题。1929 年,克莱因在狄拉克方程里发现了一个矛盾[①]。

3.7.1 崂山道士能穿壁吗?

考虑自由电子被一维方形势壁 $V(z)$ 的散射过程(图 3.11),该电子感受到的势写为

$$-eV = \begin{cases} V_0, & z \geqslant 0 \\ 0, & z < 0 \end{cases} \tag{3.174}$$

相应的定态狄拉克方程写为

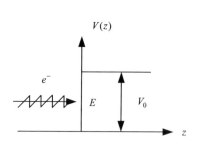

图 3.11 自由电子 e^- 沿 z 轴运动(动能为 E)撞到一高度为 V_0 的势垒

$$\left(\frac{E+eV}{c} - \beta mc\right)\psi + i\hbar\alpha^3\frac{\partial\psi}{\partial z} = 0, \tag{3.175}$$

其复共轭为

$$\bar{\psi}\left(\frac{E+eV}{c} - \beta mc\right) - i\hbar\frac{\partial\bar{\psi}}{\partial z}\alpha^3 = 0 \tag{3.176}$$

将入射波

$$\psi_i = u_i \exp\left[i(pz - Et)/\hbar\right] \tag{3.177}$$

代入(3.175)式得

$$\left(\frac{E}{c} - \alpha^3 p - \beta mc\right)u_i = 0 \tag{3.178}$$

因为 $u_i \neq 0$,利用 $\alpha^3\beta + \beta\alpha^3 = 0$ 可得

$$\frac{E^2}{c^2} = p^2 + m^2c^2 \tag{3.179}$$

[①] Klein O. 1929. Z. Phys., 53: 157。

这正是质能关系式。反射波的动量应是 $-p$ ，而透射波动量 $\bar{p}$ 应由

$$\left(\frac{E-V_0}{c}\right)^2 = \bar{p}^2 + m^2c^2 \tag{3.180}$$

确定。若 V_0 足够小以使 $E - V_0 > mc^2$ ，则 $\bar{p}$ 取正实数。因此，反射波与透射波可设为

$$\psi_r = u_r \exp\left[-\mathrm{i}(pz + Et)/\hbar\right], \qquad \psi_t = u_t \exp\left[\mathrm{i}(\bar{p}z - Et)/\hbar\right] \tag{3.181}$$

由(3.175)式得

$$\left(\frac{E}{c} + \alpha^3 p - \beta mc\right)u_r = 0, \qquad \left(\frac{E-V_0}{c} - \alpha^3\bar{p} - \beta mc\right)u_t = 0 \tag{3.182}$$

当 $z = 0$ 时，由波函数连续性可知

$$u_i + u_r = u_t \tag{3.183}$$

由(3.178)和(3.182)式得

$$\left(\frac{E}{c} - \beta mc\right)(u_i + u_r) = \alpha^3 p(u_i - u_r) \tag{3.184}$$

由(3.182)和(3.183)式有

$$\left(\frac{E}{c} - \beta mc\right)(u_i + u_r) = \left(\frac{V_0}{c} + \alpha^3\bar{p}\right)(u_i + u_r) \tag{3.185}$$

于是有

$$\left(\frac{V_0}{c} + \alpha^3\bar{p}\right)(u_i + u_r) = \alpha^3 p(u_i - u_r) \tag{3.186}$$

也就是

$$\left[\frac{V_0}{c} + \alpha^3(\bar{p} + p)\right]u_r = \left[\alpha^3(p - \bar{p}) - \frac{V_0}{c}\right]u_i \tag{3.187}$$

给上式左乘 $\left[V_0 - \alpha(\bar{p} + p)/c\right]$ ，并利用 $\alpha^2 = 1$ 及(3.178)式得

$$u_r = \frac{2V_0(c\alpha p - E)}{V_0^2 c^2 \left(\bar{p} + p\right)^2} u_i \tag{3.188}$$

因此

$$u_r^+ = u_i^+ \frac{2V_0(c\alpha p - E)}{V_0^2 c^2 (p + \bar{p})^2}, \qquad u_r^+ u_r = u_i^+ \left[\frac{2V_0}{V_0^2 c^2 (p + \bar{p})^2}\right]^2 (c\alpha p - E)^2 u_i$$

利用 $cu_i^+\alpha u_i = \dfrac{pc^2}{E}u_i^+u_i$ 得

$$u_r^+u_r = Ru_i^+u_i \tag{3.189}$$

其中，反射系数

$$R = \left[\frac{2V_0 mc^2}{V_0^2 - c^2(p+\bar{p})^2}\right]^2 \tag{3.190}$$

当 $V_0 = 0$ 时，$R = 0$，且 R 随 V_0 增大而增大。当势壁高度 V_0 增大到 $E - mc^2$ 时，即电子动能与势壁高度相等时，由(3.180)式知 $\bar{p} = 0$，而由(3.190)式知 $R = 1$，表明电子被全部反射。这些结果定性地都与基本物理判断不矛盾。当 $V_0 > E - mc^2$ 时，$\bar{p}$ 为虚数，令 $\bar{p} = \mathrm{i}\hbar\mu$，则

$$\varphi_t = u_t \exp(-\mu z - \mathrm{i}Et/\hbar) \tag{3.191}$$

显然 μ 必须大于 0，否则 φ_t 发散。将 $\bar{p} = \mathrm{i}\hbar\mu$ 代入(3.187)式计算后得

$$u_r^+u_r = u_i^+u_i \tag{3.192}$$

表明电子被全反射，虽然势垒中存在一衰减的波[(3.191)式]。当 V_0 增大到 $V_0 = E$ 时，由(3.180)式知 μ 达到最大值。随着 V_0 再增大，μ 值开始减小，但 R 保持为 1(全反射)。当 $V_0 = E + mc^2$ 时，$\mu = 0$。当 $V_0 > E + mc^2$ 时，$\bar{p}$ 重新回到实数域，相应的反射系数 R 的变化趋势讨论如下。

由(3.180)式可知，

$$\bar{p} = \pm\left[\left(\frac{E-V_0}{c}\right)^2 - m^2c^2\right]^{\frac{1}{2}} \xrightarrow{V_0 \to \infty} \pm\frac{V_0}{c} \tag{3.193}$$

代入(3.190)式得

$$\lim_{V_0 \to \infty} R(V_0) = \begin{cases} \dfrac{E-pc}{E+pc}, & \bar{p} < 0 \\[3mm] \dfrac{E+pc}{E-pc}, & \bar{p} > 0 \end{cases} \tag{3.194}$$

因为入射粒子的动量 $p > 0$，因此如果在(3.193)式中选取"+"，则 $R > 1$；若选取"−"时，则导致 $R < 1$。R 随 V_0 变化(由 0 至无限大)的大致规律可用图 3.12 表示。在 $V_0 < (E + mc^2)$ 区域，图 3.12 与经典力学和薛定谔方程所得结果都定性地吻合。但在 $V_0 > (E + mc^2)$ 区域，有两种可能：若取 $\bar{p}$ 为正，则 $R > 1$，表示反射粒子数

多于入射粒子数，"凭空"产生了粒子？！若取 $\bar{p}$ 为负，则有部分粒子"钻进"了刚性势壁（$V_0 \rightarrow \infty$），可能吗？！如果入射粒子动量 $p = mc$，则由(3.194)式知

$R = \dfrac{\sqrt{2}-1}{\sqrt{2}+1} = 0.17$，表明射向一个刚性壁的粒子流，有83%的粒子进入了这个刚性壁。这可能吗？您对着墙壁撞击一百次，有 83 次穿越墙壁的可能性？！你认为哪个结论正确，$R>1$ 还是 $R<1$？要么，两个都不对，是狄拉克方程有问题？

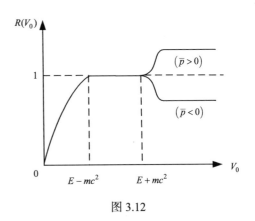

图 3.12

3.7.2 刚性壁里有"鬼"

根据狄拉克在1930年提出的负能海(空穴)理论，在真空中存在没有任何观测效应的负能电子。当 $V_0 > E + mc^2$ 时，这些负能电子的能量被抬高了 V_0，使得射向势壁的电子能够将负能电子激活(图3.13)，即产生向右运动的正电子 e^+ 和向左运动的负电子 e^-，加上原来入射的负电子 e^- 也被全部反射，导致反射系数 $R>1$ 现象。因为与正电子 e^+ 同时产生的负电子 e^- 只能在 $z<0$ 区间运动，故其能量必须大于 mc^2。这就是为什么仅当 $V_0 > E + mc^2 \approx 2mc^2 + \dfrac{1}{2}mv^2$ 时才有 $R>1$ 的原因。按此解释，在(3.194)式中只能选取 $\bar{p}>0$，对应 $R>1$。也就是说，负能海中的电子就是藏在刚性壁中的"鬼"，它

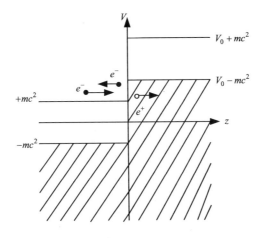

图 3.13 向右运动的电子"•——→"激活了向右运动的正电子"○——→"，同时产生了向左运动的电子"←——•"

导演了 $R>1$ 的"鬼把戏"。

3.7.3 谁是谁非

如果说狄拉克的理论正确，则反射系数 $R>1$ 应得到实验检验。然而，由于在实验室中不可能实现直角势壁，从而导致检验的困难。1931 年索特(F. Sauter，澳大利亚，1906~1983)的计算表明[①]，只有当势壁的上升沿足够陡，以使从 $V=0$ 到 $V>E+mc^2$ 的变化在空间的跨度只有康普顿波长量级($d \leqslant \hbar/mc$)时才能观测上述效应，这是非常苛刻的条件。然而，根据倪光炯先生所述[②]，目前已有 $R>1$ 的实验证据。

关于狄拉克方程正确性的讨论还涉及自由夸克问题。迄今为止，尚没有自由夸克存在的直接实验证据，因此由夸克组成的体系可能仅有束缚态而无自由粒子(散射)态。如果用薛定谔方程描写夸克体系，只要夸克之间的相互作用吸引势 $V(r) \propto r^n$ ($n \geqslant 1$)，则只能有束缚态，即只存在夸克被禁闭的状态。但是如果采用狄拉克方程，对于 $V(r) \propto r$ 的势却存在散射态。虽然如此，应用狄拉克方程描写原子分子中电子与光场的相互作用所得到的大量理论结果都与实验观测相吻合。

3.8　重新诠释克莱因-戈尔登方程

3.8.1　诠释

狄拉克方程描写自旋为 1/2 的粒子，那么 K-G 方程呢？不能简单采用 3.3.4 节的方法，因为 K-G 方程是时间的二阶导数因而找不出相应的哈密顿算符 $\hat{H}$ 。考虑到 K-G 方程所描写的粒子的自旋属性与其运动速度无关，我们只需考虑低速($v \ll c$)粒子的属性便可推知任意速度粒子的属性。当 $v \ll c$ 时，K-G 方程"退缩"为薛定谔方程(见 3.2.2 节)，其中的 $\hat{H}$ 与轨道角动量 $\hat{L}$ 对易，说明轨道角动量守恒，故此粒子的自旋为零。也就是说，薛定谔方程和 K-G 方程仅仅描写自旋为零的粒子，而狄拉克方程描写自旋为 1/2 的粒子(麦克斯韦波动方程组描写自旋为 1 的光子)。有人可能会问，人们不是经常使用薛定谔方程描写自旋为 1/2 的电子运动吗？那是人为地将自旋"塞进"薛定谔方程的。

关于 K-G 方程的负能问题，可采用类似于狄拉克的"图景"解释，即负能海($E \leqslant -m_0c^2$)全部被负能粒子填满，但不显示任何物理效应；正能粒子不能再跃迁到负能海的原因是，每一个负能态填充了太多的粒子以致产生了体积排斥作用。

---

① Sauter F. 1931. Z. Phys., 73: 547。
② 倪光炯. 2003. 高等量子力学. 上海：复旦大学出版社：377。

关键的问题是负概率问题。1934 年泡利(W. E. Pauli，美国，1900~1958)和韦斯科普夫重新诠释了 K-G 方程，避开了负概率问题。给 K-G 方程的四维流密度 j^u 乘以基本电荷 e 得到

$$j^u = \frac{ie\hbar}{2m_0}(\psi^* \nabla^u \psi - \psi \nabla^u \psi^*) = (c\rho', \vec{j}') \tag{3.195}$$

其中

$$\rho' = \frac{i\hbar e}{2m_0 c^2}\left(\psi^* \frac{\partial \psi}{\partial t} - \psi \frac{\partial \psi^*}{\partial t}\right) \tag{3.196}$$

$$\vec{j}' = \frac{i\hbar e}{2m_0}(\psi^* \nabla \psi - \psi \nabla \psi^*) \tag{3.197}$$

这时连续方程 $\dot{\rho}' + \nabla \cdot \vec{j}' = 0$ 仍成立。因此可将 K-G 方程的波函数 ψ 理解为电荷概率振幅，而 ρ' 和 $\vec{j}'$ 则为电荷概率密度和电流概率密度。这样一来，K-G 方程的正能解对应 $\rho' > 0$，即正电荷，负能解($\rho' < 0$)对应负电荷，正能解与负能解之线性叠加可得到"零"能解，对应中性粒子。在这种意义下，K-G 方程引出了电荷自由度。

应用 K-G 方程描写具体的物理系统时，若其中的粒子带正电，则将 K-G 方程的一般解设置为

$$\psi_+ = \frac{1}{\sqrt{2}}(\psi_1 - i\psi_2) \tag{3.198}$$

其中，实函数 ψ_1 和 ψ_2 满足 K-G 方程。代入总电荷计算公式：

$$Q = \int \rho' \mathrm{d}^3 x = \frac{ie\hbar}{2m_0 c}\int \mathrm{d}^3 x(\psi^* \dot{\psi} - \psi \dot{\psi}^*) \tag{3.199}$$

可发现 $Q > 0$。类似地，对于负电粒子或中性粒子，波函数分别设置为

$$\psi = \frac{1}{\sqrt{2}}(\psi_1 + i\psi_2) \tag{3.200}$$

$$\psi_0 = \psi_0^* \tag{3.201}$$

则相应的 Q 值分别小于和等于 0。

π介子是强相互作用的媒介子，其媒介作用类似于电磁作用的媒介子——光子。π介子的自旋为零，分为 π^+、π^-、π^0 三类，分别带单位正、负电荷和"零"电荷，与 K-G 方程的三种解相对应。

3.8.2 汤川秀树与π介子

尽管 K-G 方程存在负概率困难，汤川秀树(日本，1907~1981)早在 1935 年就应用该方程预言了π介子。他认为与电子之间的光子交换类似，在核子之间的作用也在交换某种粒子。假定这种粒子的质量为 m，它与核子(中子或质子)的作用势为 $g\delta(r)$，则由 K-G 方程(3.96)，取 $\vec{A}=0$，$e\Phi=-g\delta(r)$ 可得

$$\nabla^2\psi = \frac{m^2c^2}{\hbar^2}\psi - \frac{g^2}{c^2\hbar^2}\delta^2(r)\psi$$

当 $r\neq 0$ 时，可得到束缚态解 $\psi = \frac{A}{r}\mathrm{e}^{-\frac{mc}{\hbar}r}$。显然，$\psi$ 随 r 增大而急剧减小，即这种粒子在核子附近出现的主要区域为 $r\leqslant\hbar/mc$。将此区间视为原子核半径 r_0，则可知 $m\approx\hbar/cr_0$。将原子核半径 1.4×10^{-15} m 代入得到 $m=275m_e$，即这种粒子的质量为电子质量 m_e 的 275 倍。

汤川秀树于 1935 年得出此结果，预言存在一种粒子其质量约为电子质量的 270 倍，在核子作用中起媒介作用。1936 年人们发现μ子后，立刻认为它就是汤川秀树所预言的新粒子，因其质量约为电子质量的 200 倍。但μ子与原子核的作用很弱，一直是一个疑问。1947 年在宇宙射线中发现的 $\pi^\pm$ 介子，质量是 $273\,m_e$，且与核子有强烈作用，被确认为汤川粒子，汤川秀树因此获 1949 年诺贝尔物理学奖。在你看来，克莱因和戈尔登是否错过了一次诺贝尔奖的机遇？

3.9 结　语

虽然 K-G 方程和狄拉克方程在诠释方面仍不十分令人满意，但目前都被广泛使用于求解许多具体问题。这两个方程和薛定谔方程一起，构成了量子力学基础，由此所得到的理论预测无一不能与实验观测相吻合。正如物理学家温伯格所说：“如果一些物理体系不能被量子场论所描写，那是值得关注的；如果该体系违背量子力学和相对论，那将是一个灾变。”[①]在具体应用时，由于狄拉克方程涉及四分量波函数，K-G 方程近年来也被用于描写自旋不为零的粒子(如电子)体系在高能条件下(需考虑相对论效应)的行为。

---

① Weinberg S. 2005. The Quantum Theory of Fields, Volume I. Cambridge University Press: 1.

第4章 路 径 积 分

4.1 让思想飞翔

将我们的思维沿时间轴反向移动 90 年而到达 20 世纪 20 年代初，这时还没有德布罗意的波场假说，当然也没有量子力学。然而，根据玻尔关于原子结构及光谱的研究，我们知道电子的行为与经验中的宏观粒子或牛顿的质点行为显著不同：它在原子核周围只能在某些特定的轨道运动，而不同轨道的能量只能取一些分立值；这种圆周运动有向心加速度，但电子却不辐射电磁波(因此电子不会塌陷进原子核)，与麦克斯韦理论矛盾。是否在核周围存在一些同心的透明刚体束缚了电子的运动？不可能。因为经 α 粒子轰击后的原子仍保持其量子特性，再说这种刚体模型也难以理解电子在不同轨道之间的跃迁。难道牛顿力学和麦克斯韦理论都错了吗？前者已经历 300 年历史考验，后者建立在严格的数理逻辑上，并得到了一系列精密实验的验证，它所预言的电磁波已应用于无线电发报。不可知也？还有更疑惑的问题，电子、质子具有相同电荷而质量相差上千倍？是否有电荷为 $e/3, e/5, e/10, \cdots$ 的粒子，难道电荷也是量子化值？问题太多了，从何入手？是否应该读一读《老子》、《论语》、《周易》等中华经典，也许有所启迪。可能不行，先贤们可能从未经验过电子，因此在他们的思维中只有"道"、"阴阳"这些在空间连续分布的概念。但无论如何也得建立一个逻辑圈，使人们能够理解这些现象。也许在上帝面前，人类只能像盲人摸象一样去"瞎猜"上帝所创造的世界，可能永远都不能完全认识自然。不过，即便是如此瞎摸，只要盲人一旦摸着象后便不撒手，长时间、反复地从不同角度连续地触摸，最后也能知道那只象有几条腿、有几条鼻子、它比人的身体大多少倍，最后也能形成一个映像。这种映像在盲人心目中当然是"正确的"，甚至是"完备的"，因为盲人永远不会知道大象的眼睛与其牙齿的颜色差别。

开始建立逻辑圈，选取最简单的体系，寻找最普遍的逻辑。暂不管电子为什么带有电荷 e 等问题，采取瞎子摸象的态度——面对现实

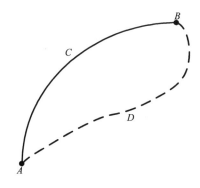

图 4.1

(不问大象从何而来，为什么长成那种样子)，先考虑单个电子之运动应满足什么规律。一个电子从空间 A 点到 B 点只能"划"出一条轨迹，除非它像孙悟空一样有分身术。那么为什么轨迹是 ACB 而不是 ADB(图 4.1)？按牛顿力学很容易理解，即电子初始速度与作用力的综合结果。但应知道，牛顿力学只是人们关于质点所建立的逻辑圈，该逻辑圈已显然不能覆盖原子中的电子运动。能否建立更大的逻辑圈？

光子和宏观粒子在真空中都走直线，因为两点间直线最短。据说爱因斯坦在前几年(1916 年)建立的弯曲时空理论(广义相对论)中光子和粒子都沿最短程线运动。有道理，与人类相似，总期望"抄近路"。不过当我们确定目的地后，在选择具体行动路线时还要考虑安全性、舒适度等因素，最后所选定的路线，是思维把各种路线都"尝试"后才选出的。那么实物粒子在出发前是否也作类似"考虑"，它们根据什么原则选取行动路线？

事实上，在 1923 年前后一位法国的博士研究生德布罗意(时年 30 岁左右)正在考虑类似的问题。他在大学学习历史，毕业后在军队从事无线电业务，由于平时读一些科学著作并受其物理研究的兄长影响，后来攻读了物理学博士学位。他认为与运动粒子相伴的还有一种非物质的波场(即今天所谓的德布罗意波)，氢原子核外电子的特定轨道，其周长 l 恰恰能够容纳 n(整数)个波长 λ 的路径($l = n\lambda$)。他进一步指出，粒子穿过小孔后会产生衍射现象，与光子经过小孔的衍射行为类似。

假如在那个年代你知道了德布罗意的猜测，或者你也做了类似的猜测(因为采用简单代数运算即可完成该猜想而不需要高深的数学知识)，你是否可能作更大胆的猜测：即粒子在到达目的地之前，把它的物质波(相当于人类的思维)释放出去，以试探各种各样可能的路径，最后再将各种路径的结果作一"平均"处理？如果沿这样的思路前进，也许不必等到 1926 年量子力学诞生就可能直接产生路径积分理论。

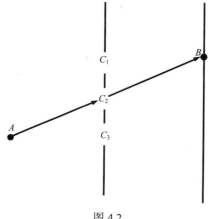

图 4.2

在 20 世纪 40 年代，费恩曼(R. P. Feynman，美国，1918~1988)做了如下猜测(图 4.2)：A 点为粒子源，在 B 点放置一个探测器对粒子进行探测。设想在 A 与 B 之间放置一多孔屏($C_1, C_2, C_3, \cdots, C_k$)。按照态叠加原理，粒子从 A 点出发到达 B 点的概率波幅为

$$K(B,A) = \sum_k \varphi(BC_kA)$$

其中，$\varphi(BC_kA)$ 表示只有孔 C_k 打开(粒子经过 C_k)时粒子在 B 出现的概率波幅。按照波函数的统计诠释，粒子在 B 点被探测到的概率为

$$P(B) = |K(B,A)|^2$$

若放置无限密、无限多个屏，则 $K(B,A)$ 就相当于各种可能路径 $\bar{r}(t)$ 的概率波之和：

$$K(B,A) = \sum_{\bar{r}(t)} \varphi(\bar{r}(t))$$

其中，求和对 A、B 两点能够画出的各种路径 $\bar{r}(t)$ 进行。费恩曼猜测 $K(B,A)$ 应取如下形式：

$$K(B,A) = C\sum_{r(t)} \exp\{\mathrm{i}S[\bar{r}(t)]/\hbar\} \tag{4.1}$$

其中，C 是一个与路径无关的常数，而 $S[\bar{r}(t)]$ 为经典力学中的作用量。这一推测出于如下考虑：在经典力学中，由坐标 $q(q_1, q_2, q_3)$ 和动量 $p(p_1, p_2, p_3)$ 描写一个质点的运动，由哈密顿量 $H(p,q)$ 定义拉格朗日函数 $L(q, \dot{q}) = \sum_{r=1}^{3} p_r \dot{q}_r - H(p,q)$，相应的作用量为 $S[q(t)] = \int_{t_A}^{t_B} \mathrm{d}\tau L(q(\tau), \dot{q}(\tau))$。需要强调，$S[q(t)]$ 不是变量 t 的复合函数，它表示作用量 S 是轨道 $q(t)$ 的泛函(不是函数)，这里 $q(t)$ 和 $\dot{q}(t)$ 分别表示质点的轨迹及其对时间 t 的微商。令 S 对于粒子轨道的变分为零

$$\frac{\delta S}{\delta q(t)} = 0 \tag{4.2}$$

即可得到粒子的轨道方程 $q(t)$ [或写成 $\bar{r}(t)$]。设 $\bar{r}_C(t)$ 为(4.2)式变分所确定的经典轨迹，$\bar{r}_C(t) + \delta\bar{r}(t)$ 为稍许偏离的轨迹(图 4.3a)，则它们具有几乎相等的作用量 S，因此在(4.1)式中相干加强，而其他远离 $\bar{r}_C(t)$ 的各种轨道彼此之间相应的 S 相差较大，故而叠加时相互抵消。也就是说，对于概率幅 $K(B,A)$ 的贡献主要来自经典

轨道及相邻的轨道。按这一思想可以定性说明粒子衍射现象(图 4.3b)，因为障碍物只能挡住部分轨道。但是，按照纯粹经典力学却无法理解这种衍射现象。

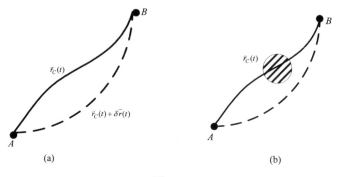

图 4.3

【数学补充】 在分析力学及经典场论中，经常用到泛函及变分概念。采用纯数学语言，所谓 $F[\phi]$ 为 ϕ 的泛函意味着 F 将一线性函数空间 $M = \{\phi(x): x \in R\}$ 映射到一个数域 **R**(实数域)或 **C**(复数域)，记为 $F: M \to \mathbf{R}$ 或 **C**，也可以说泛函 $F[\phi(x)]$ 将函数 $\phi(x)$ 映射为一个实数或复数。注意，泛函 $F[\phi(x)]$ 与复合函数 $F(\phi(x))$ 不同。对于复合函数 $F(\phi(x))$，给定一个 x 值，便有一个对应的 $\phi(x)$ 值，进而有一个 $F(\phi(x))$ 值与之对应，但对于泛函 $F[\phi(x)]$，给定一个 x 值却不能确定泛函值。例如图 4.4 中的弧长 S 便是函数 $y(x)$ 的泛函，记为

$$S[y(x)] = \int_{x_1}^{x_2} \sqrt{1 + y'(x)} \mathrm{d}x$$

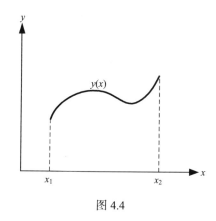

图 4.4

泛函微分 $\dfrac{\delta F[\phi]}{\delta \phi[x]}$ 的意义是，在给定的 x 点，函数 $\phi(x)$ 的微小改变对于 F 值的影响。关于泛函微分有如下规则：

(1) $\delta F[\phi] = \int \mathrm{d}x \dfrac{\delta F[\phi]}{\delta \phi[x]} \delta \phi(x)$ 。

(2) 若 $F[\phi] = G[\phi]H[\phi]$ ，则 $\dfrac{\delta F}{\delta \phi} = \dfrac{\delta G}{\delta \phi}H + G\dfrac{\delta H}{\delta \phi}$ 。

(3) 对于泛函嵌套 $F[G[\phi]]$ ，有

$$\frac{\delta}{\delta \phi}F[G[\phi]] = \int \mathrm{d}x \frac{\delta F[G]}{\delta G}\frac{\delta G[\phi]}{\delta \phi}$$

(4) 对于泛函中的复合函数 $F[g(\phi)]$ ，其中 $g(\phi)$ 是 $\phi(x)$ 的函数而不是泛函，有

$$\frac{\delta F[g(\phi)]}{\delta \phi} = \frac{\delta F[g]}{\delta g}\frac{\mathrm{d}g}{\mathrm{d}\phi}$$

若 $F[\phi] = \int \mathrm{d}x \big[\phi(x)\big]^n$ ，则 $\dfrac{\delta F}{\delta \phi(y)} = n\big[\phi(y)\big]^{n-1}$ 。

若 $F[\phi] = \int \mathrm{d}x \left[\dfrac{\mathrm{d}\phi(x)}{\mathrm{d}x}\right]^n$ ，则 $\dfrac{\delta F[\phi]}{\delta \phi(y)} = -n\dfrac{\mathrm{d}}{\mathrm{d}x}\left(\dfrac{\mathrm{d}\phi}{\mathrm{d}x}\right)^{n-1}\Big|_y$ 。

4.2 传播函数与格林函数

为了证明费恩曼的猜测[(4.1)式]，需要引入费恩曼传播函数。为了简单起见，先考虑单粒子的一维运动，然后再拓展到 D 维空间的运动。由于在一般曲线坐标系的推演比较复杂，这里采用笛卡儿坐标系中的动量和位置变量 (p,q) ，相应的量子力学算符满足对易关系 $[\hat{p},\hat{q}] = -\mathrm{i}\hbar$ 。在薛定谔绘景中，$\hat{q}$ 与 $\hat{p}$ 的本征方程为

$$\hat{q}_s|q\rangle = q|q\rangle \tag{4.3}$$

$$\hat{p}_s|p\rangle = p|p\rangle \tag{4.4}$$

并有如下关系：

$$\langle q'|q\rangle = \delta(q'-q) \;\rightarrow\; \int \mathrm{d}q|q\rangle\langle q| = 1 \tag{4.5}$$

$$\langle p'|p\rangle = 2\pi\hbar\delta(p'-p) \;\rightarrow\; \int \frac{\mathrm{d}p}{2\pi\hbar}|p\rangle\langle p| = 1 \tag{4.6}$$

这里选取归一常数 $2\pi\hbar$ 的目的在于将动量算符的本征态波函数(位置表象)表示为

$$\psi_p = \langle q|p \rangle = \mathrm{e}^{ipq/\hbar} \tag{4.7}$$

应用 2.5 节所引入的时间演化算符 $\hat{U}(t',t)$ [(2.54)或(2.55)式], 定义费恩曼传播函数 (亦称费恩曼核):

$$K(q',t';q,t) = \langle q',t'|q,t \rangle = \langle q'|\hat{U}(t',t)|q \rangle, \qquad t' > t \tag{4.8}$$

可以从两方面理解此式的物理意义: 第一, 如果 t 时刻一个粒子位于空间点 q (位置本征态), 则 $t' > t$ 时刻该粒子处于 q' 的概率振幅为 $K(q',t';q,t)$ 。显然, $K(q',t';q,t)$ 与(4.1)式中的 $K(B,A)$ 具有相同的物理意义。第二, 在薛定谔绘景中, 任意态矢 $|\psi(t')\rangle_{\mathrm{S}}$ 在坐标表象表达为

$$\begin{aligned} \psi(q',t') &= \langle q'|\psi(t')\rangle_{\mathrm{S}} \\ &= \langle q'|\hat{U}(t',t)|\psi(t)\rangle \\ &= \int \mathrm{d}q \langle q'|\hat{U}(t',t)|q \rangle \langle q|\psi(t)\rangle \\ &= \int \mathrm{d}q \langle q',t'|q,t \rangle \psi(q,t) \\ &= \int \mathrm{d}q K(q',t';q,t)\psi(q,t) \end{aligned} \tag{4.9}$$

该式所表达的物理意义与光学中的惠更斯原理一致, 即 t 时刻波前任一点 q 的振动由 $\langle q',t'|q,t \rangle$ "传播"到 t' 时刻的 q' 点叠加。因此 $K(q',t';q,t)$ 具有传播作用, 求解量子系统的时间演化问题转化为求解费恩曼核。事实上, 当 $t' > t$ 时, 对(4.8)式的变量 t' 求偏导可得

$$\mathrm{i}\hbar \frac{\partial}{\partial t'} K(q',t';q,t) = \langle q'|\mathrm{i}\hbar \frac{\mathrm{d}\hat{U}}{\mathrm{d}t'}|q \rangle \tag{4.10}$$

应用(2.54)式得

$$\mathrm{i}\hbar \frac{\partial}{\partial t'} K(q',t';q,t) = \langle q'|\hat{H}\hat{U}|q \rangle \tag{4.11}$$

其中

$$\begin{aligned} \langle q'|\hat{H}\hat{U}|q \rangle &= \int \mathrm{d}q'' \langle q'|\hat{H}|q'' \rangle \langle q''|\hat{U}|q \rangle \\ &= \hat{H}(p',q',t) K(q',t';q,t) \end{aligned} \tag{4.12}$$

这里, $\hat{H}(p',q',t)$ 是哈密顿算符在位置表象的表达。因此

$$i\hbar\frac{\partial}{\partial t'}K(q',t';q,t) = \hat{H}(p',q',t)K(q',t';q,t) \tag{4.13}$$

表明 $t' > t$ 时传播函数满足薛定谔方程，并满足初始条件：

$$K(q',t';q,t)\big|_{t'=t} = \langle q'|q \rangle = \delta(q'-q) \tag{4.14}$$

对(4.9)式的 t' 求偏导($t' > t$)可得

$$i\hbar\frac{\partial \psi(q',t')}{\partial t'} = \int \mathrm{d}q\, i\hbar \left[\frac{\partial K(q',t';q,t)}{\partial t'} \right] \psi(q,t)$$

$$= \int \mathrm{d}q\, \hat{H}(p',q',t)K(q',t';q,t)\psi(q,t)$$

由于 $\hat{H}(p',q',t)$ 与积分变量 q 无关，故可将它从积分号中提出，即

$$i\hbar\frac{\partial \psi(q',t')}{\partial t'} = \hat{H}(p',q',t)\int \mathrm{d}q K(q',t';q,t)\psi(q,t) = \hat{H}\psi(q',t') \tag{4.15}$$

表明由传播函数通过(4.9)式得到的波函数的确满足薛定谔方程，因此可以说传播函数包含了体系的全部量子信息，由此建立的表述与薛定谔方程表述等价。

在许多领域需要应用格林函数，定义为

$$G(q',t';q,t) \equiv K(q',t';q,t)\theta(t'-t) \tag{4.16}$$

其中，阶梯函数

$$\theta(t) = \begin{cases} 1, & t \geqslant 0 \\ 0, & t < 0 \end{cases} \tag{4.17}$$

满足

$$\frac{\mathrm{d}\theta(t)}{\mathrm{d}t} = \delta(t) \tag{4.18}$$

在(4.16)式中，令 $t = 0$ ，并对变量 t' 求偏导可得

$$i\hbar\frac{\partial G}{\partial t'} = i\hbar\frac{\partial K(q',t';q,0)}{\partial t'}\theta(t') + i\hbar K(q',t';q,0)\delta(t') \tag{4.19}$$

应用(4.13)和(4.14)式得

$$i\hbar\frac{\partial G(q',t';q,0)}{\partial t} = \hat{H}(q')G(q',t';q,0) + i\hbar\delta(q'-q)\delta(t') \tag{4.20}$$

其中， $\hat{H}(q')$ 表示微分算符仅对变量 q' 作用。显然, (4.20)式是非齐次薛定谔方程。

通常在位置表象中格林函数也写成如下形式：

$$G(x_b, t_b; x_a, t_a) = \langle x_b | U(t_b - t_a)\theta(t_b - t_a) | x_a \rangle \tag{4.21}$$

如果 $\hat{H}$ 不显含时间，则有 $U(t) = e^{-i\hat{H}t/\hbar}$。取 $t_a = 0$，则得到

$$\begin{aligned}
G(x_b, t_b; x_a, 0) &= \langle x_b | e^{-i\hat{H}t_b/\hbar} | x_a \rangle \\
&= \sum_n \langle x_b | \varphi_n \rangle \langle \varphi_n | e^{-i\hat{H}t_b/\hbar} | x_a \rangle \\
&= \sum_n e^{-\frac{i}{\hbar}E_n t} \varphi_n(x_b)\varphi_n^*(x_a)
\end{aligned} \tag{4.22}$$

其中，$|\varphi_n\rangle$、$\varphi_n(x)$ 分别是 $\hat{H}$ 的本征矢和本征函数。

格林函数的傅里叶变换(称为 Z 空间的格林函数)定义为

$$\begin{aligned}
g(x_b; x_a; z) &= \frac{1}{i\hbar}\int_{-\infty}^{\infty} dt\, e^{-izt/\hbar} G(x_b, t; x_a, 0) \\
&= \frac{1}{i\hbar}\int_{-\infty}^{\infty} dt \exp\left[\frac{i}{\hbar}(z + i\in)t\right] G(x_b, t; x_a, 0)
\end{aligned} \tag{4.23}$$

其中，引入了一个小实数 $\in (> 0)$ 以避免积分发散，积分完成后令 $\in \to 0$。这是理论物理学中常用的技术。应用(4.22)式并考虑到 $t_b < 0$ 时 $G(x_b, t_b; x_a, 0) = 0$，则

$$g(x_b; x_a; z) = \sum_n \frac{\varphi_n(x_b)\varphi_n^*(x_a)}{z - E_n + i\in} \tag{4.24}$$

表明 Z 空间格林函数 $g(x_b; x_a; z)$ 在除实轴以外的整个复平面解析，而在实轴上的极点值为能量本征值 E_n $(n = 1, 2, \cdots)$，相应的留数值等于 $\varphi_n(x_b)\varphi_n^*(x_a)$。

4.3 传播函数的路径积分表达

下面仍以上一节的单粒子一维运动为例推演费恩曼核 $\langle q', t' | q, t \rangle$ 的具体表达式。首先将时间区间 $[t, t']$ 等分为 N 个小区间，使 $t_0 = t$，$t_1 = t_0 + \in$，$t_2 = t_0 + 2\in$，$\cdots$，$t_N = t'$，其中 $\in = \dfrac{t' - t}{N}$。应用 $\hat{U}$ 算符的分解律(2.66)式，有

$$\begin{aligned}
\langle q', t' | q, t \rangle &= \langle q' | \hat{U}(t', t_{N-1})\hat{U}(t_{N-1}, t_{N-2})\cdots\hat{U}(t_2, t_1)\hat{U}(t_1, t) | q \rangle \\
&= \int dq_{N-1}\cdots\int dq_2\int dq_1
\end{aligned}$$

$$\cdots\langle q'|\hat{U}(t',t_{N-1})|q_{N-1}\rangle\langle q_{N-1}|\hat{U}(t_{N-1},t_{N-2})|q_{N-2}\rangle$$

$$\cdots\langle q_2|\hat{U}(t_2,t_1)|q_1\rangle\langle q_1|\hat{U}(t_1,t)|q\rangle \tag{4.25}$$

当 N 足够大以致 $\in/\hbar$ 足够小时，可认为 $\hat{H}$ 在每一个时间区间为常数，由(2.52)式可知

$$\begin{aligned}
\langle q_{n+1}|\hat{U}(t_{n+1},t_n)|q_n\rangle &= \langle q_{n+1}|e^{-i\hat{H}\in/\hbar}|q_n\rangle \\
&= \langle q_{n+1}|\left[1-\frac{i\in}{\hbar}\hat{H}(\hat{p},\hat{q},t)\right]|q_n\rangle + O(\in^2) \\
&= \langle q_{n+1}|q_n\rangle - \frac{i\in}{\hbar}\langle q_{n+1}|\hat{H}(\hat{p},\hat{q},t)|q_n\rangle + O(\in^2)
\end{aligned} \tag{4.26}$$

考虑到

$$\begin{aligned}
\langle q_{n+1}|\hat{H}(\hat{p},\hat{q},t)|q_n\rangle &= \int\frac{dp_n}{2\pi\hbar}\langle q_{n+1}|p_n\rangle\langle p_n|\hat{H}(\hat{p},\hat{q},t)|q_n\rangle \\
&= \int\frac{dp_n}{2\pi\hbar}\langle q_{n+1}|p_n\rangle\langle p_n|q_n\rangle H(p_n,q_n,t)
\end{aligned} \tag{4.27}$$

其中，$\hat{H}$ 已由算符变为经典量 $H(p_n,q_n,t)$。因此(4.26)式可写为

$$\begin{aligned}
&\langle q_{n+1}|\hat{U}(t_{n+1},t_n)|q_n\rangle \\
&= \langle q_{n+1}|q_n\rangle - \frac{i\in}{\hbar}\int\frac{dp_n}{2\pi\hbar}\langle q_{n+1}|p_n\rangle\langle p_n|q_n\rangle H(p_n,q_n,t) \\
&= \int\frac{dp_n}{2\pi\hbar}\langle q_{n+1}|p_n\rangle\langle p_n|q_n\rangle - \frac{i\in}{\hbar}\int\frac{dp_n}{2\pi\hbar}\langle q_{n+1}|p_n\rangle\langle p_n|q_n\rangle H(p_n,q_n,t) \\
&= \int\frac{dp_n}{2\pi\hbar}\langle q_{n+1}|p_n\rangle\langle p_n|q_n\rangle\left[1-\frac{i\in}{\hbar}H(p_n,q_n,t)\right]
\end{aligned} \tag{4.28}$$

由(4.7)式知

$$\langle q_{n+1}|p_n\rangle = e^{ip_n q_{n+1}/\hbar} \tag{4.29}$$

$$\langle p_n|q_n\rangle = e^{-ip_n q_n/\hbar} \tag{4.30}$$

代入(4.28)式得

$$\begin{aligned}
\langle q_{n+1}|\hat{U}(t_{n+1},t_n)|q_n\rangle &= \int\frac{dp_n}{2\pi\hbar}e^{+ip_n q_{n+1}/\hbar}e^{-ip_n q_n/\hbar}\left[1-\frac{i\in}{\hbar}H(p_n,q_n,t)\right] \\
&= \int\frac{dp_n}{2\pi\hbar}\exp[ip_n(q_{n+1}-q_n)/\hbar]\left[1-\frac{i\in}{\hbar}H(p_n,q_n,t)\right]
\end{aligned} \tag{4.31}$$

代入(4.25)式并采用连乘符号

$$\prod_{n=1}^{N} \int dx_n = \int dx_N \int dx_{N-1} \cdots \int dx_1 \tag{4.32}$$

则得到

$$\langle q',t'|q,t \rangle$$

$$= \lim_{N\to\infty} \prod_{n=1}^{N-1}\left(\int_{-\infty}^{\infty} dq_n \right) \prod_{n=0}^{N-1}\left(\int_{-\infty}^{\infty} \frac{dp_n}{2\pi\hbar} \right) \exp[ip_n(q_{n+1}-q_n)/\hbar] \prod_{n=0}^{N-1}\left[1 - \frac{i\in}{\hbar}H(p_n,q_n) \right]$$

$$= \lim_{N\to\infty} \prod_{n=1}^{N-1}\left(\int_{-\infty}^{\infty} dq_n \right) \prod_{n=0}^{N-1}\left(\int_{-\infty}^{\infty} \frac{dp_n}{2\pi\hbar} \right) \exp\left\{ \frac{i\in}{\hbar} \sum_{n=0}^{N}\left[p_n \frac{q_{n+1}-q_n}{\in} - H(p_n,q_n,t) \right] \right\}$$

$$= \lim_{N\to\infty} \prod_{n=1}^{N-1}\left(\int_{-\infty}^{\infty} dq_n \right) \prod_{n=0}^{N-1}\left(\int_{-\infty}^{\infty} \frac{dp_n}{2\pi\hbar} \right) \exp\left(\frac{i}{\hbar}S^N \right) \tag{4.33}$$

其中

$$S^N = \sum_{n=0}^{N-1}\left[p_n(q_{n+1}-q_n) - \in H(p_n,q_n,t) \right] \tag{4.34}$$

注意: ①(4.33)式关于坐标的积分比动量积分少一重。②在上面的推演过程中应用了等式:

$$\lim_{N\to\infty} \int \prod_{n=0}^{N}\left(1+\frac{x_n}{N} \right) = \lim_{N\to\infty}\left(1+\frac{x_0}{N} \right)\left(1+\frac{x_1}{N} \right)\left(1+\frac{x_2}{N} \right)\cdots\left(1+\frac{x_{N-1}}{N} \right)$$

$$= \lim_{N\to\infty} e^{x_0/N} \cdot e^{x_1/N} \cdot e^{x_2/N} \cdots e^{x_N/N}$$

$$= \exp\left(\lim_{N\to\infty} \frac{1}{N} \sum_{n=0}^{N} x_n \right) \tag{4.35}$$

需要说明的是，该式应用于(4.33)式的推导，仅仅适用于 $\hat{H}$ 中的势函数 $V(q)$ 有下限的体系(如自由粒子和简谐振子)，不适用于库仑作用势 $V(q) = -A/|q|$ 等。幸运的是，这一缺憾终于在1979年得以弥补[①]。

下面讨论(4.33)式的物理意义。我们将式中的 (q_n,p_n) 理解为 t_n 时刻粒子的坐标和动量(虽然在推演过程中并没有这样考虑)，则可以说多重积分遍及每一时刻坐标和动量的任何可能值[因为(4.33)式的积分区间是 $(-\infty,\infty)$]，用图4.5所示的相空间可理解如下: 在起始时刻 $(t_0 = t)$ 粒子的坐标取确定值 $q_0 = q$ ，但此时的动量

---

① Kleinert H. 1995. Path Integals. 2nd Edition. World Scientific Publishing Co.。

p_0 可取区间 $(-\infty, \infty)$ 的任何值。在其他时间点 $t_n(0 < n < N)$，q_n 和 p_n 都可不相关地取任意实数值。从每一个时刻 t_n 的相空间面上任选一个相点 Q_n，并将它们用线段相连，于是形成一条折线。当 $t_{n-1} - t_n = \epsilon$ 趋于无限小时($N \to \infty$)该折线便在相空间形成一条连续变化的轨线(图 4.6)。由于多重积分涵盖了图 4.6 中阴影区域内任意形状的轨线，于是说(4.33)式的积分是沿任意相轨迹的线积分之和。在这种意义($N \to \infty$)上可作如下替代：

$$\left. \begin{array}{ll} \displaystyle\int \prod_{n=1}^{N-1} dq_n \;\; \to \;\; \int D'q(t), & \displaystyle\int \prod_{n=0}^{N-1} dp_n / 2\pi\hbar \;\; \to \;\; \int Dp(t) \\[4mm] \dfrac{q_{n+1} - q_n}{\varepsilon} \;\; \to \;\; \dot{q}(t_n), & \varepsilon\displaystyle\sum_{n=0}^{N-1} f(t_n) \;\; \to \;\; \int_t^{t'} d\tau f(\tau) \end{array} \right\} \qquad (4.36)$$

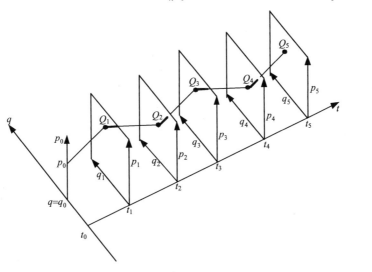

图 4.5

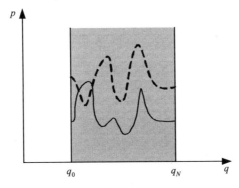

图 4.6

则(4.33)式转化为

$$\langle q',t'|q,t\rangle = \int D'q \int Dp \exp\left\{\frac{\mathrm{i}}{\hbar}A[p,x]\right\} \tag{4.37}$$

积分"D'"表示比动量积分少一重,

$$A[p,x] = \int_t^{t'} \mathrm{d}\tau \left[p\dot{q} - H(p,q,t)\right] \tag{4.38}$$

(4.37)式的积分表示沿相空间各种路径的积分和,指数上的$A[p,x]$也很像是经典的作用量S,与直觉猜测的(4.1)式很接近,只是(4.1)式要求在实空间(而非相空间)对各种路径加和。事实上,(4.38)式的被积函数$[p\dot{q} - H(p,q,t)]$也非拉格朗日函数$L(q,\dot{q})$,它的自变量是坐标q和速度$\dot{q}$,而在(4.37)式中动量p是作为独立变量出现的。

以下将(4.37)式进一步推演到(4.1)式形式。不失一般性,取$H(p,q) = \frac{1}{2m}P^2 + V(q,t)$,代入(4.34)式的动量积分:

$$
\begin{aligned}
A' &= \int \frac{\mathrm{d}p_n}{2\pi\hbar} \exp\left\{\frac{\mathrm{i}\in}{\hbar}\left[p_n\frac{q_{n+1}-q_n}{\in} - H(p_n,q_n,t_n)\right]\right\} \\
&= \int \frac{\mathrm{d}p_n}{2\pi\hbar} \exp\left\{\frac{\mathrm{i}\in}{\hbar}\left[p_n\dot{q}_n - \frac{1}{2m}p_n^2 - V(q_n,t_n)\right]\right\} \\
&= \int \frac{\mathrm{d}p_n}{2\pi\hbar} \exp\left\{\frac{-\mathrm{i}\in}{2m\hbar}\left[p_n^2 - 2mp_n\dot{q}_n + 2mV(q_n,t_n)\right]\right\} \\
&= \int \frac{\mathrm{d}p_n}{2\pi\hbar} \exp\left\{\frac{-\mathrm{i}\in}{2m\hbar}\left[(p_n - m\dot{q}_n)^2 - m^2\dot{q}_n^2 + 2mV(q_n,t_n)\right]\right\} \\
&= \int \frac{\mathrm{d}p_n'}{2\pi\hbar} \exp\left\{\frac{-\mathrm{i}\in}{2m\hbar}\left[p_n'^2 - m^2\dot{q}_n^2 + 2mV(q_n,t_n)\right]\right\} \quad (\diamondsuit p_n' = p_n - m\dot{q}_n) \\
&= \exp\left\{\frac{\mathrm{i}\in}{\hbar}\left[\frac{m}{2}\dot{q}_n^2 - V(q_n,t_n)\right]\right\} \int \frac{\mathrm{d}p_n'}{2\pi\hbar} \exp\left(\frac{-\mathrm{i}\in}{\hbar}\frac{p_n'^2}{2m}\right)
\end{aligned}
$$

利用菲涅耳积分公式

$$\int_{-\infty}^{\infty} \frac{\mathrm{d}x}{\sqrt{2\pi}} \exp\left(\mathrm{i}\frac{a}{2}x^2\right) = \frac{(\sqrt{\mathrm{i}})^{a/|a|}}{\sqrt{|a|}} \qquad (a\text{ 为实数}) \tag{4.39}$$

则有

$$A' = \left(\frac{m}{2\pi\mathrm{i}\hbar\in}\right)^{\frac{1}{2}} \exp\left\{\frac{\mathrm{i}\varepsilon}{\hbar}\left[\frac{m}{2}\dot{q}_n^2 - V(q_n,t_n)\right]\right\}$$

将此式代入(4.33)式有

$$\langle q',t'|q,t\rangle$$

$$= \lim_{N\to\infty}\left(\frac{m}{2\pi i\hbar \in}\right)^{N/2}\int\left(\prod_{n=1}^{N-1}dq_n\right)\exp\left\{\frac{i\in}{\hbar}\sum_{n=0}^{N-1}\left[\frac{m}{2}\dot q_n^2 - V(q_n,t_n)\right]\right\}$$

$$= C\int D'q\exp\left\{\frac{i}{\hbar}\int_t^{t'}d\tau\left[\frac{m}{2}\dot q^2 - V(q_n,\tau)\right]\right\}$$

$$= C\int D'q\exp\left[\frac{i}{\hbar}S(q,\dot q,\tau)\right] \tag{4.40}$$

其中，$C = \lim_{N\to\infty}\left(\frac{m}{2\pi i\hbar \in}\right)^{N/2}$；$S(q,\dot q,\tau) = \frac{i}{\hbar}\int_t^{t'}d\tau\left[\frac{m}{2}\dot q^2 - V(q,\tau)\right] = \int_t^{t'}d\tau L(q,\dot q,\tau)$。

这时已没有动量积分，而 dq_n 的积分区间为无限大，故积分遍及各种空间轨迹(图4.7)。至此，完全证明费恩曼所猜测的(4.1)式是正确的。不必担心常数 C 将随 $N\to\infty$ 而导致发散，在多重积分中它会被自然"消化"(参见 4.5 节)。

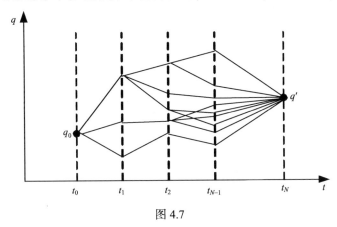

图 4.7

4.4 多自由度传播函数

描写单粒子的运动一般需要 3 个空间自由度，描写 N 个粒子的运动需要 $3N$ 个自由度，因此需要讨论多自由度(D 维)传播函数。前面两节关于单自由度的结果可拓展至任意维空间。采用笛卡儿位置坐标 $(x_1,x_2,\cdots,x_D)$ 和动量"坐标" $(p_1,p_2,\cdots,p_D)$，定义位置矢量算符

$$\hat{\vec r} = x_1\vec i_1 + x_2\vec i_2 + \cdots + x_D\vec i_D \tag{4.41}$$

动量矢量算符

$$\hat{\vec{p}} = p_1\vec{i}_1 + p_2\vec{i}_2 + \cdots + p_D\vec{i}_D \tag{4.42}$$

其中

$$\vec{i}_m \cdot \vec{i}_n = \delta_{mn}, \qquad m,n = 1,2,\cdots,D \tag{4.43}$$

$$p_m = -\mathrm{i}\hbar\frac{\partial}{\partial x_m}, \qquad m = 1,2,\cdots,D \tag{4.44}$$

用 $|\vec{r}\rangle$、$|\vec{p}\rangle$ 分别表示算符 $\hat{\vec{r}}$、$\hat{\vec{p}}$ 的本征矢，则

$$\langle\vec{r}'|\vec{r}\rangle = \delta^D\left(\vec{r}' - \vec{r}\right) = \delta\left(x_1' - x_1\right)\delta\left(x_2' - x_2\right)\cdots\delta\left(x_D' - x_D\right) \tag{4.45}$$

$$\langle\vec{p}'|\vec{p}\rangle = (2\pi\hbar)^D \delta^D\left(\vec{p}' - \vec{p}\right) = (2\pi\hbar)^D \delta\left(p_1' - p_1\right)\delta\left(p_2' - p_2\right)\cdots\delta\left(p_D' - p_D\right) \tag{4.46}$$

$$\int \mathrm{d}\vec{r}\,|\vec{r}\rangle\langle\vec{r}| = I \tag{4.47}$$

$$\int \frac{\mathrm{d}\vec{p}}{(2\pi\hbar)^D}\,|\vec{p}\rangle\langle\vec{p}| = I \tag{4.48}$$

与 4.2 节相似[参见(4.6)式]，选取归一常数 $(2\pi\hbar)^D$ 之目的是 $|p\rangle$ 在位置表象的表达为

$$\psi_p(\vec{r}) = \langle\vec{r}|\vec{p}\rangle = \mathrm{e}^{\mathrm{i}\vec{p}\cdot\vec{r}/\hbar} \tag{4.49}$$

对应于一维的传播函数[见(4.8)式]，D 维传播子为

$$K(\vec{r}',t';\vec{r},t) = \langle\vec{r}',t'|\vec{r},t\rangle = \langle\vec{r}'|\hat{U}(t',t)|\vec{r}\rangle \tag{4.50}$$

类似于 4.3 节将时间区间 $[t,t']$ 分为 N 等份的方法，有

$$\begin{aligned}
\langle\vec{r}',t'|\vec{r},t\rangle &= \langle\vec{r}'|\hat{U}(t,t_{N-1})\hat{U}(t_{N-1},t_{N-2})\cdots\hat{U}(t_2,t_1)\hat{U}(t_1,t)|\vec{r}\rangle \\
&= \int\mathrm{d}\vec{r}_{N-1}\cdots\int\mathrm{d}\vec{r}_2\int\mathrm{d}\vec{r}_1\langle\vec{r}'|\hat{U}(t,t_{N-1})|\vec{r}_{N-1}\rangle\langle\vec{r}_{N-1}|\hat{U}(t_{N-1},t_{N-2})|\vec{r}_{N-2}\rangle \\
&\quad \cdots\langle\vec{r}_2|\hat{U}(t_2,t_1)|\vec{r}_1\rangle\langle\vec{r}_1|\hat{U}(t_1,t)|\vec{r}\rangle
\end{aligned} \tag{4.51}$$

关于 $\langle\vec{r}_{n+1}|\hat{U}(t_{n+1},t_n)|\vec{r}_n\rangle$ 的表达与 4.3 节相似，只需注意

$$\langle \vec{r}_{n+1} | \hat{H}(\hat{\vec{p}}, \hat{\vec{r}}) | \vec{r}_n \rangle = \int \frac{\mathrm{d}\vec{p}_n}{(2\pi\hbar)^D} \langle \vec{r}_{n+1} | \vec{p}_n \rangle \langle \vec{p}_n | \hat{H}(\hat{\vec{p}}, \hat{\vec{r}}) | \vec{r}_n \rangle$$

$$= \int \frac{\mathrm{d}\vec{p}_n}{(2\pi\hbar)^D} \langle \vec{r}_{n+1} | \vec{p}_n \rangle \langle \vec{p}_n | \vec{r}_n \rangle H(\vec{p}, \vec{r}) \tag{4.52}$$

其中，$\hat{H}$ 已蜕化为经典哈密顿函数 $H(\vec{p}, \vec{r})$，且

$$\langle \vec{r}_{n+1} | \vec{p}_n \rangle = \mathrm{e}^{\mathrm{i}\vec{p}_n \cdot \vec{r}_{n+1}/\hbar} \tag{4.53}$$

如此便可最终得到

$$\langle \vec{r}', t' | \vec{r}, t \rangle = \prod_{n=1}^{N-1} \left(\int_{-\infty}^{\infty} \mathrm{d}\vec{r}_n \right) \prod_{n=0}^{N-1} \left[\int_{-\infty}^{\infty} \frac{\mathrm{d}\vec{p}_n}{(2\pi\hbar)^D} \right] \exp\left(\frac{\mathrm{i}}{\hbar} S^N \right) \tag{4.54}$$

其中

$$S^N = \sum_{n=0}^{N-1} \left[\vec{p}_n (\vec{r}_{n+1} - \vec{r}_n) - \in H(\vec{p}_n, \vec{r}_n, t) \right] \tag{4.55}$$

与(4.33)式不同的是，这里的积分 $\int \mathrm{d}\vec{r}_n$、$\int \mathrm{d}\vec{p}_n$ 都是 D 重积分：

$$\int \mathrm{d}\vec{r}_n = \int \mathrm{d}x_1 \mathrm{d}x_2 \cdots \mathrm{d}x_D \tag{4.56}$$

$$\int \mathrm{d}\vec{p}_n = \int \mathrm{d}p_1 \mathrm{d}p_2 \cdots \mathrm{d}p_D \tag{4.57}$$

当 $N \to \infty$ 时，(4.54)式的积分覆盖整个相空间，与(4.33)式的意义相同。假定体系哈密顿量 $H(\vec{p}, \vec{r}) = \sum_{\alpha, \beta} C_{\alpha\beta} p_\alpha p_\beta + V(\vec{p}, \vec{r}, t)$（$C_{\alpha\beta}$ 为常数），则得到类似于(4.40)式的实空间(而不是相空间)路径积分表达：

$$\langle \vec{r}', t' | \vec{r}, t \rangle = C \int D'\vec{r} \exp\left[\frac{\mathrm{i}}{\hbar} S(\vec{r}, \dot{\vec{r}}) \right] \tag{4.58}$$

其中，经典作用量：

$$S(\vec{r}, \dot{\vec{r}}) = \int_t^{t'} \mathrm{d}\tau L(\vec{r}, \dot{\vec{r}}, t) \tag{4.59}$$

4.5 传播函数的特征及计算

按照传播函数的定义(4.8)式，它实际上是演化算符 $\hat{U}(t,t_0)$ 在坐标表象的矩阵元表达，因此涵盖了全部量子信息。在 2.5 节中看到 $\hat{U}(t,t_0)$ 本身的形式求解就很困难，事实上，即便 $\hat{U}(t,t_0)$ 的形式表达已知[如 $\hat{H}$ 不含时，$\hat{U}(t,0) = e^{i\hat{H}t/\hbar}$]，应用在具体表象(如坐标表象)求解初值问题(如果初态不是 $\hat{H}$ 的本征态)仍很困难。路径积分表达[(4.33)、(4.40)、(4.54)或(4.58)式]提供了另一种求解初值问题的途径，但路径积分的求解并非简单。本节将探讨传播函数的积分特征以及有关的计算方法。

4.5.1 自由粒子的传播函数

这里仍限于自由粒子的一维运动，其坐标及动量记为 p、q。虽然我们努力得到的(4.40)和(4.58)式能够表明将各种可能的轨道积分加和即是传播函数，但实现这一计算程式几乎是不可能的，因为它要求无限多次加和[$q(t)$ 遍取各种一元连续函数]。可操作的程式还是(4.33)或(4.54)式，至少将时区 $[t,t']$ 分为足够小(N 足够大)的间隔 $\in$ 便可得到足够好的近似结果。对于自由粒子的一维运动，$H(p,q) = \dfrac{p^2}{2m}$，应用(4.40)式的第一个等式(N 取有限值)得

$$\langle q',t'|q,t\rangle$$

$$= \left(\frac{m}{2\pi i\hbar \in}\right)^{N/2} \int \prod_{n=1}^{N-1} dq_n \exp\left\{\frac{i \in}{\hbar} \sum_{n=0}^{N-1}\left[\frac{m}{2}\left(\frac{q_{n+1}-q_n}{\in}\right)^2\right]\right\}$$

$$= \left(\frac{m}{2\pi i\hbar \in}\right)^{N/2} \int \prod_{n=1}^{N-1} dq_n \exp\left[\frac{im}{2\hbar \in} \sum_{n=0}^{N-1}(q_{n+1}-q_n)^2\right]$$

$$= \left(\frac{m}{2\pi i\hbar \in}\right)^{N/2} \int dq_{N-1}...\int dq_2 \int dq_1$$

$$\cdot \exp\left[\frac{im}{2\hbar \in}(q_1-q_0)^2\right] \exp\left[\frac{im}{2\hbar \in}(q_2-q_1)^2\right]$$

$$\cdot \exp\left[\frac{im}{2\hbar \in}(q_3-q_2)^2\right]\cdots\exp\left[\frac{im}{2\hbar \in}(q_N-q_{N-1})^2\right] \tag{4.60}$$

考虑到积分

$$\int_{-\infty}^{\infty} dq_n \exp\left[-\alpha(q_n - q_{n-1})^2\right] \exp\left[-\beta(q_{n+1} - q_n)^2\right]$$

$$= \int_{-\infty}^{\infty} dq_n \exp\left[-(\alpha+\beta)\left(q_n - \frac{\alpha q_{n-1} + \beta q_{n+1}}{\alpha+\beta}\right)^2 - \frac{\alpha\beta}{\alpha+\beta}(q_{n+1} - q_{n-1})^2\right]$$

$$= \exp\left[-\frac{\alpha\beta}{\alpha+\beta}(q_{n+1} - q_{n-1})^2\right]\sqrt{\frac{\pi}{\alpha+\beta}} \tag{4.61}$$

[最后一步推导应用了菲涅耳积分公式(4.39)，$\alpha = \beta = -im/(2 \in \hbar)$]则(4.60)式中对 q_1 的积分变为

$$\left(\frac{m}{2\pi i\hbar \in}\right)\int_{-\infty}^{\infty} dq_1 \exp\left[\frac{im}{2\hbar \in}(q_1 - q_0)^2\right]\exp\left[\frac{im}{2\hbar \in}(q_2 - q_1)^2\right]$$

$$= \sqrt{\frac{m}{2\pi i\hbar(2\in)}} \exp\left[\frac{im}{2\hbar(2\in)}(q_2 - q_0)^2\right] \tag{4.62}$$

注意，(4.60)式积分号前有 N 个常数因子 $\sqrt{\dfrac{m}{2\pi i\hbar \in}}$，而上式积分用了两个因子，剩余 $N-2$ 个因子将分别配给 $q_2, q_3, \cdots, q_{N-1}$ 的积分，故(4.60)式中对 q_2 的积分是

$$\sqrt{\frac{m}{2\pi i\hbar(2\in)}}\sqrt{\frac{m}{2\pi i\hbar \in}}\int dq_2 \exp\left[\frac{im}{2\hbar(2\in)}(q_2 - q_0)^2\right]\cdot\exp\left[\frac{im}{2\hbar \in}(q_3 - q_2)^2\right]$$

$$= \sqrt{\frac{m}{2\pi i\hbar(3\in)}}\exp\left[\frac{im}{2\hbar(3\in)}(q_3 - q_0)^2\right] \tag{4.63}$$

与(4.62)式比较，$3\in$ 替代了 $2\in$，q_3 替代了 q_2，其余相同。继续对 $q_3, q_4, \cdots, q_{N-1}$ 积分必然是

$$\langle q', t' | q, t \rangle = \sqrt{\frac{m}{2\pi i\hbar(N\in)}}\exp\left[\frac{im}{2\hbar(N\in)}(q_N - q_0)^2\right]$$

$$= \sqrt{\frac{m}{2\pi i\hbar(t'-t)}}\exp\left[\frac{im}{2\hbar}\frac{(q'-q)^2}{t'-t}\right] \tag{4.64}$$

有趣的是，此结果与 N 无关，仅仅依赖于初末时间点 (t, t')。另一个有趣的特征是，(4.64)式的指数因子 $\left[\dfrac{m(q'-q)^2}{2(t'-t)}\right]$ 正是仅仅按经典轨道(而不是所有轨道)

$$q_c(\tau) = q + \frac{q'-q}{t'-t}(\tau-t) \tag{4.65}$$

计算得到的作用量：

$$
\begin{aligned}
S_c[q_c(\tau)] &= \int_t^{t'} L(q_c(\tau), \dot{q}_c(\tau))\mathrm{d}\tau \\
&= \int_t^{t'} \frac{1}{2}m\dot{q}_c^2\,\mathrm{d}\tau \\
&= \frac{m(q'-q)^2}{2(t'-t)}
\end{aligned} \tag{4.66}
$$

故传播函数也可写为

$$\langle q',t'|q,t\rangle = \sqrt{\frac{m}{2\pi\mathrm{i}\hbar(t'-t)}}\exp\left(\frac{\mathrm{i}}{\hbar}S_c\right)$$

$$= F(t'-t)\exp\left(\frac{\mathrm{i}}{\hbar}S_c\right) \tag{4.67}$$

该结果对你有什么启迪吗？仅仅一条经典轨道替代了其他各种可能的轨道作用量之和，为什么？在回答该问题之前，我们要进一步肯定(4.64)式是严格成立的，虽然所采用的方法(将时间区间划分为无限小间隔)似乎是一个近似。事实上，因为自由粒子的哈密顿量 $H = \dfrac{p^2}{2m}$ 不含时，故 $\hat{U}(t,0) = \mathrm{e}^{\mathrm{i}\hat{H}t/\hbar}$，因此

$$
\begin{aligned}
\langle q',t'|q,t\rangle &= \langle q'|\hat{U}(t',t)|q\rangle \\
&= \int_{-\infty}^{\infty}\frac{\mathrm{d}p}{2\pi\hbar}\langle q'|p\rangle\langle p|\mathrm{e}^{-\mathrm{i}(t'-t)p^2/(2m\hbar)}|q\rangle \\
&= \int_{-\infty}^{\infty}\frac{\mathrm{d}p}{2\pi\hbar}\exp\left[-\frac{\mathrm{i}}{\hbar}\frac{p^2}{2m}(t'-t) + \frac{\mathrm{i}}{\hbar}p(q'-q)\right] \\
&= \sqrt{\frac{m}{2\pi\mathrm{i}\hbar(t'-t)}}\exp\left(\frac{\mathrm{i}}{\hbar}S_c\right)
\end{aligned} \tag{4.68}
$$

与(4.64)式完全相同。

由于 $\left|\langle q',t'|q,t\rangle\right|^2$ 的物理意义是，t 时刻位于 q 点的粒子经历时段 $(t'-t)$ 后在 q' 点出现的概率，故(4.68)式表明粒子在 t' 时刻出现在 q' 点的概率与 q' 值无关，即粒

子可能等概率地出现在空间任何点。这与不确定关系 $\Delta p \Delta q \geqslant \hbar / 2$ 的描述吻合，因为 t 时刻完全精确测定位置($\Delta q = 0$)导致动量测量完全不确定($\Delta p \to \infty$)。这里产生了一个问题，在有限的时间($t' - t$)内，粒子怎么可能到达那些远离初始位置 q 的空间点 q' [$|q' - q| > c(t' - t)$，c 为光速]?！这正是量子跃迁的特征，只不过跃迁发生在位置本征态 $|q\rangle \to |q'\rangle$ 之间而不是在氢原子的能量本征态之间(吸收或产生光子)。第一颗原子弹之父奥本海默这样感叹："如果有人问电子的位置是否保持不变，我们回答否；如果再问电子的位置是否随着时间改变，我们还必须回答否！"

4.5.2　传播函数的特征

(4.67)式表明，自由粒子的传播函数具有指数形式，其指前因子 $F(t' - t)$ 仅依赖于时间坐标，而指数因子 S_c 对应于一条经典轨道 $q_c(t)$ 的作用量。下面将证明该特征具有相当的普遍性，有助于精确计算有外场作用时的传播函数。

考虑具有普遍意义的平方型拉格朗日函数

$$L(p, q; t) = A(t)\dot{q}^2(t) + B(t)q(t)\dot{q}(t) + C(t)q^2(t) + D(t)\dot{q}(t) + E(t)q(t) + F(t) \tag{4.69}$$

其中，$A(t), B(t), \cdots, F(t)$ 为时间的任意函数。在很多情况下，拉氏函数 L 可分解为动能项 T 和势能项 V 之差($L = T - V$)，可见(4.69)式已涵盖相当广泛的拉氏函数形式，且 $A(t) > 0$(动能项)。

根据(4.40)式，传播函数

$$\langle q_b t_b | q_a t_a \rangle = C \int D'q(t) \exp\left\{ \frac{\mathrm{i}}{\hbar} S[q(t), \dot{q}(t)] \right\} \tag{4.70}$$

其中

$$S[q(t), \dot{q}(t)] = \int_{t_b}^{t_a} \mathrm{d}t L(q(t), \dot{q}(t); t) \tag{4.71}$$

是沿某一给定路径 $q(t)$ 的积分，一万条不同路径一般对应一万个不同的作用量 $S_1, S_2, \cdots, S_{10000}$，它们作为相因子在加和中可能相互抵消。然而有一类轨道(数量也是无限多的)的贡献在加和中大多是加强的，那就是经典轨道 $q_c(t)$ 附近的轨道簇，因为所谓经典轨道就是使作用量 S 取极值的轨道[回顾关于(4.1)式的讨论]，即

$$\delta S[q_c(t), q_c(t)] = 0 \tag{4.72}$$

该变分给出欧拉-拉格朗日(Euler-Lagrange)方程：

$$\left(\frac{\mathrm{d}}{\mathrm{d}t}\frac{\partial L}{\partial \dot{q}}-\frac{\partial L}{\partial q}\right)\Bigg|_{q(t)=q_c(t)}=0 \tag{4.73}$$

据此分析，在(4.70)式的轨道加和中只需考虑稍微偏离经典轨道的轨道簇，其中任一轨道可表示为

$$q(t)=q_c(t)+x(t) \tag{4.74}$$

其中，$x(t)$ 表示相对于 $q_c(t)$ 的扰动，称为**量子涨落**，在端点[因为 $q(t_a)=q_a$、$q(t_b)=q_b$]固定不变，即

$$x(t_a)=0 \ , \qquad x(t_b)=0 \tag{4.75}$$

对应于轨道 $q(t)$ 的作用量

$$S\big[q(t)\big]=\int_{t_a}^{t_b}\mathrm{d}tL\big(q(t),\dot{q}(t);t\big) \tag{4.76}$$

将拉氏量 $L\big(q(t),\dot{q}(t);t\big)$ 在经典轨道 $q_c(t)$ 周围作泰勒级数展开：

$$\begin{aligned}
L\big(q(t),\dot{q}(t);t\big)&=L\big(q_c(t),\dot{q}_c(t);t\big)\\
&+\frac{\partial L}{\partial \dot{q}}\bigg|_c\dot{x}+\frac{\partial L}{\partial q}\bigg|_c x+\frac{1}{2}\left[\frac{\partial^2 L}{\partial \dot{q}^2}(\dot{x})^2+2\frac{\partial^2 L}{\partial \dot{q}\partial q}x\dot{x}+\frac{\partial^2 L}{\partial q^2}(x)^2\right]_c
\end{aligned} \tag{4.77}$$

由于 $L\big(q(t),\dot{q}(t);t\big)$ 为平方型函数[(4.69)式]，没有更高阶导数，故展开只到二阶项。代入(4.76)式得

$$\begin{aligned}
S\big[q(t)\big]&=\int_{t_a}^{t_b}\mathrm{d}tL\big(q_c(t),\dot{q}_c(t);t\big)\\
&+\int_{t_a}^{t_b}\mathrm{d}t\left(\frac{\partial L}{\partial \dot{q}}\bigg|_c\dot{x}+\frac{\partial L}{\partial q}\bigg|_c x\right)+\int_{t_a}^{t_b}\mathrm{d}t\left[A(t)(\dot{x})^2+B(t)x\dot{x}+C(t)(x)^2\right]
\end{aligned} \tag{4.78}$$

其中，右侧第二项积分

$$\begin{aligned}
S_l&=\int_{t_a}^{t_b}\mathrm{d}t\left(\frac{\partial L}{\partial \dot{q}}\bigg|_c\dot{x}+\frac{\partial L}{\partial q}\bigg|_c x\right)\\
&=\frac{\partial L}{\partial \dot{q}}\bigg|_c x\Big|_{t_a}^{t_b}-\int_{t_a}^{t_b}\mathrm{d}t\left(\frac{\mathrm{d}}{\mathrm{d}t}\frac{\partial L}{\partial \dot{q}}\right)\bigg|_c x+\int_{t_a}^{t_b}\mathrm{d}t\frac{\partial L}{\partial q}\bigg|_c x=0
\end{aligned} \tag{4.79}$$

这里应用了(4.73)和(4.75)式。

令
$$S_c = \int_{t_a}^{t_b} dt L(q_c, \dot{q}_c; t) \tag{4.80}$$

$$S_f[x(t)] = \int_{t_a}^{t_b} dt \left[A(t)\dot{x}^2 + B(t)x\dot{x} + C(t)x^2 \right] \tag{4.81}$$

则由(4.78)式得

$$S[q(t)] = S_c + S_f[x(t)] \tag{4.82}$$

代入(4.70)式并考虑这样的事实：$q_c(t)$ 确定不变，改变 $x(t)$ 便改变了 $q(t)$，则有

$$\langle q_b t_b | q_a t_a \rangle = F(t_b, t_a) e^{\frac{i}{\hbar} S_c} \tag{4.83}$$

其中，**涨落因子**

$$F(t_b, t_a) = \int_{x(t_a)=0}^{x(t_b)=0} D'x(t) \exp\left(\frac{i}{\hbar} S_f \right) \tag{4.84}$$

仅仅依赖于时间 t_a、t_b 而与端点 q_a、q_b 无关。

把上述结果应用于自由粒子，与(4.67)式在形式上完全吻合，只是涨落因子尚未求出。对于一维自由粒子，$L = \frac{1}{2}\dot{q}^2$，即(4.69)式中除 $A(t) = m/2$ 外，其余因子 $B(t)$、$C(t)$、$D(t)$、$E(t)$、$F(t)$ 全为零，故

$$S_f[x(t)] = \int_{t_a}^{t_b} dt \left(\frac{m}{2} \dot{x}^2 \right) \tag{4.85}$$

类似于前几节求传播函数的方法，仍将时区 $[t_a, t_b]$ 按间隔 $\in = (t_a - t_b)/N$ 等分为 N 个时间格点，分别标记为 $t_0 = t_a$，$t_n = t_a + n \in$，$t_N = t_b$（依次对应的空间变量为 $x_0, x_1, x_2, \cdots, x_N$），则(4.84)式可写为

$$F(t_b, t_b) = \left(\frac{m}{2\pi i \hbar \in} \right)^{N/2} \int \prod_{n=1}^{N-1} dx_n \exp\left\{ \frac{i \in}{\hbar} \sum_{n=0}^{N-1} \left[\frac{m}{2} \left(\frac{x_{n+1} - x_n}{\in} \right)^2 \right] \right\} \tag{4.86}$$

此式与(4.60)式的第一等式完全相同，只是这里的两端点 $x_0 = x(t_a) = 0$，$x_N = x(t_b) = 0$。因此，只需令(4.64)式中的 $q' = q = 0$，便得到 $F(t_b, t_a) = \sqrt{\dfrac{m}{2\pi i \hbar (t_b - t_a)}}$。显然这种方法没有普遍应用意义，因为(4.64)式已经是传播函数了。下面仍以自由粒子为例给出求解 $F(t_b, t_a)$ 的普适方法，因此将处理一些琐碎的数学问题。

【题外之言】 文心雕龙嘛，只要能平心静气，本着孔明南阳躬耕的态度，就能积水成渊，蛟龙生焉。【言归正传】

先定义两个差分符号：

$$\nabla x(t) \equiv \frac{1}{\epsilon}\big[x(t+\epsilon) - x(t)\big] \tag{4.87}$$

$$\overline{\nabla} x(t) \equiv \frac{1}{\epsilon}\big[x(t) - x(t-\epsilon)\big] \tag{4.88}$$

虽然它们的连续极限$(\epsilon \to 0)$都等于时间微商$\partial_t = \partial / \partial t$，但当$\epsilon$有限大小时，后面的推演将证明它们有微妙的共轭关系。应用此式由(4.85)式有

$$S_f^N = \frac{m\epsilon}{2}\sum_{n=1}^{N}\big(\overline{\nabla} x_n\big)^2 = \frac{m\epsilon}{2}\sum_{n=0}^{N-1}\big(\nabla x_n\big)^2 \tag{4.89}$$

其中

$$\nabla x_n \equiv \frac{1}{\epsilon}\big(x_{n+1} - x_n\big), \qquad N-1 \geqslant n \geqslant 0 \tag{4.90}$$

$$\overline{\nabla} x_n \equiv \frac{1}{\epsilon}\big(x_n - x_{n-1}\big), \qquad N \geqslant n \geqslant 1 \tag{4.91}$$

称为**格点微商**(因为时间轴被划分为N个等间距的格点)，与普通微商十分相似。例如，普通微分有分部积分公式：

$$\int_a^b f(x)g'(x)\mathrm{d}x = f(x)g(x)\Big|_a^b - \int_a^b f'(x)g(x)\mathrm{d}x \tag{4.92}$$

格点微商也有类似表达：

$$\sum_{n=1}^{N} p_n \overline{\nabla} x_n \, \epsilon = p_n x_n\Big|_0^N - \sum_{n=0}^{N-1}(\nabla p_n)x_n \, \epsilon \tag{4.93}$$

其证明如下：

$$\sum_{n=1}^{N} p_n \overline{\nabla} x_n \, \epsilon = p_N(x_N - x_{N-1}) + p_{N-1}(x_{N-1} - x_{N-2}) + \cdots$$
$$+ p_2(x_2 - x_1) + p_1(x_1 - x_0) + p_0 x_0 - p_0 x_0$$

$$= (p_N x_N - p_0 x_0) - \frac{1}{\in}(p_N - p_{n-1})x_{N-1} \in -\frac{1}{\in}(p_{N-1} - p_{N-2})x_{N-2} \in \cdots$$

$$= p_N x_N \Big|_0^N - \sum_{n=0}^{N-1}(\nabla p_n)x_n \in \tag{4.94}$$

应用于涨落轨道，$x_0 = x(t_a) = 0$，$x_N = x(t_b) = 0$，$p_n = m\overline{\nabla}x_n$，(4.93)式可写为

$$\sum_{n=1}^{N} p_n \overline{\nabla}x_n \in = -\sum_{n=0}^{N-1}(\nabla p_n)x_n \in \tag{4.95}$$

考虑到 $p_0 = m\overline{\nabla}x_0$ 已无定义，可利用周期性 $p_0 = p_N$，$x_0 = x_N$ 将(4.95)式写为(将 $n = 0$ 项替换为 $n = N$)

$$\sum_{n=1}^{N} p_n \overline{\nabla}x_n \in = -\frac{1}{2}\sum_{n=1}^{N}(\nabla p_n)x_n \in$$

应用于(4.89)式有

$$S_f^N = \frac{1}{2}\sum_{n=1}^{N} m\overline{\nabla}x_n \overline{\nabla}x_n \in$$

$$= \frac{1}{2}\sum_{n=1}^{N} p_n \overline{\nabla}x_n \in$$

$$= -\frac{1}{2}\sum_{n=1}^{N}(\nabla p_n)x_n \in$$

$$= -\frac{m}{2}\in\sum_{n=1}^{N} x_n \nabla\overline{\nabla}x_n \tag{4.96}$$

考虑到

$$\nabla\overline{\nabla}x_n \equiv \overline{\nabla}\nabla x_n = \frac{1}{\in^2}\left(x_{n+1} - 2x_n + x_{n-1}\right)$$

将 $\nabla\overline{\nabla}$ 记为 $N \times N$ 阶矩阵：

$$\nabla\overline{\nabla} \equiv \overline{\nabla}\nabla = \frac{1}{\in^2}\begin{pmatrix} -2 & 1 & 0 & \cdots & 0 & 0 & 0 \\ 1 & -2 & 1 & \cdots & 0 & 0 & 0 \\ \vdots & & & & & & \vdots \\ 0 & 0 & 0 & \cdots & 1 & -2 & 1 \\ 0 & 0 & 0 & \cdots & 0 & 1 & -2 \end{pmatrix} \tag{4.97}$$

(4.96)式可写为

$$S_f^N = -\frac{m \in}{2} \sum_{\substack{n=1 \\ n'=0}}^{N} x_n \left(\nabla\overline{\nabla}\right)_{nn'} x_{n'} \tag{4.98}$$

若将 x_n 记为 N 行列阵 $(x_0 = x_N)$

$$X = \begin{pmatrix} x_1 \\ x_2 \\ \vdots \\ x_N \end{pmatrix} \tag{4.99}$$

则(4.98)式可写为

$$S_f^N = -\frac{m \in}{2} X^{\mathrm{T}} \nabla\overline{\nabla} X \tag{4.100}$$

其中，X^{T} 代表 X 的转置：$X^{\mathrm{T}} = (x_0, x_1, x_2, \cdots, x_N)$。

下面我们进一步探讨格点微商与普通微商的共同特点。用普通微商算符 ∂_t 作用于

$$x(t) = \int_{-\infty}^{\infty} \mathrm{d}\omega \, \mathrm{e}^{-\mathrm{i}\omega t} x(\omega) \tag{4.101}$$

有

$$\int_{-\infty}^{\infty} \mathrm{d}\omega \partial_t \left[x(\omega) \mathrm{e}^{-\mathrm{i}\omega t} \right] = \int_{-\infty}^{\infty} \mathrm{d}\omega \left[-\mathrm{i}\omega x(\omega) \mathrm{e}^{-\mathrm{i}\omega t} \right] \tag{4.102}$$

比较等式两侧傅里叶展开系数，可以"形象"地说 ∂_t 的本征态是 $x(\omega)$，相应的本征值为 $-\mathrm{i}\omega$，即

$$\partial_t x(\omega) = -\mathrm{i}\omega x(\omega) \tag{4.103}$$

应用 ∇ 对(4.101)式作用，有

$$\begin{aligned}
\nabla x(t_n) &= \int_{-\infty}^{\infty} \mathrm{d}\omega \nabla \left[x(\omega) \mathrm{e}^{-\mathrm{i}\omega t_n} \right] \\
&= \int_{-\infty}^{\infty} \mathrm{d}\omega \frac{1}{\in} \left[\mathrm{e}^{-\mathrm{i}\omega(t_n + \in)} - \mathrm{e}^{-\mathrm{i}\omega t_n} \right] x(\omega) \\
&= \int_{-\infty}^{\infty} \mathrm{d}\omega \frac{\mathrm{e}^{-\mathrm{i}\omega \in} - 1}{\in} x(\omega) \mathrm{e}^{-\mathrm{i}\omega t_n}
\end{aligned}$$

类似于(4.103)式

$$\nabla x(\omega) = \frac{1}{\in}\left(\mathrm{e}^{-\mathrm{i}\omega\in} - 1\right)x(\omega) \tag{4.104}$$

当 $\in \to 0$，$\nabla x(\omega) = -\mathrm{i}\omega x(\omega)$，与(4.103)式相同，表明 $\nabla \xrightarrow{\in \to 0} \partial t$。类似地可得到

$$\overline{\nabla} x(\omega) = \frac{1}{\in}\left(1 - \mathrm{e}^{\mathrm{i}\omega\in}\right)x(\omega)$$

如果给 ∇、$\overline{\nabla}$ 都乘以因子 i，则算符 $(\mathrm{i}\nabla)$ 与 $(\mathrm{i}\overline{\nabla})$ 互为复共轭：

$$\mathrm{i}\nabla x(\omega) = \frac{\mathrm{i}}{\in}\left(\mathrm{e}^{\mathrm{i}\omega\in} - 1\right)x(\omega) \equiv \Omega x(\omega) \tag{4.105}$$

$$\mathrm{i}\overline{\nabla} x(\omega) = \frac{-\mathrm{i}}{\in}\left(\mathrm{e}^{\mathrm{i}\omega\in} - 1\right)x(\omega) \equiv \overline{\Omega} x(\omega) \tag{4.106}$$

显然，

$$\Omega\overline{\Omega} = \frac{1}{\in^2}\left[2 - 2\cos\left(\omega\in\right)\right] \tag{4.107}$$

是 $-\nabla\overline{\nabla} = (\mathrm{i}\nabla)(\mathrm{i}\overline{\nabla})$ 的本征值，

$$-\nabla\overline{\nabla} x(\omega) = \Omega\overline{\Omega} x(\omega) \tag{4.108}$$

下面介绍利用傅里叶级数展开求解涨落因子 $F(t_b, t_a)$ 的方法。原则上讲，涨落轨道 $x(t)$ 应展开为(4.101)式。但考虑到端点条件 $x(t_a) = x(t_b) = 0$ [见(4.75)式]，该展开式蜕变为傅氏级数：

$$x(t) = \sum_{l=1}^{\infty}\sqrt{\frac{2}{N}}\sin\nu_l(t - t_a)x(\nu_l) \tag{4.109}$$

其中，$\sqrt{2/N}$ 是引入的归一化因子；而

$$\nu_l = \frac{l\pi}{t_b - t_a} = \frac{l\pi}{N\in}, \qquad l = 1,2,\cdots \tag{4.110}$$

将(4.109)式应用于每一个时间格点 t_n，有

$$x_n \equiv x(t_n) = \sum_{l=1}^{\infty}\sqrt{\frac{2}{N}}\sin\left[\nu_l(t_n - t_a)\right]x(\nu_l) \tag{4.111}$$

这时，我们改变一下观点：在(4.86)式中 x_n 作为 $(N-1)$ 个独立变量出现，故(4.111)式定义了一组新的独立变量 $x(\nu_l)$，所以 l 最大值应为 $(N-1)$，即

$$x_n = \sum_{l=1}^{N-1} \sqrt{\frac{2}{N}} \sin\left[\nu_l(t_n - t_a)\right] x(\nu_l) \tag{4.112}$$

容易证明：

$$\frac{2}{N} \sum_{l=1}^{N-1} \sin\nu_l(t_n - t_a)\sin\nu_{l'}(t_n - t_a) = \delta_{ll'} \tag{4.113}$$

$$\frac{2}{N} \sum_{l=1}^{N-1} \sin\nu_l(t_n - t_a)\sin\nu_l(t_{n'} - t_a) = \delta_{nn'} \tag{4.114}$$

将(4.112)式代入(4.96)式并应用(4.113)和(4.114)式得

$$S_f^N = \frac{m}{2} \in \sum_{n=1}^{N} x(\nu_n)\Omega_n\overline{\Omega_n}x(\nu_n) \tag{4.115}$$

将以上结果代入(4.86)式，并考虑到变量变换(4.112)式的行列式等于1[因为 $\prod_{n=1}^{N-1}\mathrm{d}x_n = \prod_{n=1}^{N-1}\mathrm{d}x(\nu_n)$]，则有

$$F\left(t_b, t_a\right) = \left(\frac{m}{2\pi i\hbar \in}\right)^{N/2} \int \prod_{n=1}^{N-1} \mathrm{d}x(\nu_n) \exp\left\{\frac{\mathrm{i}}{\hbar}\frac{m}{2} \in \Omega_n\overline{\Omega_n}\left[x(\nu_n)\right]^2\right\} \tag{4.116}$$

应用菲涅耳积分公式(4.39)：

$$\int_{-\infty}^{\infty} \mathrm{d}x \exp\left(\mathrm{i}\frac{a}{2}x^2\right) = \sqrt{\frac{2\pi}{|a|}}\begin{cases}\sqrt{\mathrm{i}}, & a > 0 \\ \mathrm{i}/\sqrt{\mathrm{i}}, & a < 0\end{cases}$$

则有

$$F\left(t_b, t_a\right) = \sqrt{\frac{m}{2\pi i\hbar \in}} \prod_{n=1}^{N-1} \frac{1}{\sqrt{\in^2 \Omega_n\overline{\Omega_n}}} \tag{4.117}$$

由(4.107)式知：

$$\Omega_n\overline{\Omega_n} = \frac{1}{\in^2}\left[2 - 2\cos\left(\nu_n \in\right)\right] = \frac{1}{\in^2}\left[2 - 2\cos\left(\frac{n\pi}{N}\right)\right]$$

应用公式

$$\prod_{n=1}^{N-1}\left(1+x^2-2x\cos\frac{n\pi}{N}\right)=\frac{x^{2N}-1}{x^2-1}$$

令 $x\rightarrow 1$，则

$$\prod_{n=1}^{N-1}\left(2-2\cos\frac{n\pi}{N}\right)=N \tag{4.118}$$

因此 $\prod_{n=1}^{N-1}\in^2\varOmega_n\overline{\varOmega_n}=N$，代入(4.117)式得

$$F\left(t_b,t_a\right)=\sqrt{\frac{m}{2\pi\mathrm{i}\hbar N\in}}=\sqrt{\frac{m}{2\pi\mathrm{i}\hbar(t_b-t_a)}} \tag{4.119}$$

这正是(4.64)式的指前因子。

求解(4.117)式中的连乘也可用另一方法。由于 $\varOmega_n\overline{\varOmega_n}$ 是算符 $-\nabla\overline{\nabla}$ 的本征值 [(4.108)式]，因此 $\prod_{n=1}^{N-1}\varOmega_n\overline{\varOmega_n}$ 是该算符表示矩阵[见(4.97)式]的行列式值[因为任意实对称矩阵 A 与对角矩阵 B 相似，即 $B=C^{-1}AC$]，即

$$\prod_{n=1}^{N-1}\in^2\varOmega_n\overline{\varOmega_n}=\det_{N-1}\left(-\in^2\nabla\overline{\nabla}\right) \tag{4.120}$$

由(4.97)式知，这里的 $(N-1)\times(N-1)$ 阶矩阵是

$$\left(-\in\nabla\overline{\nabla}\right)_{(N-1)\times(N-1)}=\begin{pmatrix} 2 & -1 & 0 & \cdots & 0 & 0 & 0 \\ -1 & 2 & -1 & \cdots & 0 & 0 & 0 \\ \vdots & & & & & & \vdots \\ 0 & 0 & 0 & \cdots & -1 & 2 & -1 \\ 0 & 0 & 0 & \cdots & 0 & -1 & 2 \end{pmatrix} \tag{4.121}$$

这是一个带形矩阵，而任意带行 $N\times N$ 阶矩阵的行列式值有解析表达

$$\begin{vmatrix} a & b & & & & \\ c & a & b & & & \\ & \ddots & \ddots & \ddots & & \\ & & \ddots & \ddots & \ddots & \\ & & & c & a & b \\ & & & & c & a \end{vmatrix}=\begin{cases} a^N, & bc=0 \\ (N+1)\left(\dfrac{a}{2}\right)^2, & a^2=bc\neq 0 \\ \dfrac{\alpha^{N+1}-\beta^{N+1}}{\alpha-\beta}, & a^2\neq bc \end{cases} \tag{4.122}$$

其中，$\alpha = \frac{1}{2}\left(a + \sqrt{a^2 - 4bc}\right)$；$\beta = \frac{1}{2}\left(a - \sqrt{a^2 - 4bc}\right)$。应用(4.122)式容易得知(4.121)式的行列式值等于 N，与(4.118)式结果相同。

4.5.3 谐振子的传播函数

简谐振动是很普遍的一类运动现象，几乎所有的凝聚态物体中的原子都在永不停息地作近似的简谐运动，气相分子中的原子也在分子的质心参照系中作类似振动。因此在量子力学中处理此类运动具有广泛的应用背景。

谐振子的拉氏量

$$L = \frac{1}{2}m\dot{x}^2 - \frac{1}{2}m\omega^2 x^2 \tag{4.123}$$

根据上一小节的讨论，只要计算出涨落因子 $F(t_b, t_a)$ 以及经典轨道 $x_c(t)$ 的作用量 [(4.80)式]

$$
\begin{aligned}
S_c &= \int_{t_a}^{t_b} \mathrm{d}t \left(\frac{1}{2}m\dot{x}_c^2 - \frac{1}{2}m\omega^2 x_c^2 \right) \\
&= \frac{1}{2}m \int_{t_a}^{t_b} \dot{x}_c \mathrm{d}x_c - \frac{\omega^2}{2}m \int_{t_a}^{t_b} \mathrm{d}t x_c^2(t) \\
&= \frac{1}{2}m x_c \dot{x}_c \Big|_{t_a}^{t_b} - \frac{1}{2}m \int_{t_a}^{t_b} x_c \ddot{x}_c \mathrm{d}t - \frac{\omega^2}{2}m \int_{t_a}^{t_b} \mathrm{d}t x_c^2(t) \\
&= \frac{m}{2} x_c \dot{x}_c \Big|_{t_a}^{t_b} - \frac{m}{2} \int_{t_a}^{t_b} x_c \left(\ddot{x}_c + \omega^2 x_c \right) \mathrm{d}t = \frac{m}{2} x_c \dot{x}_c \Big|_{t_a}^{t_b}
\end{aligned}
\tag{4.124}
$$

便可由(4.83)式得到谐振子的传播函数。由牛顿方程 $\ddot{x}_c + \omega^2 x_c = 0$ 可以得到满足初始条件 $x_c(t_a) = x_a$ 和终了条件 $x_c(t_b) = x_b$ 的经典轨道：

$$x_c(t) = \frac{x_b \sin\omega(t - t_a) + x_a \sin\omega(t_b - t)}{\sin(t_b - t_a)} \tag{4.125}$$

代入(4.124)式得

$$S_c = \frac{m\omega}{2\sin\omega(t_b - t_a)} \left[\left(x_a^2 + x_b^2 \right) \cos\omega(t_b - t_a) - 2x_b x_a \right] \tag{4.126}$$

关于 $F(t_b, t_a)$ 的计算方法与上一小节方法类似，只是在拉氏量中要加入势能项

$\frac{1}{2}m\omega^2x^2$ 得到[类似于(4.117)式]：

$$F\left(t_b,t_a\right)=\sqrt{\frac{m}{2\pi i\hbar \in}}\prod_{n=1}^{N-1}\frac{1}{\sqrt{\in^2 \Omega_n\overline{\Omega_n}-\in^2 \omega^2}} \tag{4.127}$$

其中，连乘

$$\prod_{n=1}^{N-1}\left(\in^2 \Omega_n\overline{\Omega_n}-\in^2 \omega^2\right)=\prod_{n=1}^{N-1}\left(\in^2 \Omega_n\overline{\Omega_n}\right)\prod_{n=1}^{N-1}\frac{\in^2 \Omega_n\overline{\Omega_n}-\in^2 \omega^2}{\in^2 \Omega_n\overline{\Omega_n}}$$

$$=\prod_{n=1}^{N-1}\left(\in^2 \Omega_n\overline{\Omega_n}\right)\prod_{n=1}^{N-1}\left(1-\frac{\omega^2}{\Omega_n\overline{\Omega_n}}\right) \tag{4.128}$$

应用(4.107)式，

$$1-\frac{\omega^2}{\Omega_n\overline{\Omega_n}}=1-\frac{\in^2 \omega^2}{2-2\cos(v_n \in)}$$

$$\overset{\in\to0}{=}1-\frac{\omega^2(t_b-t_a)}{n^2\pi^2}$$

再应用连乘公式 $\sin x=x\prod_{n=1}^{\infty}\left(1-\frac{x^2}{n^2\pi^2}\right)$ ，得

$$\prod_{n=1}^{\infty}\left(1-\frac{\omega^2}{\Omega_n\overline{\Omega_n}}\right)\overset{N\to\infty}{=}\frac{\sin \omega(t_b-t_a)}{\omega(t_b-t_a)} \tag{4.129}$$

由(4.117)式知，$\prod_{n=1}^{N-1}\in^2 \Omega_n\overline{\Omega_n}=N$ ，一并代入(4.127)式得

$$F\left(t_b,t_a\right)=\sqrt{\frac{m}{2\pi i\hbar}}\sqrt{\frac{\omega(t_b-t_a)}{\sin \omega(t_b-t_a)}}$$

因此谐振子的传播函数

$$\langle x_bt_b|x_at_a\rangle=\sqrt{\frac{m\omega}{2\pi i\hbar \sin \omega(t_b-t_a)}}$$

$$\cdot\exp\left\{\frac{i}{\hbar}\frac{m\omega}{2\sin\left[\omega(t_b-t_a)\right]}\left[\left(x_a^2+x_b^2\right)\cos \omega(t_b-t_a)-2x_ax_b\right]\right\} \tag{4.130}$$

同样的方法可得到 D 维谐振子的传播函数：

$$\langle \bar{x}_b t_b | \bar{x}_a t_a \rangle = \left[\sqrt{\frac{m\omega}{2\pi i\hbar \sin \omega(t_b - t_a)}} \right]^D$$

$$\cdot \exp\left\{ \frac{i}{\hbar} \frac{m\omega}{2\sin[\omega(t_b - t_a)]} \left[\left(\bar{x}_a^2 + \bar{x}_b^2 \right) \cos \omega(t_b - t_a) - 2\bar{x}_a \cdot \bar{x}_b \right] \right\} \quad (4.131)$$

4.6 路径积分与量子统计

对于一个与温度为 T 的热库相接触的正则物理体系(粒子数守恒)，如果其哈密顿算符 $\hat{H}$ 不显含时间，则其热力学特性决定于量子统计配分函数：

$$Z = T_r\left(e^{-\hat{H}/kT} \right) = \sum_n e^{-E_n/kT} \quad (4.132)$$

它可被视为量子配分函数

$$Z_Q = T_r\left(e^{-i\hat{H}(t_b - t_a)/\hbar} \right) \quad (4.133)$$

使用了虚时间：

$$t_b - t_a = -\frac{i\hbar}{kT} = -i\hbar\beta \quad (4.134)$$

因此在位置表象，

$$Z = \int_{-\infty}^{\infty} dx \langle x | e^{-\beta\hat{H}} | x \rangle$$

$$= \int_{-\infty}^{\infty} dx \langle xt_b | xt_a \rangle \big|_{t_b - t_a = -i\hbar\beta} \quad (4.135)$$

类似于 4.3 节的方法，这里将虚时间区 $[0, \beta\hbar]$ 按间隔 $\in = \beta\hbar/N$ 等分为 N 个格点，分别标记为 $\tau_0 = 0, \tau_1, \tau_2, \cdots, \tau_N = \beta\hbar$，则有[类似于(4.34)式]

$$Z = \prod_{n=1}^{N} \left(\int_{-\infty}^{\infty} dx_n \int_{-\infty}^{\infty} \frac{dp_n}{2\pi\hbar} \right) \exp\left(\frac{i}{\hbar} A^N \right) \quad (4.136)$$

其中

$$A^N = \sum_{n=1}^{N} \left[-ip_n(x_n - x_{n-1}) + \in H(p_n, x_n) \right] \quad (4.137)$$

与 S^N [(4.34)式]略有区别，称为**量子统计作用量**。注意(4.136)式中 dx_n 积分的重数

已增加到 N 重，而不是(4.33)式中的$(N-1)$重，所以当 $\in \to 0$ 时，(4.136)式记为

$$Z = \int Dx \int \frac{Dp}{2\pi\hbar} \mathrm{e}^{-A[p,x]/\hbar} \tag{4.138}$$

其中

$$A[p(\tau),x(\tau)] = \int_0^{\hbar\beta} \mathrm{d}\tau \left[-\mathrm{i}p(\tau)\dot{x}(\tau) + H\left(p(\tau),x(\tau) \right) \right] \tag{4.139}$$

是(4.137)式的极限 $\in \to 0$ 。

对于一维单粒子，如果哈密顿量写为一般形式 $H = \dfrac{p^2}{2m} + V(x)$ ，则(4.136)式可写为

$$\begin{aligned}
Z &= \prod_{n=1}^{N}\left(\int_{-\infty}^{\infty}\mathrm{d}x_n \int_{-\infty}^{\infty}\frac{\mathrm{d}p_n}{2\pi\hbar} \right)\exp\left(-\frac{1}{\hbar}\sum_{n=1}^{N}\left\{ -\mathrm{i}p_n(x_n - x_{n-1}) + \in\left[\frac{p_n^2}{2m} + V(x_n) \right] \right\} \right) \\
&= \prod_{n=1}^{N}\left(\int_{-\infty}^{\infty}\mathrm{d}x_n \int_{-\infty}^{\infty}\frac{\mathrm{d}p_n}{2\pi\hbar} \right)\exp\left\{ -\frac{1}{\hbar}\sum_{n=1}^{N}\left[\sqrt{\frac{\in}{2m}}\,p_n - \mathrm{i}\sqrt{\frac{m}{2\in}}(x_n - x_{n-1}) \right]^2 \right. \\
&\quad \left. -\frac{1}{\hbar}\sum_{n=1}^{N}\left[\frac{m}{2\in}(x_n - x_{n-1})^2 + \in V(x_n) \right] \right\}
\end{aligned} \tag{4.140}$$

应用高斯积分公式

$$\int_{-\infty}^{\infty} \frac{\mathrm{d}x}{\sqrt{2\pi}}\exp\left(-\frac{\alpha}{2}x^2 \right) = \frac{1}{\sqrt{\alpha}} \qquad (\alpha\ \text{可为复数，只要 } \mathrm{Re}\,\alpha > 0) \tag{4.141}$$

(4.140)式中关于 p_n 的积分可独立完成

$$\int_{-\infty}^{\infty}\frac{\mathrm{d}p_n}{2\pi\hbar}\exp\left\{ -\frac{1}{\hbar}\left[\sqrt{\frac{\in}{2m}}\,p_n - \mathrm{i}\sqrt{\frac{m}{2\in}}(x_n - x_{n-1}) \right]^2 \right\} = \left(\frac{m}{2\pi\hbar\in} \right)^{1/2} \tag{4.142}$$

代入(4.140)式得到

$$Z = \left(\frac{m}{2\pi\hbar\in} \right)^{N/2}\prod_{n=1}^{N}\left(\int_{-\infty}^{\infty}\mathrm{d}x_n \right)\exp\left\{ -\frac{\in}{\hbar}\sum_{n=1}^{N}\left[\frac{m}{2}\left(\frac{x_n - x_{n-1}}{\in} \right)^2 + V(x_n) \right] \right\} \tag{4.143}$$

当 $N \to \infty$ ， $\in \to 0$ 时，

$$Z = C \int Dx \exp\left(-\frac{1}{\hbar} A\right) \tag{4.144}$$

其中

$$A = \int_0^{\hbar\beta} \mathrm{d}\tau \left[\frac{m}{2}\dot{x}^2 + V(x)\right] = \int_0^{\hbar\beta} \mathrm{d}\tau H(x, \dot{x}) \tag{4.145}$$

$$C = \left(\frac{m}{2\pi\hbar \in}\right)^{N/2} \tag{4.146}$$

这里的结果与(4.40)式的表达很相似, 但应注意到实质的区别是 A 与 S 的不同: A 中的被积函数是哈密顿量 H 而不是拉格朗日函数 L。

对于正则系综, 经典统计的配分函数是

$$Z_c = \iint_{-\infty}^{\infty} \frac{\mathrm{d}x\mathrm{d}p}{2\pi\hbar} \mathrm{e}^{-H(x,p)/kT} \tag{4.147}$$

其意义可理解为, 相空间等能$[H(x,p)=E]$面壳层内任一相格(体积为 $h=2\pi\hbar$)的统计权重相等, 且正比于 $\mathrm{e}^{-E/kT}$。量子统计配分函数(4.136)式则认为每一条相轨迹$[x(t),p(t)]$的统计权重是 $\mathrm{e}^{-A[p(t),x(t)]/\hbar}$。显然, 两种配分函数是不相同的。但当温度足够高($\beta=1/kT$ 足够小)时两者应该趋于一致。事实上, 当 $\beta\to0$ 时, 不再需要将时区$[0,\beta\hbar]$分割, 由(4.135)或(4.136)式得到量子统计配分函数

$$\begin{aligned} Z &= \int_{-\infty}^{\infty} \mathrm{d}x \langle x|\mathrm{e}^{-\beta\hat{H}}|x\rangle \\ &= \int_{-\infty}^{\infty} \mathrm{d}x \int_{-\infty}^{\infty} \frac{\mathrm{d}p}{2\pi\hbar} \langle x|p\rangle\langle p|\mathrm{e}^{-\beta\hat{H}}|x\rangle \\ &= \iint_{-\infty}^{\infty} \frac{\mathrm{d}x\mathrm{d}p}{2\pi\hbar} \mathrm{e}^{-H(x,p)/kT} \end{aligned} \tag{4.148}$$

与(4.147)式完全相同。

上述关于正则系综的结果很容易拓展至巨正则系综(系综不仅与库有能量交换, 而且有粒子交换), 只需将(4.132)式修改为

$$Z_G(T,u) = T_r\left(\mathrm{e}^{-(\hat{H}-u\hat{N})/kT}\right) \tag{4.149}$$

其中, u、$\hat{N}$ 分别为化学势和粒子数算符。获得系统的量子统计配分函数后, 便可求出自由能、内能、熵等宏观物理量:

$$F(T) = -kT \ln Z \tag{4.150}$$

$$F_G(T) = -kT \ln Z_G \tag{4.151}$$

$$E = -T \frac{\partial}{\partial T} F(T) + F(T) \tag{4.152}$$

$$E_G - uN = -T \frac{\partial}{\partial T} F_G + F_G(T) \tag{4.153}$$

$$N = -\frac{\partial}{\partial u} F_G(T, u) \tag{4.154}$$

$$S = -\frac{\partial}{\partial T} F(T) \tag{4.155}$$

$$S_G = -\frac{\partial}{\partial T} F_G(T, u) \tag{4.156}$$

态密度 $\rho(E)$ 可由下式确定：

$$Z(T) = \int \mathrm{d}E \rho(E) \mathrm{e}^{-E/kT} \tag{4.157}$$

然而，上述结果并没有涉及系统的微观信息，例如空间点 x 出现粒子的概率密度 $\rho(x)$。在能量表象 $\varphi_n(x)$ 中，

$$\rho(x) = \frac{1}{Z'} \sum_n \varphi_n^*(x) \varphi_n(x) \mathrm{e}^{-E_n/kT} \tag{4.158}$$

其中

$$Z' = \sum_n \mathrm{e}^{-E_n/kT} \tag{4.159}$$

下面将证明这里的 Z' 就是量子统计配分函数(4.135)式[或(4.138)式]。将 $\rho(x)$ 认为是密度矩阵 $\rho(x, x')$ 的对角矩阵元 $\rho(x, x)$。定义

$$\begin{aligned}
\rho(x, x') &\equiv \frac{1}{Z'} \sum_n \varphi_n^*(x) \varphi_n(x') \mathrm{e}^{-E_n/kT} \\
&= \frac{1}{Z'} \sum_n \langle x' | \varphi_n(x) \rangle \langle \varphi_n(x) | x \rangle \mathrm{e}^{-E_n/kT} \\
&= \frac{1}{Z'} \sum_n \langle x' | \varphi_n(x) \rangle \langle \varphi_n(x) | \mathrm{e}^{-\hat{H}/kT} | x \rangle \\
&= \frac{1}{Z'} \langle x' | \mathrm{e}^{-\hat{H}/kT} | x \rangle
\end{aligned} \tag{4.160}$$

采用推演(4.136)式的方法(除去最后一重积分)，则有($x_0 = x$ ， $x_N = x'$)

$$\rho(x,x') \equiv \frac{1}{Z'} \prod_{n=1}^{N-1} \left(\int_{-\infty}^{\infty} \mathrm{d}x_n \right) \prod_{n=1}^{N} \left(\int_{-\infty}^{\infty} \frac{\mathrm{d}p_n}{2\pi\hbar} \right) \exp\left(-A^N / \hbar \right) \tag{4.161}$$

其中

$$A^N = \sum_{n=1}^{N} \left[-\mathrm{i}p_n(x_n - x_{n-1}) + \in H(p_n, x_n, \tau_n) \right] \tag{4.162}$$

所以

$$\rho(x) = \rho(x,x) = \frac{1}{Z'} \langle x | \mathrm{e}^{-\hat{H}/kT} | x \rangle \tag{4.163}$$

对此式积分，因 $\int \rho(x)\mathrm{d}x = 1$ ，故

$$Z' = \int \mathrm{d}x \langle x | \mathrm{e}^{-\hat{H}/kT} | x \rangle = Z$$

这正是量子统计配分函数(4.135)式。

4.7 简单应用举例

路径积分理论在物理学中的应用十分广泛，但限于篇幅，这里只能列举几个最简单的例子。

4.7.1 求解本征值问题

如果一个体系的哈密顿算符 $\hat{H}$ 不显含时间，则该体系存在若干定态。在量子力学范畴，这些定态即是与本征能量 E_n 相对应的本征态 $|\varphi_n\rangle$ ，满足

$$\hat{H} |\varphi_n\rangle = E_n |\varphi_n\rangle \tag{4.164}$$

在位置表象，(4.164)式便"投影"为所谓的定态薛定谔方程：

$$\left[\frac{1}{2m} \hat{p}^2 + V(x) \right] \varphi_n = E_n \varphi_n \tag{4.165}$$

对于任何给定的势函数 $V(x)$ ，该方程的精确解并非容易获取。路径积分理论可提供另一求解途径。

根据(4.8)式，由起点 $x(t_a)=x_a$ 到终点 $x(t_b)=x_b$ 的传播函数：

$$
\begin{aligned}
\langle x_b,t_b|x_a,t_a\rangle &= \langle x_b|U(t_b,t_a)|x_a\rangle \\
&= \langle x_b|\mathrm{e}^{-\mathrm{i}\hat{H}(t_b-t_a)/\hbar}|x_a\rangle \\
&= \sum_n \langle x_b|\mathrm{e}^{-\mathrm{i}\hat{H}t_b/\hbar}|\varphi_n\rangle\langle\varphi_n|\mathrm{e}^{-\mathrm{i}\hat{H}t_a/\hbar}|x_a\rangle \\
&= \sum_n \langle x_b|\varphi_n\rangle\langle\varphi_n|x_a\rangle \mathrm{e}^{-\mathrm{i}E_n(t_b-t_a)/\hbar} \\
&= \sum_n \varphi_n(x_b)\varphi_n^*(x_a)\mathrm{e}^{-\mathrm{i}E_n(t_b-t_a)/\hbar} \qquad (4.166)
\end{aligned}
$$

如果应用路径积分已经求出传播函数，代入上式进行比较则可得知 E_n 和 $\varphi_n(x)$。
若仅限于求解基态问题，可令 $t_b-t_a=-\mathrm{i}\tau$，由(4.166)式有

$$
\langle x_b,t_b|x_a,t_a\rangle = \sum_n \varphi_n(x_b)\varphi_n^*(x_a)\mathrm{e}^{-E_n\tau/\hbar} \qquad (4.167)
$$

取极限则有

$$
\lim_{\tau\to\infty}\langle x_b,t_b|x_a,t_a\rangle = \lim_{\tau\to\infty}\mathrm{e}^{-E_0\tau/\hbar}\varphi_0(x_b)\varphi_0^*(x_a) \qquad (4.168)
$$

因此，只需将传播函数表达式中的 (t_b-t_a) 用 $-\mathrm{i}\tau$ 取代，并令 $\tau\to\infty$，则可获取 E_0 和 $\varphi_0(x)$。

例如，将一维谐振子的传播函数(4.130)式用埃尔米特多项式 $H_n(x)$ 的乘积展开后，便可由(4.166)式得出一维谐振子的本征能量 E_n 和相应的本征函数 $\varphi_n(x)$。这里的 $H_n(x)$ 可表达为

$$
\begin{aligned}
H_n(x) &= \sum_{k=0}^{n/2} \frac{(-1)^k n!(2x)^{n-2k}}{k!(n-2k)!} \\
&= (-1)^n \exp\left(x^2\right)\frac{\mathrm{d}^n}{\mathrm{d}x^n}\left[\exp(-x^2)\right] \qquad (4.169)
\end{aligned}
$$

并满足关系[①]：

$$
(1-4a^2)^{-1/2}\exp\left[y^2-\frac{(y-2xa)^2}{1-4a^2}\right] = \sum_{n=0}^{\infty}\frac{H_n(x)H_n(y)}{n!}a^n \qquad (4.170)
$$

因此有

---

① 马振华，等.1998.现代应用数学手册.现代应用分析卷.北京：清华大学出版社：488。

$$\frac{(2a)^{1/2}}{\sqrt{1-(2a)^2}}\exp\left\{-\frac{(2a)}{1-(2a)^2}\left[(2a)(x^2+y^2)-2xy\right]\right\}$$

$$=(2a)^{1/2}\sum_{n=0}^{\infty}\frac{H_n(x)H_n(y)}{2^n n!}(2a)^n \tag{4.171}$$

令
$$2a=\mathrm{e}^{-\mathrm{i}\omega(t_b-t_a)} \tag{4.172}$$

则有

$$\frac{1}{\sqrt{2\mathrm{i}\sin\left[\omega(t_b-t_a)\right]}}$$

$$\cdot\exp\left(-\frac{1}{2\mathrm{i}\sin\left[\omega(t_b-t_a)\right]}\left\{\left[\cos\left(\omega(t_b-t_a)\right)-\mathrm{i}\sin\left(\omega(t_b-t_a)\right)\right](x^2+y^2)-2xy\right\}\right)$$

$$=\sum_{n=0}^{\infty}\frac{H_n(x)H_n(y)}{2^n n!}\mathrm{e}^{-\mathrm{i}\omega\left(n+\frac{1}{2}\right)(t_b-t_a)} \tag{4.173}$$

即
$$\frac{1}{\sqrt{2\mathrm{i}\sin\left[\omega(t_b-t_a)\right]}}\exp\left\{\frac{\mathrm{i}}{2\sin\left[\omega(t_b-t_a)\right]}\left[(x^2+y^2)\cos\left(\omega(t_b-t_a)\right)-2xy\right]\right\}$$

$$=\exp\left[(-x^2-y^2)/2\right]\sum_{n=0}^{\infty}\frac{H_n(x)H_n(y)}{2^n n!}\mathrm{e}^{-\mathrm{i}\omega\left(n+\frac{1}{2}\right)(t_b-t_a)} \tag{4.174}$$

与(4.130)式比较，只需令 $x=\sqrt{m\omega/\hbar}x_a$ ， $y=\sqrt{m\omega/\hbar}x_b$ ，则有

$$\frac{1}{\sqrt{2\mathrm{i}\sin\left[\omega(t_b-t_a)\right]}}$$

$$\cdot\exp\left\{\frac{\mathrm{i}m\omega}{2\hbar\sin\left[\omega(t_b-t_a)\right]}\left[(x_a^2+x_b^2)\cos\left(\omega(t_b-t_a)\right)-2x_a x_b\right]\right\}$$

$$=\sum_{n=0}^{\infty}\frac{\mathrm{e}^{-m\omega x_a^2/2}H_n(x_a)}{\left(2^n n!\right)^{1/2}}\frac{\mathrm{e}^{-m\omega x_b^2/2}H_n(x_b)}{\left(2^n n!\right)^{1/2}}\mathrm{e}^{-\mathrm{i}\omega\left(n+\frac{1}{2}\right)(t_b-t_a)} \tag{4.175}$$

根据(4.166)式可知：

$$E_n=\left(n+\frac{1}{2}\right)\hbar\omega , \qquad n=0,1,2,\cdots \tag{4.176}$$

$$\varphi_n(x) = N_n e^{-\alpha^2 x^2/2} H_n(x) \tag{4.177}$$

其中，$\alpha = \sqrt{m\omega/\hbar}$；$N_n$ 为归一化常数。

如果只关心基态，则根据(4.168)式，令(4.130)式中的 $t_b - t_a = -\mathrm{i}\tau$，并使 $\tau \to +\infty$，利用 $\sin x = \left(e^{\mathrm{i}x} - e^{-\mathrm{i}x}\right)/2\mathrm{i}$ 和 $\cos x = \left(e^{\mathrm{i}x} + e^{-\mathrm{i}x}\right)/2\mathrm{i}$ 可得到

$$
\begin{aligned}
\lim_{\tau \to +\infty} \langle x_b t_b | x_a t_a \rangle &= \lim_{\tau \to +\infty} \sqrt{\frac{m\omega}{\pi\hbar}} e^{-\omega\tau/2} \exp\left\{ -\frac{m\omega}{\hbar} e^{-\omega\tau} \left[\frac{1}{2}(x_a^2 + x_b^2)e^{\omega\tau} - 2x_a x_b \right] \right\} \\
&= \sqrt{\frac{m\omega}{\pi\hbar}} e^{-\alpha^2 x_a^2/2} e^{-\alpha^2 x_b^2/2} e^{-\frac{\omega}{2}\tau}
\end{aligned}
\tag{4.178}
$$

根据(4.168)式知：

$$E_0 = \frac{1}{2}\hbar\omega$$

$$\varphi_0 = N_0 e^{-\alpha^2 x^2/2}$$

这正是(4.176)和(4.177)式所给出的结果[因 $H_0(x) = 1$]。

如果仅仅关心体系的本征能量而不关注本征函数，可将由路径积分获得的量子统计配分函数(4.135)式展开为

$$Z = e^{-E_1/kT} + e^{-E_2/kT} + \cdots + e^{-E_n/kT} \tag{4.179}$$

从而可确定 E_n。仍以一维谐振子为例，其量子配分函数

$$Z = \int_{-\infty}^{\infty} \mathrm{d}x \langle x, t_b | x, t_a \rangle \Big|_{t_b - t_a = -\mathrm{i}\hbar\beta} \tag{4.180}$$

的被积函数[应用(4.130)式]

$$\langle x, t_b | x, t_a \rangle \Big|_{t_b - t_a = -\mathrm{i}\hbar\beta} = \sqrt{\frac{m\omega}{2\pi\hbar \mathrm{sh}(\hbar\omega\beta)}} \exp\left\{ \frac{m\omega\left[ch(\hbar\omega\beta - 1)\right]}{2\pi\hbar \mathrm{sh}(\hbar\omega\beta)} x^2\right\} \tag{4.181}$$

代入(4.180)式积分并应用高斯积分公式(4.141)可得

$$Z = \frac{1}{2\mathrm{sh}(\hbar\omega\beta/2)}$$

$$= \frac{1}{\mathrm{e}^{\hbar\omega\beta/2} - \mathrm{e}^{-\hbar\omega\beta/2}}$$

$$= \mathrm{e}^{-\left(\frac{1}{2}\hbar\omega\right)/kT} + \mathrm{e}^{-\left(\frac{3}{2}\hbar\omega\right)/kT} + \cdots$$

$$= \sum_{n=0}^{\infty} \mathrm{e}^{-\left(n+\frac{1}{2}\right)\hbar\omega/kT} \tag{4.182}$$

由(4.179)式可知，体系本征能量为 $E_n = \left(n + \frac{1}{2}\right)\hbar\omega$。

4.7.2 描写体系的演化

如果一个体系的传播函数 $K(\bar{x}, t; \bar{x}', t_0)$ 已经求解，则根据(4.9)式及 t_0 时刻的波函数 $\Psi(\bar{x}', t_0)$ 可求出任意时刻 t 体系的波函数

$$\Psi(\bar{x}, t) = \int \mathrm{d}^3 x' K(\bar{x}, t; \bar{x}', t_0) \Psi(\bar{x}', t_0) \tag{4.183}$$

以一维自由单粒子体系为例，假设 $t_0 = 0$ 时的波函数：

$$\Psi(\bar{x}, 0) = \frac{1}{(2\pi)^{1/4}\sqrt{\sigma_x}} \exp\left[-\frac{(x' - x_0)^2}{4\sigma_x^2}\right] \mathrm{e}^{\mathrm{i}p_0 x'/\hbar} \tag{4.184}$$

这是一个平均动量为 p_0 在空间呈现高斯分布的波包，大致对应于"0"时刻在 x_0 点对平均动量为 p_0 的粒子进行了位置的某一种测量。将该式及自由单粒子的传播函数(4.64)式代入(4.183)式可得任意时刻 t 体系的波函数

$$\Psi(x, t) = \frac{1}{(2\pi)^{1/4}\sqrt{\sigma_x}} \sqrt{\frac{m}{2\pi\mathrm{i}\hbar t}} \int_{-\infty}^{\infty} \mathrm{d}x' \exp\left[\frac{\mathrm{i}m}{2\hbar t}(x' - x)^2\right] \exp\left[-\frac{(x' - x_0)^2}{4\sigma_x^2}\right] \mathrm{e}^{\mathrm{i}p_0 x'/\hbar}$$

$$= \frac{1}{(2\pi)^{1/4}\sqrt{\sigma_x}} \sqrt{\frac{m}{2\pi\mathrm{i}\hbar t}} \exp\left[\frac{\mathrm{i}}{\hbar}\left(p_0 x - \frac{p_0^2}{2m}t\right)\right]$$

$$\cdot \int_{-\infty}^{\infty} \mathrm{d}x' \exp\left[-\frac{1}{4\sigma_x^2}(x' - x_0)^2\right] \exp\left[\frac{\mathrm{i}m}{2\hbar t}\left(x - \frac{p_0 t}{m} - x'\right)^2\right]$$

令
$$\alpha \equiv \frac{1}{4\sigma_x^2}, \qquad \beta = -\frac{im}{2\hbar t} \tag{4.185}$$

则有

$$\Psi(x,t) = \frac{1}{(2\pi)^{1/4}\sqrt{\sigma_x}}\sqrt{\frac{m}{2\pi i\hbar t}}\exp\left[\frac{i}{\hbar}\left(p_0 x - \frac{p_0^2}{2m}t\right)\right]$$
$$\cdot \int_{-\infty}^{\infty}dx'\exp\left\{-(\alpha+\beta)\left[x' - \frac{\alpha x_0 + \beta(x - p_0 t/m)}{\alpha+\beta}\right]^2 - \frac{\alpha\beta}{\alpha+\beta}(x - p_0 t/m - x_0)^2\right\} \tag{4.186}$$

应用高斯积分公式 $\int_{-\infty}^{\infty}dx\exp\left(-\frac{a}{2}x^2\right) = \sqrt{\frac{2\pi}{a}}$ （Re $a > 0$），并令 $\sigma_p^2 \equiv \frac{\hbar^2}{4\sigma_x^2}$，则有

$$\sigma_x'^2 \equiv \sigma_x^2\left(1 + \frac{\hbar^2}{4\sigma_x^4 m^2}t^2\right) = \frac{\hbar^2}{4\sigma_p^2}\left(1 + \frac{4\sigma_p^4}{m\hbar^2}t^2\right) \tag{4.187}$$

从而得到

$$\Psi(x,t) = \frac{1}{(2\pi)^{1/4}\sqrt{\sigma_x'}}\exp\left[-\frac{(x - x_0 - p_0 t/m)^2}{4\sigma_x'^2}\right]e^{i\phi(x,t)} \tag{4.188}$$

其中，$\phi(x,t)$ 的表达与(2.121)式完全相同(请分析该结果的物理意义)。

类似地，对于一维谐振子体系，假定一维初态波包为(2.164)式，可应用同样的方法求解其时间演化问题。

4.7.3　阿哈拉诺夫–博姆效应

考虑图 4.8 所示的实验，在电子经过的双缝 1、2 背后平行于双缝放置一细长螺线管。假如螺线管足够长以使其通电时外部磁场在狭缝 1、2 处接近于零，那么螺线管所通电流大小对电子在观察屏上的干涉条纹有无影响？

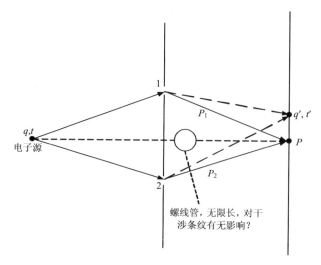

图 4.8

我们采用 $(\phi, \vec{A})$ 描写电磁场，即 $\phi = \int \dfrac{\rho\left(\vec{x}, t - \dfrac{r}{c}\right)}{r} \mathrm{d}V'$，$\vec{A} = \int \dfrac{\vec{J}\left(\vec{x}, t - \dfrac{r}{c}\right)}{cr} \mathrm{d}V'$，则

$$\vec{E} = -\nabla\varphi - \frac{1}{c}\frac{\partial\vec{A}}{\partial t} \tag{4.189}$$

$$\vec{B} = \nabla \times \vec{A} \tag{4.190}$$

由拉格朗日函数的定义

$$L = p\dot{q} - \hat{H}(p, q)$$

由(3.93)式可得

$$L = \frac{1}{2}mv^2 - e\phi - \frac{e}{c}\vec{v}\cdot\vec{A} \tag{4.191}$$

其中，$\vec{v}$ 为粒子速度。t 时刻位于 q 点的粒子在 t' 时出现在 q' 点的概率幅为

$$\langle q', t' | q, t \rangle = C \int Dq \exp\left[\frac{\mathrm{i}}{\hbar} W(q, \dot{q})\right] \tag{4.192}$$

在进行积分时这样选取路径，使得每两条路径关于图 4.8 中的虚线对称，如图中 P_1 和 P_2 两条轨迹所示，相应的作用量 W 分别为

$$W_{P_1} = \int_{P_1} \left(\frac{1}{2} mv^2 - \frac{e}{c} \vec{v} \cdot \vec{A} \right) d\tau \tag{4.193}$$

$$W_{P_2} = \int_{P_2} \left(\frac{1}{2} mv^2 - \frac{e}{c} \vec{v} \cdot \vec{A} \right) d\tau \tag{4.194}$$

我们将(4.30)式的路径积分视为每两条对称轨迹的加和。例如 P_1 与 P_2 轨道对跃迁振幅 $\langle q', t' | q, t \rangle$ 的贡献

$$\exp\left(\frac{\mathrm{i}}{\hbar} W_{P_1}\right) + \exp\left(\frac{\mathrm{i}}{\hbar} W_{P_2}\right)$$

$$= \exp\left(\frac{\mathrm{i}}{\hbar} W_{P_1}\right) \left\{ 1 + \exp\left[\frac{\mathrm{i}}{\hbar}(W_{P_1} - W_{P_2})\right] \right\} \tag{4.195}$$

因此每两条对称路径对总积分的贡献取决于作用量的差值:

$$\begin{aligned} W_{P_1} - W_{P_2} &= \frac{-e}{c} \oint \vec{A} \cdot d\vec{l} \\ &= \frac{-e}{c} \iint (\nabla \times \vec{A}) \cdot d\vec{S} \\ &= \frac{-e}{c} \iint \vec{B} \cdot d\vec{S} \\ &= \frac{-e}{c} \Phi \end{aligned} \tag{4.196}$$

其中,$\dfrac{e}{\hbar c} \Phi = \begin{cases} (2n+1)\pi, & \text{相消} \\ 2n\pi, & \text{相长} \end{cases}$, $n = 0, 1, 2, \cdots$。

显然,磁通量 Φ 取决于通过螺线管的电流大小,因此将显著影响电子干涉图案。然而,根据实验条件,螺线管中的磁场对电子应没有任何经典作用!上述效应的提出源于 1959 年阿哈拉诺夫(Y. Aharonov,以色列,1932~)和博姆的一篇论文[1],它使当时许多物理学家感到震惊。然而从 1960 年至今所进行的各种实验,特别是 1986 年殿村等的实验[2],都证实了这一效应。

① Aharonov Y, Bohm D. 1959. Phys. Rev., 115: 485~491。
② Tonomura A, Osakabe N, Matsuda T, et al. 1986. Phys. Rev. Lett., 56: 792~795。

第5章 二次量子化方法

应用量子力学描写单个质点(如氢原子中的电子)运动可得到与实验观测相吻合的结果。从方法论的角度看,薛定谔方程、克莱因-戈尔登方程和狄拉克方程,也包括路径积分方法,都是关于单质点运动所建立的逻辑圈。扩大这一逻辑圈,即描写由多个质点组成的体系,是理论物理学必然的努力方向之一。从应用的观点出发,我们面对的物体是由大量质点(原子核和电子)组成的体系,如果能够从理论上准确描写其运动规律,便可回答如下问题从而设计并创造出巨大的物质财富:如何使 1kg 煤所包含的 C 原子按金刚石结构排列而得到世界上最大的钻石?哪些原子按哪种方式"堆积"便是室温下的超导体?用什么原子制作拉不断的纤维,用它制作衣服,既通风又保暖,子弹也不能穿透?如何使穿在身上的衣服就是一台电脑?如何在实验中使 N、C、O、H 原子按一定次序堆砌而"长"出一只耳朵、一颗心脏?不幸的是,量子力学还不能准确描写这样多粒子所组成的系统,因为相应的哈密顿算符 $\hat{H}$ 包含了太多的电子,涉及太多的空间坐标变量。二次量子化方法是人们求解这样的量子多体问题的方法之一。

尽管我们周围的任一物体都是由电子、质子、中子、介子、胶子……数不清的基本粒子组成的,但是只要我们能够精确描写一种粒子组成的全同粒子体系的时间演化,便可以在相当可靠的程度回答上述问题。哪一种粒子呢?普通物体由原子组成,而原子外围主要是电子,大量的基本粒子存在于原子核中。由于核仅占原子总体积的$1/10^{15}$,因此一般物质的作用过程只是电子间的"往来"或"争斗"。如果将一个原子视为一个王国,则皇族(各种基本粒子)所在的皇宫便是原子核,它仅占国土很小一部分。国与国之间的"往来"或"争斗"一般都是皇宫外老百姓(电子)的事情。一旦战争发生在皇宫,并且皇族持枪拼杀,则意味着一个王国(原子)即将覆灭(原子将变为另一种不同的原子)。类似地,核反应在日常情况下也是很少见的。再考虑到核质量又是电子质量的几千甚至上万倍,电子总是以极高的速度来适应原子核的位置改变(玻恩-奥本海默近似),因此只需精确描写由电子组成的全同粒子体系的瞬态行为,而将原子核作用视为电子体系的外部作用,便可很好地理解、预测一般的物质作用过程。

以手头的这张纸为例,根据化学分析,我们可知它是由 N、C、H、O、Ca 等原子组成的,并且可精确计算出各种原子的数量以及其中总共的电子数目 N。但我们不知道这张纸的原子分子在空间的排列方式(结构),也不知道光照射后为什么它的颜色由白变黄。先人为地赋予 N、C、H、O、Ca 等原子核在空间一定的构型 S_1，它们施加于 N 个电子组成的全同粒子体系的作用势可由库仑定律得出，再考虑电子之间的库仑相互作用，如果能得到这个 N 电子体系的波函数，便可得到整个电子施加于每个原子核的作用势，从而得出与结构 S_1 相应的总能量 E_1。当然，S_1 结构并非真实结构，将其中某一个原子核移动一小段距离所得到的结构 S_2 也对应一个总能量 E_2。如果 $E_2 < E_1$，则 S_2 比 S_1 更接近真实。如此一步步地对每一个原子核作一小位移而得到一新的原子核空间构型，应用量子力学求解每一种核构型下 N 个电子的量子行为(不涉及核的量子行为)，通过比较总能量"优化"构型，最后便可得到这张纸的原子分子结构。在此基础上，便可求解光入射到这张纸上的时间演化问题。这时，只需考虑 N 个电子组成的全同粒子体系的量子行为，而将光与原子核视为外部作用。

除电子全同粒子体系外，还有光子、声子分别组成的全同粒子体系。在有些情况下，例如在低温下的玻色-爱因斯坦凝聚，可将同一种大量原子组成的体系视为全同粒子进行量子力学处理。光场与电子系统的作用，可被描写为两种全同粒子体系(光子体系+电子体系)之间的相互作用。

5.1 全同粒子体系

玻尔说："物理学的任务不是去发现大自然是什么样子的。物理学关心的是我们能够对大自然说些什么。""我们能够说些什么"的基础，是大自然的确表现出一些规律性的东西，虽然乍一看来它是那么错综复杂。将自旋为半整数的粒子(电子、质子、中子等)定义为费米子，而将自旋为整数的粒子(光子、π 介子、氘核等)定义为玻色子，实验证明费米子之间的作用通过交换玻色子实现。也就是说，自然界所有的基本粒子可分为费米子与玻色子两类(而不是三类或四类……)，前者的量子体积很大，一个量子态只能容纳一个费米子(泡利不相容原理)，而玻色子的量子体积无限小，以致无限多个玻色子可以拥挤在同一个量子态里。

事实上，即便没有上述实验事实，我们仅仅进行理论思维也能得到很有趣的结论。假定体系由 N 个全同粒子组成，每个粒子的坐标分别为 $\xi_1, \xi_2, \cdots, \xi_N$ (ξ 表示三维坐标矢量)，则体系的波函数 $\Psi = \Psi(\xi_1, \xi_2, \cdots, \xi_N, t)$。定义交换算符 $P(ij)$，其作用是将第 i 个粒子与第 j 个粒子的空间位置进行交换，即

$$P(ij)\Psi(\xi_1, \xi_2, \cdots, \xi_i, \cdots, \xi_j, \cdots, \xi_N, t) = \Psi(\xi_1, \xi_2, \cdots, \xi_j, \cdots, \xi_i, \cdots, \xi_N, t) \quad (5.1)$$

考虑到粒子的全同性，$\Psi(\xi_1, \xi_2, \cdots, \xi_j, \cdots, \xi_i, \cdots, \xi_N, t)$ 与 $\Psi(\xi_1, \xi_2, \cdots, \xi_i, \cdots, \xi_j, \cdots, \xi_N, t)$ 最多只可能相差一个常数因子 λ，即

$$\Psi(\xi_1,\xi_2,\cdots,\xi_j,\cdots,\xi_i,\cdots,\xi_N,t) = \lambda\Psi(\xi_1,\xi_2,\cdots,\xi_i,\cdots,\xi_j,\cdots,\xi_N,t)$$

由此得到

$$P(ij)\Psi(\xi_1,\xi_2,\cdots,\xi_i,\cdots,\xi_j,\cdots,\xi_N,t) = \lambda\Psi(\xi_1,\xi_2,\cdots,\xi_i,\cdots,\xi_j,\cdots,\xi_N,t) \tag{5.2}$$

应用 $P(ij)$ 对(5.2)式再作用一次得到

$$\begin{aligned}P(ij)^2\Psi(\xi_1,\xi_2,\cdots,\xi_i,\cdots,\xi_j,\cdots,\xi_N,t) &= \lambda P(ij)\Psi(\xi_1,\xi_2,\cdots,\xi_i,\cdots,\xi_j,\cdots,\xi_N,t)\\ &= \lambda^2\Psi(\xi_1,\xi_2,\cdots,\xi_i,\cdots,\xi_j,\cdots,\xi_N,t)\end{aligned} \tag{5.3}$$

由于 $P(ij)$ 连续作用两次的结果等于没有作用，即 $P(ij)^2=1$，故 $\lambda^2=1$，$\lambda=\pm1$。因此(5.3)式表明 $P(ij)$ 只有两个本征态，其本征值分别为"+1"和"−1"。这一理论结果说明自然界的全同粒子体系应该分为两类(而不是三类或四类……)，一类的波函数具有交换对称性，而另一类具有交换反对称性。如果再假定多电子体系波函数具有反对称性，则下面的理论推导将给出泡利不相容原理。

5.1.1 体系波函数基矢

N 个全同粒子体系的哈密顿算符一般可写为

$$\hat{H} = \hat{H}_0 + \hat{W} \tag{5.4}$$

其中

$$\hat{H}_0 = \sum_i^N \left[-\frac{\hbar^2\nabla_i^2}{2m} + U(\xi_i) \right] \tag{5.5}$$

$$\hat{W} = \frac{1}{2}\sum_{ij}^N V(\xi_i,\xi_j) \tag{5.6}$$

(5.5)式中 $U(\xi_i)$ 表示位置矢量为 ξ_i 的第 i 个粒子感受到的来自体系外部的作用势；(5.6)式中 $V(\xi_i,\xi_j)$ 表示体系内部第 i 个粒子与第 j 个粒子之间的相互作用势。无论是求解体系的初值问题还是定态问题，都必须求解多变量波函数 $\Psi(\xi_1,\xi_2,\cdots,\xi_N,t)$ 所满足的二阶偏微分方程，其困难是难以克服的。如果能构建一组基矢 $\Phi_n(\xi_1,\xi_2,\cdots,\xi_N)$，即可将体系波函数展开为

$$\Psi(\xi_1,\xi_2,\cdots,\xi_N,t) = \sum_n C_n(t)\Phi_n(\xi_1,\xi_2,\cdots,\xi_N) \tag{5.7}$$

则上述初值问题便转化为求解一阶线性常微分方程组，而定态问题则转化为求解代数久期方程(可参考单粒子问题的矩阵力学方法，如 1.1.4 节和 2.2.5 节)。

原则上讲 $\Phi_n(\xi_1,\xi_2,\cdots,\xi_N)$ 是完全任意的，只要能构成完全集即可。然而，若选取不当则导致实际计算十分繁杂。构造基矢 $\Phi_n(\xi_1,\xi_2,\cdots,\xi_N)$ 最简单的方法，可用单粒子态矢 $|\varphi_{ki}(\xi_i)\rangle$ 作直积而获得。这里的 $|\varphi_{ki}(\xi_i)\rangle$ 可以是任意单粒子力学量算符的本征态，例如可取为(5.5)式中 $\left[-\dfrac{\hbar^2\nabla_i^2}{2m}+U(\xi_i)\right]$ 的本征态。该方法的依据是 2.2.7 节所讨论的直积空间概念。N 粒子体系的空间 R 应是每一个单粒子空间 $R(i)$ 的直积：

$$R = R(1)\otimes R(2)\otimes R(3)\otimes\cdots\otimes R(N) \tag{5.8}$$

若 $|U_k(i)\rangle$ 为 $R(i)$ 子空间的基矢，则 R 空间的基矢可构造为

$$|U\rangle = |U_{k_1}(1)\rangle\otimes|U_{k_2}(2)\rangle\otimes\cdots\otimes|U_{k_N}(N)\rangle \tag{5.9}$$

假定 $|\xi_i\rangle$ 为 $R(i)$ 空间坐标算符 $\hat{\xi}_i$ 的本征态矢，R 空间的坐标本征态矢可构造为

$$|\xi\rangle = |\xi_1\rangle\otimes|\xi_2\rangle\otimes\cdots\otimes|\xi_N\rangle \tag{5.10}$$

因为 $\langle\xi|U\rangle = \langle\xi_1|U_{k_1}(1)\rangle\langle\xi_2|U_{k_2}(2)\rangle\cdots\langle\xi_N|U_{k_N}(N)\rangle$，故 R 空间基矢的坐标显式为

$$\Phi_m = \left\{\varphi_{k_1}(\xi_1)\varphi_{k_2}(\xi_2)\cdots\varphi_{k_N}(\xi_N)\right\} \tag{5.11}$$

该式表明，全同粒子态 R 空间的函数基组可由单粒子态空间某力学量的本征函数 $\varphi_i(\xi)$ 之积构造，量子数的任一组合 $\{k_1,k_2,\cdots,k_N\}$ 便给出 R 空间的一个函数基。将这一组合进行排序可得到函数基组 $\Phi_1,\Phi_2,\cdots,\Phi_m,\cdots$，全同粒子系的任意波函数为

$$\Psi(\xi_1,\xi_1,\cdots,\xi_1,t) = \sum_m C_m(t)\Phi_m \tag{5.12}$$

虽然这一展开式在原则上是可行的，但从应用角度来看并不"经济"，因为体系波函数必须满足对称或反对称条件，而(5.12)式中的基函数 Φ_m 并不具有这种性质，因此展开项必然很多。为此，可以在 R 空间分别构造一个对称和反对称子空间 R^S 和 R^A，其基函数分别具有交换对称和反对称性。R^S 子空间的基函数构建为

$$
\begin{aligned}
&\varphi^S_{N_1N_2\cdots}(\xi_1,\xi_2,\cdots,\xi_N)\\
&= \sqrt{\frac{N_1!N_2!\cdots}{N!}}\sum_{(P_{\text{外}})}\underbrace{\left[\varphi_1(\xi_1)\varphi_1(\xi_2)\cdots\right]}_{N_1}\underbrace{\left[\varphi_2(\xi_{N_1+1})\varphi_2(\xi_{N_1+2})\cdots\right]}_{N_2},\qquad N=\sum_i N_i
\end{aligned} \tag{5.13}
$$

其中，关于 $P_{\text{外}}$ 的求和遍及交换不同方括号之中的任意两个粒子坐标。

反对称子空间 R^A 的基函数可构建为

$$
\begin{aligned}
\varphi^A_{N_1 N_2 \cdots}(\xi_1, \xi_2, \cdots, \xi_N) &= \sqrt{\frac{1}{N!}} \sum_P (-1)^P P \Big[\varphi_{i_1}(\xi_1) \varphi_{i_2}(\xi_2) \cdots \varphi_{i_N}(\xi_N) \Big] \\
&= \sqrt{\frac{1}{N!}} \begin{vmatrix} \varphi_{i_1}(\xi_1) & \varphi_{i_1}(\xi_2) & \cdots & \varphi_{i_1}(\xi_N) \\ \varphi_{i_2}(\xi_1) & \varphi_{i_2}(\xi_2) & \cdots & \varphi_{i_2}(\xi_N) \\ & & \cdots\cdots & \\ \varphi_{i_N}(\xi_1) & \varphi_{i_N}(\xi_2) & \cdots & \varphi_{i_N}(\xi_N) \end{vmatrix}
\end{aligned} \tag{5.14}
$$

由行列式性质可知，这组基函数不允许两个粒子同处于一个单粒子态(泡利不相容原理)。

5.1.2 粒子数表象

满足对称性或反对称性的全同粒子体系的波函数应分别"占据" R^S 和 R^A 子空间，而这两个子空间的函数基(5.13)或(5.14)式都可用"占有数"术语来描写，即可用 $|N_1 N_2 \cdots\rangle$ 表示第 1，2，$\cdots$ 单粒子态分别有 N_1、N_2、$\cdots$ 个粒子对应体系的一个基函数。因此，体系任意态矢可表示为

$$
|\Psi\rangle = \sum_{(N_i)} C_{(N_i)} |N_1 N_2 \cdots\rangle \tag{5.15}
$$

其中，求和遍及满足条件 $N = \sum_i N_i$ 的各种粒子数配分(N_i)。

以 Na 原子为例，可将其 11 个电子视为一个全同粒子体系。单粒子基函数可选为 $Z=11$ 的类氢离子波函数 $\varphi_{nlms_z}(r,\theta,\varphi,\chi)$。使量子数 n,l,m,s_z 遍取各种值，重新对其排序便得到函数序列 $\varphi_1, \varphi_2, \cdots, \varphi_n, \cdots$。全同粒子体系的基矢可表示为

$$
|M_1\rangle = \Big|\underbrace{1111111111}_{11\text{个}1}10\cdots\Big\rangle, \quad |M_2\rangle = \Big|\underbrace{1111111111}_{10\text{个}1}010\cdots\Big\rangle, \quad |M_3\rangle = \Big|\underbrace{111111111}_{9\text{个}1}0110\cdots\Big\rangle,
$$

$\cdots\cdots$ 这里已考虑电子属于费米子体系，波函数满足非对称性要求，因此每个单粒子态最多只能容纳一个电子[(5.14 式)]。11 个电子组成的全同粒子体系的任何状态(包括电子之间的库仑相互作用及外场影响的状态)的态矢量都可展开为 $|\Psi\rangle = \sum_i C_i(t) |M_i\rangle$。

定义 $\hat{n}_i$ 为第 i 个单粒子态的粒子数算符

$$
\hat{n}_i |N_1 N_2 \cdots N_i \cdots\rangle = N_i |N_1 N_2 \cdots N_i \cdots\rangle \tag{5.16}
$$

且
$$\langle N_1' N_2' \cdots | N_1 N_2 \cdots \rangle = \delta_{N_1' N_1} \delta_{N_2' N_2} \cdots \tag{5.17}$$

则
$$\sum_{(N_i)} | N_1 N_2 \cdots \rangle \langle N_1 N_2 \cdots | = I \tag{5.18}$$

以 $| N_1 N_2 \cdots N_i \cdots \rangle$ 为基矢的表象称为**粒子数表象**。应注意的是，一个给定的粒子数表象是针对某一组确定的单粒子基函数 φ_i 而言的。选取不同的基函数，便得到不同的粒子数表象。仍以 Na 原子为例，可将其原子核"固定"于边长为 L 的立方体盒子的中心，选取盒子中动量算符的本征态 $L^{-3/2} e^{i \vec{k} \cdot \vec{x}}$ 作为粒子数表象的单粒子基函数。这样便得到与上述的 $| M_i \rangle$ 表象不同的另一粒子数表象。

5.2 玻色子系统

满足全同粒子体系波函数对称性要求的粒子称为玻色子。实验证明，自旋为整数 $(S = 0, 1)$ 的粒子(如光子、声子、介子、氘核等)是玻色子，自旋为半整数的粒子(电子、μ 子、质子、中子等)为费米子，其体系波函数满足反对称性要求。以下先研究玻色子体系。

5.2.1 产生、湮没算符

定义产生与湮没算符：
$$a_i^+ | N_1 N_2 \cdots N_i \cdots \rangle = \sqrt{N_i + 1} \, | N_1 N_2 \cdots N_i + 1 \cdots \rangle$$
$$a_i | N_1 N_2 \cdots N_i \cdots \rangle = \sqrt{N_i} \, | N_1 N_2 \cdots N_i - 1 \cdots \rangle$$

则有
$$a_i^+ = a_i^+ \sum_{(N_i)} | N_1 N_2 \cdots N_i \cdots \rangle \langle N_1 N_2 \cdots N_i \cdots |$$
$$= \sum_{(N_i)} \sqrt{N_i + 1} \, | N_1 N_2 \cdots N_i + 1 \cdots \rangle \langle N_1 N_2 \cdots N_i \cdots |$$
$$a_i = \sum_{(N_i)} \sqrt{N_i} \, | N_1 N_2 \cdots N_i - 1 \cdots \rangle \langle N_1 N_2 \cdots N_i \cdots |$$

$$a_i^+ a_i = \hat{n}_i, \qquad a_i = \left(a_i^+ \right)^+$$
$$a_i a_i^+ = \hat{n}_i + 1, \qquad \left[a_i, a_j^+ \right] = \delta_{ij}$$
$$\left[a_i, a_j \right] = 0, \qquad \left[a_i^+, a_j^+ \right] = 0$$

$$\left[\hat{n}_i, a_j^+\right] = a_i^+ \delta_{ij}, \qquad \left[\hat{n}_i, a_j\right] = -a_i \delta_{ij}$$

定义真空态

$$|0\rangle = |0_1, 0_2 \cdots 0_i \cdots\rangle$$

$$a_i|0\rangle = 0$$

则

$$a_i^+|0\rangle = |0_1, 0_2 \cdots 1_i \cdots\rangle$$

$$\left(a_i^+\right)^2|0\rangle = \sqrt{2!}|0_1, 0_2 \cdots 2_i \cdots\rangle$$

由此可得归一化基

$$|N_1, N_2 \cdots N_i \cdots\rangle = \frac{(a_1^+)^{N_1}}{\sqrt{N_1!}} \frac{(a_2^+)^{N_2}}{\sqrt{N_2!}} \cdots \frac{(a_i^+)^{N_i}}{\sqrt{N_i!}}|0\rangle$$

因

$$\begin{aligned}
|0\rangle\langle 0|N_1, N_2 \cdots N_i \cdots\rangle &= |0\rangle \delta_{0N_1} \delta_{0N_2} \cdots \\
&= |N_1, N_2 \cdots N_i \cdots\rangle \delta_{0N_1} \delta_{0N_2} \cdots \\
&= \delta_{0N_1} \delta_{0N_2} \cdots |N_1, N_2 \cdots\rangle
\end{aligned}$$

故

$$|0\rangle\langle 0| = \delta_{0N_1} \delta_{0N_2} \cdots$$

5.2.2　空间点 ξ 处的产生、湮没算符

假定粒子数表象所对应的单粒子态基函数为 $\varphi_i(\xi)$，定义算符

$$\hat{\Phi}(\xi) = \sum_i \varphi_i(\xi) a_i \tag{5.19}$$

$$\hat{\Phi}^+(\xi) = \sum_i \varphi_i^*(\xi) a_i^+ \tag{5.20}$$

则

$$\begin{aligned}
\langle \xi|\hat{\Phi}^+(\xi')|0\rangle &= \sum_i \varphi_i^*(\xi')\langle \xi|a_i^+|0\rangle \\
&= \sum_i \varphi_i^*(\xi')\varphi_i(\xi)
\end{aligned} \tag{5.21}$$

考虑到单粒子体系的任意波函数 $\Psi(\xi)$ 可展开为

$$\Psi(\xi) = \sum_n C_n \varphi_n(\xi)$$

其中

$$C_n = \int_{-\infty}^{\infty} \varphi_n^*(\xi') \Psi(\xi') \mathrm{d}^3 \xi'$$

故

$$\Psi(\xi) = \int_{-\infty}^{\infty} \left[\sum_n \varphi_n^*(\xi') \varphi_n(\xi) \right] \Psi(\xi') \mathrm{d}^3 \xi'$$

由 $\delta(x)$ 性质

$$\Psi(\xi) = \int_{-\infty}^{\infty} \delta(\xi - \xi') \Psi(\xi') \mathrm{d}^3 \xi'$$

可知，$\sum\limits_n \varphi_n^*(\xi') \varphi_n(\xi) = \delta(\xi - \xi')$，故(5.21)式可写为 $\langle \xi | \hat{\Phi}^+(\xi') | 0 \rangle = \delta(\xi' - \xi)$，即 $\hat{\Phi}^+(\xi') | 0 \rangle = | \xi' \rangle$，故 $\hat{\Phi}^+(\xi')$ 为 ξ' 点的产生算符。同理，$\hat{\Phi}(\xi) | \xi \rangle = | 0 \rangle$，为 ξ 点的湮没算符。

因为 $\int \hat{\Phi}^+(\xi) \hat{\Phi}(\xi) \mathrm{d}\xi = \sum\limits_{ij} \int \varphi_i^*(\xi) \varphi_j(\xi) \mathrm{d}\xi a_i^+ a_j = \sum\limits_i a_i^+ a_i = N$（总粒子数），故 $\hat{\Phi}^+(\xi) \hat{\Phi}(\xi)$ 为 ξ 点粒子数密度算符。

练习　证明：

$$\begin{cases} \left[\hat{\Phi}(\xi), \hat{\Phi}^+(\xi') \right] = \delta(\xi - \xi') \\ \left[\hat{\Phi}(\xi), \hat{\Phi}(\xi') \right] = 0 \\ \left[\hat{\Phi}^+(\xi), \hat{\Phi}^+(\xi') \right] = 0 \end{cases}$$

5.2.3　表象变换

在上面的讨论中，选取的基函数为 $\varphi_i(\xi)$，相应的产生、湮没算符为 a_i^+、a_i。如果将基函数改选为 $\eta_j(\xi)$，即进行粒子数表象变换，则相应的产生、湮没算符也应改变为 b_j^+、b_j，它们与原产生、湮没算符的关系可确定如下。

因

$$\Phi(\xi) = \sum_i \varphi_i(\xi) a_i = \sum_i \eta_j(\xi) b_j$$

故

$$b_j = \sum_i \langle \eta_j | \varphi_i \rangle a_i \tag{5.22}$$

$$b_j^+ = \sum_i \langle \varphi_i | \eta_j \rangle a_i^+ \tag{5.23}$$

5.2.4 力学量的表达

在位置表象，求解体系波函数或计算力学量平均值时，$\overline{F} = \langle \psi | \hat{F} | \psi \rangle$，都需进行微分和积分运算，往往很复杂(特别是对于多粒子体系)。既然多粒子体系的状态可用粒子数表象描写，如果多粒子体系的力学算符可用产生、湮没算符表达，则相应的计算便可简化为加减代数运算。下面寻求多粒子体系力学量用产生、湮没算符的表达形式。

力学量算符可分为单体、两体和多体算符。单体算符 $\hat{f}(p)$ 只涉及单个粒子的自由度，如(5.5)式的 $U(\xi_i)$ 和 $-\dfrac{h^2}{m}\nabla_i^2$；两体算符 $\hat{g}(p,q)$ 涉及两个粒子的自由度 p、q，如(5.6)式中的 $V(\xi_i,\xi_j)$；多体算符 $\hat{\Omega}(\xi_1,\xi_2,\cdots)$ 同时涉及多个粒子的自由度 $\xi_1,\xi_2,\cdots$。下面讨论力学量算符用产生、湮没算符的表达。

1. 单体算符

N 粒子体系单体算符之和

$$\hat{F} = \sum_{P=1}^{N} \hat{f}(p) = \sum_{ik} \langle i | \hat{f} | k \rangle a_i^+ a_k \tag{5.24}$$

其中，$\langle i | \hat{f} | k \rangle = \int \varphi_i^* \hat{f} \varphi_k \mathrm{d}\tau$；$\varphi_i$ 为粒子数表象对应的单粒子基函数。

证明 对于给定的 N 粒子体系，可任选一单体算符(动量 $\hat{p}$、角动量 $\hat{l}$、哈密顿算符等)的本征态作为粒子数表象的单粒子基函数 φ_i。如果 φ_i 就是 $\hat{f}(p)$ 的本征态，即 $\hat{f}\varphi_i = f_i\varphi_i$，则(5.24)式是显而易见的。因为

$$
\begin{aligned}
\hat{F} | N_1 N_2 \cdots \rangle &= \left[\hat{f}(1) + \hat{f}(2) + \cdots + \hat{f}(N) \right] | N_1 N_2 \cdots \rangle \\
&= \left(N_1 f_1 + N_2 f_2 + \cdots \right) | N_1 N_2 \cdots \rangle \\
&= \sum_i f_i \hat{n}_i | N_1 N_2 \cdots \rangle \\
&= \sum_i f_i a_i^+ a_i | N_1 N_2 \cdots \rangle
\end{aligned}
$$

$$\hat{F} = \sum_{ik} \langle i|f|k \rangle a_i^+ a_k$$

如果 $\hat{f}$ 的本征态不是 φ_i 而是 ψ_i，即 $\hat{f}\psi_i = f_i\psi_i$，则根据上式应有 $\hat{F} = \sum_{j} f_j b_j^+ b_j$，

这里 b_j^+ 和 b_j 为对应于 ψ_i 单粒子基函数的产生、湮没算符。根据(5.22)和(5.23)式，则有

$$\hat{F} = \sum_{j} \sum_{ik} f_j \langle \varphi_i|\psi_j \rangle \langle \psi_j|\varphi_k \rangle a_i^+ a_k$$

$$= \sum_{ik} \sum_{j} \langle \varphi_i|\hat{f}|\psi_j \rangle \langle \psi_j|\varphi_k \rangle a_i^+ a_k$$

$$= \sum_{ik} \langle \varphi_i|\hat{f}|\varphi_k \rangle a_i^+ a_k$$

到此(5.24)式得证。由此可证得

$$\hat{F} = \int d\xi \sum_{ik} \varphi_i^*(\xi)\hat{f}\varphi_k(\xi) a_i^+ a_k$$

$$= \int d\xi \left[\sum_{i} \varphi_i^*(\xi)a_i^+ \right] \hat{f} \left[\sum_{k} \varphi_k(\xi)a_k \right]$$

$$= \int d\xi \Phi^+(\xi)\hat{f}(\xi)\Phi(\xi) \tag{5.25}$$

2. 两体算符

采用与单体算符类似的方法，可得到

$$\hat{G} = \sum_{p<q}^{N} \hat{g}(p,q) = \frac{1}{2} \sum_{p \neq q}^{N} \hat{g}(p,q)$$

$$= \frac{1}{2} \sum_{\substack{ik \\ lm}} \langle ik|\hat{g}|lm \rangle a_i^+ a_k^+ a_m a_l$$

$$= \frac{1}{2} \iint d\xi_1 d\xi_2 \Phi^+(\xi_1)\Phi^+(\xi_2)\hat{g}(\xi_1,\xi_2)\Phi(\xi_2)\Phi(\xi_1) \tag{5.26}$$

其中

$$\langle ik|\hat{g}|lm \rangle = \iint d\xi_1 d\xi_2 \varphi_i^*(\xi_1)\varphi_k^*(\xi_2)\hat{g}(\xi_1,\xi_2)\varphi_l(\xi_1)\varphi_m(\xi_2)$$

3. n 体算符

$$\hat{R} = \sum_{\xi_1 < \xi_2 \cdots < \xi_n} \hat{\Omega}(\xi_1, \xi_2, \cdots, \xi_n)$$

$$= \frac{1}{n!} \sum_{\substack{i_1 i_2 \cdots i_n \\ i_1' i_2' \cdots i_n'}} \langle i_1 i_2 \cdots i_n | \hat{\Omega} | i_1' i_2' \cdots i_n' \rangle a_{i_1}^+ a_{i_2}^+ \cdots a_{i_n}^+ a_{i_n'} \cdots a_{i_2'} a_{i_1'}$$

$$= \frac{1}{n!} \int \cdots \int d\xi_1 d\xi_2 \cdots d\xi_n \Phi^+(\xi_1) \Phi^+(\xi_2) \cdots \Phi^+(\xi_n) \hat{\Omega}(\xi_1, \xi_2, \cdots \xi_n) \Phi(\xi_n) \cdots \Phi(\xi_2) \Phi(\xi_1)$$

$$(5.27)$$

其中

$$\langle i_1 i_2 \ldots i_n | \hat{\Omega} | i_1' i_2' \cdots i_n' \rangle$$
$$= \int \cdots \int d\xi_1 d\xi_2 \ldots d\xi_n \varphi_{i_1}^*(\xi_1) \varphi_{i_2}^*(\xi_2) \cdots \varphi_{i_n}^*(\xi_n) \hat{\Omega}(\xi_1, \xi_2, \cdots, \xi_n) \varphi_{i_1'}(\xi_1) \varphi_{i_2'}(\xi_2) \ldots \varphi_{i_n'}(\xi_n)$$

5.3 费米子系统

对于费米子组成的全同粒子系统，可采用与玻色子体系类似的描写方式，只需"加载"泡利不相容原理即可。

定义粒子数算符：

$$\hat{n}_i | N_1 N_2 \cdots N_i \cdots \rangle = N_i | N_1 N_2 \cdots N_i \cdots \rangle$$

其中，$N_i = 0$ 或 1。则有

$$\hat{n}_i | N_1 N_2 \cdots 0_i \cdots \rangle = 0$$
$$\hat{n}_i | N_1 N_2 \cdots 1_i \cdots \rangle = | N_1 N_2 \cdots 1_i \cdots \rangle$$

$$\hat{n}_i = \sum_{(N_i)} N_i | N_1 N_2 \cdots \rangle \langle N_1 N_2 \cdots |$$

$$= \sum_{(N_i)} | N_1 N_2 \cdots 1_i \cdots \rangle \langle N_1 N_2 \cdots 1_i \cdots |$$

注意，因为 N_i 只能取 0 或 1，故加和中必须保证第 i 态的粒子数为 1。

定义：

$$a_i^+ |N_1 N_2 \cdots 1_i \cdots\rangle = 0 \qquad \text{(泡利不相容原理)}$$

$$a_i^+ |N_1 N_2 \cdots 0_i \cdots\rangle = (-1)^{\sum\limits_{l=1}^{i-1} N_l} |N_1 N_2 \cdots 1_i \cdots\rangle$$

上两式等效于

$$a_i^+ |N_1 N_2 \cdots N_i \cdots\rangle = \delta_{N_i,0} (-1)^{\sum\limits_{l=1}^{i-1} N_l} |N_1 N_2 \cdots N_i + 1 \cdots\rangle$$

类似地，湮没算符可定义为

$$a_i |N_1 N_2 \cdots N_i \cdots\rangle = \delta_{N_i,1} (-1)^{\sum\limits_{l=1}^{i-1} N_l} |N_1 N_2 \cdots N_i - 1 \cdots\rangle$$

产生算符还可表达为

$$a_i^+ = \sum_{\substack{(N_i) \\ (N_i')}} |N_1 N_2 \cdots\rangle \langle N_1 N_2 \cdots | a_i^+ | N_1' N_2' \cdots\rangle \langle N_1' N_2' \cdots|$$

$$= \sum_{\substack{(N_i) \\ (N_i')}} |N_1 N_2 \cdots\rangle \delta_{N_i',0} (-1)^{\sum\limits_{l=1}^{i-1} N_l'} \delta_{N_1 N_1'} \delta_{N_2 N_2'} \cdots \delta_{N_i, N_i'+1} \cdots \langle N_1' N_2' \cdots|$$

$$= \sum_{(N_i)}{'} (-1)^{\sum\limits_{l=1}^{i-1} N_l} |N_1 N_2 \cdots 1_i \cdots\rangle \langle N_1 N_2 \cdots 0_i \cdots|$$

Σ' 求和不包括 N_i，因 N_i 已被 $\delta_{N_i',0}$ 完全确定。

类似地，湮没算符也可表达为

$$a_i = \sum_{(N_i)}{'} (-1)^{\sum\limits_{l=1}^{i-1} N_l} |N_1 N_2 \cdots 0_i \cdots\rangle \langle N_1 N_2 \cdots 1_i \cdots|$$

由上述表达可得第 i 态上的粒子数算符 $\hat{n}_i = a_i^+ a_i$ 和 $\{a_i^+, a_j^+\} \equiv a_i^+ a_j^+ + a_j^+ a_i^+ = 0$。关于后一式的证明，可分为三种情况：

当 $i = j$ 时，因 $a_i^{+2} = 0$ 得证。

当 $i < j$ 时，

$$a_i^+ a_j^+ = \sum_{\substack{N_1 N_2 \cdots N_i \cdots \\ N_{j-1} N_{j+1} \cdots}} (-1)^{N_1 + N_2 \cdots N_{j-1}}$$

$$\cdot a_i^+ \left| N_1 N_2 \cdots N_i \cdots N_{j-1} 1_j N_{j+1} \cdots \right\rangle \left\langle N_1 N_2 \cdots N_i \cdots N_{j-1} 0_j N_{j+1} \cdots \right|$$

$$= \sum_{N_1 N_2 \cdots} (-1)^{\sum\limits_{l=1}^{j-1} N_l} (-1)^{\sum\limits_{m=1}^{i-1} N_m}$$

$$\cdot \delta_{N_i,0} \left| N_1 N_2 \cdots (N_i + 1_i) \cdots N_{j-1} 1_j N_{j+1} \cdots \right\rangle \left\langle N_1 N_2 \cdots N_i \cdots N_{j-1} 0_j N_{j+1} \cdots \right|$$

$$= \sum_{\substack{N_1 N_2 \cdots \\ N_{i-1} N_{i+1} \cdots \\ N_{j-1} N_{j+1} \cdots}} (-1)^{N_1 + \cdots + N_{i-1} + N_{i+1} + \cdots + N_{j-1}} \cdot (-1)^{N_1 + N_2 \cdots + N_{i-1}}$$

$$\cdot \left| N_1 N_2 \cdots 1_i \cdots 1_j \cdots \right\rangle \left\langle N_1 N_2 \cdots 0_i \cdots 0_j \cdots \right|$$

$$= -a_i^+ a_j^+$$

故 $\left\{ a_i^+, a_j^+ \right\} = 0$。

同理可证，当 $i > j$ 时上式亦成立。除产生、湮没算符之外，费米子系统的二次量子化结果与玻色子系统完全相同。

练习　证明：

$$\left\{ a_i, a_j^+ \right\} = \delta_{ij} \qquad \text{（由原始表达式出发）}$$

$$\left\{ a_i, a_j \right\} = 0$$

$$\left[\hat{n}_i, a_j^+ \right] = \delta_{ij} a_i^+$$

$$\left[\hat{n}_i, a_j \right] = -\delta_{ij} a_i$$

提示：$[AB, C] = A\{B, C\} - \{A, C\}B$。

5.4　二次量子化主要结果

玻色子与费米子体系二次量子化以后的主要表达很相似，但又有所不同。为了方便记忆和应用，将其主要结果列表如下。

	玻色子	费米子
产生、湮没算符定义	$a_i^+\|N_1 N_2 \cdots N_i \cdots\rangle$ $=\sqrt{N_i+1}\|N_1 N_2 \cdots (N_i+1)\cdots\rangle$ $a_i\|N_1 N_2 \cdots N_i \cdots\rangle$ $=\sqrt{N_i}\|N_1 N_2 \cdots (N_i-1)\cdots\rangle$	$a_i^+\|N_1 N_2 \cdots N_i \cdots\rangle$ $=\delta_{N_i,0}(-1)^{\sum\limits_{i=1}^{i-1} N_i}\|N_1 N_2 \cdots (N_i+1)\cdots\rangle$ $a_i\|N_1 N_2 \cdots N_i \cdots\rangle$ $=\delta_{N_i,1}(-1)^{\sum\limits_{i=1}^{i-1} N_i}\|N_1 N_2 \cdots (N_i-1)\cdots\rangle$
粒子数算符	$\hat{n}_i = a_i^+ a_i$	
对易关系	$\left[a_i, a_j^+\right]=\delta_{ij}$ $\left[a_i, a_j\right]=0$ $\left[a_i^+, a_j^+\right]=0$ $\left[\hat{n}_i, a_j^+\right]=a_i^+\delta_{ij}$ $\left[\hat{n}_i, a_j\right]=-a_i\delta_{ij}$	$\left\{a_i, a_j^+\right\}=\delta_{ij}$ $\left\{a_i, a_j\right\}=0$ $\left\{a_i^+, a_j^+\right\}=0$ $\left[\hat{n}_i, a_j^+\right]=a_i^+\delta_{ij}$ $\left[\hat{n}_i, a_j\right]=-a_i\delta_{ij}$
由真空态 $\|0\rangle$ 产生的归一基矢	$\|N_1, N_2 \cdots N_i \cdots\rangle=\dfrac{(a_1^+)^{N_1}}{\sqrt{N_1!}}\dfrac{(a_2^+)^{N_2}}{\sqrt{N_2!}}\cdots\dfrac{(a_i^+)^{N_i}}{\sqrt{N_i!}}\|0\rangle$	$\|N_1 N_2 \cdots N_i \cdots\rangle=(a_1^+)^{N_1}(a_2^+)^{N_2}\cdots(a_i^+)^{N_i}\cdots\|0\rangle$
ξ点产生、湮没算符定义	$\hat{\Phi}(\xi)=\sum\limits_i \varphi_i(\xi)a_i$ $\hat{\Phi}^+(\xi)=\sum\limits_i \varphi_i^*(\xi)a_i^+$	
ξ点产生、湮没算符对易关系	$\left[\hat{\Phi}(\xi), \hat{\Phi}^+(\xi')\right]=\delta(\xi-\xi')$ $\left[\hat{\Phi}(\xi), \hat{\Phi}(\xi')\right]=0$ $\left[\hat{\Phi}^+(\xi), \hat{\Phi}^+(\xi')\right]=0$	$\left\{\hat{\Phi}(\xi), \hat{\Phi}^+(\xi')\right\}=\delta(\xi-\xi')$ $\left\{\hat{\Phi}(\xi), \hat{\Phi}(\xi')\right\}=0$ $\left\{\hat{\Phi}^+(\xi), \hat{\Phi}^+(\xi')\right\}=0$
总粒子数算符	$\hat{N}=\int\mathrm{d}\xi\,\hat{\Phi}^+(\xi)\hat{\Phi}(\xi)=\sum\limits_i a_i^+ a_i$	
ξ点粒子数密度算符	$\rho(\xi)=\hat{\Phi}^+(\xi)\hat{\Phi}(\xi)$	
力学量算符	$\hat{F}=\sum\limits_i^N \hat{f}(i)=\sum\limits_{ik}\langle i\|f\|k\rangle a_i^+ a_k=\int\mathrm{d}\xi\,\hat{\Phi}^+(\xi)\hat{f}(\xi)\hat{\Phi}(\xi)$ $\hat{G}=\sum\limits_{p<q}^N \hat{g}(p,q)$ $=\dfrac{1}{2}\sum\limits_{iklm}\langle ik\|\hat{g}\|lm\rangle a_i^+ a_k^+ a_m a_l$ $=\dfrac{1}{2}\iint\mathrm{d}\xi_1\mathrm{d}\xi_2\,\hat{\Phi}^+(\xi_1)\hat{\Phi}^+(\xi_2)\hat{g}(\xi_1,\xi_2)\hat{\Phi}(\xi_2)\hat{\Phi}(\xi_1)$ $\langle ik\|\hat{g}\|lm\rangle=\iint\mathrm{d}\xi_1\mathrm{d}\xi_2\,\varphi_i^*(\xi_1)\varphi_k^*(\xi_2)\hat{g}(\xi_1,\xi_2)\varphi_l(\xi_1)\varphi_m(\xi_2)$	

5.5 "二次量子化"的意义

5.5.1 二次量子化

(5.19)式所定义的空间 ξ 点的湮没算符 $\hat{\Phi}(\xi)$ 似乎是将单粒子体系的任意波函数 $\Psi(\xi) = \sum_n C_n \varphi_n(\xi)$ 的展开系数 C_n 变为湮没算符 a_n 而得到的,因此把波函数 $\Psi(\xi)$ 变成了算符 $\hat{\Phi}(\xi)$,从而使各种力学量算符都可用 $\hat{\Phi}^+(\xi)$ 和 $\hat{\Phi}(\xi)$ 表达[见 5.4 节]。在这种意义上,我们称其为"二次量子化"。下面证明 $\hat{\Phi}(\xi)$ 算符在海森伯绘景中满足的运动方程与薛定谔波动方程在形式上一致。

假定 N 个全同粒子体系的哈密顿量为

$$H = \sum_i^N \left[\frac{p_i^2}{2m} + U(\bar{x}_i) \right] + \sum_{i<j} V(\bar{x}_i - \bar{x}_j) \tag{5.28}$$

相应的"二次量子化"后的哈密顿量为[为明确起见,在 H 上加帽,但为书写简单,略去算符 $\hat{\Phi}^+(\xi)$ 和 $\hat{\Phi}(\xi)$ 的帽]

$$\hat{H} = \int \mathrm{d}^3 x \Phi^+(\bar{x}') \left[\frac{p_i^2}{2m} + U(\bar{x}) \right] \Phi(\bar{x})$$

$$+ \frac{1}{2} \iint \mathrm{d}^3 x \mathrm{d}^3 x' \Phi^+(\bar{x}) \Phi^+(\bar{x}') V(\bar{x} - \bar{x}') \Phi(\bar{x}) \Phi(\bar{x}') \tag{5.29}$$

应用(5.19)和(5.20)式可将 $\hat{H}$ 进一步用产生、湮没算符表达。

在海森伯绘景中算符 $\Phi(\bar{x})$ 变为

$$\Phi(\bar{x}, t) = \mathrm{e}^{\mathrm{i}\hat{H}t/\hbar} \Phi(\bar{x}) \mathrm{e}^{-\mathrm{i}\hat{H}t/\hbar} \tag{5.30}$$

满足运动方程

$$\mathrm{i}\hbar \frac{\partial}{\partial t} \Phi(\bar{x}, t) = -\left[\hat{H}, \Phi(\bar{x}, t) \right] = -\mathrm{e}^{\mathrm{i}\hat{H}t/\hbar} \left[\hat{H}, \Phi(\bar{x}, t) \right] \mathrm{e}^{-\mathrm{i}\hat{H}t/\hbar} \tag{5.31}$$

将(5.29)式代入(5.31)式得到如下几项:

$$\int d^3x' \left[\Phi^+(\vec{x'}) \frac{p^2}{2m} \Phi(\vec{x'}), \Phi(\vec{x}) \right]$$

$$= -\frac{\hbar^2}{2m} \int d^3x' \left[\Phi^+(\vec{x'}) \nabla^2 \Phi(\vec{x'}), \Phi(\vec{x}) \right]$$

$$= \frac{\hbar^2}{2m} \int d^3x' \left[\nabla \Phi^+(\vec{x'}) \cdot \nabla \Phi(\vec{x'}), \Phi(\vec{x}) \right]$$

$$= -\frac{\hbar^2}{2m} \int d^3x' \left[\nabla \Phi^+(\vec{x'}), \Phi(\vec{x}) \right] \cdot \nabla \Phi(\vec{x'})$$

$$= -\frac{\hbar^2}{2m} \int d^3x' \nabla \cdot \delta(\vec{x'} - x) \nabla \Phi(\vec{x'})$$

$$= \frac{\hbar^2}{2m} \nabla^2 \Phi(\vec{x}) \tag{5.32}$$

$$\int d^3x' \left[\Phi^+(\vec{x'}) U(\vec{x'}) \Phi(\vec{x'}), \Phi(\vec{x}) \right]$$

$$= \int d^3x' U(\vec{x'}) \left[\Phi^+(\vec{x'}) \Phi(\vec{x'}), \Phi(\vec{x}) \right]$$

$$= -\int d^3x' U(\vec{x'}) \delta(\vec{x'} - \vec{x}) \Phi(\vec{x'})$$

$$= -U(x) \Phi(\vec{x}) \tag{5.33}$$

$$\frac{1}{2} \iint d^3x' d^3x'' \left[\Phi^+(\vec{x'}) \Phi^+(\vec{x''}) V(\vec{x'} - \vec{x''}) \Phi(\vec{x''}) \Phi(\vec{x'}), \Phi(\vec{x}) \right]$$

$$= \frac{1}{2} \int d^3x' \int d^3x'' \left[\Phi^+(\vec{x'}) \Phi^+(\vec{x''}), \Phi(\vec{x}) \right] V(\vec{x'} - \vec{x''}) \Phi(\vec{x''}) \Phi(\vec{x'})$$

$$= \frac{1}{2} \int d^3x' \int d^3x'' \left[-\delta(\vec{x''} - \vec{x}) \Phi^+(\vec{x'}) - \Phi^+(\vec{x''}) \delta(\vec{x'} - \vec{x}) \right] V(\vec{x'} - \vec{x''}) \Phi(\vec{x''}) \Phi(\vec{x'})$$

$$= -\int d^3x' \Phi^+(\vec{x'}) V(\vec{x}, \vec{x'}) \Phi(\vec{x'}) \Phi(\vec{x}) \tag{5.34}$$

将(5.32)、(5.33)和(5.34)式代入(5.31)式得

$$i\hbar \frac{\partial}{\partial t} \Phi(\vec{x}, t) = \left[-\frac{\hbar^2}{2m} \nabla^2 + U(\vec{x}) \right] \Phi(\vec{x}, t) + \left[\int d^3x' \Phi^+(\vec{x'}) V(\vec{x}, \vec{x'}) \Phi(\vec{x'}) \right] \Phi(\vec{x}, t) \tag{5.35}$$

此式与薛定谔波动方程的形式相同。同理可得到 $\Phi^+(\vec{x}, t)$ 满足的运动方程

$$-i\hbar\frac{\partial}{\partial t}\Phi^+(\bar{x},t) = \left[-\frac{\hbar^2}{2m}\nabla^2 + U(\bar{x})\right]\Phi^+(\bar{x},t)$$

$$+\left[\int d^3x'\Phi^+(\overline{x'})V(\bar{x},\overline{x'})\Phi(\overline{x'})\right]\Phi^+(\bar{x},t) \tag{5.36}$$

5.5.2　体系演化图景

二次量子化后，全同粒子体系的态矢量展开为

$$\left|\Psi(t)\right\rangle = \sum_{(N_i)} C_{(N_i)}(t)\left|N_1 N_2 \cdots N_i \cdots\right\rangle \tag{5.37}$$

哈密顿算符表示为

$$\hat{H} = \sum_{ij}\langle i|\hat{f}|j\rangle a_i^+ a_j + \sum_{\substack{ij\\lm}}\langle ij|\hat{g}|lm\rangle a_i^+ a_j^+ a_m a_l \tag{5.38}$$

也可以理解为，"二次量子化"的实质只是采用了一种新的表象——粒子数表象，并没有改变量子力学的基本架构，因此薛定谔绘景、海森伯绘景以及相互作用绘景在粒子数表象中同样成立。在薛定谔绘景中的演化方程 $i\hbar\frac{\partial|\Psi(t)\rangle}{\partial t} = \hat{H}|\Psi(t)\rangle$ 所给出的演化图景是，全部粒子在各个单粒子态的配分方式 (N_i) 随时间的变化。给定全同粒子体系的初态为 $|\Psi(0)\rangle = \left|N_1^0 N_2^0 \cdots N_i^0 \cdots\right\rangle$，便可由薛定谔方程求出任意时刻在粒子数表象中的态矢 $|\Psi(t)\rangle$。

如果体系包含两种以上粒子(如多光子与多电子组成的复合体系)，则应分别建立每一种全同粒子体系的粒子数表象空间，然后再将各个空间作直积而得到复合体系的粒子数表象空间。

5.6　应　　用

5.6.1　多体体系的一级微扰

对于一个由 N 个全同粒子组成的体系，令 $\xi_1, \xi_2, \cdots, \xi_N$ 为每一个粒子的位置矢量，设体系哈密顿量可写为

$$H = H_0 + H'$$

其中，单体作用算符

$$H_0 = \sum_i^N \hat{h}_i, \qquad \hat{h}_i \varphi_i = \varepsilon_i \varphi_i$$

两体算符

$$H' = \frac{1}{2} \sum_{ij} V(\xi_i, \xi_j)$$

选取 φ_i 为粒子数表象的基函数，则有 $\hat{H} = \sum_i \varepsilon_i a_i^+ a_i + \frac{1}{2} \sum_{qrst} \langle qr|V|ts \rangle a_q^+ a_r^+ a_t a_s$，体系的本征能量应由 $\hat{H}|\Psi\rangle = E|\Psi\rangle$ 决定。如果将 $|\Psi_0\rangle = |N_1 N_2 \cdots\rangle$ 作为零级近似波函数，则体系总能量的一级近似为

$$E = \sum_i N_i \varepsilon_i + \langle N_1 N_2 \cdots |H'| N_1 N_2 \cdots \rangle$$

$$= \sum_i N_i \varepsilon_i + \frac{1}{2} \sum_{qrst} \langle N_1 N_2 \cdots |a_q^+ a_r^+ a_s a_t| N_1 N_2 \cdots \rangle \langle qr|V|ts \rangle$$

对于玻色子体系，根据产生、湮没算符的性质，相互作用项的非零必要条件是

$$\begin{cases} q = s \\ q = t \end{cases} \quad 或者 \quad \begin{cases} q = t \\ r = s \end{cases}$$

下面分为三种情形讨论：

(1) $q \neq r$, $q = t$, $r = s$

$$\sum_{q \neq r} \langle N_1 N_2 \cdots |a_q^+ a_r^+ a_r a_q| N_1 N_2 \cdots \rangle \langle qr|V|qr \rangle = \sum_{q \neq r} N_r N_q \langle qr|V|qr \rangle$$

(2) $q \neq r$, $q = s$, $r = t$

$$\sum_{q \neq r} \langle N_1 N_2 \cdots |a_q^+ a_r^+ a_q a_r| N_1 N_2 \cdots \rangle \langle qr|V|rq \rangle = \sum_{q \neq r} N_q N_r \langle qr|V|rq \rangle$$

(3) $q = r = s = t$

$$\sum_{q = r} \langle N_1 N_2 \cdots |a_q^+ a_q^+ a_q a_q| N_1 N_2 \cdots \rangle \langle qq|V|qq \rangle = \sum_q N_q (N_q - 1) \langle qq|V|qq \rangle$$

因此

$$E = \sum_i N_i \varepsilon_i + \frac{1}{2} \sum_{q \neq r} N_q N_r \left(\langle qr|V|qr \rangle + \langle qr|V|rq \rangle \right) + \frac{1}{2} \sum_q N_q (N_q - 1) \langle qq|V|qq \rangle$$

其中

$$\langle qr|V|qr\rangle = \iint d\xi_1 d\xi_2 \varphi_q^*(\xi_1)\varphi_r^*(\xi_2)V(1,2)\varphi_q(\xi_1)\varphi_r(\xi_2)$$

$$= \iint d\xi_1 \varphi_q^*(\xi_1)\varphi_q(\xi_1)V(1,2)\varphi_r^*(\xi_2)\varphi_r(\xi_2)d\xi_2$$

与两体作用势的经典表达相似:

$$\langle qr|V|rq\rangle = \iint d\xi_1 d\xi_2 \varphi_q^*(\xi_1)\varphi_r^*(\xi_2)V(1,2)\varphi_r(\xi_1)\varphi_q(\xi_2)$$

称为**交换作用**,属于全同粒子体系的纯量子效应,无经典对应。最后一项 $\langle qq|V|qq\rangle$ 称为自能作用。它是两个粒子占据同一状态的能量。

同理,对于费米子体系,可得到

$$E = \sum_i N_i \varepsilon_i + \frac{1}{2}\sum_{q\neq r} N_q N_r \left[\langle qr|V|qr\rangle - \langle qr|V|rq\rangle \right]$$

5.6.2 固体中的电子

考虑长宽高分别为 L_x、L_y、L_z 的固体中 N 个电子组成的体系,其哈密顿量可写为

$$H = \sum_i^N \left[\frac{p_i^2}{2m} + U(\bar{x}_i) \right] + \frac{1}{2}\sum_{ij} V(\bar{x}_i - \bar{x}_j) \tag{5.39}$$

其中,$U(\bar{x}_i)$ 表示原子实的作用;$V(\bar{x}_i - \bar{x}_j)$ 为电子间的作用势。选取动量算符的本征态 $\varphi_{\bar{k}}(\bar{x}) = \dfrac{1}{\sqrt{L_x L_y L_z}} e^{-i\bar{k}\cdot\bar{x}}$ 作为粒子数表象的单粒子态。根据边界条件 $\bar{k}$ 取如下分立值:

$$\bar{k} = 2\pi\left(\frac{n_x}{L_x}, \frac{n_y}{L_y}, \frac{n_z}{L_z} \right), \qquad n_x, n_y, n_z = 0, \pm 1, \pm 2, \cdots$$

因此

$$\int d^3 x \varphi_{\bar{k}}^*(\bar{x})\varphi_{\bar{k}}(\bar{x}) = \delta_{\bar{k},\bar{k}'}$$

$$\int d^3 x \varphi_{\bar{k}}^*(\bar{x})\left(-\nabla^2\right)\varphi_{\bar{k}}(\bar{x}) = k^2 \delta_{\bar{k},\bar{k}'} \tag{5.40}$$

$$\int d^3 x \varphi_{\bar{k}'}^*(\bar{x})U(\bar{x})\varphi_{\bar{k}}(\bar{x}) = \frac{1}{V} U_{\bar{k}'-\bar{k}} \tag{5.41}$$

其中，$V = L_x L_y L_z$。考虑到 $V(\vec{x}_i - \vec{x}_j)$ 仅与两个电子的相对坐标 $\vec{x} = \vec{x}_i - \vec{x}_j$ 有关，令

$$V_{\vec{q}} = \int \mathrm{d}^3 x \mathrm{e}^{-\mathrm{i}\vec{q}\cdot\vec{x}} V(\vec{x}) \tag{5.42}$$

则

$$V(\vec{x}) = \frac{1}{V} \sum_{\vec{q}} V_{\vec{q}} \mathrm{e}^{-\mathrm{i}\vec{q}\cdot\vec{x}} \tag{5.43}$$

两体作用矩阵元

$$\langle p', k' | V(\vec{x} - \vec{x'}) | \vec{p}, \vec{k} \rangle$$

$$= \frac{1}{V^2} \int \mathrm{d}^3 x \mathrm{d}^3 x' \mathrm{e}^{-\mathrm{i}\vec{p'}\cdot\vec{x}} \mathrm{e}^{-\mathrm{i}\vec{k'}\cdot\vec{x'}} V(\vec{x} - \vec{x'}) \mathrm{e}^{\mathrm{i}\vec{k}\cdot\vec{x'}} \mathrm{e}^{\mathrm{i}\vec{p}\cdot\vec{x'}}$$

$$= \frac{1}{V^3} \sum_{\vec{q}} V_{\vec{q}} \int \mathrm{d}^3 x \int \mathrm{d}^3 x' \mathrm{e}^{-\mathrm{i}\vec{p'}\cdot\vec{x} - \mathrm{i}\vec{k'}\cdot\vec{x'} + \mathrm{i}\vec{q}\cdot(\vec{x}-\vec{x'}) + \mathrm{i}\vec{k}\cdot\vec{x'} + \mathrm{i}\vec{p}\cdot\vec{x}}$$

$$= \frac{1}{V} \sum_{\vec{q}} V_{\vec{q}} \delta_{-\vec{p'}+\vec{q}+\vec{p},0} \delta_{-\vec{k'}-\vec{q}+\vec{k},0} \tag{5.44}$$

将(5.40)、(5.43)和(5.44)式代入与(5.39)式相应的二次量子化表达式，则有

$$\hat{H} = \sum_{\vec{k}} \frac{(\hbar k)^2}{2m} a_{\vec{k}}^+ a_{\vec{k}} + \frac{1}{V} \sum_{\vec{k'},\vec{k}} U_{\vec{k'}-\vec{k}} a_{\vec{k}}^+ a_{\vec{k}} + \frac{1}{2V} \sum_{\vec{q},\vec{p},\vec{k}} V_{\vec{q}} a_{\vec{p}+\vec{q}}^+ a_{\vec{k}-\vec{q}}^+ a_{\vec{k}} a_{\vec{p}} \tag{5.45}$$

该式最后一项所代表的电子间的相互作用，给出了图 5.1 所示的图景：动量为 $\vec{k}$ 和 $\vec{p}$ 的两个电子经 v_q 相互作用后湮没，同时产生了动量分别为 $(\vec{k} - \vec{q})$ 和 $(\vec{p} + \vec{q})$ 的两个电子，在此过程中总动量守恒。

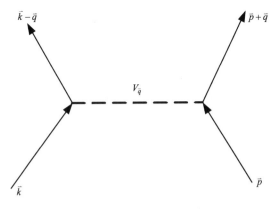

图 5.1

　　需要指出，二次量子化方法已被广泛应用于固体物理、量子光学和量子化学等领域，但限于篇幅这里仅列举了最简单的几个例子。然而，只有掌握了本章的基本思想和方法，才能深入理解二次量子化方法在各种场合的具体应用，才有可能针对不同具体问题发展相应的新方法。

第6章 量子场理论

　　1929 年，人们面对量子力学可能有如下感叹：薛定谔方程不满足相对论性要求，而满足相对论性要求的克莱因-戈尔登方程和狄拉克方程都存在"负能"困难，特别是前者的"负概率"困难。从更广泛的逻辑来看，在相对论时空建立量子力学是不可能的。因为一旦不确定性关系成立，即 $\Delta x = \dfrac{\hbar}{\Delta p} \approx \dfrac{\hbar}{p}$，则由于任何粒子的速度不可能超越光速，故不可能准确测定粒子的空间坐标，因此便谈不上玻恩的统计诠释[注意，在非相对论性量子力学中，粒子(质点)的空间坐标是可以准确测量的，虽然不能同时确定其动量]。如何建立完美的相对论性量子理论是那个年代一个棘手的理论物理难题。

　　20 世纪 30 年代的人们还可能有另一种冲动。非相对论性量子力学的波动图景可以理解为粒子周围的"波动"(由波函数描写)支配粒子的运动行为；由于这种"波动"没有任何直接的测量意义，因此粒子本身才是客观实在。所以量子力学只是将经典粒子的运动量子化。事实上，还存在另一种性质截然不同的客体，如电磁场，它的经典运动由麦克斯韦方程描写。如何将经典场量子化？基本思想可追溯至 1926 年玻恩、海森伯和若尔当关于电磁场的量子化方法[1]，而普适的场量子化思想在 1929 年由海森伯和泡利提出[2]，从此开辟了建立完美相对论性量子理论的新途径，并且最终导致另一种观点的产生，即由克莱因-戈尔登方程、狄拉克方程和麦克斯韦方程所描写的"波动"都是另一种存在——场的行为；处于真空态的场没有粒子，当场处于其激发态时便产生粒子，因此场比粒子更"基本"。在关于场的理论中，研究的主要对象是场而不是粒子，因为粒子是场表现出的量子行为。如果说经典力学、热力学、量子力学、路径积分是人们关于同一个自然存在所建立的四个逻辑圈，那么量子场论将是第五个逻辑圈！下面首先介绍经典物理学描写场的基本方法和理论，然后再讨论如何将场的行为量子化。

---

① Pauli W. 1926. Z. Phys., 36:336。
② Heisenberg W, Pauli W. 1929. Z. Phys., 56:1。

6.1 经典场论简介

6.1.1 粒子与场

实物粒子的概念可能源自远古时代，而"场"作为一种客体则是法拉第于19

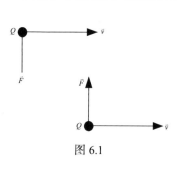

图 6.1

世纪上半叶才认识到的。考虑图 6.1 所示的两个运动的带电粒子之间的相互作用。设两个粒子都带电量为 Q 的正电荷且以相同的速度 $\bar{v}$ 运动，虽然它们之间的库仑相互作用力是一对作用力与反作用力，但它们之间的洛伦兹力 $\bar{F}=Q\bar{v}\times\bar{B}$ 却不在同一直线上，不能构成一对作用力与反作用力。为什么？难道牛顿第三定律错了吗？

牛顿第三定律没有错，只是与一个带电粒子直接作用的不是另一个带电粒子，而是存在其周围的另一客体——场。这一事实告诉我们，场的确是一种具有与普通物体相似的施力能力的客体。我们看不见摸不着这种客体，仅仅说明人类在上帝创造的自然面前的确是"盲人"。当然，盲人手下的大象并非永远是一根柱子或一把扇子，主要取决于摸象的态度和方式。只要盲人连续不断地抚摸，便能得到大致的印象，这时他们会说："它原来是这个样子"，因此得到智慧上的满足。但是，他们可能永远都想不到对于大象的颜色要说些什么！

对于一个立方盒子中由 N 个粒子组成的体系，经典力学用 $3N$ 个坐标变量和 $3N$ 个动量变量描写其状态。问题来了，如果这个盒子中存在一种场而不是粒子，还能用同样的方法描写其状态吗？显然不行，因为场是一种连续体。经典物理采用场变量描写场的状态，若在立方盒中存在的是电磁场，则用场变量 $\bar{E}(\bar{x},t)$、$\bar{B}(\bar{x},t)$ 描写这种场的状态。如果我们认为克莱因-戈尔登方程和狄拉克方程所描写的也是场，是与电磁场不同的另外两种场，则相应的波函数 $\varphi(\bar{x},t)$ 便是对应的场变量。

6.1.2 质点组运动方程

在分析力学中，可用广义坐标 $q(q_1,q_2,\cdots,q_N)$ 和广义速度 $\dot{q}(\dot{q}_1,\dot{q}_2,\cdots,\dot{q}_N)$ 描写质点组的状态，由拉格朗日函数 $L(q,\dot{q})=T-V$ 构造作用量 $W[q(t)]=\int_{t_0}^{t_1}d\tau L(q(\tau),\dot{q}(\tau))$，再由变分 $\delta W=0$ [条件 $\delta q(t_0)=\delta q(t_1)=0$] 得到系统的运动方程：

$$\frac{\partial L}{\partial q_r} - \frac{\mathrm{d}}{\mathrm{d}t}\frac{\partial L}{\partial \dot{q}_r} = 0, r = 1, 2, \cdots, N \tag{6.1}$$

此即**欧拉-拉格朗日方程**，由此可得牛顿第二定律方程。

若定义正则动量 $p_r = \dfrac{\partial L}{\partial \dot{q}_r}$ 及哈密顿量 $H = \sum\limits_r p_r \dot{q}_r - L(q, \dot{q})$，则运动方程可表示为

$$\left.\begin{array}{l} \dot{p}_r = -\dfrac{\partial H}{\partial q_r} \\[3mm] \dot{q}_r = \dfrac{\partial H}{\partial p_r} \end{array}\right\} \tag{6.2}$$

此即哈密顿正则方程。

6.1.3 场运动方程

描写场的状态需要一个或多个场变量 $\phi^\sigma(x)(\sigma = 1, 2, \cdots, r)$，这里 x 代表四维时空坐标矢量 (x^0, x^1, x^2, x^3)，场的其他物理量(能量、动量、角动量等)都可用场变量 $\phi^\sigma(x)$ 与其时空变化特性 $\partial_u \phi^\sigma$ 表达。例如，需要用四个场变量 $A^0(x)、A^1(x)、A^2(x)$ 和 $A^3(x)$ 来描写电磁场，其能量动量(坡印廷矢量)都可用 $A^u(x)(u = 0, 1, 2, 3)$ 表示。在理论框架中 $\phi^\sigma(x)$ 和 $\partial_u \phi^\sigma$ 分别对应于质点体系中的广义坐标 q_r 和广义速度 $\dot{q}_r$。定义拉格朗日密度 $\boldsymbol{\mathcal{L}}(\phi^\sigma, \partial_u \phi^\sigma)$，使得体积 V 中场的拉格朗日函数表达为

$$L = \int \boldsymbol{\mathcal{L}}(\phi^\sigma, \partial_u \phi^\sigma) \mathrm{d}^3 x \tag{6.3}$$

其中，$\partial_u \phi^\sigma$ 为场变量的时空微分($u = 1, 2, 3$)。按经典的分析力学，作用量

$$W[\phi^\sigma] = \int_{t_0}^{t_1} L \mathrm{d}t = \frac{1}{c}\int_\Omega \boldsymbol{\mathcal{L}}(\phi^\sigma, \partial_u \phi^\sigma) \mathrm{d}^4 x \tag{6.4}$$

其中，c 为光速(在下文中取 $c = 1$)；Ω 为四维时空体积；$\mathrm{d}^4 x = \mathrm{d}x^0 \mathrm{d}x^1 \mathrm{d}x^2 \mathrm{d}x^3$ 为四维时空体积元，在洛伦兹变换(保持四维空间距离不变)下是不变量。变分原理认为，当 ϕ^σ 有一微小改变 $\delta\phi^\sigma$ 时，作用量 W 的改变应等于零：

$$\delta W[\phi^\sigma] = 0 \tag{6.5}$$

对(6.4)式进行变分并应用分部积分法有

$$\delta W = \int_{\Omega} \mathrm{d}^4 x \left[\frac{\partial \boldsymbol{L}}{\partial \phi^{\sigma}} \delta \phi^{\sigma} + \frac{\partial \boldsymbol{L}}{\partial(\partial_u \phi^{\sigma})} \delta(\partial_u \phi^{\sigma}) \right]$$

$$= -\int_{\Omega} \mathrm{d}^4 x \left[\frac{\partial}{\partial x^u} \frac{\partial \boldsymbol{L}}{\partial(\partial_u \phi^{\sigma})} \right] \delta \phi^{\sigma} \int_{\Omega} \mathrm{d}^4 x \left(\frac{\partial \boldsymbol{L}}{\partial \phi^{\sigma}} \delta \phi^{\sigma} \right) + \frac{\partial \boldsymbol{L}}{\partial(\partial_u \phi^{\sigma})} \partial \phi^{\sigma} \Bigg|_{\Sigma} \qquad (6.6)$$

考虑到在场的边界面 $\sum$ 上 $\delta \phi^{\sigma}|_{\Sigma} = 0$ ，故

$$\delta W = \int \mathrm{d}^4 x \delta \phi^{\sigma} \left[\frac{\partial \boldsymbol{L}}{\partial \phi^{\sigma}} - \frac{\partial}{\partial x^u} \frac{\partial \boldsymbol{L}}{\partial(\partial_u \phi^{\sigma})} \right] = 0 \qquad (6.7)$$

应用条件(6.5)式得到欧拉-拉格朗日方程：

$$\frac{\partial \boldsymbol{L}}{\partial \phi^{\sigma}} - \frac{\partial}{\partial x^u} \frac{\partial \boldsymbol{L}}{\partial(\partial_u \phi^{\sigma})} = 0 , \qquad \sigma = 1, 2, \cdots, r \qquad (6.8)$$

因为拉氏密度是场变量 $\phi^{\sigma}(x)$ 的函数，故(6.8)式是关于场变量的演化方程，其理论"角色"类似于质点组体系的运动方程(6.1)。类比质点组体系的方法，引入场变量 $\phi^{\sigma}(x)$ (相当于质点系中质点的坐标 q_r)的共轭正则动量：

$$\pi_{\sigma} = \frac{\partial \boldsymbol{L}}{\partial \dot{\phi}^{\sigma}} \qquad (6.9)$$

其中， $\dot{\phi}^{\sigma} = \frac{\partial \phi^{\sigma}}{\partial t} = \frac{\partial \phi^{\sigma}}{\partial x^0}$ 。相应地，引入哈密顿密度：

$$\boldsymbol{\mathcal{H}} = \pi_{\sigma} \dot{\phi}^{\sigma} - \boldsymbol{L} \qquad (6.10)$$

则场的总哈密顿量(类似于质点系 H 的定义)：

$$H = \int \mathrm{d}^3 x (\pi_{\sigma} \dot{\phi}^{\sigma} - \boldsymbol{L}) = \int \mathrm{d}^3 x \boldsymbol{\mathcal{H}} \qquad (6.11)$$

由(6.8)及(6.10)式可得出哈密顿正则方程[①]：

$$\dot{\pi}_{\sigma} = -\frac{\partial \boldsymbol{\mathcal{H}}}{\partial \phi^{\sigma}} , \qquad \dot{\phi}^{\sigma} = \frac{\partial \boldsymbol{\mathcal{H}}}{\partial \pi^{\sigma}} \qquad (6.12)$$

由(6.4)式可知，只要 $\boldsymbol{L}(\phi^{\sigma}, \partial_u \phi^{\sigma})$ 为一标量，则(6.7)和(6.8)式都满足相对论协变性要求。但是，哈密顿正则方程(6.12)并不能普遍地满足协变性要求，即此方程对任意坐标变换并不成立[②]，事实上(6.9)~(6.12)式将时间置于一特殊地位，普遍的坐标

---

① Greiner W. 1996. Field Quantization. Berlin, Heidelberg: Springer-Verlag: 35。
② 许定安, 等. 1996. 经典力学. 武汉: 武汉大学出版社: 201。

变换显然不能保证相对论协变性[能够保证(6.12)式不变的变换称为正则变换]。所以相对论场论以拉氏密度为"语言"，一个具体场的模型实质上归结为关于其拉氏密度 $\mathcal{L}(\phi^\sigma, \partial_u \phi^\sigma)$ 的构造。当拉氏密度确定后便可由欧拉-拉格朗日方程得到场的运动方程，再由(6.11)式得出哈密顿量以及哈密顿正则方程(6.12)。下面讨论构造拉氏密度时应考虑的基本条件：

(1) 拉氏密度 $\mathcal{L}$ 必须是标量(零阶张量)，以确保(6.4)、(6.5)、(6.7)和(6.8)式的协变性。

(2) $\mathcal{L}$ 中不能显含 x^u，否则 $\mathcal{L}$ 及其导出结果依赖于坐标原点的选择。

(3) 限于定域场论，即认为 $\mathcal{L}$ 只依赖于场变量 $\phi^\sigma(x)$ 及其微商在时空点 x^u 之值，但 $\mathcal{L}$ 不含二阶 $\partial_u \partial_v \phi^\sigma(x)$ 及以上各高阶微商，否则由欧拉-拉格朗日方程导出的场运动方程将含二阶以上偏微商。

(4) $\mathcal{L}$ 的选择应能保证作用量 W 为实量，以此保证由欧拉-拉格朗日方程导出的运动方程数目等于 $\mathcal{L}$ 中所包含的场变量数目。假如 $\mathcal{L}$ 中包含 n 个实场变量，并且 W 为实量，则由(6.8)式可得出 n 个场方程；但如果 W 为复量，则由(6.5)式的变分将给出 $2n$ 个场方程，使得场方程无解。

在下文中将上述条件简称为拉氏密度的**四条基本原则**。

例 6.1 假如在一个立方盒中存在一种场，我们只知道(或者猜测到)可用实标量函数 $\phi(x)$ 描写其状态(即场变量只有一个)，试推导出该场的运动方程。

技术路线：首先构造满足四条基本原则的拉氏密度 $\mathcal{L}$，再由(6.8)式推导场方程。对于仅有一个标量场变量的场，最普通的拉氏密度可构造为

$$\mathcal{L} = \partial_u \phi \partial^u \phi + V(\phi) \tag{6.13}$$

其中，V 为 ϕ 的标量函数。由欧拉-拉格朗日方程(6.8)给出场的运动方程为

$$\partial_u \partial^u \phi - V'(\phi) = 0 \tag{6.14}$$

其中，$V' = \dfrac{\mathrm{d}V}{\mathrm{d}\phi}$。令 $V = -\dfrac{1}{2}\left(\dfrac{mc}{\hbar}\right)^2 \phi^2$，则(6.14)式给出克莱因-戈尔登方程(3.40d)：

$$\left[\partial_u \partial^u + \left(\frac{mc}{\hbar}\right)^2 \right]\phi = 0 \tag{6.15}$$

我们可将这种标量场称为K-G场。如果标量函数 V 取其他形式，如 $V = \lambda_1 \phi^2 + \lambda_2 \phi^4$，则由(6.8)式得到另一种标量场满足的演化方程：

$$\left(\partial_u\partial^u - 2\lambda_1 - 4\lambda_2\phi^2\right)\phi = 0 \tag{6.16}$$

问题来了，如何确定函数 $V(\phi)$ 的具体形式？或者说自然界选择了哪一个场方程，是方程(6.15)或(6.16)，还是其他形式的场方程？

6.1.4　诺伊特定理

考虑一连续坐标变换(包括平移及旋转)

$$x'_u = x_u + \delta x_u \tag{6.17}$$

所导致的场变量 $\phi^\sigma (\sigma = 1,2,\cdots,r)$ 的变化。注意，(6.17)式中 δx_u 表示任意形式的增量，可以取为常数，也可以是 x_u 的函数，故(6.17)式并非一定是洛伦兹变换(保持四维空间距离不变)。进行坐标变换(6.17)式后，每一个变换后的场分量 $\phi'^\sigma(x)$ 一般说来已与原分量 $\phi^\sigma(x)$ 的意义不同，$\phi'^\sigma(x)$ 的函数形式也与 $\phi^\sigma(x)$ 不同，虽然它们都是第 σ 个分量。一般来说，

$$\phi'^\sigma(x') = \phi^\sigma(x) + \delta\phi^\sigma(x) \tag{6.18}$$

由于坐标变换所导致的场变量函数形式的改变是

$$\begin{aligned}
\tilde{\delta}\phi^\sigma(x) &= \phi'^\sigma(x) - \phi^\sigma(x) \\
&= \phi'^\sigma(x) - \phi'^\sigma(x') + \phi'^\sigma(x') - \phi^\sigma(x) \\
&= \delta\phi^\sigma(x) - \left[\phi'^\sigma(x') - \phi'^\sigma(x)\right] \\
&= \delta\phi^\sigma(x) - \frac{\partial\phi'^\sigma(x)}{\partial x_u}\delta x_u \\
&= \delta\phi^\sigma(x) - \frac{\partial\phi^\sigma(x)}{\partial x_u}\delta x_u
\end{aligned} \tag{6.19}$$

上式的最后一步用了最低级近似，即用 $\phi^\sigma(x)$ 替代了 $\phi'^\sigma(x)$。这是可行的，因为这里仅考虑无限小坐标变换。由(6.19)式可知，$\delta\phi^\sigma(x)$ 由两部分组成，即 $\tilde{\delta}\phi^\sigma(x)$ 和 $\frac{\partial\phi^\sigma(x)}{\partial x_u}\delta x_u$。下面考虑变换(6.17)式所引起的作用量变化：

$$\delta W[\phi^\sigma] = \int_{\Omega'} \mathrm{d}^4x' \mathcal{L}'\left(\phi'^\sigma(x'), \partial_u\phi'^\sigma(x')\right) - \int_{\Omega} \mathrm{d}^4x \mathcal{L}\left(\phi^\sigma(x), \partial_u\phi^\sigma(x)\right) \tag{6.20}$$

考虑到体积元变化

$$d^4 x' = \left\| \frac{\partial x'^u}{\partial x^v} \right\| d^4 x$$

$$= \begin{vmatrix} 1 + \dfrac{\partial \delta x^0}{\partial x^0} & \dfrac{\partial \delta x^0}{\partial x^1} & \cdots & \cdots \\ \dfrac{\partial \delta x^1}{\partial x^0} & 1 + \dfrac{\partial \delta x^1}{\partial x^1} & \cdots & \cdots \\ \vdots & \vdots & \ddots & \vdots \\ \cdots & \cdots & \cdots & 1 + \dfrac{\partial \delta x^3}{\partial x^3} \end{vmatrix} d^4 x$$

$$\approx \left(1 + \frac{\partial \delta x^u}{\partial x^u} \right) d^4 x \tag{6.21}$$

以及拉氏密度变化

$$\mathcal{L}'\left(\phi'^{\sigma}(x'), \partial_u \phi'^{\sigma}(x') \right) = \mathcal{L}\left(\phi^{\sigma}(x), \partial_u \phi^{\sigma}(x) \right) + \delta \mathcal{L} = \mathcal{L}(x) + \delta \mathcal{L}(x) \tag{6.22}$$

代入(6.20)式则有

$$\delta W = \int_{\Omega'} d^4 x' \delta \mathcal{L}(x) + \int_{\Omega'} d^4 x' \mathcal{L}(x) - \int_{\Omega} d^4 x \mathcal{L}(x)$$

$$= \int_{\Omega} d^4 x \delta \mathcal{L}(x) + \int_{\Omega} d^4 x \delta \mathcal{L}(x) \frac{\partial \delta x^u}{\partial x^u} + \int_{\Omega} d^4 x \mathcal{L}(x) \frac{\partial \delta x^u}{\partial x^u} \tag{6.23}$$

与场变量的变化类似，$\delta \mathcal{L}(x)$ 的变化也可分为两类：

$$\delta \mathcal{L}(x) = \tilde{\delta} \mathcal{L}(x) + \frac{\partial \mathcal{L}(x)}{\partial x^u} \delta x^u \tag{6.24}$$

其中，$\tilde{\delta} \mathcal{L}(x)$ 表示纯粹由于函数形成改变(不包括坐标变换)所引起的变化[类似于(6.19)式]。忽略(6.23)式中第二项(二阶小量)并将(6.24)式代入则有

$$\delta W[\phi^{\sigma}] = \int_{\Omega} d^4 x \left[\tilde{\delta} \mathcal{L}(x) + \frac{\partial \mathcal{L}(x)}{\partial x^u} \delta x^u \right] + \int_{\Omega} d^4 x \mathcal{L}(x) \frac{\partial \delta x^u}{\partial x^u}$$

$$= \int_{\Omega} d^4 x \left\{ \tilde{\delta} \mathcal{L}(x) + \frac{\partial}{\partial x^u} \left[\mathcal{L}(x) \delta x^u \right] \right\} \tag{6.25}$$

其中

$$\tilde{\delta}\boldsymbol{\mathcal{L}}(x) = \frac{\partial \boldsymbol{\mathcal{L}}(x)}{\partial \phi^{\sigma}}\tilde{\delta}\phi^{\sigma} + \frac{\partial \boldsymbol{\mathcal{L}}(x)}{\partial\left(\partial_{u}\phi^{\sigma}\right)}\tilde{\delta}\left(\partial_{u}\phi^{\sigma}\right)$$

$$= \left\{\frac{\partial \boldsymbol{\mathcal{L}}(x)}{\partial \phi^{\sigma}}\tilde{\delta}\phi^{\sigma} - \frac{\partial}{\partial x^{u}}\left[\frac{\partial \boldsymbol{\mathcal{L}}(x)}{\partial\left(\partial_{u}\phi^{\sigma}\right)}\right]\tilde{\delta}\phi^{\sigma}(x)\right\}$$

$$+ \left\{\frac{\partial}{\partial x^{u}}\left[\frac{\partial \boldsymbol{\mathcal{L}}(x)}{\partial\left(\partial_{u}\phi^{\sigma}\right)}\right]\tilde{\delta}\phi^{\sigma}(x) + \frac{\partial \boldsymbol{\mathcal{L}}(x)}{\partial\left(\partial_{u}\phi^{\sigma}\right)}\frac{\partial}{\partial x^{u}}\left[\tilde{\delta}\phi^{\sigma}(x)\right]\right\}$$

$$= \left\{\frac{\partial \boldsymbol{\mathcal{L}}(x)}{\partial \phi^{\sigma}} - \frac{\partial}{\partial x^{u}}\left[\frac{\partial \boldsymbol{\mathcal{L}}(x)}{\partial\left(\partial_{u}\phi^{\sigma}\right)}\right]\right\}\tilde{\delta}\phi^{\sigma}(x) + \frac{\partial}{\partial x^{u}}\left[\frac{\partial \boldsymbol{\mathcal{L}}(x)}{\partial\left(\partial_{u}\phi^{\sigma}\right)}\tilde{\delta}\phi^{\sigma}(x)\right]$$

$$= \frac{\partial}{\partial x^{u}}\left[\frac{\partial \boldsymbol{\mathcal{L}}(x)}{\partial\left(\partial_{u}\phi^{\sigma}\right)}\tilde{\delta}\phi^{\sigma}(x)\right] \tag{6.26}$$

上式最后一步应用了(6.8)式。将(6.26)式代入(6.25)式有

$$\delta W[\phi^{\sigma}] = \int_{\Omega}\mathrm{d}^{4}x\frac{\partial}{\partial x^{u}}\left[\frac{\partial \boldsymbol{\mathcal{L}}(x)}{\partial\left(\partial_{u}\phi^{\sigma}\right)}\tilde{\delta}\phi^{\sigma}(x) + \boldsymbol{\mathcal{L}}(x)\delta x^{u}\right]$$

如果坐标变换(6.17)式能够保证作用量不变，即 $\delta W = 0$ ，则有

$$\frac{\partial}{\partial x^{u}}\left[\frac{\partial \boldsymbol{\mathcal{L}}(x)}{\partial\left(\partial_{u}\phi^{\sigma}\right)}\tilde{\delta}\phi^{\sigma}(x) + \boldsymbol{\mathcal{L}}(x)\delta x^{u}\right] = 0$$

将(6.19)式代入有

$$\frac{\partial}{\partial x^{u}}f^{u} = 0 \tag{6.27}$$

其中

$$f^{u} = \frac{\partial \boldsymbol{\mathcal{L}}(x)}{\partial\left(\partial_{u}\phi^{\sigma}\right)}\delta\phi^{\sigma} - \left[\frac{\partial \boldsymbol{\mathcal{L}}(x)}{\partial\left(\partial_{u}\phi^{o}\right)}\frac{\partial \phi^{\sigma}}{\partial x_{v}} - g^{uv}\boldsymbol{\mathcal{L}}(x)\right]\delta x_{v} \tag{6.28}$$

由(6.27)式有

$$\int_V \mathrm{d}^3 x \frac{\partial}{\partial x^u} f^u(x) = \int_V \mathrm{d}^3 x \frac{\partial}{\partial x^0} f^0(x) + \int_V \mathrm{d}^3 x \nabla \cdot \vec{f}(x)$$

$$= \frac{\mathrm{d}}{\mathrm{d}x^0} \int_V \mathrm{d}^3 x f^0(x) + \int_\Sigma \vec{f}(x) \cdot \mathrm{d}\vec{s}$$

$$= \frac{\mathrm{d}}{\mathrm{d}x^0} \left[\int_V \mathrm{d}^3 x f^0(x) \right]$$

$$= 0$$

因此得到诺伊特(Noether)定理: 任何对称变换只要能保证作用量 W 不变, 则表明存在一种守恒

$$G = \int_V \mathrm{d}^3 x f^0(x) \tag{6.29}$$

6.1.5 诺伊特定理推论

1. 坐标平移对称性与能量动量守恒

在经典力学中, 质点体系的总能量、总动量守恒, 那么场作为一个体系, 其总能量和总动量仍然守恒吗? 若将坐标变换(6.17)式限于平移, 即

$$x'^{\,u} = x^u + \epsilon^u \tag{6.30}$$

其中, ϵ^u 为无限小常数。则 $\phi'^\sigma(x') = \phi^\sigma(x)$, $\delta\phi^\sigma = 0$。因为坐标平移不引起作用量改变, 故由(6.27)和(6.28)式可得

$$\frac{\partial}{\partial x^u} \left[\frac{\partial \boldsymbol{L}}{\partial(\partial_u \phi^\sigma)} \frac{\partial \phi^\sigma}{\partial x_v} - g^{uv} \boldsymbol{L} \right] \delta x_v = 0$$

考虑到变换(6.30)式中 ϵ^u 的独立性[例如, 可随意选取 $\epsilon^1 \neq 0$ 而其余 ϵ^v ($v \neq 1$) 为零], 因此 δx^u (因之 $\delta x'^u$) 可独立变化, 故有

$$\frac{\partial}{\partial x^u} \Theta^{uv} = 0 \tag{6.31}$$

其中

$$\Theta^{uv} = \frac{\partial \boldsymbol{L}}{\partial(\partial_u \phi^\sigma)} \frac{\partial \phi^\sigma}{\partial x_v} - g^{uv} \boldsymbol{L} \tag{6.32}$$

称为**能量动量张量**。根据指标升降规则(参见 3.1 节)，(6.31)和(6.32)式亦可表达为

$$\frac{\partial}{\partial x_u} \Theta_{uv} = 0 \tag{6.33}$$

$$\Theta_{uv} = \frac{\partial \mathcal{L}}{\partial \left(\partial^u \phi^\sigma \right)} \frac{\partial \phi^\sigma}{\partial x^v} - g_{uv} \mathcal{L} \tag{6.34}$$

令 $\epsilon^1 = \epsilon^2 = \epsilon^3 = 0$，$\epsilon^0 \neq 0$，则由(6.28)式得到

$$\frac{\partial}{\partial x^u} \Theta^{u0} = 0$$

故

$$\int_V d^3 x \frac{\partial \Theta^{00}}{\partial x^0} + \int_V d^3 x \left(\frac{\partial \Theta^{10}}{\partial x^1} + \frac{\partial \Theta^{20}}{\partial x^2} + \frac{\partial \Theta^{30}}{\partial x^3} \right) = 0$$

取直角坐标系，令 $\vec{K} = \Theta^{10} \vec{i} + \Theta^{20} \vec{j} + \Theta^{30} \vec{k}$，则有

$$\int_V d^3 x \frac{\partial \boldsymbol{\Theta}^{00}}{\partial x^0} + \int_V d^3 x \nabla \cdot \vec{K} = 0$$

故

$$\frac{\partial}{\partial x^0} \int_V d^3 x \Theta^{00} = - \int_\Sigma \vec{K} \cdot d\vec{s} = 0$$

因此

$$\int_V d^3 x \Theta^{00} = \int_V \left[\frac{\partial \mathcal{L}}{\partial \left(\partial_0 \phi^\sigma \right)} \frac{\partial \phi^\sigma}{\partial x_0} - \mathcal{L} \right] d^3 x = \int_V \left(\pi_\sigma \dot{\phi}^\sigma - \mathcal{L} \right) d^3 x = H$$

表明体系总能量[见(6.11)式]是守恒量。也就是说，时间平移 $\left(\epsilon^0 \neq 0 \right)$ 对称性导致体系总能量守恒。上述结果同时表明 Θ^{00} 是能量密度。类似地，当 $\epsilon^i \neq 0$ 而其余坐标分量平移为零时，

$$p^i = \int_V d^3 x \Theta^{0i} = \int_V \left(\pi_\sigma \frac{\partial \phi^\sigma}{\partial x_i} \right) d^3 x, \qquad i = 1, 2, 3 \tag{6.35}$$

是守恒量。由于 Θ^{0i} 与 Θ^{00} 具有相同的量纲[见(6.32)式]故 p^i 与 H 具有相同量纲；又因为 Θ^{0u} 是一四维矢量，故 p^u 也是四维矢量。在相对论中，能量动量构成了四维矢量 $\left(E/c, \vec{p} \right)$，因此 p^i 应是场总动量的分量，Θ^{0i} 是相应的动量密度。

2. 洛伦兹变换对称性与角动量守恒

在四维平坦时空中间作用量 W 不应随坐标的空间旋转而变化。对于一般的变换：

$$x^u = x^u + \epsilon^{uv} x_v \tag{6.36}$$

要求无限小量 ϵ^{uv} 反对称，即

$$\epsilon^{uv} = -\epsilon^{vu} \tag{6.37}$$

则可保证

$$
\begin{aligned}
x^u x_u &= \left(x^u + \epsilon^{u\sigma} x_\sigma \right) \left(x_u + \epsilon_u^\tau x_\tau \right) \\
&= x^u x_u + \epsilon^{u\sigma} x_\sigma x_u + \epsilon_u^\tau x^u x_\tau \\
&= x^u x_u + 2 x_u x_v \epsilon^{uv} \\
&= x^u x_u + x_u x_v \left(\epsilon^{uv} + \epsilon^{vu} \right) \\
&= x^u x_u
\end{aligned}
$$

相应的场量变化记为

$$\phi'^\sigma(x') = \phi^\sigma(x) + \frac{1}{2} \epsilon^{uv} \left(I_{uv} \right)^{\sigma s} \phi_s \tag{6.38}$$

根据(6.28)和(6.34)式守恒量为

$$f_u(x) = \frac{1}{2} \frac{\partial \mathcal{L}}{\partial \left(\partial^u \phi^\sigma \right)} \epsilon^{v\lambda} \left(I_{v\lambda} \right)^{\sigma s} \phi_s(x) - \Theta_{uv} \epsilon^{v\lambda} x_\lambda \tag{6.39}$$

因为

$$
\begin{aligned}
\Theta_{uv} \epsilon^{v\lambda} x_\lambda &= \frac{1}{2} \left(\Theta_{uv} \epsilon^{v\lambda} x_\lambda + \Theta_{uv} \epsilon^{v\lambda} x_\lambda \right) \\
&= \frac{1}{2} \left(\Theta_{uv} \epsilon^{v\lambda} x_\lambda + \Theta_{u\lambda} \epsilon^{\lambda v} x_v \right) \\
&= \frac{1}{2} \epsilon^{v\lambda} \left(\Theta_{uv} x_\lambda - \Theta_{u\lambda} x_v \right)
\end{aligned}
\tag{6.40}
$$

代入(6.39)式得

$$f_u = \frac{1}{2} \in^{\nu\lambda} M_{u\nu\lambda}(x) \tag{6.41}$$

其中

$$M_{u\nu\lambda}(x) = \Theta_{u\lambda}x_\nu - \Theta_{u\nu}x_\lambda + \frac{\partial \mathscr{L}}{\partial(\partial^u \phi^\sigma)}(I_{\nu\lambda})^{\sigma s}\phi_s(x) \tag{6.42}$$

对于坐标的空间旋转，取 $\in^{ou} = 0$，$\in^{nl} \neq 0(n,l=1,2,3)$，由(6.27)式得知相应的守恒量张量

$$M_{nl} = \int d^3x \left[\Theta_{0l}x_n - \Theta_{0n}x_l + \frac{\partial \mathscr{L}}{\partial \dot{\phi}^\sigma}(I_{nl})^{\sigma s}\phi_s(x) \right] \tag{6.43}$$

称为**角动量张量**，它可分为两部分

$$M_{nl} = L_{nl} + S_{nl} \tag{6.44}$$

是守恒量。其中

$$L_{nl} = \int d^3x \left(x_n \Theta_{0l} - x_l \Theta_{0n} \right) \tag{6.45}$$

$$S_{nl} = \int d^3x \pi_\sigma (I_{nl})^{\sigma s}\phi_s(x) \tag{6.46}$$

令
$$J^1 = L_{23} = \int d^3x(x_2\Theta_{03} - x_3\Theta_{02}), \qquad S^1 = S_{23} = \int d^3x \pi_\sigma(I_{23})^{\sigma s}\phi_s$$

$$J^2 = L_{31} = \int d^3x(x_3\Theta_{01} - x_1\Theta_{03}), \qquad S^2 = S_{31} = \int d^3x \pi_\sigma(I_{31})^{\sigma s}\phi_s$$

$$J^3 = L_{12} = \int d^3x(x_1\Theta_{02} - x_2\Theta_{01}), \qquad S^3 = S_{12} = \int d^3x \pi_\sigma(I_{12})^{\sigma s}\phi_s$$

由于 Θ_{0n} 为动量密度[见(6.35)式]，故 $\vec{J} = (J^1, J^2, J^3)$ 为**轨道角动量**，相应的 $\vec{S} = (S^1, S^2, S^3)$ 为**自旋角动量**。

3. 内禀对称与诺伊特荷守恒

上述守恒量的得出，皆与四维时空坐标变换相关，而仅仅场量 $\phi^\sigma(x)$ 的变化也可以保持作用量 W 不变。若记场的变换为

$$\phi'^\sigma(x) = \phi^\sigma(x) + i \in \lambda_s^\sigma \phi^s(x) \tag{6.47}$$

如果这一变换不引起作用量 W 的变化，则将 $\delta x_u = 0$ 和 $\delta\phi^\sigma(x) = i \in \lambda_s^\sigma \phi^s(x)$ 代入

(6.28)式得

$$f^u = \frac{\partial \boldsymbol{\mathcal{L}}}{\partial (\partial_u \phi^\sigma)} \delta \phi^\sigma = \mathrm{i} \in \frac{\partial \boldsymbol{\mathcal{L}}}{\partial (\partial_u \phi^\sigma)} \lambda_s^\sigma \phi^s(x) \tag{6.48}$$

相应的守恒量是

$$Q = \int \mathrm{d}^3 x \pi_\sigma \lambda_s^\sigma \phi^s(x) \tag{6.49}$$

我们将 Q 称为诺伊特荷，对于不同类型的场，它有不同的解释：对于复标场量，Q 被解释为电荷；对于重子场，它被解释为重子数等。也就是说，诺伊特荷的含义在相当的程度上是由实验观察而不是由理论自身逻辑所决定的。

6.2　正则量子化方法

正则量子化基本路线如下：

(1) 根据四条基本原则以及其他条件构造拉格朗日密度 $\boldsymbol{\mathcal{L}}(\phi^\sigma, \partial_u \phi^\sigma)$ ($\sigma = 1, 2, \cdots, r$)，代入欧拉-拉格朗日方程：

$$\frac{\partial \boldsymbol{\mathcal{L}}}{\partial \phi^\sigma} - \frac{\partial}{\partial x^u} \frac{\partial \boldsymbol{\mathcal{L}}}{\partial (\partial_u \phi^\sigma)} = 0$$

可产生经典场变量 $\phi^\sigma(\bar{x}, t)$ 满足的经典场方程 $F(\phi^\sigma(\bar{x}, t)) = 0$。由此所得的场方程并不一定描写客观实在，需要借用实验或其他经验判断其合理性。如果所得场方程不合理，便需修改拉氏密度直到获得真实的场方程。如果场方程已知(例如电磁场满足麦氏方程)，便可大致确定拉氏密度。

(2) 计算正则动量与 H

$$\pi_\sigma = \frac{\partial \boldsymbol{\mathcal{L}}}{\partial \phi^\sigma}$$

$$H = \int \mathrm{d}^3 x \mathcal{H} = \int \mathrm{d}^3 x (\pi_\sigma \phi^\sigma - \boldsymbol{\mathcal{L}})$$

(3) 与质点体系比较，场变量 $\phi^\sigma(x)$ "相当"于质点坐标 q^σ，π_σ "相当"于质点动量 p^σ，因此场量子化时将 ϕ^σ、π_σ 视为算符 $\hat{\phi}^\sigma$、$\hat{\pi}_\sigma$，应满足如下对易关系：

$$\begin{cases} [\hat{\phi}^\sigma(\vec{x},t),\hat{\pi}^\rho(\vec{x}',t)]_\pm = i\hbar\delta^{\sigma\rho}\delta(\vec{x}-\vec{x}') & (6.50a) \\[2mm] [\hat{\phi}^\sigma(\vec{x},t),\hat{\phi}^\rho(\vec{x}',t)]_\pm = [\hat{\pi}_\sigma(\vec{x},t),\hat{\pi}_\rho(\vec{x}',t)]_\pm = 0 & (6.50b) \end{cases}$$

其中，"±"分别对应玻色子场和费米子场。场的其他力学量算符，如动量、角动量、诺伊特荷可应用(6.35)、(6.44)和(6.49)式，将其中相应场量换为算符即可。将 H 中的相关量换为算符 $\hat{\phi}^\sigma$、$\hat{\pi}_\sigma$，得到哈密顿算符 $\hat{H}$。由于场变量 ϕ^σ 一般情况下是时间的函数，将其视为算符后亦为时间的函数，因此应被视为海森伯绘景中的算符而满足

$$\dot{\hat{\phi}}^\sigma = \frac{1}{i\hbar}[\hat{\phi}^\sigma,\hat{H}], \qquad \dot{\hat{\pi}}_\sigma = \frac{1}{i\hbar}[\hat{\pi}_\sigma,\hat{H}] \qquad (6.51)$$

可以证明(6.50)和(6.51)式在洛伦兹变换下是协变的。

(4) 欲知场的量子特性，需要求解场的力学量算符 $\hat{F}$ (都已表达为 $\hat{\phi}^\sigma$ 和 $\hat{\pi}_\sigma$ 的函数)的本征方程 $\hat{F}|\Psi\rangle = \lambda|\Psi\rangle$，尤其是求解 $\hat{H}$ 的本征方程，进而得知场的能量量子值以及自旋、轨道角动量、诺伊特荷等力学量的量子值。考虑到 $\hat{\phi}^\sigma$、$\hat{\pi}_\sigma$ 是抽象空间的算符，可尝试用一完备函数组 $\{u_i(\vec{x})\}$ 将场算符展开 $\hat{\phi}^\sigma(\vec{x},t) = \sum_i \hat{a}_i(t)u_i(\vec{x})$。注意，在展开式中，已将时间与坐标分离(变量分离)，但这种分离并非普遍成立，故需将该展开式代入(6.51)式以检验上述变量分离是否成立。如果成立，并可证明 $\hat{a}_i(t)$ 和 $\hat{a}_i^+(t)$ 满足湮没、产生算符对易关系(见 5.4 节)，则类似于第 5 章二次量子化结果，可将 $u_i(\vec{x})$ 视为场的量子态，$\hat{a}_i^+(t)$ 和 $\hat{a}_i(t)$ 便是 $u_i(\vec{x})$ 的产生、湮没算符，而场的量子态则用粒子数表象表达。例如，$|1020600\cdots\rangle$ 表示，在场的量子态 $u_1(\vec{x})$、$u_2(\vec{x})$、$u_5(\vec{x})$ 分别有 1、2、6 个场量子，该量子的含义取决于 $u_i(\vec{x})$ 是哪一个场力学量算符的本征态。例如，若 $u_i(\vec{x})$ 是场的轨道角动量算符 $\hat{L}$ [见(6.45)式]的本征态，则 $\hat{L}$ 可表示为 $\hat{L} = \sum_i l_i a_i^+ a_i$，即在 $\{u_i(\vec{x})\}$ 表象中 $\hat{L}$ 对角化了，因此可知角动量的量子取值只可能是 $l_i(i=1,2,3,\cdots)$。如果在此表象中 $\hat{H}$ 不能对角化，即 $\hat{H} = \sum_{ik}\langle i|\hat{H}|k\rangle a_i^+ a_k$，则必须求解无限高阶矩阵代数方程才能得到精确的能量量子值。

6.3　薛定谔场量子化

本节的主要目标在于说明如何应用正则量子化程序将薛定谔方程中的波函数算符化，最后得到与"二次量子化方法"相同的结果，进一步理解"二次量子化"

的含义。将满足"经典"方程 $i\hbar\dfrac{\partial\Phi}{\partial t}=-\dfrac{\hbar^2}{2m}\nabla^2\Phi+V(\bar{x},t)\Phi$ 的场称为薛定谔场，其拉氏密度应构造为

$$\mathcal{L}(\Phi,\nabla\Phi,\dot{\Phi})=i\hbar\Phi^*\frac{\partial\Phi}{\partial t}-\frac{\hbar^2}{2m}\nabla\Phi^*\cdot\nabla\Phi-V(\bar{x},t)\Phi^*\Phi \tag{6.52}$$

将 Φ 与 Φ^* 处理为两个独立的场变量，可由欧拉-拉格朗日方程得到薛定谔方程。

练习 应用欧拉-拉格朗日方程(6.8)，由(6.52)式推导薛定谔方程。

由(6.9)~(6.11)式可知

$$\pi=\frac{\partial\mathcal{L}}{\partial\dot{\Phi}}=i\hbar\Phi^* \tag{6.53}$$

$$\mathcal{H}=\pi\dot{\Phi}-\mathcal{L}$$
$$=\frac{\hbar^2}{2m}\nabla\Phi^*\cdot\nabla\Phi+V(\bar{x},t)\Phi^*\Phi \tag{6.54}$$

$$H=\int d^3x\mathcal{H}=\int d^3x\Phi^*\left[-\frac{\hbar^2}{2m}\nabla^2+V(\bar{x},t)\right]\Phi \tag{6.55}$$

将 Φ 和 π 转化为算符，$\hat{\pi}=i\hbar\hat{\Phi}^+$ 由(6.50)式得

$$\begin{cases}[\hat{\Phi}(\bar{x},t),\hat{\Phi}^+(\bar{x}',t)]_\pm=\delta(\bar{x}-\bar{x}') & (6.56a)\\[2mm] [\hat{\Phi}(\bar{x},t),\hat{\Phi}(\bar{x}',t)]_\pm=[\hat{\Phi}^+(\bar{x},t),\hat{\Phi}^+(\bar{x}',t)]_\pm=0 & (6.56b)\end{cases}$$

由(6.55)式得出系统哈密顿算符：

$$\hat{H}=\int d^3x\hat{\Phi}^+(\bar{x},t)D_x\hat{\Phi}(\bar{x},t) \tag{6.57}$$

其中

$$D_x=-\frac{\hbar^2}{2m}\nabla^2+V(\bar{x},t) \tag{6.58}$$

$\hat{\Phi}(\bar{x},t)$ 和 $\hat{\Phi}^+(\bar{x},t)$ 作为算符应满足海森伯方程

$$\begin{cases} \hat{\dot{\Phi}} = \dfrac{1}{i\hbar}[\hat{\Phi},\hat{H}] & (6.59a) \\[3mm] \hat{\dot{\Phi}}^{+} = \dfrac{1}{i\hbar}[\hat{\Phi}^{+},\hat{H}] & (6.59b) \end{cases}$$

下面证明(6.59a)式在形式上与薛定谔方程相同。对于玻色场

$$[\hat{\Phi},\hat{H}] = \int d^3x'\left[\hat{\Phi}(\bar{x},t),\hat{\Phi}^{+}(\vec{x'},t)D_{x'}\hat{\Phi}(\vec{x'},t)\right]$$

其中

$$\begin{aligned} D_{x'} &= -\frac{\hbar^2}{2m}\nabla_{x'}^2 + V(\vec{x'},t) \\ &= \int d^3x'\left[\hat{\Phi}(\bar{x},t),\hat{\Phi}^{+}(\vec{x'},t)\right]D_{x'}\hat{\Phi}(\vec{x'},t) \\ &= D_x\hat{\Phi}(\bar{x},t) \end{aligned} \qquad (6.60)$$

对于费米场

$$\begin{aligned} [\hat{\Phi},\hat{H}] &= \int d^3x\left[\hat{\Phi}(\bar{x},t),\hat{\Phi}^{+}(\vec{x'},t)D_{x'}\hat{\Phi}(\vec{x'},t)\right] \\ &= \int d^3x\left[\hat{\Phi}(\bar{x},t)\hat{\Phi}^{+}(\vec{x'},t)D_{x'}\hat{\Phi}(\vec{x'},t) - \hat{\Phi}^{+}(\vec{x'},t)D_{x'}\hat{\Phi}(\vec{x'},t)\hat{\Phi}(\bar{x},t)\right] \\ &= \int d^3x\left[\hat{\Phi}(\bar{x},t),\hat{\Phi}^{+}(\vec{x'},t)\right]\cdot D_{x'}\hat{\Phi}(\vec{x'},t) \\ &= D_x\hat{\Phi}(\bar{x},t) \end{aligned} \qquad (6.61)$$

由(6.59a)式知算符 $\hat{\Phi}(\bar{x},t)$ 满足

$$i\hbar\frac{\partial\hat{\Phi}}{\partial t} = -\frac{\hbar^2}{2m}\nabla^2\hat{\Phi} + V(\bar{x},t)\hat{\Phi} \qquad (6.62)$$

虽然(6.62)式表明,场算符 $\hat{\Phi}(\bar{x},t)$ 说满足的方程与经典场量满足的场方程相同,但这并非普遍情形。一般来说,场算符的演化应是(6.51)式。

考虑到上文所引入的场算符 $\hat{\Phi}(\bar{x},t)$、$\hat{\Phi}^{+}(\bar{x},t)$ 是抽象态 $|\psi(\bar{x},t)\rangle$ 空间的算符,选取具体表象,即选取一完备函数基 $\{u_i(\bar{x})\}$[它可以是某一力学量算符(未进行二次量子化)的本征态],则可将 $\hat{\Phi}$、$\hat{\Phi}^{+}$ 具体化。如果 $V(\bar{x},t)=V(\bar{x})$,即对应稳定的薛定谔场,则

$$\begin{cases} \hat{\Phi}(\vec{x},t) = \sum_i \hat{a}_i(t)u_i(\vec{x}) & (6.63a) \\[3mm] \hat{\Phi}^+(\vec{x},t) = \sum_i \hat{a}_i^+(t)u_i^*(\vec{x}) & (6.63b) \end{cases}$$

满足(6.62)式[因此满足(5.59)式]。代入(6.56)式并利用关系

$$\int \mathrm{d}^3 x u_i^*(\vec{x})u_j(\vec{x}) = \delta_{ij}$$

$$\sum_i u_i(\vec{x})u_i^*(\vec{x'}) = \delta(\vec{x}-\vec{x'})$$

则有

$$\begin{cases} [\hat{a}_i(t),\hat{a}_j^+(t)]_{\pm} = \delta_{ij} & (6.64a) \\[3mm] [\hat{a}_i(t),\hat{a}_j(t)]_{\pm} = [\hat{a}_i^+(t),\hat{a}_j^+(t)]_{\pm} = 0 & (6.64b) \end{cases}$$

应用上述结果可方便地得到如下结论(参考第5章，二次量子化方法)：

(1) $\hat{\Phi}(\vec{x},t)$、$\hat{\Phi}^+(\vec{x},t)$ 分别为 t 时刻 $\vec{x}$ 点的湮没、产生算符。

(2) t 时刻 $\vec{x}$ 点的密度算符

$$\hat{\rho}(\vec{x},t) = \hat{\Phi}^+(\vec{x},t)\hat{\Phi}(\vec{x},t) \tag{6.65}$$

在量子场理论中不存在波函数的概念，因此也不存在与之相关的负概率问题。

(3) 任意力学量算符 $\hat{f}(\vec{x})$ 可表达为

$$\hat{f}(\vec{x}) = \int \mathrm{d}^3 x \hat{\Phi}^+(\vec{x},t)\hat{f}(\vec{x})\hat{\Phi}(\vec{x},t) \tag{6.66}$$

(4) 对于任意选取的 $\{u_i(\vec{x})\}$，哈密顿算符表达为

$$\begin{aligned} \hat{H} &= \sum_{ij}\left\{\int u_i^*\left[-\frac{\hbar^2}{2m}\nabla^2 + V(\vec{x},t)\right]u_j \mathrm{d}^3 x\right\} \cdot a_i^+ a_j \\ &= \sum_{ij}\langle i|D_x|j\rangle a_i^+ a_j \end{aligned}$$

即 $\hat{H}$ 没有对角化。如果选取算符 $D_x = -\dfrac{\hbar^2}{2m}\nabla^2 + V(\vec{x})$ 的本征态 $\{u_i(\vec{x})\}$ 为基函数，

则场的总哈密顿算符可表达为

$$\hat{H} = \sum_i \varepsilon_i a_i^+ a_i = \sum_i \varepsilon_i \hat{n}_i \tag{6.67}$$

这时 $\hat{H}$ 已被对角化, 其中 ε_i 为相应的本征能量. 显然, $\hat{H}$ 与总粒子数算符 $\hat{N} = \sum_i \hat{n}_i$ 对易, 即它们具有共同的本征态 $|n_1, n_2, \cdots, n_i, \cdots\rangle$. 如果场处于真空态 $|0_1, 0_2, \cdots, 0_i, \cdots\rangle$, 表明场中没有粒子; 如果费米子场处于激发态 $|1_1, 0_2, \cdots, 1_8, 1_9, 0, \cdots\rangle$, 表明场中存在三个粒子, 其能量分别是量子化的 ε_1、ε_8 和 ε_9. 对于玻色子场, 激发态还可能是 $|8_1, 0_2, \cdots, 7_8, 6_9, 0, \cdots\rangle$, 即场中共有 21 个粒子, 8 个处于第一态具有能量 ε_1, 其余分别处于第八、第九态. 在这样的图景中, 粒子"实质上"是场的激发态, 是连续场所表现出来的"量子"性质.

(5) 需要说明的是, 场激发态 $|0_1, 0_2, \cdots, 1_8, 1_9, 0, \cdots\rangle$ 和 $|8_1, 0_2, \cdots, 7_8, 6_9, 0, \cdots\rangle$ 虽然描写了场中的多个"粒子", 但不可能涉及"粒子"之间的相互作用, 因为我们的出发点是关于单粒子的薛定谔场方程. 如果考虑场粒子之间的相互作用, 例如电子之间的库仑作用 $V(\bar{x}_1, \bar{x}_2) = e^2 / |\bar{x}_1 - \bar{x}_2|$, 则薛定谔方程中除势能 $v(\bar{x})$ 之外还应增加另一个涉及多电子坐标的势能函数. 因此, 相应的拉氏密度不再是(6.52)式, 当然相应的正则动量也不是(6.52)式, 算符 $\hat{\Phi}(\bar{x}, t)$ 满足更复杂的方程而非(6.62)式. 这时, 若仍将场算符按(6.63)式展开便不能满足(6.51)式. 显然, 在这种情况下欲将 $\hat{\Phi}(\bar{x}, t)$、$\hat{H}$、$\hat{L}$ 等用产生、湮没算符 (a^+, a) 表示将十分繁杂. 通常采用微扰方法处理. 回想二次量子化方法, 有上述相互作用存在时的力学量算符都已"合理"地用 a^+、a 表达, 难道量子场理论还不够"先进"? 仔细阅读本章之后便可得出否定答案.

6.4 标量场的量子化

6.4.1 实标量场

考虑由单个实场标量 $\phi(x)$ 描写的场, 满足四条基本原则的最简单的拉氏密度可构造为

$$\mathcal{L} = \frac{1}{2}\left(\partial_u \phi \partial^u \phi - m^2 \phi^2\right) \tag{6.68}$$

这里以及下文中, 如不特别声明都采用量子场论中的习惯做法, 取光速 $c = 1$, 普朗克常数 $\hbar = 1$. (6.68)式中的 m 是一个标量常数, 前面的因子 $\frac{1}{2}$ 是一个习惯用法, 使得第一项看起来有点像动能项. 由(6.68)式导出的场方程是

$$\partial_u \partial^u \phi + m^2 \phi = 0 \tag{6.69}$$

即克莱因-戈尔登方程。相应的正则动量

$$\pi = \frac{\partial \mathcal{L}}{\partial \dot{\phi}} = \dot{\phi} \tag{6.70}$$

进而得到哈氏密度

$$\begin{aligned}
\mathcal{H} &= \pi \dot{\phi} - \mathcal{L} \\
&= \pi^2 - \frac{1}{2}\Big[\pi^2 - (\nabla \phi)^2 - m^2 \phi^2 \Big] \\
&= \frac{1}{2}\Big[\pi^2 + (\nabla \phi)^2 + m^2 \phi^2 \Big]
\end{aligned} \tag{6.71}$$

将 ϕ 和 π 视为算符，引入对易关系：

$$\begin{cases}
[\hat{\phi}(\bar{x},t), \hat{\pi}(\overrightarrow{x'},t)] = \mathrm{i}\delta(\bar{x} - \overrightarrow{x'}) & \text{(6.72a)} \\
[\hat{\phi}(\bar{x},t), \hat{\phi}(\overrightarrow{x'},t)] = [\hat{\pi}(\bar{x},t), \hat{\pi}(\overrightarrow{x'},t)] = 0 & \text{(6.72b)}
\end{cases}$$

由(6.71)式得体系总哈密顿算符

$$\hat{H} = \frac{1}{2}\int \mathrm{d}^3 x \left\{ \hat{\pi}(\bar{x},t)^2 + \Big[\nabla \hat{\phi}(\overrightarrow{x'},t) \Big]^2 + m^2 \hat{\phi}(\bar{x},t)^2 \right\} \tag{6.73}$$

进而有

$$\begin{aligned}
\dot{\hat{\phi}}(\bar{x},t) &= -\mathrm{i}[\hat{\phi}(\bar{x},t), \hat{H}] = \hat{\pi}(\bar{x},t) \\
\dot{\hat{\pi}}(\bar{x},t) &= -\mathrm{i}[\hat{\pi}(\bar{x},t), \hat{H}] \\
&= -\frac{\mathrm{i}}{2}\int \mathrm{d}^3 x' \Big[\hat{\pi}(\bar{x},t), \Big[\nabla'\hat{\phi}(\overrightarrow{x'},t) \Big]^2 + m^2 \hat{\phi}(\overrightarrow{x'},t)^2 \Big]
\end{aligned} \tag{6.74a}$$

其中

$$\int \mathrm{d}^3 x' \Big[\hat{\pi}(\bar{x},t), \Big[\nabla'\hat{\phi}(\overrightarrow{x'},t) \Big]^2 \Big]$$

$$= \int \mathrm{d}^3 x' \left\{ \hat{\pi}(\bar{x},t)\Big[\nabla'\hat{\phi}(\overrightarrow{x'},t) \Big]^2 - \Big[\nabla'\hat{\phi}(\overrightarrow{x'},t) \Big]^2 \hat{\pi}(\bar{x},t) \right\}$$

$$= \int \mathrm{d}^3 x' \left\{ \nabla'\hat{\phi}(\overrightarrow{x'},t)\Big[\hat{\pi}(\bar{x},t), \Big[\nabla'\hat{\phi}(\overrightarrow{x'},t) \Big] \Big] - \nabla'\hat{\phi}(\overrightarrow{x'},t)\hat{\pi}(\bar{x},t)\nabla'\hat{\phi}(\overrightarrow{x'},t) + \hat{\pi}(\bar{x},t)\Big[\nabla'\hat{\phi}(\overrightarrow{x'},t) \Big]^2 \right\}$$

$$= \int d^3 x' \left\{ \nabla' \hat{\phi}(\vec{x'},t) \left[\hat{\pi}(\vec{x},t), \left[\nabla' \hat{\phi}(\vec{x'},t) \right] \right] - \left[\nabla' \hat{\phi}(\vec{x'},t), \hat{\pi}(\vec{x'},t) \right] \nabla' \hat{\phi}(\vec{x'},t) \right\}$$

$$= \int d^3 x' \left\{ \nabla' \hat{\phi}(\vec{x'},t) \nabla' \left[\hat{\pi}(\vec{x},t), \hat{\phi}(\vec{x'},t) \right] + \nabla' \left[\hat{\pi}(\vec{x},t), \hat{\phi}(\vec{x'},t) \right] \nabla' \hat{\phi}(\vec{x'},t) \right\}$$

$$= \int d^3 x' \left[\nabla' \hat{\phi}(\vec{x'},t)(-i) \nabla' \delta(\vec{x} - \vec{x'}) - i \nabla' \delta(\vec{x} - \vec{x'}) \nabla' \hat{\phi}(\vec{x'},t) \right]$$

$$= 2i \nabla^2 \hat{\phi}(\vec{x},t) \qquad \text{(其中应用了分部积分)}$$

代回原式并对 $m^2 \hat{\phi}(\vec{x'},t)^2$ 作类似的积分得

$$\dot{\hat{\pi}}(\vec{x},t) = (\nabla^2 - m^2) \hat{\phi}(\vec{x},t) \tag{6.74b}$$

因此

$$\ddot{\hat{\phi}}(\vec{x},t) = (\nabla^2 - m^2) \hat{\phi}(\vec{x},t) \tag{6.75}$$

尝试将 $\hat{\phi}(\vec{x},t)$ 用平面波展开：

$$\hat{\phi}(\vec{x},t) = \int d^3 p N_p e^{i\vec{p} \cdot \vec{x}} \hat{a}_p(t) \tag{6.76}$$

其中，N_p 为归一化待定常数。由(6.75)式得

$$\ddot{\hat{a}}_p(t) = -(p^2 + m^2) \hat{a}_p(t) \tag{6.77}$$

其一般解为

$$\hat{a}_p(t) = \hat{a}_p^{(1)} e^{-i\omega_p t} + \hat{a}_p^{(2)} e^{i\omega_p t} \tag{6.78}$$

这里 $\hat{a}_p^{(1)}$ 和 $\hat{a}_p^{(2)}$ 与时间无关，频率

$$\omega_p = +\sqrt{p^2 + m^2} \tag{6.79}$$

由于我们这里讨论的是实标量场($\phi^* = \phi$)，故相应的算符应是厄米算符($\phi^+ = \phi$，其本征值为实数)，进而要求

$$\int d^3 p N_p e^{-i\vec{p} \cdot \vec{x}} \left\{ \left[\hat{a}_p^{(1)} \right]^+ e^{i\omega_p t} + \left[\hat{a}_p^{(2)} \right]^+ e^{-i\omega_p t} \right\}$$

$$= \int d^3 p' N_p e^{+i\vec{p'} \cdot \vec{x}} \left[\hat{a}_{p'}^{(1)+} e^{-i\omega_{p'} t} + \hat{a}_{p'}^{(2)+} e^{+i\omega_{p'} t} \right]$$

考虑到 $\bar{x}$ 在积分和中是任一参量，上式相等的条件首先是指数部分相等，故

$$\left[\hat{a}_p^{(1)}\right]^+ = \hat{a}_{-p}^{(2)} \tag{6.80}$$

代入(6.76)式得

$$
\begin{aligned}
\hat{\phi}(\bar{x},t) &= \int \mathrm{d}^3 p\, N_p \left[\hat{a}_p^{(1)} \mathrm{e}^{\mathrm{i}\left(\bar{p}\cdot\bar{x}-\omega_p t\right)} + \hat{a}_p^{(2)} \mathrm{e}^{\mathrm{i}\left(\bar{p}\cdot\bar{x}+\omega_p t\right)} \right] \\
&= \int \mathrm{d}^3 p\, N_p \hat{a}_p^{(1)} \mathrm{e}^{\mathrm{i}\left(\bar{p}\cdot\bar{x}-\omega_p t\right)} + \int \mathrm{d}^3 p\, N_p \hat{a}_p^{(2)} \mathrm{e}^{\mathrm{i}\left(\bar{p}\cdot\bar{x}+\omega_p t\right)} \\
&= \int \mathrm{d}^3 p\, N_p \hat{a}_p^{(1)} \mathrm{e}^{\mathrm{i}\left(\bar{p}\cdot\bar{x}-\omega_p t\right)} + \int \mathrm{d}^3 p\, N_{-p} \hat{a}_{-p}^{(2)} \mathrm{e}^{\mathrm{i}\left(-\bar{p}\cdot\bar{x}+\omega_p t\right)} \\
&= \int \mathrm{d}^3 p\, N_p \hat{a}_p^{(1)} \mathrm{e}^{\mathrm{i}\left(\bar{p}\cdot\bar{x}-\omega_p t\right)} + \int \mathrm{d}^3 p\, N_p \left[\hat{a}^{(1)}\right]^+ \mathrm{e}^{-\mathrm{i}\left(-\bar{p}\cdot\bar{x}-\omega_p t\right)} \quad (\text{令}\,\hat{a}_p^{(1)} = \hat{a}_p) \\
&= \int \mathrm{d}^3 p\, N_p \left[\hat{a}_p \mathrm{e}^{\mathrm{i}\left(\bar{p}\cdot\bar{x}-\omega_p t\right)} + \hat{a}_p^+ \mathrm{e}^{-\mathrm{i}\left(\bar{p}\cdot\bar{x}-\omega_p t\right)} \right]
\end{aligned} \tag{6.81}
$$

因为 $\hat{\pi} = \dot{\hat{\phi}}$，故

$$\hat{\pi}(\bar{x},t) = \int \mathrm{d}^3 p\, N_p (-\mathrm{i}\omega_p) \left[\hat{a}_p \mathrm{e}^{\mathrm{i}\left(\bar{p}\cdot\bar{x}-\omega_p t\right)} + \hat{a}_p^+ \mathrm{e}^{-\mathrm{i}\left(\bar{p}\cdot\bar{x}-\omega_p t\right)} \right] \tag{6.82}$$

如果取

$$N_p = \frac{1}{\sqrt{2\omega_p (2\pi)^3}} \tag{6.83}$$

则可证明：

$$[\hat{a}_p, \hat{a}_{p'}^+] = \delta(\bar{p} - \overline{p'}) \tag{6.84a}$$

$$[\hat{a}_p, \hat{a}_{p'}] = [\hat{a}_p^+, \hat{a}_{p'}^+] = 0 \tag{6.84b}$$

以上推演表明，将场算符 $\hat{\phi}(\bar{x},t)$ 用平面波展开[(6.67)式]是可行的，即展开系数 $\hat{a}(t)$ 的确与 $\bar{x}$ 无关。如果展开采用箱归一条件[在一个长为 L(足够大)的立方盒的表面加周期边界条件]下的平面波，即动量取分立谱：

$$\bar{p}_l = \frac{2\pi}{L} \bar{l}, \qquad \bar{l} = (l_1, l_2, l_3), \qquad l_i = 1, 2, 3 \tag{6.85}$$

$$N_p = \frac{1}{\sqrt{2\omega_p L^3}}$$

$$[\hat{a}_{p_l}, \hat{a}_{p_{l'}}^+] = \delta_{ll'} \tag{6.86}$$

将(6.81)和(6.82)式代入(6.73)式可得到

$$\hat{H} = \frac{1}{2}\int d^3 p\, \omega_p \left(\hat{a}_p^+ \hat{a}_p + \hat{a}_p \hat{a}_p^+\right) \tag{6.87}$$

若采用箱归一化条件，则

$$\hat{H} = \frac{1}{2}\sum_l \omega_{pl}\left(\hat{a}_{p_l}^+ \hat{a}_{p_l} + \hat{a}_{p_l}\hat{a}_{p_l}^+\right) = \sum_l \omega_{pl}\left(\hat{a}_{p_l}^+ \hat{a}_{p_l} + \frac{1}{2}\right) \tag{6.88}$$

上述结果表明，算符 $\hat{\phi}(\bar{x},t)$、$\hat{\pi}(\bar{x},t)$ 和 $\hat{H}$ 都可用产生、湮没算符表达，特别是(6.88)式表明粒子数算符 $\hat{n}_{pl} = \hat{a}_{pl}^+ \hat{a}_{pl}$ 与 $\hat{H}$ 对易，因此可以构造类似于薛定谔场和二次量子化方法中的粒子数表象(也称福克空间)，并采用类似的方法(见 5.5.2 节)研究场和"粒子"(处于激发态的场)的演化。需要指出的是，虽然每一个场激发态(粒子)贡献一份能 ω_{pl} 的情形与薛定谔场相同，但显著的区别是，克莱因-戈尔登场的真空态 $|0\rangle$ 贡献了无限大能量(也称为零点能或真空能)：

$$E_0 = \sum_l \frac{1}{2}\omega_{pl} \tag{6.89}$$

它应具有可观测的物理效应，至少对于电磁场的零点能已于 1948 年观测到了所谓的卡西米尔(Casimir)效应(参见第 7 章)。

由(6.35)式知场的空间总经典动量：

$$\bar{P} = -\int d^3 x\, \pi \nabla \phi \tag{6.90}$$

量子化时没有充分理由将其定义为

$$\hat{\bar{P}} = -\int d^3 x\, \hat{\pi} \nabla \hat{\phi} \tag{6.91}$$

更合理的选择应是(使用对称化原则)

$$\hat{\bar{P}} = -\frac{1}{2}\int d^3 x\left[\hat{\pi}(\bar{x},t)\nabla\hat{\phi}(\bar{x},t) + \nabla\hat{\phi}(\bar{x},t)\hat{\pi}(\bar{x},t)\right] \tag{6.92}$$

这一选择保证了 $\hat{P}$ 是厄米算符。应用(6.81)和(6.82)式得出

$$\hat{P} = \frac{1}{2} \int d^3 p \left(\hat{a}_p^+ \hat{a}_p + \hat{a}_p \hat{a}_p^+ \right) \bar{p} \tag{6.93}$$

应用箱归一化条件

$$\hat{P} = \sum_l \bar{p}_l \hat{a}_{pl}^+ \hat{a}_{pl} + \frac{1}{2} \sum_l \bar{p}_l = \sum_l \bar{p}_l \hat{a}_{pl}^+ \hat{a}_{pl} \tag{6.94}$$

因为 $\bar{p}_l$ 空间取向均匀，故 $\frac{1}{2} \sum_l \bar{p}_l = 0$。(6.94)和(6.88)式表明粒子数算符 $\hat{n} = \hat{a}_{pl}^+ \hat{a}_{pl}$、总动量算符和总能量算符具有共同本征态，每一个场量子的动量为 $\bar{p}$，能量为 $\omega_p = \sqrt{p^2 + m^2}$。

在大多情况下，大量的物理观测只涉及能量之差而不涉及绝对能量，因此可将哈密顿算符定义为 $\hat{H} = \hat{H} - E_0$。以此把零点能在形式上"消除"掉。这一结果亦可通过"正规乘积"技术得到。如(6.81)式所示，场算符可分解为正频部(含 $e^{-i\omega t}$ 因子)与负频部(含 $e^{i\omega t}$ 因子)：

$$\hat{\phi}(\bar{x},t) = \hat{\phi}^{(+)}(\bar{x},t) + \hat{\phi}^{(-)}(\bar{x},t) \tag{6.95}$$

若有另一算符 $\hat{\chi} = \hat{\chi}^{(+)} + \hat{\chi}^{(-)}$，正规乘积定义为

$$: \hat{\phi}\hat{\chi} := \hat{\phi}^{(-)} \hat{\chi}^{(-)} + \hat{\phi}^{(-)} \hat{\chi}^{(+)} + \hat{\chi}^{(-)} \hat{\phi}^{(+)} + \hat{\phi}^{(+)} \hat{\chi}^{(+)} \tag{6.96}$$

即保证负频算符始终位于左侧。因此正规乘积的哈密顿算符为

$$\hat{H} = \frac{1}{2} \int d^3 x : \left[\hat{\pi}^2 + \left(\nabla \hat{\phi} \right)^2 + m^2 \hat{\phi}^2 \right] :$$

$$= \int d^3 p \, \omega_p \hat{a}_p^+ \hat{a}_p \tag{6.97}$$

如此便"消除"了(6.87)或(6.88)式中的零点能。

下面考察场的角动量。因为是标量场，场变量在空间转动下保持不变，即 $\phi'(x') = \phi(x)$。由(6.38)和(6.46)式知场的自旋角动量为零。这说明了为什么克莱因-戈尔登方程只描写自旋为零的粒子(参见 3.8.1 节)。由(6.45)式出发，使用对称化原则并采用正规乘积技术可得到轨道角动量。

$$\hat{L} = -\frac{1}{2} \int d^3 x : \left[\hat{\pi}\bar{x} \times \nabla \hat{\phi} + \left(\bar{x} \times \nabla \hat{\phi} \right) \hat{\pi} \right] :$$

$$= i \int d^3 p a_p^+ (\vec{p} \times \nabla_{\vec{p}}) \hat{a}_p \tag{6.98}$$

此式表明，在平面波粒子数表象轨道角动量不能对角化(由于 $\nabla_{\vec{p}}$ 的存在)。

6.4.2 复标量场

对于复标量场，$\phi^*(x) \neq \phi(x)$，满足四条基本原则且最简单的拉氏密度[参见 (6.68)式，略去因子 1/2]：

$$\mathcal{L} = \partial^u \phi^* \partial_u \phi - m^2 \phi^* \phi \tag{6.99}$$

为了方便，以下将 ϕ 和 ϕ^* 处理为两个独立的场变量，对应两个正则动量

$$\begin{cases} \pi = \dfrac{\partial \mathcal{L}}{\partial \dot{\phi}} = \dot{\phi}^* & \text{(6.100a)} \\[3mm] \pi^* = \dfrac{\partial \mathcal{L}}{\partial \dot{\phi}^*} = \dot{\phi} & \text{(6.100b)} \end{cases}$$

经典哈密顿量为

$$H = \int d^3 x \left(\pi \dot{\phi} + \pi^* \nabla \dot{\phi}^* - \mathcal{L} \right)$$

$$= \int d^3 x \left(\pi^* \pi + \dot{\phi}^* \nabla \dot{\phi} + m^2 \phi^* \phi \right) \tag{6.101}$$

将场变量视为算符并引入对易关系：

$$\left[\hat{\phi}(\vec{x}, t), \hat{\pi}(\vec{x}', t) \right] = \left[\hat{\phi}^+(\vec{x}, t), \hat{\pi}^+(\vec{x}', t) \right] = i \delta(\vec{x} - \vec{x}') \tag{6.102}$$

其余算符对易子为零。类似于实标量场，可将场算符用平面波展开[见(6.76)~(6.79) 式]：

$$\begin{cases} \hat{\phi}(\vec{x}, t) = \int d^3 p \left[\hat{a}_p u_p(\vec{x}, t) + \hat{b}_p^+ u_p^*(\vec{x}, t) \right] & \text{(6.103a)} \\[3mm] \hat{\phi}^+(\vec{x}, t) = \int d^3 p \left[\hat{a}_p^+ u_p^*(\vec{x}, t) + \hat{b}_p u_p(\vec{x}, t) \right] & \text{(6.103b)} \end{cases}$$

其中，$u_p(\vec{x}, t) = N_p e^{i \vec{p} \cdot \vec{x}} e^{-i \omega_p t}$。与实标量场($\phi^* = \phi$)不同，复标量场 $\phi^+ \neq \phi$，因此不存在类似于(6.80)式的关系式，不可能将 $\hat{b}_p^+$ 用 $\hat{a}_p$ 表达，也就是说存在两对产生与湮没算符。将(6.103)式代入(6.102)式得

$$\left[\hat{a}_p, \hat{a}_{p'}^+\right] = \left[\hat{b}_p, \hat{b}_{p'}^+\right] = \delta(\vec{p} - \vec{p'}) \tag{6.104}$$

其余对易子为零。由此可得

$$\hat{H} =: \int d^3 p \, \omega_p \left(\hat{a}_p^+ \hat{a}_p + \hat{b}_p^+ \hat{b}_p\right):$$

$$= \int d^3 p \, \omega_p \left(\hat{a}_p^+ \hat{a}_p + \hat{b}_p^+ \hat{b}_p\right) \tag{6.105}$$

$$\hat{\vec{p}} = \int d^3 p \, \vec{p} \left(\hat{a}_p^+ \hat{a}_p + \hat{b}_p^+ \hat{b}_p\right) \tag{6.106}$$

$$\hat{\vec{L}} = i \int d^3 p \left[\hat{a}_p^+ \left(\vec{p} \times \nabla_p\right)\hat{a}_p + \hat{b}_p^+ \left(\vec{p} \times \nabla_p\right)\hat{b}_p\right] \tag{6.107}$$

显然该结论揭示存在两种不同类型的粒子,它们具有同样的质量 m。与实标量场类似,福克态可从真空态产生,只不过需要用两组占有数 $\left\{n_i^{(a)}\right\}$ 和 $\left\{n_i^{(b)}\right\}$ 表征。

考察拉氏密度(6.99)式,如果场变量相位改变

$$\phi' = \phi e^{i\alpha}, \qquad \phi^{*'} = \phi^* e^{-i\alpha} \tag{6.108}$$

(α 为实常数)但拉氏密度保持不变,由(6.49)式得到诺伊特荷

$$Q = -i \int d^3 x \left(\pi \phi - \pi^* \phi^*\right) \tag{6.109}$$

应用(6.100)式

$$Q = -i \int d^3 x \phi^* \overleftrightarrow{\partial_0} \phi = (\phi, \phi) \tag{6.110}$$

这里 (ϕ, ϕ) 称为克莱因-戈尔登标积:

$$(\phi, \chi) = i \int d^3 x \left(\phi^* \frac{\partial x}{\partial t} - \frac{\partial \phi^*}{\partial t} \chi\right)$$

$$= i \int d^3 x \phi^* \overleftrightarrow{\partial_0} \chi \tag{6.111}$$

应正规乘积技术并(6.103)式有

$$\hat{Q} = -i \int d^3 x : \left(\hat{\pi}\hat{\phi} - \hat{\pi}^+ \hat{\phi}^+\right):$$

$$= \int d^3 p \left(\hat{a}_p^+ \hat{a}_p - \hat{b}_p^+ \hat{b}_p\right)$$

$$\equiv \int d^3 p \left(n_p^{(a)} - n_p^{(b)}\right) \tag{6.112}$$

显然，$\hat{Q}$ 是一守恒量。总结上述结果，我们发现 $\hat{a}_p^+$ 产生一个粒子，其能量、动量、诺伊特荷分别为 ω_p、p 和+1，而 $\hat{b}_p^+$ 产生的粒子具有相同的能量、动量，但所带诺伊特荷为-1。因此复标量场描写的应是一对互为相反的粒子。

6.4.3 规范场变换及诺伊特荷

在变换(6.108)式中 α 是一实常数，与坐标无关，即变换仅将场的相位改变一个常数 α。这类变换称为**整体规范变换**或**第一类规范变换**。若 α 为时空坐标的实函数：

$$\alpha = \alpha(x) \tag{6.113}$$

则场在各时空点的相对相位发生改变，这便是所谓的**定域规范变换**或**第二类规范变换**。这类变换一般都导致场方程的形式发生改变。如果要求场方程在定域变换下保持不变(规范不变性原理)，就必须对拉氏密度的表达形式作如下改变：

$$\mathcal{L} = (D_u\phi)^* D^u\phi - m^2\phi^*\phi \tag{6.114}$$

而

$$D_u = \partial_u + iqA_u(x) \tag{6.115}$$

其中，$A_u(x)$ 是某种矢量场；q 是普通常数；D_u 称为 D 微商。显然，在变换 $\phi' = \mathrm{e}^{i\alpha(x)}\phi$ 下，只要 $A_u(x)$ 的变换满足：

$$A_u' = A_u - \frac{1}{q}\partial_u\alpha \tag{6.116}$$

则

$$D_u' = \partial_u - iqA_u' \tag{6.117}$$

$$(D_u\phi)' = D_u'\phi' = \mathrm{e}^{i\alpha}D_u\phi \tag{6.118}$$

这样就保证了 $\mathcal{L}$ 及场方程的形式保持不变。

在拉氏密度 $\mathcal{L}$ 中引入 D 微商(6.115)式后，$\mathcal{L}$ 中出现的交叉项 $iqA_u\phi$、$-iqA_u\phi^+$ 意味着场 (ϕ,ϕ^*) 与场 $A_u(x)$ 存在耦合。其中，q 称为耦合常数。也就是说，与满足规范不变性原理的复标量场 ϕ 同时存在的必然有另一种矢量场 $A_u(x)$，其场方程在变换(6.116)式作用下保持不变。(6.116)式可普遍记为

$$A_u'(x) = A_u(x) + \partial_u\chi(x) \tag{6.119}$$

其中，$\chi(x) \propto \alpha(x)$ 为任意实函数。满足这一变换关系的矢量场称为规范场。由于

相位变换 $\phi' = e^{i\alpha}\phi$ 在一维复空间是保持模不变的幺正变换，记为 $U(1)$，故相应的场 $A_u(x)$ 也称为 $U(1)$ 规范场。使用群论语言，生成变换的算符可以互相对易的变换群称为交换群或阿贝尔(Abel)群，所以 $U(1)$ 变换属于阿贝尔群，$U(1)$ 规范场也称为阿贝尔规范场。

电磁场可用四维矢量 A^u 描写(见3.4节和7.1节)，其规范变换与(6.119)式相同，而能与电磁场相耦合(作用)的场粒子必然是荷电粒子。因此复标量场的诺伊特荷[(6.112)式]应是正负电荷，而实标量场的粒子为中性粒子。已有实验表明，参与强相互作用的 π 介子和 k 介子各有三个电荷态，分别是 π^+、π^0、π^-、k^+、k^0、k^-，它们的电荷相差是基本电荷 e 的整数倍，而三种不同电荷态的质量相差(可认为是由电磁质量所致)很小，因此有理由认为它们是标量场的量子行为。

6.5 狄拉克场量子化

6.5.1 经典描述

由狄拉克方程(3.68)、(3.77)或(3.78)所描写的场 ψ 有四个分量，按照拉氏密度 $\mathcal{L}$ 应满足的四个基本条件，可尝试写出

$$\mathcal{L} = \bar{\psi}(i\gamma^u\partial_u - m)\psi = \bar{\psi}(\not{p} - m)\psi = i\psi^+\vec{\alpha}\cdot\nabla\psi - m\psi^+\beta\psi + i\psi^+\dot{\psi} \qquad (6.120)$$

其中，应用了 $\beta = \gamma^0, \beta^2 = 1, \vec{\alpha} = \gamma^0\vec{\gamma}$ 和 $\bar{\psi} = \psi^+\gamma^0$。

将 ψ 和 ψ^+ 处理为两个独立场变量，有

$$\left.\begin{array}{ll}
\dfrac{\partial\mathcal{L}}{\partial\dot{\psi}} = i\psi^+, & \dfrac{\partial\mathcal{L}}{\partial\dot{\psi}^+} = 0 \\[3mm]
\dfrac{\partial\mathcal{L}}{\partial(\nabla\psi)} = i\psi^+\vec{\alpha}, & \dfrac{\partial\mathcal{L}}{\partial(\nabla\psi^+)} = 0 \\[3mm]
\dfrac{\partial\mathcal{L}}{\partial\psi} = -m\psi^+\beta, & \dfrac{\partial\mathcal{L}}{\partial\psi^+} = i\dot{\psi} + i\vec{\alpha}\cdot\nabla\psi - m\beta\psi
\end{array}\right\} \qquad (6.121)$$

将欧拉-拉格朗日方程(6.8)应用于 ψ^+ 得

$$\frac{\partial}{\partial t}\frac{\partial\mathcal{L}}{\partial\dot{\psi}^+} = \frac{\partial\mathcal{L}}{\partial\psi^+} - \nabla\frac{\partial\mathcal{L}}{\partial(\nabla\psi^+)} = 0$$

代入(6.121)式得

$$i\dot{\psi} + i\vec{\alpha}\cdot\nabla\psi - m\beta\psi = 0 \qquad (6.122)$$

用 $\gamma^0 = \beta$ 左乘(6.122)式得

$$(i\gamma^u \partial_u - m)\psi = 0 \tag{6.123}$$

此即狄拉克方程(3.77)。同理可得

$$i\dot{\psi}^+ = -m\psi^+ \beta - i\nabla \psi^+ \vec{\alpha} \tag{6.124}$$

它可被视为(6.123)式的厄米共轭

$$\bar{\psi}(i\gamma^u \overleftarrow{\partial}_u + m) = 0 \tag{6.125}$$

其中箭头表示向左作用。狄拉克场的正则动量

$$\pi_\psi = \frac{\partial \mathcal{L}}{\partial \dot{\psi}} = i\psi^+ , \qquad \pi_\psi^+ = \frac{\partial \mathcal{L}}{\partial \dot{\psi}^+} = 0 \tag{6.126}$$

哈密顿密度

$$\begin{aligned}
\mathcal{H} &= \pi_\psi \dot{\psi} + \pi_\psi^+ \dot{\psi}^+ - \mathcal{L} \\
&= i\dot{\psi}\psi^+ - i\psi^+ \dot{\psi} - i\psi^+ \vec{\alpha} \cdot \nabla \psi + m\psi^+ \beta \psi \\
&= \psi^+ (-i\vec{\alpha} \cdot \nabla + \beta m)\psi
\end{aligned} \tag{6.127}$$

故
$$H = \int d^3 x \psi^+ (-i\vec{\alpha} \cdot \nabla + \beta m)\psi \tag{6.128}$$

根据(6.32)式能量动量张量

$$\begin{aligned}
\Theta_{uv} &= \frac{\partial \mathcal{L}}{\partial(\partial^u \psi)} \partial_v \psi + \frac{\partial \mathcal{L}}{\partial(\partial^u \psi^+)} \partial_v \psi^+ - g_{uv} \mathcal{L} \\
&= \bar{\psi} i\gamma_u \partial_v \psi - g_{uv} \bar{\psi}(i\gamma^\sigma \partial_\sigma - m)\psi
\end{aligned} \tag{6.129}$$

相应的四分量矢量

$$P_v = \int d^3 x \Theta_{0v} = \int d^3 x \left[\bar{\psi} i\gamma_0 \partial_v \psi - g_{0v} \bar{\psi}(i\gamma^\sigma \partial_\sigma - m)\psi \right] \tag{6.130}$$

该矢量的时间分量

$$P_0 = \int d^3 x \bar{\psi}\left(i\gamma_0 \partial_0 - i\gamma^0 \partial_0 - i\bar{\gamma} \cdot \nabla + m \right)\psi$$

$$= \int d^3x \psi^+ \left(-i\vec{\alpha} \cdot \nabla + \beta m \right) \psi \tag{6.131}$$

正如所期望的，P_0 就是总哈密顿量 H (6.128)式。矢量 P_v 的空间矢量

$$\vec{P} = -i \int d^3x \psi^+ \nabla \psi \tag{6.132}$$

类似地可以得到场的总角动量 $\vec{M} = \vec{L} + \vec{S}$ 守恒[①]，其中角动量

$$\vec{L} = -i \int d^3x \psi^+ \vec{x} \times \nabla \psi \tag{6.133}$$

自旋

$$\vec{S} = \frac{1}{2} \int d^3x \psi^+ \vec{\Sigma} \psi \tag{6.134}$$

其中，$\vec{\Sigma} = \begin{pmatrix} \vec{\sigma} & 0 \\ 0 & \vec{\sigma} \end{pmatrix}$ (参见 3.3.4 节)。由(6.120)式知，在全局规范变换(第一类规范变换) $\phi' = e^{i\alpha}\phi$ (α 为实常数)下，拉氏密度保持不变，由(6.109)式知守恒的诺伊特荷为

$$Q = e \int d^3x \psi^+ \psi \tag{6.135}$$

其中，e 是人为常数。

需要说明，(6.120)式定义的拉氏密度并非实数，与第四条基本原则相悖。然而可重新定义实拉氏密度 $\mathcal{L}' = \left(\mathcal{L}^+ + \mathcal{L} \right)/2$，所得结果与上述结果完全相同。

6.5.2　量子化

狄拉克场的量子化只需将 $\psi(\vec{x},t)$ 和 $\psi^+(\vec{x},t)$ 用相应的算符替代。问题是算符 $\hat{\psi}$ 与 $\hat{\psi}^+$ 应满足对易关系[如关于标量场的(6.72)和(6.102)式]，还是反对易关系？我们取反对易关系，否则将导致不合理结论。

$$\begin{cases} \left\{ \hat{\psi}_\alpha(\vec{x},t), \hat{\psi}_\beta^+(\vec{x'},t) \right\} = \delta_{\alpha\beta} \delta(\vec{x} - \vec{x'}) & \text{(6.136a)} \\ \\ \left\{ \hat{\psi}_\alpha(\vec{x},t), \hat{\psi}_\beta(\vec{x'},t) \right\} = \left\{ \hat{\psi}_\alpha^+(\vec{x},t), \hat{\psi}_\beta^+(\vec{x'},t) \right\} = 0 & \text{(6.136b)} \end{cases}$$

---

① Greiner W, Reinhardt J. 1996. Field Quantization. Springer-Verlag。

根据海森伯方程 $\dot{\hat{\psi}} = -\mathrm{i}\left[\hat{\psi}, \hat{H}\right]$ 可得到

$$\dot{\hat{\psi}}_\sigma = \left(-\vec{\alpha}\cdot\nabla - \mathrm{i}m\beta\right)_{\sigma\beta}\hat{\psi}_\beta(\vec{x}, t) \tag{6.137}$$

即

$$\mathrm{i}\dot{\hat{\psi}}(\vec{x}, t) = \left(-\mathrm{i}\vec{\alpha}\cdot\nabla + m\beta\right)\hat{\psi}(\vec{x}, t) \tag{6.138}$$

从 6.3~6.4 节可见，仅仅引入场算符 $\hat{\psi}(\vec{x}, t)$ 和 $\hat{\pi}(\vec{x}, t)$ 并不能显示场的粒子特征，因为 $\hat{\psi}(\vec{x}, t)$ 和 $\hat{\pi}(\vec{x}, t)$ 是抽象空间的算符，仅当在具体粒子数表象将系统哈密顿算符 $\hat{H}$ 对角化后，才能理解场的粒子特征。如果函数基选取不当，例如用(6.103)式中的平面波 $u_p(\vec{x}, t)$ 将狄拉克场算符 $\hat{\psi}(\vec{x}, t)$ 展开，便不能将狄拉克场的 $\hat{H}$ 对角化。考虑到狄拉克场哈密顿量的表达式(6.128)和(6.137)，尝试选用满足狄拉克方程 $\left(\mathrm{i}\gamma^u\partial_u - m\right)\phi_p^{(r)}(\vec{x}, t) = 0$ 的基函数：

$$\phi_p^{(r)}(\vec{x}, t) = (2\pi)^{-3/2}\sqrt{\frac{m}{\omega_p}}w_r(p)\mathrm{e}^{-\mathrm{i}\varepsilon_r(\omega_p t - \vec{p}\cdot\vec{x})} \tag{6.139}$$

其中，指标 $r = 1,2$ 时，对应正能解 $E = +\omega_p = +\sqrt{p^2 + m^2}$，$\varepsilon_r = +1$；$r = 3,4$ 时对应负能解 $E = -\omega_p = -\sqrt{p^2 + m^2}$，$\varepsilon_r = -1$；$w_r(p)$ 为自旋函数。其实，$\phi_p^{(r)}(\vec{x}, t)$ 就是 3.3.5 节所得平面波函数 $\phi = U(p)\mathrm{e}^{\mathrm{i}(\vec{p}\cdot\vec{x} - Et)}$ 的变形。

令

$$\hat{\psi}(\vec{x}, t) = \sum_{r=1}^{4}\int\mathrm{d}^3 p\,\hat{a}(\vec{p}, r)\phi_p^{(r)}(\vec{x}, t) \tag{6.140}$$

$$\hat{\psi}^+(\vec{x}, t) = \sum_{r=1}^{4}\int\mathrm{d}^3 p\,\hat{a}^+(\vec{p}, r)\phi_p^{(r)+}(\vec{x}, t) \tag{6.141}$$

代入(6.137)和(6.138)式可验证展开的合理性，由(6.136)式可得

$$\begin{cases} \left\{\hat{a}(\vec{p}, r), \hat{a}^+(\vec{p'}, r')\right\} = \delta(\vec{p} - \vec{p'})\delta_{rr'} & (6.142\mathrm{a}) \\[2mm] \left\{\hat{a}(\vec{p}, r), \hat{a}(\vec{p'}, r')\right\} = \left\{\hat{a}^+(\vec{p}, r), \hat{a}^+(\vec{p'}, r')\right\} = 0 & (6.142\mathrm{b}) \end{cases}$$

表明 $\hat{a}(\vec{p}, r)$ 和 $\hat{a}^+(\vec{p}, r)$ 确系 $\phi_p^{(r)}$ 态的湮没、产生算符，相应的粒子数算符为

$$\hat{n}_{p,r} = \hat{a}^+(\vec{p}, r)\hat{a}(\vec{p}, r) \tag{6.143}$$

将(6.140)式代入(6.128)式得

$$\hat{H} = \int d^3 p \left[\sum_{r=1}^{2} \omega_p \hat{a}^+(\vec{p},r)\hat{a}(\vec{p},r) - \sum_{r=3}^{4} \omega_p \hat{a}^+(\vec{p},r)\hat{a}(\vec{p},r) \right] \tag{6.144}$$

此式表明狄拉克场存在两种量子态，正能态($r=1,2$)对应正常粒子(动量为$\vec{p}$，能量为$w_p > 0$)，而负能态($r=3,4$)对应反常粒子(动量为$\vec{p}$，能量为$-w_p$)，可用粒子数表象表示为$|n_1 n_2 \cdots n_i \cdots m_1 m_2 \cdots m_j \cdots\rangle$，其中，$n_1 n_2 \cdots n_i \cdots$分别表示正能态$|1\rangle, |2\rangle, |3\rangle, \cdots, |i\rangle \cdots$上的粒子数，$m_1 m_2 \cdots m_j \cdots$分别表示负能态$|-1\rangle, |-2\rangle, |-3\rangle, \cdots,$ $|j\rangle, \cdots$上的粒子数。相应的物理图景(图6.2)即是狄拉克负能海(见3.3.5节)。下面将给出另一种解释。为了方便讨论，采用箱归一化条件，故(6.142)式变为

$$\begin{cases} \left\{ \hat{a}(\vec{p},r), \hat{a}^+(\vec{p'},r') \right\} = \delta_{pp'}\delta_{rr'} & \text{(6.145a)} \\[2mm] \left\{ \hat{a}(\vec{p},r), \hat{a}(\vec{p'},r') \right\} = \left\{ \hat{a}^+(\vec{p},r), \hat{a}^+(\vec{p'},r') \right\} = 0 & \text{(6.145b)} \end{cases}$$

当所有负能态都被填满时，由(6.144)式知相应的真空能

$$E_0 = -\sum_{\vec{p}} \sum_{r=3}^{4} \omega_p \tag{6.146}$$

重新定义哈密顿量算符：

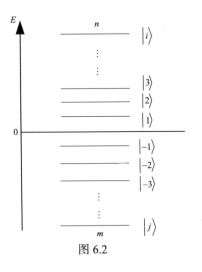

图6.2

$$\hat{H}' = \hat{H} - E_0$$

$$= \sum_{\bar{p}} \left\{ \sum_{r=1}^{2} \omega_p \hat{a}^+(\bar{p},r)\hat{a}(\bar{p},r) + \sum_{r=3}^{4} \omega_p \left[1 - \hat{a}^+(\bar{p},r)\hat{a}(\bar{p},r) \right] \right\}$$

$$= \sum_{\bar{p}} \left[\sum_{r=1}^{2} \omega_p \hat{a}^+(\bar{p},r)\hat{a}(\bar{p},r) + \sum_{r=3}^{4} \omega_p \hat{a}(\bar{p},r)\hat{a}^+(\bar{p},r) \right]$$

$$= \sum_{\bar{p}} \left(\sum_{r=1}^{2} \omega_p \hat{n}_{pr} + \sum_{r=3}^{4} \omega_p \hat{\bar{n}}_{pr} \right) \tag{6.147}$$

此式也可直接由正规乘积技术得到。按照 $\hat{H}'$ 的定义，(6.147)式应是"正定"的，即它永远给出不小于零的能量值。既然 $\hat{n}_{pr}$ 是普通粒子的粒子数算符，则 $\hat{\bar{n}}_{pr} = \hat{a}(\bar{p},r)\hat{a}^+(\bar{p},r)$ 应被解释为另一种粒子(反粒子)的粒子数算符，也就是说 (6.147)式表明存在另一种粒子。

定义真空态 $|0\rangle$，它既无粒子亦为反粒子，故

$$\begin{cases} \hat{n}_{pr}|0\rangle = 0 \;, & r = 1,2 \tag{6.148a} \\[2mm] \hat{\bar{n}}_{pr}|0\rangle = 0 \;, & r = 3,4 \tag{6.148b} \end{cases}$$

因此有

$$\begin{cases} \hat{a}(\bar{p},r)|0\rangle = 0 \;, & r = 1,2 \tag{6.149a} \\[2mm] \hat{a}^+(\bar{p},r)|0\rangle = 0 \;, & r = 3,4 \tag{6.149b} \end{cases}$$

也即是说，$\hat{a}(\bar{p},r)$ 对于粒子 ($r = 1,2$) 是湮没算符，而 $\hat{a}^+(\bar{p},r)$ 对于反粒子 ($r = 3,4$) 是湮没算符；相反地，$\hat{a}^+(\bar{p},r)$ ($r = 1,2$) 和 $\hat{a}(\bar{p},r)$ ($r = 3,4$) 分别是粒子和反粒子的产生算符。这初步反映出反粒子与普通粒子的差异。为了明确起见，引入粒子的产生、湮没算符 $\hat{b}^+$、$\hat{b}$ 和反粒子的产生、湮没算符 $\hat{d}^+$、$\hat{d}$，使

$$\hat{b}(p,+s) = \hat{a}(p,1) \;, \qquad \hat{b}(p,-s) = \hat{a}(p,2)$$

$$\hat{d}^+(p,-s) = \hat{a}(p,3) \;, \qquad \hat{d}^+(p,+s) = \hat{a}(p,4)$$

则有

$$\left\{ \hat{b}(p,r), \hat{b}^+(p',r') \right\} = \delta(\bar{p} - \overrightarrow{p'})\delta_{rr'} \tag{6.150a}$$

$$\left\{ \hat{d}(p,r), \hat{d}^+(p',r') \right\} = \delta(\vec{p} - \vec{p'})\delta_{rr'} \qquad (6.150b)$$

从而得到

$$\hat{H}' = \sum_s \int d^3p\, \omega_p \left[\hat{b}^+(p,s)\hat{b}(p,s) + \hat{d}^+(p,s)\hat{d}(p,s) \right] \qquad (6.151)$$

注意，如果我们在(6.136)和(6.145)式中选用了对易关系而不是反对易关系，便不能得到正定的哈密顿量 $\hat{H}'$ [(6.147)或(6.151)式]。这就是在狄拉克场中选取反对易子的原因。与推导 $\hat{H}'$ 类似，从诺伊特荷 Q [(6.135)式]减去真空荷可得

$$\hat{Q}' = \hat{Q} - Q_0 = e\sum_s \int d^3p \left[\hat{b}^+(p,s)\hat{b}(p,s) - \hat{d}^+(p,s)\hat{d}(p,s) \right] \qquad (6.152)$$

表明正反粒子分别具有 $+e$、$-e$ 电荷。

场的总动量算符：

$$\hat{\vec{P}} = \sum_s \int d^3p\, \vec{P} \left[\hat{b}^+(p,s)\hat{b}(p,s) + \hat{d}^+(p,s)\hat{d}(p,s) \right] \qquad (6.153)$$

表明总动量也可对角化，是守恒量(具有好量子数)。然而，与标量场类似，狄拉克场的总角动量 $\overline{M}$ 不能对角化，但自旋算符在 $\vec{p}$ 方向的投影可对角化：

$$\begin{aligned}
\hat{S}_p &= \hat{S} \cdot \vec{p} \\
&= \frac{1}{2}\int d^3p \left[\hat{b}^+(p,+s)\hat{b}(p,+s) - \hat{b}^+(p,-s)\hat{b}(p,-s) \right. \\
&\quad \left. + \hat{d}^+(p,+s)\hat{d}(p,+s) - \hat{d}^+(p,-s)\hat{d}(p,-s) \right]
\end{aligned} \qquad (6.154)$$

表明正反粒子的自旋 $\overline{S}$ 在 $\vec{p}$ 方向投影一样，为 $\frac{1}{2}$ 或 $-\frac{1}{2}$。

6.6 结　语

　　这一章介绍了场正则量子化的基本思想和方法。除此方法之外，费恩曼路径积分方法也能描写场的量子行为。事实上量子场理论是一个十分庞大的理论库，是现代理论物理学研究的基础，也是前沿，在此只能窥其一角(在第7章还将介绍一些)，目的在于展示一种全新的认识自然的理论方法。面对眼前的同一张办公桌，

人们可以根据经典力学，或热力学统计物理，或量子力学，或费恩曼路径积分"编写"四个完全不同的"历史故事"来说明它的现在和将来。但这四个故事也有相同之处，那就是它们关心的都是关于办公桌中的实物粒子的状态。量子场论则认为这张办公桌不是最"基本"的，它只不过是连续分布的场的量子行为而已，在一定条件下它会突然"消失"或称湮没(虽然概率很小)。看到了吧，关于同一存在，可以用五个完全不同的逻辑圈理解它，你不觉得奇怪吗？

第7章 电磁场的量子效应

电磁场是科学家最早认识到的不同于普通物体的另一类"实体",其经典行为已由法拉第、麦克斯韦等人做了深入细致的研究,这些研究结果"彻底"改变了世界。广播电视、计算机网络、火箭卫星遥控等,都是与电磁场经典行为直接相关的技术发明。光作为电磁场,其干涉、衍射、反射等经典行为都可用麦克斯韦方程组描写,但是一个世纪前从实验中发现的光电效应却不服从麦克斯韦理论。虽然光场的这种量子效应是导致量子力学诞生的重要事实,但20世纪50年代之前所发展的量子理论主要关注粒子而不大关注光场(电磁场)的量子行为。40年代末发现的兰姆位移(见2.8.4节)改变了物理学家的兴奋点,从此有关电磁场量子效应之研究迅速发展,直接导致10年后Maser(微波激射)和Laser(激光)的发明。今天所谓的量子电动力学和量子光学都属于该领域,与光通信、光计算、超导等许多高新技术密切相关。一个经常出现在我们面前的有关电磁场量子效应的问题是,日光灯发射的是"成团"的光子还是空间分布均匀的光子?

7.1 经典电磁场理论

在经典电动力学中,也采用四维矢量 $A^u = (A^0, \vec{A})$ 描写经典电磁场,电场强度和磁场强度表示为 $\vec{E} = -\dfrac{\partial \vec{A}}{\partial t} - \nabla A^0$, $\vec{B} = \nabla \times \vec{A}$。在经典物理范畴,这种描述似乎只是图取数学表达的方便,而在量子物理范畴,则必须采用这一描述方式,因为阿哈拉诺夫-博姆效应(见4.7节)表明必须采用 A^u 才能真实描写电磁场效应。也就是说,欲对电磁场进行量子化,其场变量必须是 A^u 而不是 $\vec{E}$ 或 $\vec{B}$。在经典电磁场理论中,定义了场强张量 ($u, v = 0, 1, 2, 3$):

$$F^{uv} = \partial^u A^v - \partial^v A^u \tag{7.1}$$

这是一反对称张量,对角元为零。

$$F^{uv} = \begin{pmatrix} 0 & F^{01} & F^{02} & F^{03} \\ -F^{01} & 0 & F^{12} & F^{13} \\ -F^{02} & -F^{12} & 0 & F^{23} \\ -F^{03} & -F^{13} & -F^{23} & 0 \end{pmatrix}$$

$$= \begin{pmatrix} 0 & -E^1 & -E^2 & -E^3 \\ E^1 & 0 & -B^3 & B^2 \\ E^2 & B^3 & 0 & -B^1 \\ E^3 & -B^2 & B^1 & 0 \end{pmatrix}$$

给定场中的电荷密度 ρ 和电流密度分布 $\vec{j}$，则由麦克斯韦理论给出的场方程[1][采用赫维赛德-洛伦兹(Heaviside-Lorentz)单位]为

$$\nabla \cdot \vec{E} = \rho$$

$$\nabla \cdot \vec{B} = 0$$

$$\nabla \times \vec{B} - \frac{\partial \vec{E}}{\partial t} = \vec{j}$$

$$\nabla \times \vec{E} + \frac{\partial \vec{B}}{\partial t} = 0$$

定义四维电流密度 $j^u = (\rho, \vec{j})$，则上述方程可写为

$$\partial_u F^{uv} = j^v \tag{7.2}$$

$$\partial^\lambda F^{uv} + \partial^v F^{\lambda u} + \partial^u F^{v\lambda} = 0 \tag{7.3}$$

由(7.2)式可得

$$\Box A^v - \partial^v (\partial_u A^u) = j^v \tag{7.4a}$$

该方程等价于如下两方程：

$$\Box \vec{A} + \nabla \left(\frac{\partial}{\partial t} A_0 - \nabla \cdot \vec{A} \right) = \vec{j} \tag{7.4b}$$

$$-\nabla^2 A_0 - \frac{\partial}{\partial t} (\nabla \cdot \vec{A}) = \rho \tag{7.4c}$$

由(7.4a)式得

$$\Box \partial_v A^v - \partial_v \partial^v (\partial_u A^u) = \partial_v j^v$$

---

[1] Jackson J D. 2004. Classical Electrodynamics. 北京：高等教育出版社：779。

因此可导出守恒方程

$$\partial_\nu j^\nu = 0 \tag{7.5}$$

对场变量 A^u 作变换:

$$A'^u(x) = A^u(x) + \partial^u \Lambda(x) \tag{7.6}$$

其中,$\Lambda(x)$ 为任意标量函数。F^{uv} 保持不变,即电场强度和磁感应强度保持不变,$A'^u(x)$ 满足的方程也不变,(7.6)式称为规范变换。显然,给定 j^u、$\vec{E}$、$\vec{B}$ 后,A^u 的选取有一定任意性。但这种任意性对阿哈拉诺夫-博姆效应没有影响。为了确定 $A^u(x)$,可加一些约束,如**洛伦兹规范**和**库仑规范**。

洛伦兹规范

$$\partial_u A^u = 0 \tag{7.7}$$

给定任意矢量 $A^u(x)$,若不满足(7.7)式,即 $\partial_u A^u \neq 0$,可令

$$A'^u(x) = A^u(x) + \partial^u \Lambda(x)$$

使 $\Box\Lambda(x) = -\partial_u A^u$,则 $A'^u(x)$ 满足 (7.7) 式。给 $\Lambda(x)$ 添加任一和谐函数 $\tilde{\Lambda}(x)$ ($\Box\tilde{\Lambda}(x) = 0$),不会导致场方程(7.4)改变,也就是说,即便加上洛伦兹规范(7.7)式,仍不能唯一确定 $A^u(x)$。

库仑规范(也称横场规范、辐射规范)

$$\nabla \cdot \vec{A} = 0 \tag{7.8}$$

任意 $\vec{A}(x)$,若不满足(7.8)式,可用变换(7.6)式,使

$$\Delta\Lambda = \nabla \cdot \vec{A} \tag{7.9}$$

则 $A'^u(x)$ 满足(7.8)式。

应用库仑规范,由(7.4)式得

$$\Box\vec{A} + \frac{\partial}{\partial t}\nabla A^0 = \vec{j} \tag{7.10}$$

$$\nabla^2 A^0 = -\rho \tag{7.11}$$

对于自由场,$\rho = 0$,可选择

$$A^0 = 0 \tag{7.12}$$

这样一来，只用场的空间矢量 $\vec{A}$ 便可描写场状态。对于场方程(7.10)的平面波解 $\vec{A} = \vec{A}_0 e^{i(\vec{k}\cdot\vec{r}-\omega t)}$，由(7.8)式可知：

$$\vec{k} \cdot \vec{A} = 0 \tag{7.13}$$

即场沿平面波传播方向 $\vec{k}$ 的分量(纵向分量)为零，即 $\vec{A}$ 的三个分量中只有两个垂直分量(垂直于 $\vec{k}$)可独立变化。这就是将库仑规范称为横场规范的原因。

根据 6.1 节关于拉氏密度的四条基本原则，并结合场方程(7.4)，电磁场的拉氏密度可确定为

$$\mathscr{L} = -\frac{1}{4}F_{uv}F^{uv} - j_u A^u \tag{7.14}$$

作用量

$$W = \int \mathrm{d}^4 x \mathscr{L}(x) = \int \mathrm{d}^4 x \left[\frac{1}{2}(E^2 - B^2) - j_u A^u \right] \tag{7.15}$$

练习 应用欧拉-拉格朗日方程由(7.14)式推导出场方程(7.4)。

由于 $A^u(x)$ 的不确定性，在规范变换下

$$j_u A'^u = j_u A^u + j_u \partial^u \Lambda$$
$$= j_u A^u + \partial^u(j_u \Lambda) - \Lambda(\partial^u j_u)$$

代入(7.15)式可知，只要 $\partial^u j_u = \partial_u j^u = 0$(连续性方程)，则作用量 W 保持不变[因 $\partial^u(j_u\Lambda)$ 的积分为零]。下面考察电磁场的能量动量张量。根据(6.32)式

$$\Theta^{uv} = \frac{\partial \mathscr{L}(x)}{\partial(\partial_u \phi^\sigma)} \partial^v \phi^\sigma - g^{uv} L(x)$$

并利用 $\dfrac{\partial\left(F_{\alpha\beta}F^{\alpha\beta}\right)}{\partial\left(\partial_u A_\sigma\right)} = 4F^{u\sigma}$，可得

$$\Theta^{uv} = \frac{1}{4}g^{uv}F_{\alpha\beta}F^{\alpha\beta} - F^{u\sigma}\partial^v A_\sigma + g^{uv}j_\sigma A^\sigma \tag{7.16}$$

$$\partial_u \Theta^{uv} = \frac{1}{2}(\partial^v F_{\alpha\beta} F^{\alpha\beta}) - (\partial_u F^{u\sigma})\partial^v A_\sigma - F^{u\sigma}\partial_u\partial^v A_\sigma + (\partial^v j_\sigma A^\sigma) + j_\sigma\partial^v A^\sigma$$

$$= -\frac{1}{2}\partial^v(\partial_\alpha A_\beta + \partial_\beta A_\alpha)F^{\alpha\beta} + (\partial^v j_\sigma)A^\sigma \tag{7.17}$$

因为 $F^{\alpha\beta}$ 的反对称性，故

$$\partial_u \Theta^{uv} = (\partial^v j_\sigma)A^\sigma \tag{7.18}$$

取 $v=0$，则可见 Θ^{u0} 为能量动量四维矢量(见 6.1.5 节)。因此(7.18)式表明当电流随时间变化时，能量不守恒。值得注意的是，能量动量张量 Θ^{uv} (7.16)式不是规范常量，因为若作规范变换 $A'^u = A^u + \partial^u \Lambda$，则有

$$\tilde{\Theta}^{uv} = \Theta^{uv} - F^{u\sigma}\partial^v\partial_\sigma\Lambda + g^{uv}j_\sigma\partial^\sigma\Lambda$$

$$= \Theta^{uv} - \partial_\sigma(F^{u\sigma}\partial^v\Lambda - g^{uv}j^\sigma\Lambda) + \partial_\sigma F^{u\sigma}\partial^v\Lambda$$

$$= \Theta^{uv} - \partial_\sigma(F^{u\sigma}\partial^v\Lambda - g^{uv}j^\sigma\Lambda) - j^u\partial^v\Lambda \tag{7.19}$$

显然，若将能量动量张量定义为

$$T^{uv} = \Theta^{uv} + \partial_\sigma(F^{u\sigma}A^v) \tag{7.20}$$

并不影响场的总能量动量。下面证明当 $j^u = 0$ 时，(7.20)式是规范不变的。

$$\tilde{T}^{uv} = \tilde{\Theta}^{uv} + \partial_\sigma[F^{u\sigma}(A^v + \partial^v\Lambda)]$$

$$= \Theta^{uv} - \partial_\sigma(F^{u\sigma}\partial^v\Lambda - g^{uv}j^\sigma\Lambda) - j^u\partial^v\Lambda + \partial_\sigma(F^{u\sigma}A^v) + \partial_\sigma[(F^{u\sigma}(\partial^v\Lambda)]$$

$$= T^{uv} + g^{uv}\partial_\sigma j^\sigma\Lambda + g^{uv}j^\sigma\partial_\sigma\Lambda - j^u\partial^v\Lambda$$

$$= T^{uv} + g^{uv}j^\sigma\partial_\sigma\Lambda - j^u\partial^v\Lambda \tag{7.21}$$

显然，当 $j^u = 0$ 时，$\tilde{T}^{uv} = T^{uv}$。

(7.20)式也可以表示为

$$T^{uv} = \frac{1}{4}g^{uv}F_{\alpha\beta}F^{\alpha\beta} - F^{u\sigma}\partial^v A_\sigma + g^{uv}j_\sigma A^\sigma - j^u A^v + F^{u\sigma}\partial_\sigma A^v$$

$$= \frac{1}{4}g^{uv}F_{\alpha\beta}F^{\alpha\beta} + F^{u\sigma}(\partial_\sigma A^v - \partial^v A_\sigma) + g^{uv}j_\sigma A^\sigma - j^u A^v$$

$$= \frac{1}{4}g^{uv}F_{\alpha\beta}F^{\alpha\beta} + F^{u\sigma}F_\sigma^v + g^{uv}j_\sigma A^\sigma - j^u A^v \tag{7.22}$$

由(7.22)式可得场的能量密度

$$W = T^{00} = \frac{1}{4} F_{\alpha\beta} F^{\alpha\beta} + F^{0\sigma} F^0_\sigma + j_\sigma A^\sigma - j^0 A^0$$

$$= \frac{1}{2}(B^2 + E^2) - \vec{j} \cdot \vec{A} \tag{7.23}$$

场的动量密度(坡印廷矢量)为

$$P^k = T^{0k} = F^{0\sigma} F^k_\sigma - j^0 A^k, \qquad k = 1,2,3$$

$$\vec{P} = \vec{E} \times \vec{B} - j^0 \vec{A} \tag{7.24}$$

考虑四维时空的坐标旋转(6.36)式:

$$x'^u = x^u + \in^{uv} x_v \tag{7.25}$$

$$\in^{uv} = - \in^{vu}$$

它可保持 $s^2 = x^u x_u$ 不变, 作用量 W 不变。由坐标旋转(7.25)式导致的场变量改变记为

$$A'^u(x') = A^u(x) + \frac{1}{2} \in^{\alpha\beta} (I_{\alpha\beta})^{uv} A_v(x) \tag{7.26}$$

因为场变量 $A^u(x)$ 也是四维矢量, 故其变换应与(7.25)式完全相同, 即

$$A'^u(x') = A^u(x) + \in^{uv} A_v(x) \tag{7.27}$$

比较(7.26)与(7.27)式有

$$\frac{1}{2} \in^{\alpha\beta} (I_{\alpha\beta})^{uv} - \in^{uv} = 0 \tag{7.28a}$$

$$\in^{\alpha\beta} \left[\frac{1}{2}(I_{\alpha\beta})^{uv} - g^u_\alpha g^v_\beta \right] = 0 \tag{7.28b}$$

也就是

$$(I_{\alpha\beta})^{uv} = 2\delta^u_\alpha \delta^v_\beta \tag{7.29}$$

由(6.44)式知守恒张量是 $(n, l = 1, 2, 3)$

$$M_{nl} = \int d^3x \left[\Theta_{01}x_n - \Theta_{0n}x_l + \frac{\partial \mathscr{L}}{\partial \dot{A}^\sigma}(I_{nl})^{\sigma s}A_s \right]$$

$$= \int d^3x \left[(\Theta_{01}x_n - \Theta_{0n}x_l) + (F_{01}A_n - F_{0n}A_l) \right] \tag{7.30}$$

根据(6.44)~(6.46)式，利用 $F^{0i} = -E^i \ (i = 1, 2, 3)$ 可得电磁场轨道角动量：

$$\vec{L} = \int d^3x \left[\sum_i^3 E_i (\vec{x} \times \nabla)A_i \right] \tag{7.31}$$

自旋角动量：

$$\vec{s} = \int d^3x \left(\vec{E} \times \vec{A} \right) \tag{7.32}$$

7.2 正则量子化(洛伦兹规范)

7.2.1 拉氏密度的构造

对于真空中的自由场 $j^u = 0$，$\mathscr{L} = -\frac{1}{4}F_{uv}F^{uv}$，与 A^u 相应的正则动量：

$$\pi^u = \frac{\partial \mathscr{L}}{\partial(\partial_0 A_u)} = -\frac{1}{2}F^{\alpha\beta}\frac{\partial F_{\alpha\beta}}{\partial(\partial_0 A_u)} = -\frac{1}{2}F^{0u} + \frac{1}{2}F^{u0} = -F^{0u} \tag{7.33}$$

显然

$$\pi^0 = 0 \tag{7.34}$$

由此导致方程(6.12)出现"正则奇点"。为了克服这一困难，可在场的拉氏密度中加一项：

$$\mathscr{L}' = -\frac{1}{4}F_{uv}F^{uv} - \frac{1}{2}\zeta(\partial_\sigma A^\sigma)^2 \tag{7.35}$$

其中，ζ 为一参数，原则上可任意选择。显然在洛伦兹规范中 $(\partial_u A^u = 0)$ $\mathscr{L}'$ 与 $\mathscr{L}$ 相同。由此得出

$$\left. \begin{aligned} \pi_u &= \frac{\partial \mathscr{L}'}{\partial(\partial_0 A^u)} = -F_{0u} - \zeta g_{u0}(\partial_\sigma A^\sigma) \\ \pi_0 &= -\zeta\partial_\sigma A^\sigma \end{aligned} \right\} \tag{7.36}$$

虽然在洛伦兹规范下经典的 $\pi_0 = 0$，但将其视为算符后 $\left(\hat{\pi}_0 = -\varsigma \partial_\sigma A^\sigma\right)$ 便不为零。

由欧拉-拉格朗日方程得

$$\Box A^u - (1-\varsigma)\partial^u(\partial_\sigma A^\sigma) = 0$$

在下面的讨论中选定 $\varsigma = 1$ (称为费恩曼规范或费米规范)，则由(7.35)式有

$$\boldsymbol{\mathcal{L}}' = -\frac{1}{2}\partial_u A_v \partial^u A^v + \frac{1}{2}\partial_u A_v \partial^v A^u - \frac{1}{2}\partial_u A^u \partial_v A^v$$

$$= -\frac{1}{2}\partial_u A_v \partial^u A^v + \frac{1}{2}\partial_u [A_v(\partial^v A^u) - (\partial_v A^v)A^u]$$

其中，后一项为一四维散度，对场方程没有影响。故可将拉氏密度取为更简单的形式：

$$\boldsymbol{\mathcal{L}}'' = -\frac{1}{2}\partial_u A_v \partial^u A^v \tag{7.37}$$

由此得出

$$\pi_u = \frac{\partial \boldsymbol{\mathcal{L}}''}{\partial(\partial_0 A^u)} = -\frac{1}{2}\frac{\partial}{\partial(\partial_0 A^u)}\left(\partial_0 A_v \partial^0 A^v + \partial_k A_v \partial^k A^v\right) = -\partial^0 A_u, \qquad k = 1, 2, 3 \tag{7.38}$$

$$\begin{aligned}
\boldsymbol{\mathcal{H}}'' &= \pi^u \partial_0 A_u - \boldsymbol{\mathcal{L}}'' \\
&= -\pi^u \pi_u + \frac{1}{2}\partial_u A_v \partial^u A^v \\
&= -\pi^u \pi_u + \frac{1}{2}\left(\partial_0 A_v \partial^0 A^v + \partial_k A_v \partial^k A^v\right) \\
&= -\pi^u \pi_u + \frac{1}{2}\left[\partial_0 A_v \partial^0 \left(g^{v\sigma} A_\sigma\right) + \partial_k A_v \partial^k A^v\right] \\
&= -\pi^u \pi_u + \frac{1}{2}\left(\partial_0 A^\sigma \partial^0 A_\sigma + \partial_k A_v \partial^k A^v\right) \\
&= -\pi^u \pi_u + \frac{1}{2}\pi^\sigma \pi_\sigma + \frac{1}{2}\partial_k A_v \partial^k A^v \\
&= -\frac{1}{2}\pi^u \pi_u + \frac{1}{2}\partial_k A_v \partial^k A^v \\
&= \frac{1}{2}\sum_{k=1}^{3}\left[(A^k)^2 + (\nabla A^k)^2\right] - \frac{1}{2}\left[(A^0)^2 + (\nabla A^0)^2\right], \qquad k = 1, 2, 3
\end{aligned} \tag{7.39}$$

$$\Theta^{uv} = \frac{\partial \mathscr{L}''}{\partial(\partial_u A_\sigma)} \partial^v A_\sigma - g^{uv} \mathscr{L}''$$

$$= -\partial^u A^\sigma \partial^v A_\sigma + \frac{1}{2} g^{uv} \partial^\rho A^\sigma \partial_\rho A_\sigma \tag{7.40}$$

该张量已经对称化，无需实施对称化操作[参见(7.20)~(7.22)式]。由此得出能量密度：

$$\Theta^{00} = \frac{1}{2}(E^2 + B^2) \tag{7.41}$$

动量密度：

$$p^i = \Theta^{0i} = -\partial^0 A^\sigma \partial^i A_\sigma \quad \rightarrow \quad \vec{p} = -\sum_{i=1}^{3} \dot{A}^i \nabla A^i + \dot{A}^0 \nabla A^0 \tag{7.42}$$

将 A^u、π^u 视为算符，引入对易关系：

$$[\hat{A}^u(\vec{x},t), \pi^v(\vec{x'},t)] = \mathrm{i} g^{uv} \delta(\vec{x} - \vec{x'}) \tag{7.43a}$$

$$[\hat{A}^u(\vec{x},t), \hat{A}^v(\vec{x'},t)] = 0 \tag{7.43b}$$

$$[\hat{\pi}^u(\vec{x},t), \hat{\pi}^v(\vec{x'},t)] = 0 \tag{7.43c}$$

应用上面所得的电磁场中各力学量对场变量 $A^u(x)$ 的依赖关系，可将各力学量用场算符表达，即实现了场的量子化。注意，在引入对易关系时在(7.43a)式中写入了度规张量，这是出于协变性的考虑。关于这种引入的合理性，可考虑实标量场的对易关系。由(7.38)和(7.43a)式可得

$$[\hat{A}^u(\vec{x},t), \dot{\hat{A}}^v(\vec{x},t)] = -\mathrm{i} g^{uv} \delta(\vec{x} - \vec{x'}) \tag{7.44}$$

注意此式与(6.72a)式的区别。

7.2.2 光子及其特性

虽然在形式上已将电磁场进行了量子化，但因为上面所给出的算符属于一个抽象空间，不能显示电磁场的量子特性。因此，还需进行场量子化程序的第四步——选取具体表象将哈密顿算符 $\hat{H}$、总动量算符 $\hat{P}$、总角动量和自旋角动量算符等对角化。

考虑到经典场变量 $A^\mu(x)$ 所满足的方程与克莱因-戈尔登方程类似，可尝试用平面波函数组将 $\hat{A}^\mu(x)$ 进行展开。然而与克莱因-戈尔登标量场明显的区别是，电磁场是一个四维矢量场 $A^\mu(x)$，它在四维时空(基矢取为 $\vec{e}^0, \vec{e}^1, \vec{e}^2, \vec{e}^3$)的分量分别是 A^0, A^1, A^2, A^3(图 7.1)，而相应的函数展开基组应是偏振方向不同、传播方向 $\vec{k}$ 不同的平面波。为了在四维时空标架中描写这样的平面波，先引入两个三维空间的单位矢量 $\vec{\varepsilon}(\vec{k},1)$ 和 $\vec{\varepsilon}(\vec{k},2)$，它们与波矢量 $\vec{k}$ 相互垂直，并组成右手螺旋结构：

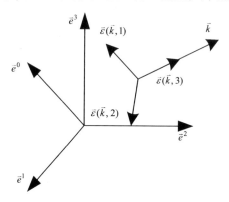

图 7.1

$$\begin{cases} \vec{\varepsilon}(\vec{k},1) \cdot \vec{\varepsilon}(\vec{k},2) = 0 & (7.45a) \\ \vec{\varepsilon}(\vec{k},1) \cdot \vec{k} = 0 & (7.45b) \\ \vec{\varepsilon}(\vec{k},2) \cdot \vec{k} = 0 & (7.45c) \\ \vec{\varepsilon}(\vec{k},1) \times \vec{\varepsilon}(\vec{k},1) = \vec{k} / |\vec{k}| & (7.45d) \\ \vec{\varepsilon}(\vec{k},1) \cdot \vec{\varepsilon}(\vec{k},1) = \vec{\varepsilon}(\vec{k},2) \cdot \vec{\varepsilon}(\vec{k},2) = 1 & (7.45e) \end{cases}$$

在四维时空，这两个单位矢量对应的四维矢量表示为

$$\begin{cases} \varepsilon(\vec{k},1) = \left(0, \vec{\varepsilon}(\vec{k},1)\right) & (7.46a) \\ \varepsilon(\vec{k},2) = \left(0, \vec{\varepsilon}(\vec{k},2)\right) & (7.46b) \end{cases}$$

为了在四维时空方便地描写平面波的偏振行为，还需引入另外两个四维矢量

$$\begin{cases} \varepsilon(\vec{k},0) = (1,0,0,0) & (7.47a) \\ \varepsilon(\vec{k},3) = \left(0, \vec{k} / |\vec{k}|\right) & (7.47b) \end{cases}$$

即 $\varepsilon(\vec{k},0)$ 为类时矢量, 而 $\varepsilon(\vec{k},3)$ 的类空分量 $\vec{k}\big/\big|\vec{k}\big|$ 是平行于平面波矢 $\vec{k}$ 的单位矢量 (图 7.1). 需要指出的是, 四个矢量 $\varepsilon(\vec{k},\lambda)$ $(\lambda=0,1,2,3)$ 除 $\varepsilon(\vec{k},0)$ (等于 $\vec{e}^0$) 在基矢 $\left(\vec{e}^0,\vec{e}^1,\vec{e}^2,\vec{e}^3\right)$ 上的分量保持不变以外, 其余三个矢量在基矢 $\left(\vec{e}^0,\vec{e}^1,\vec{e}^2,\vec{e}^3\right)$ 上的分量取决于平面波矢 $\vec{k}$ 的取向. 如果 $\vec{k}$ 在空间的取向不断改变, 则矢量 $\varepsilon(\vec{k},j)$ $(j\neq0)$ 在基矢 $\left(\vec{e}^0,\vec{e}^1,\vec{e}^2,\vec{e}^3\right)$ 上的分量 $\varepsilon^u(\vec{k},j)$ 也随之改变.

在洛伦兹规范下, 电磁矢势(场变量)的平面波解是

$$A^u(\vec{k}) = A_0^u(\vec{k})\mathrm{e}^{-ik\cdot x} \tag{7.48}$$

其中, $k\cdot x = \omega_k t - \vec{k}\cdot\vec{x}$; $\omega_k = \big|\vec{k}\big|$; $A_0^u(\vec{k})$ 是振幅矢量在基矢 $\left(\vec{e}^0,\vec{e}^1,\vec{e}^2,\vec{e}^3\right)$ 上的分量. 当然, 也可以用 $\varepsilon(\vec{k},0)$、$\varepsilon(\vec{k},1)$、$\varepsilon(\vec{k},2)$、$\varepsilon(\vec{k},3)$ 为基矢将振幅矢量展开, 因此有关系式:

$$\begin{aligned}
&A_0^0\vec{e}^0 + A_0^1\vec{e}^1 + A_0^2\vec{e}^2 + A_0^3\vec{e}^3 \\
&= a(\vec{k},0)\varepsilon(\vec{k},0) + a(\vec{k},1)\varepsilon(\vec{k},1) + a(\vec{k},2)\varepsilon(\vec{k},2) + a(\vec{k},3)\varepsilon(\vec{k},3)
\end{aligned} \tag{7.49}$$

所以

$$\begin{aligned}
A_0^0 &= a(\vec{k},0)\vec{e}^0\cdot\varepsilon(\vec{k},0) + a(\vec{k},1)\vec{e}^0\cdot\varepsilon(\vec{k},1) + a(\vec{k},2)\vec{e}^0\cdot\varepsilon(\vec{k},2) + a(\vec{k},3)\vec{e}^0\cdot\varepsilon(\vec{k},3) \\
&= a(\vec{k},0)\varepsilon^0(\vec{k},0) + a(\vec{k},1)\varepsilon^0(\vec{k},1) + a(\vec{k},2)\varepsilon^0(\vec{k},2) + a(\vec{k},3)\varepsilon^0(\vec{k},3)
\end{aligned}$$

其中, $\varepsilon^0(\vec{k},\lambda) = \vec{e}^0\cdot\varepsilon(\vec{k},\lambda)$, 表示矢量 $\varepsilon(\vec{k},\lambda)$ 在 $\vec{e}^0$ 上的投影分量. 定义 $\varepsilon^u(\vec{k},\lambda) = \vec{e}^u\cdot\varepsilon(\vec{k},\lambda)$, 则有通式

$$A_0^u(\vec{k}) = \sum_{\lambda=0}^{3} a(\vec{k},\lambda)\varepsilon^u(\vec{k},\lambda) \tag{7.50}$$

其中

$$\varepsilon^u(\vec{k},\lambda)\varepsilon_u(\vec{k},\lambda') = g_{\lambda\lambda'} \tag{7.51}$$

也可证得

$$\sum_{\lambda=0}^{3} g_{\lambda\lambda}\varepsilon_u(\vec{k},\lambda)\varepsilon_v(\vec{k},\lambda) = g_{uv} \tag{7.52}$$

任意的场 $A^u(x)$ 可展开为

$$A^u(x) = \int \frac{\mathrm{d}^3 k}{\sqrt{2\omega_k(2\pi)^3}} \left[A_0^u(\vec{k})\mathrm{e}^{-\mathrm{i}k \cdot x} + A_0^{u*}(\vec{k})\mathrm{e}^{\mathrm{i}k \cdot x} \right]$$

$$= \int \frac{\mathrm{d}^3 k}{\sqrt{2\omega_k(2\pi)^3}} \sum_{\lambda=0}^{3} \left[a_{\vec{k}\lambda}\varepsilon^u(\vec{k},\lambda)\mathrm{e}^{-\mathrm{i}k \cdot x} + a_{\vec{k}\lambda}^*\varepsilon^u(\vec{k},\lambda)\mathrm{e}^{\mathrm{i}k \cdot x} \right] \tag{7.53}$$

这是一个实函数，适合我们所研究的电磁场，因为在构造拉氏密度时将 $A^u(x)$ 看做了实函数。(7.53)式对应的算符是

$$\hat{A}^u(x) = \int \frac{\mathrm{d}^3 k}{\sqrt{2\omega_k(2\pi)^3}} \sum_{\lambda=0}^{3} \left[\hat{a}_{\vec{k}\lambda}\varepsilon^u(\vec{k},\lambda)\mathrm{e}^{-\mathrm{i}k \cdot x} + \hat{a}_{\vec{k}\lambda}^+\varepsilon^u(\vec{k},\lambda)\mathrm{e}^{\mathrm{i}k \cdot x} \right] \tag{7.54}$$

相应的正则动量算符

$$\hat{\pi}^u(x) = -\partial^0 \hat{A}^u(x)$$

$$= \mathrm{i} \int \frac{\omega_k \mathrm{d}^3 k}{\sqrt{2\omega_k(2\pi)^3}} \sum_{\lambda=0}^{3} \left[\hat{a}_{\vec{k}\lambda}\varepsilon^u(\vec{k},\lambda)\mathrm{e}^{-\mathrm{i}k \cdot x} - \hat{a}_{\vec{k}\lambda}^+\varepsilon^u(\vec{k},\lambda)\mathrm{e}^{\mathrm{i}k \cdot x} \right] \tag{7.55}$$

将(7.54)和(7.55)式代入(7.43)式得

$$\begin{cases} \left[\hat{a}_{\vec{k}'\lambda'}, \hat{a}_{\vec{k}\lambda}^+ \right] = -g_{\lambda\lambda'}\delta(\vec{k}' - \vec{k}) & (7.56\mathrm{a}) \\ \left[\hat{a}_{\vec{k}'\lambda'}, \hat{a}_{\vec{k}\lambda} \right] = \left[\hat{a}_{\vec{k}'\lambda'}^+, \hat{a}_{\vec{k}\lambda}^+ \right] = 0 & (7.56\mathrm{b}) \end{cases}$$

进而由(7.39)式得

$$\hat{H} = \int \mathrm{d}^3 x \mathcal{H}''(x)$$

$$= -\frac{1}{2} : \int \mathrm{d}^3 x (\pi^u \pi_u + \nabla A^u \cdot \nabla A_u) :$$

$$= \frac{1}{2} \int \mathrm{d}^3 x \int \frac{\mathrm{d}^3 k'}{\sqrt{2\omega_{k'}(2\pi)^3}} \int \frac{\mathrm{d}^3 k}{\sqrt{2\omega_k(2\pi)^3}} \sum_{\lambda,\lambda'=0}^{3} \varepsilon^u(\vec{k}',\lambda')\varepsilon_u(\vec{k},\lambda)\left(\omega_{k'}\omega_k + \vec{k}' \cdot \vec{k} \right)$$

$$\cdot \left[\hat{a}_{\vec{k}'\lambda'}\hat{a}_{\vec{k}\lambda}\mathrm{e}^{-\mathrm{i}(k'+k) \cdot x} + \hat{a}_{\vec{k}'\lambda'}^+\hat{a}_{\vec{k}\lambda}^+\mathrm{e}^{\mathrm{i}(k'+k) \cdot x} - \hat{a}_{\vec{k}\lambda}^+\hat{a}_{\vec{k}'\lambda'}\mathrm{e}^{-\mathrm{i}(k'-k) \cdot x} - \hat{a}_{\vec{k}'\lambda'}^+\hat{a}_{\vec{k}\lambda}\mathrm{e}^{\mathrm{i}(k'-k) \cdot x} \right]$$

应用 $\delta(\vec{x})$ 函数性质，$\delta(\vec{k}) = \frac{1}{(2\pi)^3}\int \mathrm{d}^3 x\ \mathrm{e}^{\mathrm{i}\vec{k} \cdot \vec{x}}$，先对 $\int \mathrm{d}^3 x$ 积分，再对 $\int \mathrm{d}^3 k'$ 积分，

含有 $\mathrm{e}^{\pm\mathrm{i}(k'+k)\cdot x}$ 的两项因 $\left(\omega_{k'}\omega_k + \vec{k}'\vec{k}\right) = \omega_k^2 - |k|^2 = 0$ 而消失，再利用(7.51)式，则有

$$\hat{H} = \frac{1}{2}\int \mathrm{d}^3 k\, \omega_k \sum_{\lambda,\lambda'=0}^{3} g_{\lambda\lambda'}\left(\hat{a}_{\vec{k}\lambda}^{+}\hat{a}_{\vec{k}\lambda'} + \hat{a}_{\vec{k}\lambda'}^{+}\hat{a}_{\vec{k}\lambda}\right)$$

$$= \int \mathrm{d}^3 k\, \omega_k \sum_{\lambda=1}^{3}\left(\hat{a}_{\vec{k}\lambda}^{+}\hat{a}_{\vec{k}\lambda} - \hat{a}_{\vec{k}0}^{+}\hat{a}_{\vec{k}0}\right) \tag{7.57}$$

$$\hat{P} = \int \mathrm{d}^3 x : \hat{A}^{\mu}\nabla\hat{A}_{\mu} := \int \mathrm{d}^3 k\,\vec{k}\left(\sum_{\lambda=1}^{3}\hat{a}_{\vec{k},\lambda}^{+}\hat{a}_{\vec{k},\lambda} - \hat{a}_{\vec{k},0}^{+}\hat{a}_{\vec{k},0}\right) \tag{7.58}$$

根据对易关系(7.56)式可推得

$$\hat{a}_{\vec{k},\lambda}\,|\,n_{\vec{k},\lambda}\rangle = -g_{\lambda\lambda}\sqrt{n_{\vec{k},\lambda}}\,|\,n_{\vec{k},\lambda}-1\rangle$$

$$\hat{a}_{\vec{k},\lambda}^{+}\,|\,n_{\vec{k},\lambda}\rangle = -g_{\lambda\lambda}\sqrt{n_{\vec{k},\lambda}+1}\,|\,n_{\vec{k},\lambda}+1\rangle$$

进而可得

$$\hat{n}_{\vec{k},\lambda} = \hat{a}_{\vec{k},\lambda}^{+}\hat{a}_{\vec{k},\lambda}, \qquad \lambda = 1,2,3$$

$$\hat{n}_{\vec{k},0} = -\hat{a}_{\vec{k},0}^{+}\hat{a}_{\vec{k},0}$$

因此

$$\hat{H} = \int \mathrm{d}^3 k\,\omega_k\left(\sum_{\lambda=1}^{3}\hat{n}_{\vec{k},\lambda} + \hat{n}_{\vec{k},0}\right) \tag{7.59}$$

$$\hat{P} = \int \mathrm{d}^3 k\,\vec{k}\left(\sum_{\lambda=1}^{3}\hat{n}_{\vec{k},\lambda} + \hat{n}_{\vec{k},0}\right) \tag{7.60}$$

(7.59)和(7.60)式表明，电磁场中存在各种动量为 $\vec{k}$ 的粒子，其能量为 $\omega_k = |\vec{k}|$。沿某一确定方向运动具有特定动量为 $\vec{k}_0$ 的粒子分为四类(它们具有相同的能量 $E = |\vec{k}_0|$)，即：标量光子 $(\lambda = 0)$，其偏振矢量是 $\varepsilon(\vec{k},0) = (1,0,0,0)$，它在三维实空间没有方向可言；两种横光子 $(\lambda = 1,2)$，其偏振矢量分别是 $\varepsilon(\vec{k},1) = (0,\vec{\varepsilon}(\vec{k}_0,1))$，$\varepsilon(\vec{k},2) = (0,\vec{\varepsilon}(\vec{k}_0,2))$，其空间分量 $\vec{\varepsilon}(\vec{k}_0,1)$ 和 $\vec{\varepsilon}(\vec{k}_0,2)$ 彼此垂直，且垂直于粒子运动方向 $\vec{k}_0$，形成图 7.1 所示的右手螺旋；纵光子，其偏振矢量是 $\varepsilon(\vec{k}_0,3) = \left(0,\vec{k}_0/|k_0|\right)$，

相应的空间方向即粒子的传播方向 $\vec{k}_0$。然而，存在一个问题：

$$\begin{aligned}\left\langle 1_{\vec{k},\lambda}\Big|1_{\vec{k},\lambda}\right\rangle &= \left\langle 0\Big|\hat{a}_{\vec{k},\lambda}\hat{a}_{\vec{k},\lambda}^{+}\Big|0\right\rangle \\ &= \left\langle 0\Big|\hat{a}_{\vec{k},\lambda}^{+}\hat{a}_{\vec{k},\lambda} - g_{\lambda\lambda}\delta(\vec{0})\Big|0\right\rangle \\ &= -g_{\lambda\lambda}\left\langle 0|0\right\rangle\end{aligned}$$

当 $\lambda = 0$ 时，$\left\langle 1_{\vec{k},0}\Big|1_{\vec{k},0}\right\rangle = -1$，即标量光子态 $|1_{\vec{k}},0\rangle$ 不能归一。如何处理以上矛盾？事实上，虽然 $\partial_{\mu}A^{\mu} = 0$，但 $\partial_{\mu}\hat{A}^{\mu} \neq 0$，因为

$$\begin{aligned}&\left[\partial_{u}\hat{A}^{u}(\vec{x},t), \hat{A}^{v}(\vec{x'},t)\right] \\ =&\left[\partial_{0}\hat{A}^{0} + \nabla\cdot\hat{A}(\vec{x},t), \hat{A}^{v}(\vec{x'},t)\right] \\ =&-\left[\hat{\pi}^{0}(\vec{x},t), \hat{A}^{v}(\vec{x'},t)\right] + \nabla\cdot\left[\hat{A}(\vec{x},t), \hat{A}^{v}(\vec{x'},t)\right] \\ =&\,\mathrm{i}g^{v0}\delta(\vec{x}-\vec{x'})\end{aligned}$$

要求量子光场满足条件

$$\left\langle\psi\Big|\partial^{\mu}\hat{A}_{\mu}\Big|\psi\right\rangle = 0 \tag{7.61}$$

将 $\hat{A}_u$ 按正频和负频分解[见(6.95)式]，

$$\hat{A}(x) = A^{(+)}(x) + A^{(-)}(x)，\qquad \overline{A^{(+)}(x)} = A^{(-)}(x)$$

要求

$$\partial^{u}\hat{A}_{u}^{(+)}(x)|\psi\rangle = 0 \tag{7.62}$$

$$\left\langle\psi\Big|\partial^{u}\hat{A}_{u}^{(-)}(x) = 0 \tag{7.63}$$

可得

$$\begin{aligned}&\left\langle\psi\Big|\partial^{u}\hat{A}_{u}(x)\Big|\psi\right\rangle \\ =&\left\langle\psi\Big|\partial^{u}\hat{A}_{u}^{(+)}(x)\Big|\psi\right\rangle + \left\langle\psi\Big|\partial^{u}\hat{A}_{u}^{(-)}(x)\Big|\psi\right\rangle \\ =&\,0 \tag{7.64}\end{aligned}$$

即条件(7.62)或(7.63)式可保证(7.61)式成立。应用条件(7.62)式以及(7.54)式，得

$$\int \frac{\mathrm{d}^3 k}{\sqrt{2\omega_k (2\pi)^3}} \mathrm{e}^{-ik\cdot x} \sum_{\lambda=0}^{3} k \cdot \varepsilon(\vec{k}, \lambda) \hat{a}_{\vec{k}\lambda} |\psi\rangle = 0 \tag{7.65}$$

注意到 $k = (\omega_k, \vec{k})$，因此

$$k \cdot \varepsilon(\vec{k}, 1) = 0 = k \cdot \varepsilon(\vec{k}, 2)$$
$$k \cdot \varepsilon(\vec{k}, 3) = -k$$
$$k \cdot \varepsilon(\vec{k}, 0) = \omega_k = k$$

由(7.65)式得

$$(\hat{a}_{\vec{k}0} - \hat{a}_{\vec{k}3})|\psi\rangle = 0 , \qquad \vec{k} \text{ 取任意值} \tag{7.66}$$

也即

$$\langle\psi|(\hat{a}_{\vec{k}0}^{+} - \hat{a}_{\vec{k}3}^{+}) = 0 \tag{7.67}$$

由(7.66)式得

$$\langle\psi|\hat{a}_{\vec{k}3}^{+}\hat{a}_{\vec{k}0}|\psi\rangle = \langle\psi|\hat{a}_{\vec{k}3}^{+}\hat{a}_{\vec{k}3}|\psi\rangle$$

由(7.67)式得

$$\langle\psi|\hat{a}_{\vec{k}3}^{+}\hat{a}_{\vec{k}0}|\psi\rangle = \langle\psi|\hat{a}_{\vec{k}0}^{+}\hat{a}_{\vec{k}0}|\psi\rangle$$

故

$$\langle\psi|\hat{a}_{\vec{k}3}^{+}\hat{a}_{\vec{k}3}|\psi\rangle = \langle\psi|\hat{a}_{\vec{k}0}^{+}\hat{a}_{\vec{k}0}|\psi\rangle \tag{7.68}$$

应用上述结果及(7.59)式(注意 $\hat{n}_{k,0} = -\hat{a}_{\vec{k}0}^{+}\hat{a}_{\vec{k}0}$，$\hat{n}_{k,3} = \hat{a}_{\vec{k}3}^{+}\hat{a}_{\vec{k}3}$)则有

$$\langle\psi|\hat{H}|\psi\rangle = \int \mathrm{d}^3 k\, \omega_k \sum_{\lambda=1}^{2} n_{\vec{k},\lambda} \tag{7.69}$$

该结果表明，纵光子($\lambda=3$)与标量光子($\lambda=0$)对场能量的贡献相互抵消，只有两种横光子($\lambda=1,2$)有贡献。可以证明对于动量也是如此。也就是说对于自由光子，只有横光子有物理效应。但是当涉及虚光子过程时，纵向和标量自由度扮演重要角色，在此不作讨论。

下面讨论电磁场的自旋角动量。根据(7.32)式，

$$\vec{s} = -\int \mathrm{d}^3 x (\vec{E} \times \vec{A})$$

有
$$\hat{s}^1 = -\int d^3x(\hat{E}^2\hat{A}^3 - \hat{E}^3\hat{A}^2) \tag{7.70}$$

其中

$$\hat{E}^j = -\frac{\partial\hat{A}^j}{\partial t} - \frac{\partial}{\partial x^j}\hat{A}^0, \qquad j = 1,2,3 \tag{7.71}$$

将(7.54)式代入得

$$\hat{s}^1 = \frac{i}{2}\iint\frac{d^3kd^3k'}{\sqrt{\omega_k\omega_{k'}}}\int\frac{d^3x}{(2\pi)^3}$$

$$\cdot\left\{\left[\omega_k\sum_{\lambda=0}^{3}(\hat{a}_{\vec{k}\lambda}e^{-ikx} - \hat{a}_{\vec{k}\lambda}^+e^{ikx})\varepsilon^2(\vec{k},\lambda) - k_2\sum_{\lambda=0}^{3}(\hat{a}_{\vec{k}\lambda}e^{-ikx} - \hat{a}_{\vec{k}\lambda}^+e^{ikx})\varepsilon^0(\vec{k},\lambda)\right]\right.$$

$$\left[\sum_{\lambda'=0}^{3}(\hat{a}_{\vec{k}'\lambda'}e^{-ikx} + \hat{a}_{\vec{k}\lambda}^+e^{ikx})\varepsilon^3(\vec{k}',\lambda)\right]$$

$$-\left[\omega_k\sum_{\lambda=0}^{3}(\hat{a}_{\vec{k}\lambda}e^{-ikx} - \hat{a}_{\vec{k}\lambda}^+e^{ikx})\varepsilon^3(\vec{k},\lambda) - k_3\sum_{\lambda=0}^{3}(\hat{a}_{\vec{k}\lambda}e^{-ikx} - \hat{a}_{\vec{k}\lambda}^+e^{ikx})\varepsilon^0(\vec{k},\lambda)\right]$$

$$\left.\left[\sum_{\lambda'=0}^{3}(\hat{a}_{\vec{k}\lambda}e^{-ik'x}) + \hat{a}_{\vec{k}'\lambda'}^+e^{ik'x})\varepsilon^2(\vec{k}',\lambda')\right]\right\} \tag{7.72}$$

令
$$\hat{a}(\vec{k}\lambda\pm) = \hat{a}_{\vec{k}\lambda}e^{-ikx} \pm \hat{a}_{\vec{k}\lambda}^+e^{ikx} \tag{7.73}$$

则有

$$\hat{s}^1 = \frac{i}{2}\iint\frac{d^3kd^3k'}{\sqrt{\omega_k\omega_{k'}}}\int\frac{d^3x}{(2\pi)^3}$$

$$\cdot\left\{\left[\omega_k\sum_{\lambda=0}^{3}\hat{a}(\vec{k}\lambda-)\varepsilon^2(\vec{k},\lambda) - k_2\sum_{\lambda=0}^{3}\hat{a}(\vec{k}\lambda-)\varepsilon^0(\vec{k},\lambda)\right]\cdot\left[\sum_{\lambda'=0}^{3}\hat{a}(\vec{k}'\lambda'+)\varepsilon^3(\vec{k}',\lambda)\right]\right.$$

$$\left.-\left[\omega_k\sum_{\lambda=0}^{3}\hat{a}(\vec{k}\lambda-)\varepsilon^3(\vec{k},\lambda) - k_3\sum_{\lambda=0}^{3}\hat{a}(\vec{k}\lambda-)\varepsilon^0(\vec{k},\lambda)\right]\left[\sum_{\lambda'=0}^{3}\hat{a}(\vec{k}'\lambda'+)\varepsilon^2(\vec{k}',\lambda')\right]\right\}$$

$$= \frac{i}{2}\iint\frac{d^3kd^3k'}{\sqrt{\omega_k\omega_{k'}}}\int\frac{d^3x}{(2\pi)^3}$$

$$\cdot \left\{ \omega_k \sum_{\substack{\lambda=0 \\ \lambda'=0}}^{3} \hat{a}(\bar{k}\lambda-)\hat{a}(\bar{k}'\lambda'+) \left[\varepsilon^2(\bar{k},\lambda)\varepsilon^3(\bar{k}',\lambda') - \varepsilon^3(\bar{k},\lambda)\varepsilon^2(\bar{k}',\lambda') \right] \right.$$

$$\left. + \sum_{\substack{\lambda=0 \\ \lambda'=0}}^{3} \hat{a}(\bar{k}\lambda-)\hat{a}(\bar{k}'\lambda'+) \left[k_3\varepsilon^2(\bar{k}',\lambda') - k_2\varepsilon^3(\lambda k',\lambda') \right] \varepsilon^0(\bar{k},\lambda) \right\}$$

$$= A_1 + B_1 \tag{7.74}$$

应用 $\delta(\bar{k}) = \dfrac{1}{(2\pi)^3} \int e^{i k \cdot x} d^3 x$，则上式中的第一项

$$A_1 = \frac{i}{2} \int d^3 k \sum_{\substack{\lambda=0 \\ \lambda'=0}}^{3} \left[\left(\hat{a}_{\bar{k}\lambda}\hat{a}_{-\bar{k}\lambda'} e^{-2i\omega_k t} - \hat{a}_{\bar{k}\lambda}^{+}\hat{a}_{-\bar{k}\lambda'}^{+} e^{2i\omega_k t} \right) \varepsilon^2(\bar{k},\lambda)\varepsilon^3(-\bar{k},\lambda') \right.$$

$$+ \left(\hat{a}_{\bar{k}\lambda}\hat{a}_{\bar{k}\lambda'}^{+} - \hat{a}_{\bar{k}\lambda}^{+}\hat{a}_{\bar{k}\lambda'} \right) \varepsilon^2(\bar{k},\lambda)\varepsilon^3(\bar{k},\lambda')$$

$$- \left(\hat{a}_{\bar{k}\lambda}\hat{a}_{-\bar{k}\lambda'} e^{-2i\omega_k t} - \hat{a}_{\bar{k}\lambda}^{+}\hat{a}_{-\bar{k}\lambda'}^{+} e^{2i\omega_k t} \right) \varepsilon^3(\bar{k},\lambda)\varepsilon^2(-\bar{k},\lambda')$$

$$= \left(\hat{a}_{\bar{k}\lambda}\hat{a}_{\bar{k}\lambda'}^{+} - \hat{a}_{\bar{k}\lambda}^{+}\hat{a}_{\bar{k}\lambda'} \right) \varepsilon^3(\bar{k},\lambda)\varepsilon^2(\bar{k},\lambda') \right] \tag{7.75}$$

将(7.45)式中的积分变量 $\bar{k}$ 用 $-\bar{k}$ 替代，则有

$$\hat{A}^u(x) = \int \frac{d^3 k}{\sqrt{2\omega_k (2\pi)^3}} \sum_{\lambda=0}^{3} \left[\hat{a}_{-\bar{k}\lambda}\varepsilon^u(-\bar{k},\lambda) e^{-i\omega_k t} e^{-i k \cdot x} + \hat{a}_{-\bar{k}\lambda}^{+}\varepsilon^u(-\bar{k},\lambda) e^{i\omega_k t} e^{i k \cdot x} \right] \tag{7.76}$$

与(7.45)式比较得

$$\left\{ \begin{array}{l} \hat{a}_{-\bar{k}\lambda}\varepsilon^u(-\bar{k},\lambda) e^{-i\omega_k t} = \hat{a}_{\bar{k}\lambda}^{+}\varepsilon^u(\bar{k},\lambda) e^{i\omega_k t} \\[2mm] \hat{a}_{-\bar{k}\lambda}^{+}\varepsilon^u(-\bar{k},\lambda) e^{i\omega_k t} = \hat{a}_{\bar{k}\lambda}\varepsilon^u(\bar{k},\lambda) e^{-i\omega_k t} \end{array} \right. \tag{7.77a \\ 7.77b}$$

将(7.67)式代入(7.65)式得

$$A_1 = i \int d^3 k \sum_{\substack{\lambda=0 \\ \lambda'=0}}^{3} \left[\left(\hat{a}_{\bar{k}\lambda}\hat{a}_{\bar{k}\lambda'}^{+} - \hat{a}_{\bar{k}\lambda}^{+}\hat{a}_{\bar{k}\lambda'} \right) \varepsilon^2(\bar{k},\lambda)\varepsilon^3(\bar{k},\lambda') \right.$$

$$\left. - \left(\hat{a}_{\bar{k}\lambda}\hat{a}_{\bar{k}\lambda'}^{+} - \hat{a}_{\bar{k}\lambda}^{+}\hat{a}_{\bar{k}\lambda'} \right) \varepsilon^3(\bar{k},\lambda)\varepsilon^2(\bar{k},\lambda') \right]$$

$$= i \int d^3 k \sum_{\substack{\lambda=0 \\ \lambda'=0}}^{3} \left\{ \left(\hat{a}_{\bar{k}\lambda}\hat{a}_{\bar{k}\lambda'}^{+} - \hat{a}_{\bar{k}\lambda}^{+}\hat{a}_{\bar{k}\lambda'} \right) \left[\varepsilon^2(\bar{k},\lambda)\varepsilon^3(\bar{k},\lambda') - \varepsilon^3(\bar{k},\lambda)\varepsilon^2(\bar{k},\lambda') \right] \right\} \tag{7.78}$$

由于 $\lambda = 0$ 时，$\varepsilon^j(\vec{k},0) = 0(j = 1,2,3)$，并且 $\lambda' = \lambda$ 时，上式中后一因子等于零，因此非零项只涉及 $\lambda = 1,2,3$，$\lambda' = 1,2,3$ 且 $\lambda = \lambda'$。

$$A_1 = \mathrm{i}\int \mathrm{d}^3k \left\{ \left(\hat{a}_{\bar{k}1}\hat{a}_{\bar{k}2}^+ - \hat{a}_{\bar{k}1}^+\hat{a}_{\bar{k}2}\right)\left[\varepsilon^2(\vec{k},1)\varepsilon^3(\vec{k},2) - \varepsilon^3(\vec{k},1)\varepsilon^2(\vec{k},2)\right] \right.$$

$$+ \left(\hat{a}_{\bar{k}1}\hat{a}_{\bar{k}2}^+ - \hat{a}_{\bar{k}1}^+\hat{a}_{\bar{k}2}\right)\left[\varepsilon^2(\vec{k},1)\varepsilon^3(\vec{k},2) - \varepsilon^3(\vec{k},1)\varepsilon^2(\vec{k},2)\right]$$

$$\left. + \left(\hat{a}_{\bar{k}2}\hat{a}_{\bar{k}3}^+ - \hat{a}_{\bar{k}2}^+\hat{a}_{\bar{k}3}\right)\left[\varepsilon^2(\vec{k},2)\varepsilon^3(\vec{k},3) - \varepsilon^3(\vec{k},2)\varepsilon^2(\vec{k},3)\right]\right\}$$

$$= \mathrm{i}\int \mathrm{d}^3k \left[\left(\hat{a}_{\bar{k}1}\hat{a}_{\bar{k}2}^+ - \hat{a}_{\bar{k}1}^+\hat{a}_{\bar{k}2}\right)\varepsilon^1(\vec{k},3) + \left(\hat{a}_{\bar{k}3}\hat{a}_{\bar{k}1}^+ - \hat{a}_{\bar{k}3}^+\hat{a}_{\bar{k}1}\right)\varepsilon^1(\vec{k},2)\right.$$

$$\left. + \left(\hat{a}_{\bar{k}2}\hat{a}_{\bar{k}3}^+ - \hat{a}_{\bar{k}2}^+\hat{a}_{\bar{k}3}\right)\varepsilon^1(\vec{k},1)\right] \tag{7.79}$$

应用 $\delta(\vec{x})$ 性质，(7.74)式的第二项

$$B_1 = -\frac{\mathrm{i}}{2}\int \frac{\mathrm{d}^3k}{\omega_k} \left\{ k_2 \sum_{\substack{\lambda=0 \\ \lambda'=0}}^{3} \left[\left(\hat{a}_{\bar{k}\lambda}\hat{a}_{-\bar{k}\lambda'}\mathrm{e}^{-2\mathrm{i}\omega_k t} - \hat{a}_{\bar{k}\lambda}^+\hat{a}_{-\bar{k}\lambda'}^+\mathrm{e}^{2\mathrm{i}\omega_k t}\right)\varepsilon^0(\vec{k},\lambda)\varepsilon^3(-\vec{k},\lambda')\right.\right.$$

$$\left. + \left(\hat{a}_{\bar{k}\lambda}\hat{a}_{\bar{k}\lambda'}^+ - \hat{a}_{\bar{k}\lambda}^+\hat{a}_{\bar{k}\lambda'}\right)\varepsilon^0(\vec{k},\lambda)\varepsilon^3(\vec{k},\lambda')\right]$$

$$- k_3 \sum_{\substack{\lambda=0 \\ \lambda'=0}}^{3} \left[\left(\hat{a}_{\bar{k}\lambda}\hat{a}_{-\bar{k}\lambda'}\mathrm{e}^{-2\mathrm{i}\omega_k t} - \hat{a}_{\bar{k}\lambda}^+\hat{a}_{-\bar{k}\lambda'}^+\mathrm{e}^{2\mathrm{i}\omega_k t}\right)\varepsilon^0(\vec{k},\lambda)\varepsilon^2(-\vec{k},\lambda')\right.$$

$$\left.\left. + \left(\hat{a}_{\bar{k}\lambda}\hat{a}_{\bar{k}\lambda'}^+ - \hat{a}_{\bar{k}\lambda}^+\hat{a}_{\bar{k}\lambda'}\right)\varepsilon^0(\vec{k},\lambda)\varepsilon^2(\vec{k},\lambda')\right]\right\} \tag{7.80}$$

利用(7.67)式有

$$B_1 = -\mathrm{i}\int \frac{\mathrm{d}^3k}{\omega_k}\left[k_2 \sum_{\substack{\lambda=0 \\ \lambda'=0}}^{3} \left(\hat{a}_{\bar{k}\lambda}\hat{a}_{\bar{k}\lambda'}^+ - \hat{a}_{\bar{k}\lambda}^+\hat{a}_{\bar{k}\lambda'}\right)\varepsilon^0(\vec{k},\lambda)\varepsilon^3(\vec{k},\lambda')\right.$$

$$\left. - k_3 \sum_{\substack{\lambda=0 \\ \lambda'=0}}^{3} \left(\hat{a}_{\bar{k}\lambda}\hat{a}_{\bar{k}\lambda'}^+ - \hat{a}_{\bar{k}\lambda}^+\hat{a}_{\bar{k}\lambda'}\right)\varepsilon^0(\vec{k},\lambda)\varepsilon^2(\vec{k},\lambda')\right] \tag{7.81}$$

考虑到 $\varepsilon^0(\vec{k},0)=1$ ， $\varepsilon^j(\vec{k},0)=0$ ， $\varepsilon^0(\vec{k},j)=0(j=1,2,3)$ ，有

$$B_1 = -\mathrm{i}\int\frac{\mathrm{d}^3 k}{\omega_k}\left[k_2\sum_{\lambda'=1}^{3}\left(\hat{a}_{\vec{k}0}\hat{a}_{\vec{k}\lambda'}^{+} - \hat{a}_{\vec{k}0}^{+}\hat{a}_{\vec{k}\lambda'}\right)\varepsilon^3(\vec{k},\lambda') \right.$$

$$\left. -k_3\sum_{\lambda'=1}^{3}\left(\hat{a}_{\vec{k}0}\hat{a}_{\vec{k}\lambda'}^{+} - \hat{a}_{\vec{k}0}^{+}\hat{a}_{\vec{k}\lambda'}\right)\varepsilon^2(\vec{k},\lambda') \right]$$

因为 $\omega_k=|\vec{k}|$ ，故 $k_2/\omega_k=-k^2/\omega_k=-\varepsilon^2(\vec{k},2)$ ， $k_3/\omega_k=-k^3/\omega_k=-\varepsilon^3(\vec{k},3)$ ，因此

$$B_1 = \mathrm{i}\int \mathrm{d}^3 k\sum_{\lambda'=1}^{3}\left(\hat{a}_{\vec{k}0}\hat{a}_{\vec{k}\lambda'}^{+} - \hat{a}_{\vec{k}0}^{+}\hat{a}_{\vec{k}\lambda'}\right)\left[\varepsilon^2(\vec{k},3)\varepsilon^3(\vec{k},\lambda') - \varepsilon^3(\vec{k},3)\varepsilon^2(\vec{k},\lambda')\right]$$

$$= \mathrm{i}\int \mathrm{d}^3 k\left[\left(\hat{a}_{\vec{k}0}\hat{a}_{\vec{k}1}^{+} - \hat{a}_{\vec{k}0}^{+}\hat{a}_{\vec{k}1}\right)\varepsilon^1(\vec{k},2) - \left(\hat{a}_{\vec{k}0}\hat{a}_{\vec{k}2}^{+} - \hat{a}_{\vec{k}0}^{+}\hat{a}_{\vec{k}2}\right)\varepsilon^1(\vec{k},1)\right] \qquad (7.82)$$

将(7.79)和(7.82)式代入(7.74)式得

$$\hat{s}^1 = \mathrm{i}\int \mathrm{d}^3 k\left[\left(\hat{a}_{\vec{k}0}^{+}\hat{a}_{\vec{k}2} - \hat{a}_{\vec{k}0}\hat{a}_{\vec{k}2}^{+} + \hat{a}_{\vec{k}2}\hat{a}_{\vec{k}3}^{+} - \hat{a}_{\vec{k}2}^{+}\hat{a}_{\vec{k}3}\right)\varepsilon^1(\vec{k},1)\right.$$

$$+\left(\hat{a}_{\vec{k}0}\hat{a}_{\vec{k}1}^{+} - \hat{a}_{\vec{k}0}^{+}\hat{a}_{\vec{k}1} + \hat{a}_{\vec{k}3}\hat{a}_{\vec{k}1}^{+} - \hat{a}_{\vec{k}3}^{+}\hat{a}_{\vec{k}1}\right)\varepsilon^1(\vec{k},2)$$

$$\left. +\left(\hat{a}_{\vec{k}1}\hat{a}_{\vec{k}2}^{+} - \hat{a}_{\vec{k}1}^{+}\hat{a}_{\vec{k}2}\right)\varepsilon^1(\vec{k},3)\right] \qquad (7.83)$$

关于 $\hat{s}^2$ 的计算，比较 $\hat{s}^2 = -\int \mathrm{d}^3 k(\hat{E}^3\hat{A}^1 - \hat{E}^1\hat{A}^3)$ 与(7.70)式可知，只需在上述相关公式中分别作替代： $k_2\to k_3$ ， $k_3\to k_1$ ， $\varepsilon^2(\vec{k},\lambda)\to\varepsilon^3(\vec{k},\lambda)$ ， $\varepsilon^3(\vec{k},\lambda)\to\varepsilon^1(\vec{k},\lambda)$ ，便可得到

$$\hat{s}^2 = A_2 + B_2 \qquad (7.84)$$

其中， A_2 与 A_1 [(7.79)式]相似：

$$A_2 = 2\mathrm{i}\int \mathrm{d}^3 k\left[\left(\hat{a}_{\vec{k}1}\hat{a}_{\vec{k}2}^{+} - \hat{a}_{\vec{k}1}^{+}\hat{a}_{\vec{k}2}\right)\varepsilon^2(\vec{k},3) + \left(\hat{a}_{\vec{k}3}\hat{a}_{\vec{k}1}^{+} - \hat{a}_{\vec{k}3}^{+}\hat{a}_{\vec{k}1}\right)\varepsilon^2(\vec{k},2)\right.$$

$$\left. +\left(\hat{a}_{\vec{k}2}\hat{a}_{\vec{k}3}^{+} - \hat{a}_{\vec{k}2}^{+}\hat{a}_{\vec{k}3}\right)\varepsilon^2(\vec{k},1)\right] \qquad (7.85a)$$

B_2 与 B_1 [(7.82)式]相似：

$$B_2 = \mathrm{i}\int \mathrm{d}^3 k\left[\left(\hat{a}_{\vec{k}0}\hat{a}_{\vec{k}1}^{+} - \hat{a}_{\vec{k}0}^{+}\hat{a}_{\vec{k}1}\right)\varepsilon^2(\vec{k},2) - \left(\hat{a}_{\vec{k}0}\hat{a}_{\vec{k}2}^{+} - \hat{a}_{\vec{k}0}^{+}\hat{a}_{\vec{k}2}\right)\varepsilon^2(\vec{k},1)\right] \qquad (7.85b)$$

将(7.85)式代入(7.84)式得

$$\hat{s}^2 = i\int d^3k\Big[\Big(\hat{a}_{\bar{k}0}^+\hat{a}_{\bar{k}2} - \hat{a}_{\bar{k}0}\hat{a}_{\bar{k}2}^+ + \hat{a}_{\bar{k}2}\hat{a}_{\bar{k}3}^+ - \hat{a}_{\bar{k}2}^+\hat{a}_{\bar{k}3}\Big)\varepsilon^3(\vec{k},1)$$

$$+\Big(\hat{a}_{\bar{k}0}\hat{a}_{\bar{k}1}^+ - \hat{a}_{\bar{k}0}^+\hat{a}_{\bar{k}1} + \hat{a}_{\bar{k}3}\hat{a}_{\bar{k}1}^+ - \hat{a}_{\bar{k}3}^+\hat{a}_{\bar{k}1}\Big)\varepsilon^2(\vec{k},1)$$

$$+\Big(\hat{a}_{\bar{k}1}\hat{a}_{\bar{k}2}^+ - \hat{a}_{\bar{k}1}^+\hat{a}_{\bar{k}2}\Big)\varepsilon^2(\vec{k},3)\Big] \tag{7.86}$$

同理可得 $\hat{s}^3$。从而得到

$$\hat{s} = i\int d^3k\Big[\Big(\hat{a}_{\bar{k}0}^+\hat{a}_{\bar{k}2} - \hat{a}_{\bar{k}0}\hat{a}_{\bar{k}2}^+ + \hat{a}_{\bar{k}2}\hat{a}_{\bar{k}3}^+ - \hat{a}_{\bar{k}2}^+\hat{a}_{\bar{k}3}\Big)\vec{\varepsilon}(\vec{k},1)$$

$$+\Big(\hat{a}_{\bar{k}0}\hat{a}_{\bar{k}1}^+ - \hat{a}_{\bar{k}0}^+\hat{a}_{\bar{k}1} + \hat{a}_{\bar{k}3}\hat{a}_{\bar{k}1}^+ - \hat{a}_{\bar{k}3}^+\hat{a}_{\bar{k}1}\Big)\vec{\varepsilon}(\vec{k},2)$$

$$+\Big(\hat{a}_{\bar{k}1}\hat{a}_{\bar{k}2}^+ - \hat{a}_{\bar{k}1}^+\hat{a}_{\bar{k}2}\Big)\vec{\varepsilon}(\vec{k},3)\Big] \tag{7.87}$$

显然，$\hat{s}$ 没有对角化，表明具有确定动量(给定 $\vec{k}$)的光子[见(7.57)和(7.58)式]，其自旋角动量 $\bar{s}$ 不是守恒量。事实上，自旋角动量与轨道角动量 $\bar{L}$ 之和才是守恒量。现定义螺旋度算符

$$\hat{\Lambda} = \hat{\bar{s}} \cdot \vec{k}\big/\big|\vec{k}\big|$$

$$= i\int d^3k(\hat{a}_{\bar{k}2}\hat{a}_{\bar{k}1}^+ - \hat{a}_{\bar{k}1}^+\hat{a}_{\bar{k}2}) \tag{7.88}$$

令

$$\begin{cases} \hat{a}_{\bar{k}+} = \dfrac{1}{\sqrt{2}}(\hat{a}_{\bar{k}1} - i\hat{a}_{\bar{k}2}) & \text{(7.89a)} \\[3mm] \hat{a}_{\bar{k}-} = \dfrac{1}{\sqrt{2}}(\hat{a}_{\bar{k}1} + i\hat{a}_{\bar{k}2}) & \text{(7.89b)} \end{cases}$$

则有

$$\begin{cases} \hat{a}_{\bar{k}1} = \dfrac{1}{\sqrt{2}}(\hat{a}_{\bar{k}+} + \hat{a}_{\bar{k}-}) & \text{(7.90a)} \\[3mm] \hat{a}_{\bar{k}2} = \dfrac{i}{\sqrt{2}}(\hat{a}_{\bar{k}+} - \hat{a}_{\bar{k}-}) & \text{(7.90b)} \end{cases}$$

$$\hat{\Lambda} = \int d^3k(\hat{a}_{\bar{k}+}^+\hat{a}_{\bar{k}+} - \hat{a}_{\bar{k}-}^+\hat{a}_{\bar{k}-}) \tag{7.91}$$

其中的算符满足对易关系：

$$\left[\hat{a}_{\vec{k}'+},\hat{a}_{\vec{k}+}^{+}\right]=\left[\hat{a}_{\vec{k}'-},\hat{a}_{\vec{k}-}^{+}\right]=\delta(\vec{k}-\vec{k}') \tag{7.92}$$

即 $\hat{a}_{\vec{k}\pm}$、$\hat{a}_{\vec{k}\pm}^{+}$ 为湮没、产生算符。注意到

$$\begin{cases} \hat{a}_{\vec{k}+}^{+}=\dfrac{1}{\sqrt{2}}(\hat{a}_{\vec{k}1}^{+}+\mathrm{i}\hat{a}_{\vec{k}2}^{+}) & \tag{7.93a}\\[3mm] \hat{a}_{\vec{k}-}^{+}=\dfrac{1}{\sqrt{2}}(\hat{a}_{\vec{k}1}^{+}-\mathrm{i}\hat{a}_{\vec{k}2}^{+}) & \tag{7.93b} \end{cases}$$

结合(7.54)式可知 $\hat{a}_{\vec{k}+}^{+}$ 和 $\hat{a}_{\vec{k}-}^{+}$ 分别产生右旋、左旋圆偏振光，因为 $\hat{a}_{\vec{k}2}^{+}$ 所产生的沿 $\vec{\varepsilon}(\vec{k},2)$ 方向偏振的光子比 $\hat{a}_{\vec{k}1}^{+}$ 所产生的沿 $\vec{\varepsilon}(\vec{k},1)$ 方向偏振的光子的相位提前了"$\pi/2$"。为了用 $\hat{a}_{\vec{k}+}$ 和 $\hat{a}_{\vec{k}-}$ 表达哈密顿算符(7.59)式，只要将(7.54)式中的基矢 $\varepsilon(\vec{k},1)$ 和 $\varepsilon(\vec{k},2)$ 分别替换为

$$\begin{cases} \varepsilon(\vec{k},+)=\dfrac{1}{\sqrt{2}}\left[\varepsilon(\vec{k},1)+\mathrm{i}\varepsilon(\vec{k},2)\right] & \tag{7.94a}\\[3mm] \varepsilon(\vec{k},-)=\dfrac{1}{\sqrt{2}}\left[\varepsilon(\vec{k},1)-\mathrm{i}\varepsilon(\vec{k},2)\right] & \tag{7.94b} \end{cases}$$

便可更好地理解(7.91)式。将(7.54)式重新写为(为清晰起见，将 $\hat{a}_{\vec{k}\lambda}^{+}$ 的矢量分量记为 ε^{u*})

$$\begin{aligned} \hat{A}^{u}=\int\frac{\mathrm{d}^{3}k}{\sqrt{2\omega_{k}(2\pi)^{3}}}\Big[& \hat{a}_{\vec{k}0}\varepsilon^{u}(\vec{k},0)\mathrm{e}^{-\mathrm{i}kx}+\hat{a}_{\vec{k}0}^{+}\varepsilon^{u^{*}}(\vec{k},0)\mathrm{e}^{\mathrm{i}kx}\\ & +\hat{a}_{\vec{k}3}\varepsilon^{u}(\vec{k},3)\mathrm{e}^{-\mathrm{i}kx}+\hat{a}_{\vec{k}3}^{+}\varepsilon^{u^{*}}(\vec{k},3)\mathrm{e}^{\mathrm{i}kx}+A\Big] \end{aligned} \tag{7.95}$$

其中

$$\begin{aligned} A&=\hat{a}_{\vec{k}1}\varepsilon^{u}(\vec{k},1)\mathrm{e}^{-\mathrm{i}kx}+\hat{a}_{\vec{k}1}^{+}\varepsilon^{u^{*}}(\vec{k},1)\mathrm{e}^{\mathrm{i}kx}+\hat{a}_{\vec{k}2}\varepsilon^{u}(\vec{k},2)\mathrm{e}^{-\mathrm{i}kx}+\hat{a}_{\vec{k}2}^{+}\varepsilon^{u^{*}}(\vec{k},2)\mathrm{e}^{\mathrm{i}kx}\\ &=\hat{a}_{\vec{k}1}\left\{\left[\varepsilon^{u}(\vec{k},+)+\varepsilon^{u}(\vec{k},-)\right]/\sqrt{2}\right\}\mathrm{e}^{-\mathrm{i}kx}+\hat{a}_{\vec{k}1}^{+}\left\{\left[\varepsilon^{u^{*}}(\vec{k},+)+\varepsilon^{u^{*}}(\vec{k},-)\right]/\sqrt{2}\right\}\mathrm{e}^{\mathrm{i}kx}\\ &\quad+\hat{a}_{\vec{k}2}\left\{\left[\varepsilon^{u}(\vec{k},+)-\varepsilon^{u}(\vec{k},-)\right]/(\mathrm{i}\sqrt{2})\right\}\mathrm{e}^{-\mathrm{i}kx}-\hat{a}_{\vec{k}2}^{+}\left\{\left[\varepsilon^{u^{*}}(\vec{k},+)-\varepsilon^{u^{*}}(\vec{k},-)\right]/(\mathrm{i}\sqrt{2})\right\}\mathrm{e}^{\mathrm{i}kx}\\ &=\frac{1}{\sqrt{2}}(\hat{a}_{\vec{k}1}-\mathrm{i}\hat{a}_{\vec{k}2})\varepsilon^{u}(\vec{k},+)\mathrm{e}^{-\mathrm{i}kx}+\frac{1}{\sqrt{2}}(\hat{a}_{\vec{k}1}^{+}+\mathrm{i}\hat{a}_{\vec{k}2}^{+})\varepsilon^{u^{*}}(\vec{k},+)\mathrm{e}^{\mathrm{i}kx} \end{aligned}$$

$$+\frac{1}{\sqrt{2}}(\hat{a}_{\bar{k}1}+i\hat{a}_{\bar{k}2})\varepsilon^u(\vec{k},-)e^{-ikx}+\frac{1}{\sqrt{2}}(\hat{a}_{\bar{k}1}^+-i\hat{a}_{\bar{k}2}^+)\varepsilon^{u^*}(\vec{k},-)e^{ikx} \tag{7.96}$$

将(7.89)式代入，有

$$A=\hat{a}_{\bar{k}+}\varepsilon^u(\vec{k},+)e^{-ikx}+\hat{a}_{\bar{k}+}^+\varepsilon^{u^*}(\vec{k},+)e^{ikx}+\hat{a}_{\bar{k}-}\varepsilon^u(\vec{k},-)e^{-ikx}+\hat{a}_{\bar{k}-}^+\varepsilon^{u^*}(\vec{k},-)e^{ikx} \tag{7.97}$$

代入(7.95)式得

$$A^u=\int\frac{\mathrm{d}^3k}{\sqrt{2\omega_k(2\pi)^3}}\sum_\Gamma\left[\hat{a}_{\bar{k}\Gamma}\varepsilon^u(\vec{k},\Gamma)e^{-ikx}+\hat{a}_{\bar{k}\Gamma}^+\varepsilon^{u^*}(\vec{k},\Gamma)e^{ikx}\right] \tag{7.98}$$

形式上与(7.54)式完全相同，只是这里的加和变量 $\Gamma=0,3,+,-$。以此为展开，从新计算 $\bar{s}$ 和 $\hat{\Lambda}$ 可得(7.91)式和体系哈密顿算符

$$\hat{H}=\int\mathrm{d}^3k\,\omega_k\left(\hat{a}_{\bar{k}+}^+\hat{a}_{\bar{k}+}+\hat{a}_{\bar{k}-}^+\hat{a}_{\bar{k}-}+\hat{a}_{\bar{k}3}^+\hat{a}_{\bar{k}3}-\hat{a}_{\bar{k}0}^+\hat{a}_{\bar{k}0}\right) \tag{7.99}$$

即螺旋度算符 $\hat{\Lambda}$ 和 $\hat{H}$ 同时得到了对角化。显然 $\varepsilon^u(\vec{k},\pm)e^{-ikx}$ 代表左旋、右旋圆偏振光，因此 $\hat{a}_{\bar{k}\pm}^+$、$\hat{a}_{\bar{k}\pm}$ 是对应的圆偏振光子产生、湮没算符。(7.91)式表明圆偏振光子自旋角动量 $\bar{s}$ 在光子传播方向 $\vec{k}$ 上的投影(螺旋度)为"±1"$(\hbar)$，是守恒量。

下面考察沿一确定方向 $\vec{k}$ 传播的平面光束中的光子特性。根据前面的结果，纵光子和标量光子没有直接的物理效应，在自由场中可不予考虑。如果光束是左旋或右旋圆偏振光，则沿 $\vec{k}$ 方向传播的所有光子具有动量 $\vec{k}$ 和能量 $\omega_k=|\vec{k}|$，并且所有光子自旋角动量在 $\vec{k}$ 方向的投影(螺旋度)为 $\pm1(\hbar)$。据此可得到原子受圆偏振光激发的选择定则是 $\Delta m=\pm1$[见 1.1.4 节，系统(原子+光子)的总角动量在光传播方向的投影值守恒]。如果光束是线偏振光，虽然沿 $\vec{k}$ 方向传播的所有光仍具有动量 $\vec{k}$ 和能量 $|\vec{k}|$，但按(7.88)式，光子的螺旋度平均值为零，对应跃迁定则 $\Delta m=0$。然而，如果原子处于恒定磁场中，若线偏振光沿磁场方向传播，则 $\Delta m=0$ 的跃迁不能发生，因为这时原子角动量在磁场方向的投影是"好"量子数确定的严格守恒量，而线偏振光的螺旋度不是"好"量子数。据此，可以深入理解塞曼效应[1]中原子谱线的偏振特性。

7.3　正则量子化(库仑规范)

在库仑规范 $\nabla\cdot\vec{A}=0$ 的条件下，对于自由场($j^u=0$)，取 $A^0=0$，拉氏密度构

---

① 褚圣麟. 1979. 原子物理学. 北京: 人民教育出版社: 184。

造为

$$\mathcal{L} = -\frac{1}{4} F_{uv} F^{uv} \tag{7.100}$$

与 $A^i(\vec{x}, t)$ 相应的正则动量

$$\pi^i = \frac{\partial \mathcal{L}}{\partial \dot{A}_u} = -\dot{A}^i, \qquad i = 1, 2, 3 \tag{7.101}$$

虽然 $\pi^0 = \dfrac{\partial \mathcal{L}}{\partial \dot{A}_0} = \partial^u A^0 - \partial^0 A^u = 0$，但因 $A^0 = 0$，故不存在洛伦兹规范下的"奇点"

矛盾。引入对易关系（$i, j = 1, 2, 3$）：

$$\left[\hat{A}_i(\vec{x}, t), \hat{\pi}^j(\vec{x}, t) \right] = \mathrm{i} g_i^j \delta(\vec{x} - \vec{x'}) \tag{7.102}$$

$$\left[\hat{A}_i(\vec{x}, t), \hat{A}_j(\vec{x}, t) \right] = \left[\hat{\pi}_i(\vec{x}, t), \hat{\pi}^j(\vec{x'}, t) \right] = 0 \tag{7.103}$$

值得注意的是

$$\frac{\partial}{\partial x^i} \left[\hat{A}^i(\vec{x}, t), \hat{\pi}_j(\vec{x'}, t) \right] = \left[\nabla \cdot \hat{\vec{A}}(\vec{x}, t), \hat{\pi}_j(\vec{x'}, t) \right] = 0 \tag{7.104}$$

因为库仑规范条件是 $\nabla \cdot \vec{A} = 0$。然而，由(7.102)式并不能得到(7.104)式，因为

$$\begin{aligned}
\partial_i g_j^i \delta(\vec{x} - \vec{x'}) &= \frac{g_j^i}{(2\pi)^2} \frac{\partial}{\partial x^i} \int \mathrm{d}^3 k \, \mathrm{e}^{\mathrm{i}\vec{k}(\vec{x} - \vec{x'})} \\
&= \frac{\mathrm{i}}{(2\pi)^3} \int \mathrm{d}^3 k \cdot k_j \mathrm{e}^{\mathrm{i}\vec{k}(\vec{x} - \vec{x'})} \\
&\neq 0
\end{aligned}$$

为了消除此矛盾，将(7.102)式修改为

$$\left[\hat{A}_i(\vec{x}, t), \hat{\pi}^j(\vec{x'}, t) \right] = \mathrm{i} \tilde{\delta}_i^j \delta(\vec{x} - \vec{x'}) \tag{7.105}$$

其中

$$\tilde{\delta}_i^j \delta(\vec{x} - \vec{x'}) = \frac{1}{(2\pi)^3} \int \mathrm{d}^3 k \, \mathrm{e}^{\mathrm{i}\vec{k}(\vec{x} - \vec{x'})} \left(g_i^j - \frac{k_i k^j}{k_l k^l} \right) \tag{7.106}$$

类似于(7.53)式，电磁场矢势 $\vec{A}(\vec{x},t)$ 可展开为

$$\vec{A}(\vec{x},t) = \int \frac{\mathrm{d}^3 k}{\sqrt{2\omega_k (2\pi)^3}} \sum_{\lambda=1}^{3} \vec{\varepsilon}(\vec{k},\lambda)\left(a_{\vec{k}\lambda}\mathrm{e}^{-\mathrm{i}kx} + a_{\vec{k}\lambda}^{+}\mathrm{e}^{\mathrm{i}kx} \right) \tag{7.107}$$

因为

$$\nabla \cdot \vec{A} = \int \frac{\mathrm{d}^3 k}{\sqrt{2\omega_k (2\pi)^3}} \sum_{\lambda=1}^{3} \vec{\varepsilon}(\vec{k},\lambda)\cdot\nabla\left(a_{\vec{k}\lambda}\mathrm{e}^{-\mathrm{i}kx} + a_{\vec{k}\lambda}^{+}\mathrm{e}^{\mathrm{i}kx} \right)$$

$$= \int \frac{\mathrm{d}^3 k}{\sqrt{2\omega_k (2\pi)^3}} \sum_{\lambda=1}^{3} \vec{\varepsilon}(\vec{k},\lambda)\cdot\vec{k}\left(a_{\vec{k}\lambda}\mathrm{e}^{-\mathrm{i}kx} + a_{\vec{k}\lambda}^{+}\mathrm{e}^{\mathrm{i}kx} \right)$$

$$= \int \frac{\mathrm{d}^3 k}{\sqrt{2\omega_k (2\pi)^3}} \vec{\varepsilon}(\vec{k},3)\cdot\vec{k}\left(a_{\vec{k}3}\mathrm{e}^{-\mathrm{i}kx} + a_{\vec{k}3}^{+}\mathrm{e}^{\mathrm{i}kx} \right)$$

应用条件 $\nabla \cdot \vec{A} = 0$，因为 $\vec{\varepsilon}(\vec{k},3)\cdot\vec{k} = |\vec{k}| \neq 0$，故 $a_{\vec{k}3} = a_{\vec{k}3}^{+} = 0$。所以在库仑规范下，(7.107)式只包含横场部分，相应的场算符为

$$\hat{\vec{A}}(\vec{x},t) = \int \frac{\mathrm{d}^3 k}{\sqrt{\omega_k (2\pi)^3}} \sum_{\lambda=1}^{2} \vec{\varepsilon}(\vec{k},\lambda)\left(\hat{a}_{\vec{k}\lambda}\mathrm{e}^{-\mathrm{i}kx} + \hat{a}_{\vec{k}\lambda}^{+}\mathrm{e}^{\mathrm{i}kx} \right) \tag{7.108}$$

对应的正则动量算符：

$$\hat{\vec{\pi}}(\vec{x},t) = \mathrm{i}\int \frac{\omega_k\mathrm{d}^3 k}{\sqrt{2\omega_k (2\pi)^3}} \sum_{\lambda=1}^{2} \vec{\varepsilon}(\vec{k},\lambda)\left(\hat{a}_{\vec{k}\lambda}\mathrm{e}^{-\mathrm{i}kx} - \hat{a}_{\vec{k}\lambda}^{+}\mathrm{e}^{\mathrm{i}kx} \right) \tag{7.109}$$

将(7.108)和(7.109)式代入(7.103)和(7.105)式可证得

$$\left\{ \begin{array}{ll} \left[\hat{a}_{\vec{k}'\lambda'}, \hat{a}_{\vec{k}\lambda}^{+} \right] = \delta(\vec{k}'-\vec{k})\delta_{\lambda'\lambda} & (7.110\mathrm{a}) \\[2mm] \left[\hat{a}_{\vec{k}'\lambda'}, \hat{a}_{\vec{k}\lambda} \right] = \left[\hat{a}_{\vec{k}'\lambda'}^{+}, \hat{a}_{\vec{k}\lambda}^{+} \right] = 0 & (7.110\mathrm{b}) \end{array} \right.$$

即 $\hat{a}_{\vec{k}\lambda}^{+}$、$\hat{a}_{\vec{k}\lambda}$ 是产生、湮没算符。应用 H 和 $\vec{P}$ 的经典表达可得

$$\hat{H} = \int \mathrm{d}^3 k\,\omega_k \sum_{\lambda=1}^{2}\left(\hat{a}_{\vec{k}\lambda}^{+}\hat{a}_{\vec{k}\lambda} + \frac{1}{2} \right) \tag{7.111}$$

应用正规排序技术可得

$$\hat{H} = \int \mathrm{d}^3 k \omega_k \sum_{\lambda=0}^{2} \hat{a}_{\vec{k}\lambda}^{+} \hat{a}_{\vec{k}\lambda} \tag{7.112}$$

$$\hat{P} = \int \mathrm{d}^3 k \vec{k} \sum_{\lambda=1}^{2} \hat{a}_{\vec{k}\lambda}^{+} \hat{a}_{\vec{k}\lambda} \tag{7.113}$$

(7.111)、(7.112)和(7.113)式表明，只存在沿 $\vec{k}$ 方向传播的横光子($\lambda=1,2$)，其动量和能量分别为 $\vec{k}$ 和 $\omega_k = |\vec{k}|$。与洛伦兹规范下的量子化结果类似，线偏振光子的螺旋度期望值为零，圆偏振光子的螺旋度为 $\pm 1(\hbar)$。由(7.108)式可得

$$\hat{\vec{E}}(\vec{x},t) = \mathrm{i} \int \frac{\omega_k \mathrm{d}^3 k}{\sqrt{2\omega_k (2\pi)^3}} \sum_{\lambda=1}^{2} \vec{\varepsilon}(\vec{k},\lambda)\left(\hat{a}_{\vec{k}\lambda} \mathrm{e}^{-\mathrm{i}kx} - \hat{a}_{\vec{k}\lambda}^{+} \mathrm{e}^{\mathrm{i}kx} \right) \tag{7.114}$$

$$\hat{\vec{B}}(\vec{x},t) = \mathrm{i} \int \frac{\omega_k \mathrm{d}^3 k}{\sqrt{2\omega_k (2\pi)^3}} \sum_{\lambda=1}^{2} \vec{k} \times \vec{\varepsilon}(\vec{k},\lambda)\left(\hat{a}_{\vec{k}\lambda} \mathrm{e}^{-\mathrm{i}kx} - \hat{a}_{\vec{k}\lambda}^{+} \mathrm{e}^{\mathrm{i}kx} \right) \tag{7.115}$$

7.4 常见量子化形式

在许多量子光学和量子电动力学教科书以及相关的科学论文中，常常看到如下的电磁场量子化形式，即选取周期性边界条件以使波矢 $\vec{k}$ 取分立值，并用一个指标 "λ"(称为模式，与前几节的含义不同)标记平面波的波矢 $\vec{k}$ 和偏振方向，这时，(7.108)、(7.114)和(7.115)式变为

$$\hat{\vec{A}}(\vec{r},t) = \sum_{\lambda} \sqrt{\frac{1}{2\omega_\lambda}} \left[\hat{a}_\lambda \vec{A}_\lambda(\vec{r}) \exp(-\mathrm{i}\omega_\lambda t) + h.c. \right] \tag{7.116}$$

$$\hat{\vec{E}}(\vec{r},t) = \mathrm{i} \sum_{\lambda} \sqrt{\frac{\omega_\lambda}{2}} \left[\hat{a}_\lambda \vec{A}_\lambda(\vec{r}) \exp(-\mathrm{i}\omega_\lambda t) - h.c. \right] \tag{7.117}$$

$$\hat{\vec{B}}(\vec{r},t) = \mathrm{i} \sum_{\lambda} \sqrt{\frac{1}{2\omega_k}} \vec{k} \times \left[\hat{a}_\lambda \vec{A}_\lambda(\vec{r}) \exp(-\mathrm{i}\omega_\lambda t) - h.c. \right] \tag{7.118}$$

其中，$h.c. = a_\lambda^{+} \vec{A}_\lambda^{*}(\vec{r}) \exp(\mathrm{i}\omega_\lambda t)$；$\vec{A}_\lambda(\vec{r}) = \dfrac{1}{V^{1/2}} \vec{\varepsilon}_\lambda \mathrm{e}^{\mathrm{i}\vec{k}_\lambda \cdot \vec{r}}$ 是归一化的平面波空间函数。产生、湮没算符 a_λ^{+}、a_λ 满足

$$\left[a_{\lambda'}, a_\lambda^{+} \right] = \delta_{\lambda'\lambda} \tag{7.119a}$$

$$\left[a_{\lambda'}, a_{\lambda}\right] = \left[a_{\lambda'}^{+}, a_{\lambda}\right] = 0 \qquad (7.119b)$$

$$\hat{H} = \sum_{\lambda}\left(a_{\lambda}^{+}a_{\lambda} + \frac{1}{2}\right)\hbar\omega_{\lambda} \qquad (7.120)$$

$$\hat{\vec{P}} = \sum_{\lambda}\left(a_{\lambda}^{+}a_{\lambda} + \frac{1}{2}\right)\hbar\vec{k}_{\lambda} \qquad (7.121)$$

单模光场能量本征态：

$$|n_{\lambda}\rangle = \frac{\left(a_{\lambda}^{+}\right)^{n_{\lambda}}}{n_{\lambda}!}|0\rangle \qquad (7.122)$$

多模光场能量本征态：

$$|n_1 n_2 \cdots n_s\rangle = \prod_{\sigma=1}^{s} \frac{\left(a_{\sigma}^{+}\right)^{n_{\sigma}}}{n_{\sigma}!}|0\rangle \qquad (7.123)$$

如果令 $a_{\lambda}' = a_{\lambda}\,\mathrm{e}^{-\mathrm{i}\omega_{\lambda}t}, a_{\lambda}'^{+} = a_{\lambda}^{+}\mathrm{e}^{\mathrm{i}\omega_{\lambda}t}$ ，则有

$$\begin{cases} [a_{\lambda'}', a_{\lambda}'^{+}] = \delta_{\lambda\lambda'} & (7.124a) \\[2mm] [a_{\lambda'}', a_{\lambda}'] = 0, [a_{\lambda'}'^{+}, a_{\lambda}'^{+}] = 0 & (7.124b) \end{cases}$$

若将 a_{λ}' 和 $a_{\lambda}'^{+}$ 仍记为 $\hat{a}_{\lambda}$、$\hat{a}_{\lambda}^{+}$，(7.120)和(7.121)式仍然成立，(7.116)、(7.117)和(7.118)式变换为

$$\hat{\vec{A}}(\vec{r},t) = \sum_{\lambda} C_{\lambda}^{A}\left(a_{\lambda}\,\mathrm{e}^{\mathrm{i}\vec{k}_{\lambda}\cdot\vec{r}} + a_{\lambda}^{+}\,\mathrm{e}^{-\mathrm{i}\vec{k}_{\lambda}\cdot\vec{r}}\right)\hat{e}_{\lambda} \qquad (7.125)$$

$$\hat{\vec{E}}(\vec{r},t) = \mathrm{i}\sum_{\lambda} C_{\lambda}^{E}\left(a_{\lambda}\,\mathrm{e}^{\mathrm{i}\vec{k}_{\lambda}\cdot\vec{r}} - a_{\lambda}^{+}\,\mathrm{e}^{-\mathrm{i}\vec{k}_{\lambda}\cdot\vec{r}}\right)\hat{e}_{\lambda} \qquad (7.126)$$

$$\hat{\vec{B}}(\vec{r},t) = \mathrm{i}\sum_{\lambda} C_{\lambda}^{B}\left(a_{\lambda}\,\mathrm{e}^{\mathrm{i}\vec{k}_{\lambda}\cdot\vec{r}} - a_{\lambda}^{+}\,\mathrm{e}^{-\mathrm{i}\vec{k}_{\lambda}\cdot\vec{r}}\right)(\vec{k}_{\lambda}\times\hat{e}_{\lambda}) \qquad (7.127)$$

其中的系数在不同单位中取不同值(表 7.1)。

表 7.1

系数 单位制	C_λ^A	C_λ^E	C_λ^B
赫维赛德-洛伦兹	$\sqrt{\dfrac{1}{2\omega_\lambda}}$	$\sqrt{\dfrac{\omega_\lambda}{2}}$	$\sqrt{\dfrac{1}{2\omega_\lambda}}$
SI	$\sqrt{\dfrac{\hbar}{2\varepsilon_0\omega_\lambda V}}$	$\sqrt{\dfrac{\hbar\omega_\lambda}{2\varepsilon_0 V}}$	$\sqrt{\dfrac{\hbar}{2\varepsilon_0\omega_k V}}$
CGS	$\sqrt{\dfrac{2\pi\hbar c^2}{\omega_\lambda V}}$	$\sqrt{\dfrac{2\pi\hbar\omega_\lambda}{V}}$	$\sqrt{\dfrac{2\pi\hbar c^2}{\omega_\lambda V}}$

表中 V 为归一化体积。如果是一维行波，将 V 用归一化边长 L 取代即可。对于一维驻波(沿 z 轴)，用 L 代替 V，用 $\sin k_\lambda z$ 代替 $\mathrm{e}^{\pm i\vec{k}\cdot\vec{r}}$。对于三维驻波，用相应实函数替代 $\mathrm{e}^{\pm i\vec{k}_\lambda\cdot\vec{r}}$。

7.5 量 子 效 应

7.5.1 真空涨落与卡西米尔力

假定电磁场处于某一"λ"模式的态 $|n_\lambda\rangle$，应用(7.126)式得

$$\langle n_\lambda|\hat{E}|n_\lambda\rangle = 0 \tag{7.128}$$

$$\langle n_\lambda|\hat{E}^2|n_\lambda\rangle = \left(C_\lambda^E\right)^2 \langle n_\lambda|\left(\hat{a}_\lambda\hat{a}_\lambda^+ + \hat{a}_\lambda^+\hat{a}_\lambda - \hat{a}_\lambda^2 \mathrm{e}^{2i\vec{k}\cdot\vec{r}} + \hat{a}_\lambda^{+2}\mathrm{e}^{-2i\vec{k}\cdot\vec{r}}\right)|n_\lambda\rangle$$

$$= \left(C_\lambda^E\right)^2 \langle n_\lambda|\left(2\hat{a}_\lambda^+\hat{a}_\lambda + 1\right)|n_\lambda\rangle$$

$$= 2\left(C_\lambda^E\right)^2\left(n_\lambda + \frac{1}{2}\right)$$

$$= 2\left(\frac{\hbar\omega_\lambda}{2\varepsilon_0 V}\right)\left(n_\lambda + \frac{1}{2}\right) \qquad \text{(SI 单位制)}$$

$$= \frac{\hbar\omega_\lambda}{\varepsilon_0 V}\left(n_\lambda + \frac{1}{2}\right)$$

$$= \frac{1}{\varepsilon_0} \frac{\hbar\omega_\lambda \left(n_\lambda + \frac{1}{2} \right)}{V} \tag{7.129}$$

如果忽略式中的 $1/2$，(7.129)式后一因子即是电磁场的能量密度 $w = n\hbar\omega/V$。这正是预期的结果。因为经典理论给出，平面电磁波能量密度 $w = \frac{1}{2}\left(\varepsilon_0 E^2 + \frac{B^2}{\mu_0} \right) = \varepsilon_0 E^2$。该结果表明通过测量电磁场能量密度，可以确定平面电磁波中的光子数。

有趣的是，箱归一化体积 V 对上述实验观测结果没有影响。但是，如果是一个理想导体腔(其中的电磁场只能是驻波场)，便产生显著的体积量子效应。对于这样的驻波腔，(7.129)式仍然成立，即便空腔中场处于真空态 $|0\rangle$，仍有

$$\langle 0| \hat{E}^2 |0\rangle = \frac{1}{2\varepsilon_0} \sum_\lambda \frac{\hbar\omega_\lambda}{V} \tag{7.130}$$

其中，求和遍及腔中所有模式"λ"(偏振方向、传播方向和频率)。由于 $\langle 0| \hat{E} |0\rangle = 0$，因此腔中电场的涨落为

$$\Delta E^2 = \langle 0| \hat{E}^2 |0\rangle - \left| \langle 0| \hat{E} |0\rangle \right|^2 = \frac{1}{2\varepsilon_0} \sum_\lambda \frac{\hbar\omega_\lambda}{V} \tag{7.131}$$

显然，随着驻波腔体体积 $V \to 0$，ΔE^2 迅速增长，这便是腔量子电动力学(QED)的物理本质[1]。当然，更深层次的本质是场量子化过程中出现的零点能(真空能)。

1948 年卡西米尔首先考虑了图 7.2 所示的两块平行理想导体板之间的零点能效应。平行板边长 L，间距为 d，在体积 $L^2 d$ 内的零点能

$$W = \sum_\lambda \frac{1}{2} \hbar\omega_\lambda = \frac{\hbar c}{2} \sum_\lambda |\vec{k}_\lambda| \tag{7.132}$$

其中，求和遍及各种可能模式 λ。将平行于导体板的波矢记为 $\vec{k}_{/\!/}$，由于理想导体板的存在，沿 $\vec{k}_{/\!/}$ 方向传播的平面波只有一种偏振(极化)态，即其 $\vec{E}$ 垂直于平板。

---

① 张礼，葛墨林. 2000. 量子力学的前沿问题. 北京: 清华大学出版社: 231。

考虑到平行板的周期性，$k_x = \dfrac{2\pi}{L}n$，$k_y = \dfrac{2\pi}{L}m$（$n,m = 1,2,\cdots$），因此具有波矢为 $\vec{k}_{//}$ 的平面波模式总数是 $\displaystyle\int\frac{L^2\mathrm{d}^2 k_{//}}{(2\pi)^2}$。又由于理想导体板的存在，对应于每一个可能的 $\vec{k}_{//}$，沿 z 方向可能形成驻波 $A\sin(k_z z)$，$k_z = n\pi/d$（$n = 1,2,\cdots$），它有两种极化态。故(7.132)式可表达为

$$W = \frac{\hbar c}{2}\int\frac{L^2\mathrm{d}^2 k_{//}}{(2\pi)^2}\left[\left|\vec{k}_{//}\right| + 2\sum_{n=1}^{\infty}\left(k_{//}^2 + \frac{n^2\pi^2}{d^2}\right)^{\frac{1}{2}}\right] \tag{7.133}$$

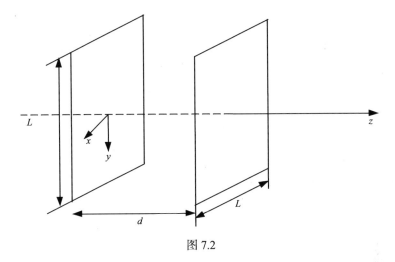

图 7.2

显然，该积分结果是无限大。事实上，我们能够观察到的应是平行板存在时所引起的零点能改变，故应从 W 中减去平行板不存在时的零点能：

$$W_0 = \frac{\hbar c}{2}\int\frac{L^2\mathrm{d}^2 k_{//}}{(2\pi)^2}\int\frac{\mathrm{d}k_z}{2\pi/d}\left(2\sqrt{k_{//}^2 + k_z^2}\right)$$

$$= \frac{\hbar c}{2}\int\frac{L^2\mathrm{d}^2 k_{//}}{(2\pi)^2}\int_0^{\infty}\mathrm{d}n\left(2\sqrt{k_{//}^2 + 4n^2\pi^2/d^2}\right) \tag{7.134}$$

单位面积零点能的变化是[1]

———————————
[1] 依捷克森，祖柏尔. 1986. 量子场论. 北京：科学出版社：187。

$$\varepsilon = \frac{W - W_0}{L^2} = -\frac{\pi^2}{720}\frac{\hbar c}{d^3} \tag{7.135}$$

平行板间单位面积的力

$$F = -\frac{\pi^2}{240}\frac{\hbar c}{d^4} \tag{7.136}$$

负号对应吸引力。1958 年斯帕尔纳(M. J. Sparnaay，荷兰)用实验证实了(7.136)式。

7.5.2 兰姆位移

根据狄拉克方程对于氢原子能级的计算得到

$$(E_{nj} - mc^2) = -\frac{e^2}{2a}\frac{1}{n^2}\left[1 + \frac{\alpha^2}{n^2}\left(\frac{n}{j+1/2} - \frac{3}{4}\right) + \cdots\right] \tag{7.137}$$

因此氢原子的 $2S_{1/2}$ 和 $2P_{1/2}$ 态应具有相同能量。然而，在 20 世纪 40 年代末(见 2.8.4 节)，兰姆却在实验中发现 $2S_{1/2}$ 态比 $2P_{1/2}$ 态的能量高 1057 MHz(图 7.3)。在此实验之后不久，贝特提供了一种简单的非相对论计算方法，即"排除"无限大零点能，克服了此前人们面临的"无限大"能级移动困难，可达到与实验观测相一致的理论结果。该方法进一步被推广至完全相对论框架，它便是由施温格(J. Schwinger，美国，1918~1994)、费恩曼和戴森所发展的量子电动力学的"先驱"。1978 年，时值兰姆六十五岁生日之际，戴森写道："你关于氢原子精细结构的工作直接导致了量子电动力学的前驱波，于此我乘上了通向名誉和幸运的快车。你完成了艰难的、单调乏味的探讨性工作……是你第一个发现了如此难以探测的微小谱移，刷新了我们思考粒子与场的基本思路。"

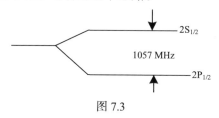

图 7.3

下面给出一种简单的计算兰姆位移的方法，即认为电子运动受到真空涨落微扰导致库仑势 $V(\vec{r})$ 变化：

$$\Delta V = V(\vec{r} + \delta\vec{r}) - V(\vec{r})$$

$$= \delta\vec{r} \cdot \nabla V + \frac{1}{2}(\delta\vec{r} \cdot \nabla)^2 V(\vec{r}) + \cdots \tag{7.138}$$

因 $\langle \delta \vec{r} \rangle_{vac} = 0$ ，并且 $\left\langle (\delta \vec{r} \cdot \nabla)^2 \right\rangle_{vac} \approx \left\langle \delta x^2 \nabla_x^2 + \delta y^2 \nabla_y^2 + \delta z^2 \nabla_z^2 \right\rangle_{vac} = \frac{1}{3} \left\langle (\delta \vec{r})^2 \right\rangle_{vac} \nabla^2$ ，

故(7.138)式可写为

$$\langle \Delta V \rangle = \frac{1}{6} \left\langle (\delta \vec{r})^2 \right\rangle_{vac} \left\langle \nabla^2 \left(\frac{-e^2}{4\pi\varepsilon_0 r} \right) \right\rangle_{at} \tag{7.139}$$

其中， $\left\langle (\delta \vec{r})^2 \right\rangle_{vac}$ 和 $\left\langle \nabla^2 \left(\dfrac{-e^2}{4\pi\varepsilon_0 r} \right) \right\rangle$ 分别表示真空平均(场论方法)和原子平均(量子

力学方法)。

$$\left\langle \nabla^2 \left(\frac{-e^2}{4\pi\varepsilon_0 r} \right) \right\rangle_{2S} = \frac{-e^2}{4\pi\varepsilon_0} \int d^3\vec{r} \, \varphi_{2S}^* \nabla^2 \left(\frac{1}{r} \right) \varphi_{2S}$$

$$= \frac{e^2}{\varepsilon_0} \left| \varphi_{2S}(0) \right|^2 \qquad\qquad \left[\nabla^2 \left(\frac{1}{r} \right) = 4\pi\delta(\vec{r}) \right]$$

$$= \frac{e^2}{8\pi\varepsilon_0 a_0^3} \tag{7.140}$$

其中， a_0 是玻尔半径。同理，因 $\varphi_{2P}(0) = 0$ ，故

$$\left\langle \nabla^2 \left(\frac{-e^2}{4\pi\varepsilon_0 r} \right) \right\rangle_{2P} = 0 \tag{7.141}$$

一个 " λ " 单模场 E_λ (角频率为 ω_λ)所驱动的电子位移涨落 $\delta(r)$ 应满足：

$$m \frac{d^2}{dt^2} \delta(r) = -e\vec{E}_\lambda \tag{7.142}$$

由于平面电磁波的经典行为是 $E_\lambda = A_\lambda \cos\left(\omega_\lambda t - \vec{k} \cdot \vec{r} \right)$ ，代入(7.142)式可得

$$\delta(r) \approx \frac{e}{mc^2 k_\lambda^2} E_\lambda \tag{7.143}$$

故

$$[\delta(r)]^2 \approx \left(\frac{e}{mc^2 k_\lambda^2} \right)^2 E_\lambda^2 \tag{7.144}$$

对于所有模式求和，

$$\left\langle (\delta \vec{r})^2 \right\rangle_{vac} = \sum_\lambda \left(\frac{e}{mc^2 k_\lambda^2} \right)^2 \left\langle 0 | (\hat{E}_\lambda)^2 | 0 \right\rangle$$

$$= \sum_\lambda \left(\frac{e}{mc^2 k_\lambda^2} \right)^2 \left(\frac{\hbar c k_\lambda}{2\varepsilon_0 V} \right) \tag{7.145}$$

对于连续模分布，上式转化为

$$\left\langle (\delta \vec{r})^2 \right\rangle_{vac} = 2\int \frac{V \mathrm{d}^3 k}{(2\pi)^3} \left(\frac{e}{mc^2 k_\lambda^2} \right)^2 \left(\frac{\hbar c k_\lambda}{2\varepsilon_0 V} \right)$$

$$= \frac{\hbar e^2}{2\pi^2 m^2 \varepsilon_0 c^3} \int \frac{\mathrm{d}k}{k} \tag{7.146}$$

如果将积分区间取为 $(0, \infty)$，则给出发散结果。事实上，在玻尔原子模型中，电子绕核作圆周运动，其角频率为 $\omega_0 = \pi c / a_0$。显然，如果电场是稳恒场或其角频率 ω_λ 远低于 ω_0，则不能驱使电子显著偏离玻尔轨道。按上面的分析，积分下限应是 $k_a = \dfrac{\omega_0}{c} = \pi / a_0$，而其上限 $k_b = mc / \hbar$，因为光子最大能量 $\hbar \omega_b = \hbar c k_b$ 不能大于电子静止质量 mc^2。据此得到

$$\left\langle [\delta(r)]^2 \right\rangle = \frac{\hbar e^2}{2\pi^2 m^2 \varepsilon_0 c^3} \ln \left(\frac{4\varepsilon_0 \hbar c}{e^2} \right) \tag{7.147}$$

将此式和(7.140)式代入(7.139)式得到 $2S_{1/2}$ 态的能量增加约为 1 GHz，很接近实验观测值 1057 MHz。

7.6 量子电磁场中的电子——量子电动力学基本架构

前几节关于电磁场的量子化以及第 6 章的量子化，仅仅以自由场为体系，没有考虑同一场的自作用(同种粒子之间的相互作用)，也不涉及不同场之间的相互作用。当拉氏密度中出现更高阶项，例如实标量场 $\mathcal{L}$ 中若出现 ϕ^4 项：

$$\mathcal{L} = \frac{1}{2}(\partial_u \phi)(\partial^u \phi) - \frac{m^2}{2}\phi^2 - g\phi^4 \tag{7.148}$$

则可研究标量场的自作用现象, 这时场算符 $\hat{\phi}$ 中的产生与湮没算符出现在 $\hat{\phi}^4$ 项中导致一系列跃迁过程。例如, 两个动量为 $\hat{k}_1$ 和 $\hat{k}_2$ 粒子(场激发态)相遇可以产生动量不同的另两个粒子, 分别具有动量 $\hat{k}_3$ 和 $\hat{k}_4$, 在此过程中总动量守恒。电磁场中的电子运动涉及麦克斯韦场与狄拉克场之间的相互作用。这两种场作为一个整体的拉氏密度构造为

$$
\begin{aligned}
\mathcal{L} &= \overline{\varphi}(i\gamma^u\partial_u - m)\varphi - \frac{1}{4}(\partial^u A^v)(\partial_u A_v) - \frac{1}{2}\xi(\partial_u A^u)^2 - e\overline{\varphi}\gamma_u\varphi A^u \\
&= \mathcal{L}_0^D + \mathcal{L}_0^e + \mathcal{L}_1
\end{aligned}
\tag{7.149}
$$

其中

$$
\begin{cases}
\mathcal{L}_0^D = \overline{\varphi}(i\not{\partial} - m)\varphi & \text{[狄拉克自由场拉氏密度见(6.120)式]} & (7.150a) \\
\mathcal{L}_0^e = -\frac{1}{4}F_{uv}F^{uv} - \frac{1}{2}\xi(A_u A^u)^2 & \text{(麦克斯韦自由场拉氏密度)} & (7.150b) \\
\mathcal{L}_1 = -e\overline{\varphi}\gamma_u\varphi A^u & \text{(相互作用拉氏密度)} & (7.150c)
\end{cases}
$$

相应的正则动量是

$$
\pi_\alpha = \frac{\partial L}{\partial \dot{\varphi}_\alpha} = i\varphi_\alpha^+, \qquad \pi_u = \frac{\partial L}{\partial \dot{A}^u} = -i\dot{A}_u
\tag{7.151}
$$

场算符满足的运动方程是

$$
\begin{cases}
(i\not{\partial} - m)\hat{\varphi} = e\gamma_u A^u \hat{\varphi} & (7.152a) \\
\Box \hat{A}^u = e\overline{\hat{\varphi}}\gamma^u \hat{\varphi} & (7.152b)
\end{cases}
$$

这是一个非线性方程组, 平面波展开(7.54)式[或(7.108)式]和(6.140)式显然不能成立。也就是说, 有相互作用时我们不能像处理自由场一样将哈密顿等算符用产生、湮没算符表达[如(7.59)式]。通常采用微扰方法求解相关问题, 即仍将场算符按自由场的形式展开:

$$
\hat{\varphi}(\bar{x}, t) = \int \frac{d^3p}{(2\pi)^{3/2}} \sqrt{\frac{M}{E_p}} \sum_s \left[\hat{b}_{ps}v(p,s)e^{-ipx} + \hat{d}_{ps}^+ v(p,s)e^{ipx} \right]
\tag{7.153a}
$$

$$
\overline{\hat{\varphi}}(\bar{x}, t) = \int \frac{d^3p}{(2\pi)^{3/2}} \sqrt{\frac{M}{E_p}} \sum_s \left[\hat{d}_{ps}\overline{v}(p,s)e^{-ipx} + \hat{b}_{ps}^+ \overline{u}(p,s)e^{ipx} \right]
\tag{7.153b}
$$

$$\hat{A}^u(\bar{x},t) = \int \frac{\mathrm{d}^3 k}{\sqrt{(2\pi)^3 2\omega_k}} \sum_{\lambda} \left[\hat{a}_{\hat{k}\lambda} \varepsilon^u(\hat{k},\lambda) \mathrm{e}^{-\mathrm{i}kx} + \hat{a}^+_{\hat{k}\lambda} \varepsilon^{*u}(\hat{k},\lambda) \mathrm{e}^{\mathrm{i}kx} \right] \quad (7.153c)$$

然后将相互作用哈密顿 $\hat{H}_{\mathrm{I}} = \int \mathrm{d}^3 x \hat{\mathcal{H}}_{\mathrm{I}} = -\int \mathrm{d}^3 x \mathcal{L}_{\mathrm{I}}$ 用(7.153)式表达，最后在相互作用绘景中考察系统初态 $|\psi(0)\rangle$ 在 $\hat{H}_{\mathrm{I}}$ 作用下随时间的演化，场状态及力学量的变化通过期望值 $\langle\psi(t)|\hat{F}|\psi(t)\rangle$ 得出。如果电磁场经典表达 $A_e^v(x)$ 已知(例如激光场)并认为电子运动不显著影响电磁场，则可将 $\mathcal{L}$ 从总拉氏密度中除去，进而得到

$$\begin{cases} \mathcal{L} = \mathcal{L}_0 + \mathcal{L}_1 & (7.154a) \\ \mathcal{H} = \mathcal{H}_0 + \mathcal{H}_1 = \bar{\varphi}(-\mathrm{i}\gamma^j \partial_j + m)\varphi + e\bar{\varphi}\gamma_u \varphi A_e^u & (7.154b) \end{cases}$$

以上便是量子电动力学的基本构架。

7.7 量子电磁场中的原子分子

7.7.1 各种理论模型

电磁场与原子分子相互作用是日常经验中最普遍的现象。将原子分子(包括一般的物体)视为带电粒子，应用经典力学描写粒子行为，应用麦克斯韦方程组描写场的变化便是所谓的经典作用理论(表 7.2)；若将粒子运动用量子力学描写，则称为半经典理论。所谓全量子作用理论，是将电磁场也量子化的理论。在量子力学范围内经常看到的是半经典理论，例如 1.1.4 节讨论的激光场中的氢原子问题。通常所谓的"激光物理学"和"非线性光学"大都应用半经典理论。以下主要介绍全量子理论。

表 7.2　描写电磁场与物质相互作用的理论模型

名称 ＼ 物质	辐射场	物质系统
经典理论	麦克斯韦方程组 $\bar{D} = \varepsilon\bar{E}, \quad \bar{B} = \mu\bar{H}$	牛顿力学 $\bar{F} = q(\bar{E} + \frac{1}{C}\bar{v} \times \bar{B})$ 受迫谐振子
半经典理论	同上	量子力学
全量子理论	量子化电磁场 $\bar{A} \propto a_{\lambda}\bar{A}(\bar{r}) + a^+_{\lambda}\bar{A}^*_{\lambda}(\bar{r})$	量子力学或量子场论

7.7.2 全量子理论

最严格的全量子理论应是 7.6 节的量子电动力学(QED)构架。然而严格按照该方法描写量子电磁场与原子分子体系的相互作用却相当困难。于是采取如下变通方法，即把原子分子内部的库仑作用归为一个经典势 $V(\vec{r})$ ，于是(场+原子)体系的总哈密顿量可写为(为了简明，只考虑原子中一个电子，这里采用 SI 单位制和库仑规范 $\nabla \cdot \vec{A} = 0$)：

$$
\begin{aligned}
H &= \frac{1}{2m}(\vec{p} - e\vec{A})^2 + V(\vec{r}) + H_f \\
&= -\frac{\hbar^2}{2m}\nabla^2 - \frac{e\hbar}{mi}\vec{A}\cdot\nabla + \frac{e^2}{2m}A^2 + V(\vec{r}) + H_f \\
&= H_e + H_f + H_{I,1} + H_{I,2}
\end{aligned}
\tag{7.155}
$$

其中

$$
\left\{
\begin{aligned}
H_e &= -\frac{\hbar^2}{2m}\nabla^2 + V(\vec{r}) & \text{(7.156a)} \\[2mm]
H_f &= \sum_\lambda \left(a_\lambda^+ a_\lambda + \frac{1}{2}\right)\hbar\omega_\lambda & \text{(7.156b)} \\[2mm]
H_{I,1} &= -\frac{e\hbar}{mi}\vec{A}\cdot\nabla = \frac{e}{m}\vec{A}\cdot\vec{P} & \text{(7.156c)} \\[2mm]
H_{I,2} &= \frac{e^2}{2m}\vec{A}^2 & \text{(7.156d)}
\end{aligned}
\right.
$$

这里，$H_{I,1}$ 相当于通常的偶极近似 $e\vec{r}\cdot\vec{E}(t)$ ，而多数情况下 $H_{I,2}$(光场自作用项)可略去不计。场矢量 $\vec{A}$ 取表 7.1 的量子化形式，如三维驻波形式

$$
\hat{\vec{A}}(\vec{r},t) = \sum_\lambda (a_\lambda^+ + a_\lambda)\sqrt{\frac{\hbar}{2\varepsilon_0\omega_\lambda}}\vec{u}_\lambda(\vec{r})
\tag{7.157}
$$

关于粒子体系的量子化，采用第 5 章二次量子化方法，选取哈密顿算符 H_e 的本征态 φ_i $(H_e\varphi_i = E_i\varphi_i)$ 作为单粒子空间函数基，则任意力学量算符

$$
\hat{F} = \sum_{ij} \langle i|f|j\rangle b_i^+ b_j
$$

其中，b_i^+、b_j 是产生、湮没算符，满足对易关系：

$$\begin{cases} \{b_i,\ b_j^+\} = \delta_{ij} & \text{(7.158a)} \\ \{b_i,\ b_j\} = \{b_i^+,\ b_j^+\} = 0 & \text{(7.158b)} \end{cases}$$

故

$$\hat{H}_e = \sum_j E_j b_i^+ b_j \tag{7.159}$$

$$\hat{p} = \sum_{ij} \langle i|\vec{p}|j\rangle b_i^+ b_j \tag{7.160}$$

其中

$$\langle i|\vec{p}|j\rangle = -\mathrm{i}\hbar \int \varphi_i^* \nabla \varphi_j \mathrm{d}^3 x$$

$$\hat{H}_{\mathrm{I},1} = -\frac{e}{m}\hat{\vec{A}} \otimes \hat{\vec{P}} = \hbar \sum_{i,j,\lambda} g_{i,j,\lambda} b_i^+ b_j (a_\lambda^+ + a_\lambda) \tag{7.161}$$

$$g_{i,j,\lambda} = -\frac{e}{m}\sqrt{\frac{1}{2\hbar\omega_\lambda \varepsilon_0}}\vec{u}_\lambda(\vec{r})\cdot\langle i|\vec{p}|j\rangle \tag{7.162}$$

$$H = H_i + H_f + H_{\mathrm{I},1}$$

$$= \sum_j E_j b_j^+ b_j + \sum_\lambda \left(a_\lambda^+ a_\lambda + \frac{1}{2}\right)\hbar\omega_\lambda + \hbar\sum_{i,j,\lambda} g_{i,j,\lambda} b_i^+ b_j (a_\lambda^+ + a_\lambda) \tag{7.163}$$

系统状态 $|\psi(t)\rangle$ 可展开为

$$|\psi(t)\rangle = \sum_{\substack{\{N_i\}\\\{M_i\}}} C_{\{M_i\}}^{\{N_i\}}|N_1 N_2 \cdots N_\lambda \cdots M_1 M_2 \cdots M_\lambda \cdots\rangle \tag{7.164}$$

其中, N_λ 代表第 λ 模式的光子数; M_i 代表第 i 个单粒子态上的粒子数($\sum_i M_i =$ 总粒子数)。如果考虑多粒子体系, 则应在(7.155)式中加入对应的相互作用项。

7.7.3 两能级与单模场作用

由于激光技术的发展, 在实验室中可方便地获取单模式(单频、线偏振、沿同一方向传播)激光场, 与其有显著相互作用的能级通常只有两个。图 7.4 表示一个普通的二能级系统, 能态 $|1\rangle$ 和 $|2\rangle$ 的能量分别为 E_1、E_2, ω_0 是相应的玻尔频率。用 ω

表示单模激光场的频率，则

$$\hat{H}_0 = \hat{H}_e + \hat{H}_f = E_1 b_1^+ b_1 + E_2 b_2^+ b_2 + \hbar\omega a^+ a \tag{7.165}$$

$$H_1 = H_{I,1} = \hbar[g b_1^+ b_2(a^+ + a) + g^* b_2^+ b_1(a^+ + a)] \tag{7.166}$$

令

$$U = \exp(-iH_0 t / \hbar) = U_A U_F \tag{7.167}$$

其中

$$U_A = \exp[-i(E_1 b_1^+ b_1 + E_2 b_2^+ b_2)t / \hbar] \tag{7.168}$$

$$U_F = \exp(-i\omega a^+ a t) \tag{7.169}$$

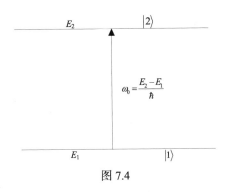

图 7.4

应用相互作用绘景：

$$\left|\tilde{\phi}\right\rangle = U^+ \left|\phi\right\rangle \tag{7.170}$$

$$\tilde{H}_I = U^+ H_I U \tag{7.171}$$

$$i\hbar \left|\widehat{\tilde{\phi}}\right\rangle = \tilde{H}_1(t)\left|\tilde{\phi}\right\rangle \tag{7.172}$$

利用公式

$$e^{x a^+ a} a e^{-x a^+ a} = a e^{-x}$$

$$e^{x a^+ a} a^+ e^{-x a^+ a} = a^+ e^x$$

$(a^+、a$ 既可为玻色子算符，也可为费米子算符$)$可以证明：

$$U_F^{-1} a U_F = a \exp(-\mathrm{i}\omega t) \tag{7.173}$$

$$U_F^{-1} a^+ U_F = a^+ \exp(\mathrm{i}\omega t) \tag{7.174}$$

$$U_A^{-1} b_2^+ b_1 U_A = b_2^+ b_1 \exp[\mathrm{i}(E_2 - E_1)t/\hbar] \tag{7.175}$$

$$U_A^{-1} b_1^+ b_2 U_A = b_1^+ b_2 \exp[-\mathrm{i}(E_2 - E_1)t/\hbar] \tag{7.176}$$

代入(7.172)式得

$$\mathrm{i}\left|\dot{\tilde{\phi}}\right\rangle = \{g b_1^+ b_2 a^+ \exp[\mathrm{i}(\omega - \omega_0)t] + g^* b_2^+ b_1 a \exp[-\mathrm{i}(\omega - \omega_0)t]$$

$$+ g b_1^+ b_2 a \exp[-\mathrm{i}(\omega + \omega_0)t] + g^* b_2^+ b_1 a^+ \exp[\mathrm{i}(\omega + \omega_0)t]\}\left|\tilde{\phi}\right\rangle \tag{7.177}$$

注意上式右侧第一项的意义，它表示光场中产生一个光子，原子上能态 $|2\rangle$ 减少一个粒子而下能态 $|1\rangle$ 增加一个粒子，因此电子总数守恒，体系总能量也守恒。但是，第三项的意义是原子上(下)能态减少(增加)一个粒子的同时，光场减少一个光子，显然总能量不守恒。有趣的是在近共振情况下，$\omega \approx \omega_0$，故第三项以极高频率振荡，其积分应为零，因此第三项所对应的跃迁过程可忽略不计。同理，第四项所相应的能量不守恒跃迁也可忽略不计。这样的近似通常称为**旋转波近似**。

7.7.4 自发辐射和受激跃迁

经典理论与半经典理论都不能解释处于激发态的原子分子为什么会自发地跃迁到下能态同时辐射出光子。应用全量子理论描写此过程，需考虑各种可能的电磁场模式。在旋转波近似下，由(7.177)式可类推得到

$$\tilde{H}_I = \hbar \sum_\lambda \left(g_\lambda b_1^+ b_2 a_\lambda^+ \mathrm{e}^{\mathrm{i}\Delta\omega_\lambda t} + h.c. \right) \tag{7.178}$$

其中，$\Delta\omega_\lambda = \omega_\lambda - \omega_0$。方程 $\mathrm{i}\hbar \dfrac{\mathrm{d}}{\mathrm{d}t}\left|\tilde{\phi}\right\rangle = \tilde{H}_I\left|\tilde{\phi}\right\rangle$ 的形式解是

$$\left|\tilde{\phi}(t)\right\rangle = \left|\tilde{\phi}(0)\right\rangle - \frac{\mathrm{i}}{\hbar}\int_0^t \tilde{H}_I(\tau)\left|\tilde{\phi}(t)\right\rangle \mathrm{d}\tau \tag{7.179}$$

其一级近似为

$$\left| \tilde{\phi}^{(1)}(t) \right\rangle = \left| \tilde{\phi}(0) \right\rangle - \frac{i}{\hbar} \int_0^t \tilde{H}_1(\tau) \left| \tilde{\phi}(0) \right\rangle d\tau \qquad (7.180)$$

对于**自发辐射**，系统(原子+光场)的初态是：$\left| \tilde{\phi}(0) \right\rangle = b_2^+ \left| 0 \right\rangle$，即原子上能态有一个粒子，光场中无粒子。考虑到

$$b_1^+ b_2 a_\lambda^+ b_2^+ \left| 0 \right\rangle = b_1^+ b_2 b_2^+ a_\lambda^+ \left| 0 \right\rangle$$

$$= b_1^+ (1 - b_2^+ b_2) a_\lambda^+ \left| 0 \right\rangle$$

$$= b_1^+ a_\lambda^+ \left| 0 \right\rangle \qquad (7.181)$$

$$b_2^+ b_1 a_\lambda b_2^+ \left| 0 \right\rangle = 0 \qquad (7.182)$$

代入(7.170)式得

$$\left| \tilde{\phi}(t) \right\rangle = \left| \tilde{\phi}(0) \right\rangle + \sum_\lambda g_\lambda \frac{1}{\Delta \omega_\lambda} [1 - \exp(i \Delta \omega_\lambda t)] b_1^+ a_\lambda^+ \left| 0 \right\rangle \qquad (7.183)$$

其中，$b_1^+ a_\lambda^+ \left| 0 \right\rangle$ 表示原子下能态有一个粒子，同时光场的"λ"模式有一个光子。任意时刻 t，系统处于该态的概率是

$$\left| \frac{g_\lambda}{\Delta \omega_\lambda} \right|^2 \left| 1 - \exp(i \Delta \omega_\lambda t) \right|^2$$

单位时间的跃迁概率

$$P_\lambda = \frac{d}{dt} \left[\left| \frac{g_\lambda}{\Delta \omega_\lambda} \right|^2 \left| 1 - \exp(i \Delta \omega_\lambda t) \right|^2 \right]$$

$$= 2 |g_\lambda|^2 \frac{\sin(\Delta \omega_\lambda t)}{\Delta \omega_\lambda} \qquad (7.184)$$

因为

$$\lim_{t \to \infty} \frac{\sin(\Delta \omega_\lambda t)}{\Delta \omega_\lambda} = \pi \delta(\Delta \omega_\lambda) ,$$

故

$$P_\lambda = 2\pi |g_\lambda|^2 \delta(\omega_\lambda - \omega_0) \qquad (7.185)$$

单位时间从原子上能态向各种电磁场模式"λ"辐射光子的总概率是

$$P_\lambda = 2\pi \sum_\lambda |g_\lambda|^2 \delta(\omega_\lambda - \omega_0) \tag{7.186}$$

此式表明，原子向电磁场的各种模式(不同偏振态和传播方向)自发地辐射同一频率 ω_0 的电磁波。

所谓**受激辐射**，是指处于激发态的原子分子受到外光场"刺激"所发生的辐射跃迁。因此，系统初态假定为

$$\left|\tilde{\phi}(0)\right\rangle = b_2^+ \frac{1}{\sqrt{n!}} (a_{\lambda_0}^+)^n |0\rangle \tag{7.187}$$

此式代表光场中存在 n 个模式为 λ_0 的光子。代入(7.180)式并考虑到

$$b_1^+ b_2 a_\lambda^+ b_2^+ \frac{1}{\sqrt{n!}} (a_{\lambda_0}^+)^n |0\rangle$$

$$= \frac{1}{\sqrt{n!}} a_\lambda^+ (a_{\lambda_0}^+)^n b_1^+ b_2 b_2^+ |0\rangle$$

$$= \frac{1}{\sqrt{n!}} a_\lambda^+ (a_{\lambda_0}^+)^n b_1^+ (1 - b_2^+ b_2)|0\rangle$$

$$= \frac{1}{\sqrt{n!}} a_\lambda^+ (a_{\lambda_0}^+)^n b_1^+ |0\rangle$$

$$= \begin{cases} \dfrac{1}{\sqrt{n!}} b_1^+ (a_{\lambda_0}^+)^n a_\lambda^+ |0\rangle, & \lambda \neq \lambda_0 \\[3mm] \dfrac{1}{\sqrt{n!}} b_1^+ (a_{\lambda_0}^+)^{n+1} |0\rangle, & \lambda = \lambda_0 \end{cases}$$

可得单位时间的辐射总概率：

$$P = 2\pi |g_{\lambda_0}|^2 \delta(\omega_\lambda - \omega_0)(n+1) + 2\pi \sum_{\lambda \neq \lambda_0} |g_\lambda|^2 \delta(\omega_0 - \omega_\lambda)$$

$$= 2\pi n |g_{\lambda_0}|^2 \delta(\omega_0 - \omega_\lambda) + 2\pi \sum_\lambda |g_\lambda|^2 \delta(\omega_0 - \omega_\lambda) \tag{7.188}$$

该式第一项表明原子跃迁到模式 λ_0 的概率止比于该模式已经存在的光子数"n"，即正比于光场的强度，因为光场的能量密度正比于光子数。该式第二项表明与受激辐射发生的同时，也有自发辐射发生，它与光子数"n"无关。

所谓**受激吸收**，即处于下能态原子吸收外场光子而跃迁到上能态，因此系统

初态应是

$$|\tilde{\phi}(0)\rangle = b_1^+ \frac{1}{\sqrt{n!}}(a_{\lambda_0}^+)^n|0\rangle \tag{7.189}$$

代入(7.170)式并考虑到

$$b_1^+ b_2 a_\lambda^+|\tilde{\phi}(0)\rangle = 0$$

$$b_2^+ b_1 a_\lambda|\tilde{\phi}(0)\rangle = b_2^+ b_1 a_\lambda b_1^+ \frac{1}{\sqrt{n!}}(a_{\lambda_0}^+)^n|0\rangle$$

$$= b_2^+ b_1 b_1^+ \frac{1}{\sqrt{n!}} a_{\lambda_0}(a_{\lambda_0}^+)^n|0\rangle$$

$$= \frac{1}{\sqrt{n!}} b_2^+ b_1 b_1^+ [n(a_{\lambda_0}^+)^{n-1} + (a_{\lambda_0}^+)^n a_{\lambda_0}]|0\rangle$$

$$= \frac{\sqrt{n}}{\sqrt{(n-1)!}} b_2^+ b_1 b_1^+ (a_{\lambda_0}^+)^{n-1}|0\rangle$$

$$= \sqrt{n} b_2^+ \frac{(a_{\lambda_0}^+)^{n-1}}{\sqrt{(n-1)!}}|0\rangle \tag{7.190}$$

则可得到单位时间的总概率为

$$P = 2\pi \left|g_{\lambda_0}\right|^2 \delta(\omega_0 - \omega_{\lambda_0})n$$

表明跃迁概率与已有光子数 "n"（光场强度）成正比。有趣的是，(7.185)、(7.188)和(7.190)式所得结论与爱因斯坦于 1905 年所"猜测"的图景完全吻合。这是激光理论的基础。

7.7.5 拉比振荡

假设单模场处于福克态 $|n\rangle$，体系状态由 $|\varphi\rangle = C_1|\varphi_1\rangle + C_2|\varphi_2\rangle$ 描写，其中

$$|\varphi_1\rangle = |10\rangle|n\rangle = |10, n\rangle, \qquad |\varphi_2\rangle = |01,\ n-1\rangle$$

因此有

$$i\hbar \begin{pmatrix} \dot{C_1} \\ \dot{C_2} \end{pmatrix} = \begin{pmatrix} H_{11} & H_{12} \\ H_{21} & H_{22} \end{pmatrix} \begin{pmatrix} C_1 \\ C_2 \end{pmatrix}$$

$$H_{11} = \langle 10, n | H | 10, n \rangle = E_1 + n\hbar\omega$$

$$H_{22} = E_2 + (n-1)\hbar\omega$$

$$H_{12} = \langle 10, n | H | 01, n-1 \rangle = \hbar g \sqrt{n}$$

$$H_{21} = \hbar g^* \sqrt{n}$$

$$H_{22} - H_{11} = (E_2 - E_1) - \hbar\omega = \hbar\Delta \qquad (\Delta = \omega_0 - \omega)$$

选取体系不同的能标，哈密顿矩阵可写成几种不同形式：

$$H: \quad \hbar \begin{pmatrix} 0 & g\sqrt{n} \\ g^*\sqrt{n} & \Delta \end{pmatrix}, \qquad \hbar \begin{pmatrix} -\Delta/2 & g\sqrt{n} \\ g^*\sqrt{n} & \Delta/2 \end{pmatrix}, \qquad \hbar \begin{pmatrix} 0 & \Omega/2 \\ \Omega/2 & 0 \end{pmatrix}$$

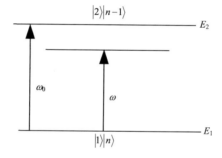

图 7.5

应用初始条件

$$\begin{cases} C_1(0) = 1 \\ C_2(0) = 0 \end{cases}$$

在共振 $(\Delta = 0)$ 条件下可得

$$|C_2|^2 = \sin^2(|g|\sqrt{n}t) = \frac{1}{2}\left[1 - \cos(2|g|\sqrt{n}t)\right]$$

该结果与 1.3.2 节所得结果完全相同。

7.8 结　语

　　电磁场的量子效应涉及非常广泛的研究领域，这里只能就一些最基本的问题做一些简单讨论。然而，这样的讨论对于初学者来说具有"播种"作用，只要能够理解上述的基本理论架构，便为将来专门学习量子电动力学或量子光学打下了良好的基础。建议初学者先不要急于研读高深的"量子电动力学"或"量子光学"专著，等待"种子"在"土壤"中扎根发芽后，再谋发展不迟。

第8章 量子散射理论

8.1 散射及意义

散射实验，即实验观测两个粒子之间的碰撞过程，目的在于揭示粒子之间的相互作用规律(如相互作用势、自旋角动量耦合等)、粒子自身的内部结构或碰撞后产生新粒子的规律等。这是人类精确认识自然基本规律和物质结构的重要途径。原子的有核模型，是由 α 粒子"轰击"物体(即 α 粒子被原子散射)的卢瑟福实验(1911 年)所得到的。关于原子核内部结构以及各种基本粒子(电子、质子、中子、光子、介子等)之间的相互作用及相互转换规律也是由散射实验获得的。

按照能量的转化方式，可将碰撞分为三类。若碰撞使两粒子的相对平移动能转化为系统内能，则称为**非弹性碰撞**，否则为**弹性碰撞**；若碰撞过程中系统内能转化为粒子相对平移动能，则为**超弹性碰撞**。一般说来，在任何类型的碰撞过程中，都发生所谓的**散射现象**，即碰撞前后被散射粒子都是自由粒子，但其量子态可能发生变化。当然碰撞结束后靶粒子的量子态也可能发生变化。显然，散射现象也可分为非弹性、弹性和超弹性三类。

关于原子分子层次的散射实验，一般将入射粒子(探测粒子)选为电子、原子或分子，而靶粒子是待研究的原子或分子。这类实验能够精确检验量子理论，并提供关于原子分子系统哈密顿算符(主要是相互作用势)的信息，也是模拟星际大气层环境的重要途径。电子与中性原子 A 的碰撞，记为 $e+A$，可能形成负离子 A^-(入射电子被原子俘获)，也可能是弹性散射或非弹性散射(原子吸收入射电子平动能而处于激发态 A^* 或被电离而形成 A^+)。电子与小分子 M 的碰撞与此类似，只是除电子能级以外，振动、转动能级也可能被激发，导致碰撞概率增加约三个数量级。电子与团簇粒子的碰撞概率大约是电子与原子碰撞概率的一百万倍。关于基本粒子(电子、质子、介子等)层次的散射实验，可提供相互作用势函数(相互作用力的性质：强作用、弱作用或电磁作用)，揭示自旋特性，确定粒子电荷密度分布，发现新粒子等。

在第 1 章 1.1 节中概括了量子力学的三大任务，即初值问题、定态问题和逆问题。散射理论的目标主要在于解决这一逆问题，即由散射实验数据(被散射粒子的能谱、角分布、自旋极化等)推断碰撞过程的受力(相互作用势)或相关粒子的微观结构。

8.2 模　型

8.2.1　实验模型

在实验中，为了获得足够多的计数，常使探测粒子形成连续束流，而靶粒子可以是固定不动的固体薄膜(如卢瑟福 α 粒子散射实验)，也可以是连续的粒子流，而在远离探测粒子与靶粒子的相互作用区放置探测器 P。为了能与理论进行严格比较，通常要求(图 8.1)：

(1) 入射束流：①平行、单色(单能)；②束流密度足够低，以致可忽略入射粒子之间的相互作用；③束流截面足够大。

(2) 靶结构：①靶区足够小，以致可将其视为球坐标原点；②靶粒子足够稀薄，以致可忽略靶粒子之间的相互作用。

(3) 探测器：远离相互作用区，以致探测到的粒子全都是被散射粒子。

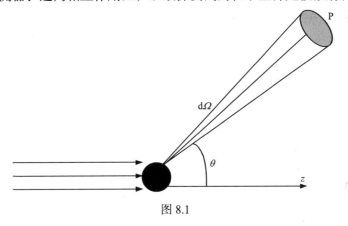

图 8.1

设入射粒子流(数)通量密度(单位时间、单位面积)为 I，单位时间在立体角 $\mathrm{d}\Omega$ 内出现的粒子数为 $\mathrm{d}N$，则微分散射截面定义为

$$\sigma(\theta,\varphi) = \frac{1}{I}\frac{\mathrm{d}N}{\mathrm{d}\Omega} \tag{8.1}$$

散射总截面

$$\sigma_t = \int_{4\pi} \sigma \mathrm{d}\Omega \tag{8.2}$$

注意，散射截面 σ、σ_t 的量纲是 L^2(面积)，而关于 σ_t 可以有一个直观解释，即探测粒子所"看"到的靶粒子的"横截面积"，因为按照经典理论计算，一个仅在半

径 a 以内对其他粒子有作用的靶粒子的散射总截面 $\sigma_t = \pi a^2$ [①]。电子与原子碰撞的总截面约为 10^{-18}cm^2。

8.2.2　理论模型

根据上述实验模型，散射过程可简化为一个探测粒子与一个靶粒子的碰撞事件。在散射实验中，虽然入射粒子可以是有内部结构的原子或分子，但最常用的是无内部结构的电子或者是可被忽略内部结构的质子或中子。因此下面的理论模型仅限于入射粒子无内部结构的散射过程，而靶粒子可以具有任意结构。

为方便起见，宜在靶粒子和入射粒子组成的体系的质心坐标系中(将质心作为坐标原点)进行数学描写。用 $\vec{r}$、ξ 分别描写入射粒子和靶粒子的空间位置，靶粒子的哈密顿量为 $H_A(\xi)$，入射粒子所感受到的作用势为 $V(\vec{r}-\xi)$，则体系的态矢量 $|\psi\rangle$ 满足：

$$i\hbar \frac{\partial |\psi\rangle}{\partial t} = H|\psi\rangle \tag{8.3}$$

而

$$H = H_A(\xi) + H_I + V(\vec{r}) \tag{8.4}$$

其中，$H_I = \dfrac{p^2}{2\mu}$ 是入射粒子的动能算符；μ 是其折合质量。可以采用静态和动态两种不同的方案求解这一散射问题。

所谓静态方案，即认为碰撞前后以及整个碰撞过程中，体系始终处于某一定态 $|\psi\rangle$。如果在坐标表象，这一静态矢量 $|\psi\rangle$ 相应的入射粒子波函数应具有如下渐近行为：

$$\psi(\vec{r}) \xrightarrow{\ |\vec{r}|\to\infty\ } e^{ikz} + f(\theta,\varphi)\frac{e^{ikr}}{r} \tag{8.5}$$

即在远离体系质心的区域($|\vec{r}|\to\infty$)，体系波函数是一平面波(沿连接入射粒子与靶粒子质心的 z 轴传播，图 8.1)与一振幅调制的球面波(沿径向 $\vec{r}$ 向外传播)的叠加。由量子概率流密度(3.39)和(8.1)式可得出(在球坐标系中进行推演)

$$\sigma = |f(\theta,\varphi)|^2 \tag{8.6}$$

因此只需求解定态方程 $H|\psi\rangle = |\psi\rangle$，并将相应的本征矢 $|\psi\rangle$ 在坐标表象中表示为

---

① 曾谨言. 2007. 量子力学(卷 I). 北京：科学出版社：409；褚圣麟. 1979. 原子物理学. 北京：人民教育出版社：12。

(8.5)式的形式，便可从理论上得到 $f(\theta,\varphi)$ 和 σ 。

所谓动态方案，即认为入射粒子和靶粒子组成的体系初始处于态矢 $|\varphi_i\rangle$，该体系感受到一个外部势 $V(t)$ 的作用后，其状态变为 $|\varphi_f\rangle$，相应的跃迁概率幅 $\langle\varphi_f|\varphi_i\rangle$ 决定了 σ (参见 8.5 节)。需说明，不可将 $V(t)$ 简单理解为由入射粒子速度所确定的时间函数，因为在碰撞过程中入射粒子速度不断改变，我们并不知道其变化规律，因此不能给出确定的含时势函数的表达式。

8.3　定态形式理论

下面首先在一般表象中给出哈密顿算符(8.4)式的形式定态解，然后在坐标表象中将其具体化。

8.3.1　形式解

1. 李普曼-施温格方程

与哈密顿算符(8.4)式相应的本征态方程可记为

$$(H_0+V)|\psi_{\bar{p}}\rangle = E_p|\psi_{\bar{p}}\rangle \tag{8.7}$$

其中，$|\psi_{\bar{p}}\rangle$ 代表与入射粒子动量 $\bar{p}$ 相应的本征态。又

$$H_0 = H_A(\xi) + H_I \tag{8.8}$$

这里假定 H_0 的本征态为 $|\varphi_a\rangle$ 并已精确求解，且满足：

$$H_0|\varphi_a\rangle = E_a|\varphi_a\rangle \tag{8.9}$$

虽然，H_0 与 H_0+V 的本征能量谱可能不完全相同，但它们都有连续的本征能谱，因此总可以从 H_0 的连续本征态中选取某一个态 $|\varphi_{\bar{p}}\rangle$ 使其本征能量等于 E_p。

由(8.7)式有 $(E_p-H_0)|\psi_{\bar{p}}\rangle = V|\psi_{\bar{p}}\rangle$，考虑到(8.9)式，有

$$(E_p-H_0)\big(|\psi_{\bar{p}}\rangle - |\varphi_{\bar{p}}\rangle\big) = V|\psi_{\bar{p}}\rangle \tag{8.10}$$

因此可得到形式解：

$$|\psi_{\bar{p}}\rangle = |\varphi_{\bar{p}}\rangle + \frac{1}{E_p-H_0}V|\psi_{\bar{p}}\rangle \tag{8.11}$$

考虑到在具体计算过程中，上式右侧第二项的分母可能出现零，因此引入一个无限小量 ε(正数)，而将(8.11)式改写为

$$\left|\psi_{\vec{p}}^{\pm}\right\rangle=\left|\varphi_{\vec{p}}\right\rangle+\lim_{\varepsilon\to 0^+}\frac{1}{E_p-H_0\pm\mathrm{i}\varepsilon}V\left|\psi_{\vec{p}}^{\pm}\right\rangle \tag{8.12}$$

当计算结束后再令上式中的 $\varepsilon\to 0$。这是理论物理学中常用的克服奇点的技术。(8.12)式中的"$\pm$"号有不同含义，将在后续章节解释。

定义自由格林算符

$$G_0^{\pm}=\lim_{\varepsilon\to 0^+}\frac{1}{E_p-H_0\pm\mathrm{i}\varepsilon} \tag{8.13}$$

则得到李普曼-施温格(Lippman-Schwinger)方程

$$\left|\psi_{\vec{p}}^{\pm}\right\rangle=\left|\varphi_{\vec{p}}\right\rangle+G_0^{\pm}V\left|\psi_{\vec{p}}^{\pm}\right\rangle \tag{8.14}$$

该方程(简称 L-S 方程)并没有完全解出 $\left|\psi_{\vec{p}}^{\pm}\right\rangle$，因为其右侧仍有未知态矢 $\left|\psi_{\vec{p}}^{\pm}\right\rangle$。利用逐级迭代方法可得到级数解：

$$\left|\psi_{\vec{p}}^{\pm}\right\rangle=\left|\varphi_{\vec{p}}\right\rangle+G_0^{\pm}V\left|\varphi_{\vec{p}}\right\rangle+G_0^{\pm}VG_0^{\pm}V\left|\varphi_{\vec{p}}\right\rangle+\cdots \tag{8.15}$$

至此，我们说在形式上得到了(8.7)式的任意本征态，由它便可得到散射信息。对于一个给定的散射过程，入射粒子与靶粒子的初始总能量 E_0 是已知的。由于初始时刻两粒子相距甚远，这时体系的哈密顿算符应是 H_0[(8.8)式]，因此(8.13)式中的 E_p 就等于 E_0，(8.14)式中的 $\left|\varphi_{\vec{p}}\right\rangle$ 便是入射粒子的平面波态矢 $\left|\vec{p}\right\rangle$ 与靶粒子的本征态矢 $\left|\varphi_A(\xi)\right\rangle$ 之积 $\left|\vec{p}\right\rangle\left|\varphi_A(\xi)\right\rangle$[参见(8.9)式]。

2. 戴森方程

应用

$$\frac{1}{A}-\frac{1}{B}=\frac{1}{B}(B-A)\frac{1}{A}$$

令

$$A=E_p-H_0\pm\mathrm{i}\varepsilon$$

$$B=E_{\vec{p}}-H\pm\mathrm{i}\varepsilon$$

可得

$$\frac{1}{E_p - H_0 \pm i\varepsilon} = \frac{1}{E_p - H \pm i\varepsilon} - \frac{1}{E_p - H \pm i\varepsilon} V \frac{1}{E_p - H_0 \pm i\varepsilon}$$

进一步可得(8.7)式的解：

$$\left| \psi_{\bar{p}}^{\pm} \right\rangle = \left| \varphi_{\bar{p}} \right\rangle + G^{\pm} V \left| \varphi_{\bar{p}} \right\rangle \tag{8.16}$$

其中，完全格林算符

$$G^{\pm} = \lim_{\varepsilon \to 0^+} \frac{1}{E_p - H \pm i\varepsilon} \tag{8.17}$$

与 L-S 方程(8.14)比较，(8.16)式右侧不再含有未知函数 $\left| \psi_{\bar{p}}^{\pm} \right\rangle$。

练习 证明(8.16)式。

利用 $\dfrac{1}{A+B} = \dfrac{1}{A}(A+B-B)\dfrac{1}{A+B} = \dfrac{1}{A}\left(1 - B\dfrac{1}{A+B}\right)$，令 $A = E_p - H_0 \pm i\varepsilon$，$B = -V$，

则得戴森方程：

$$G^{\pm} = G_0^{\pm} + G_0^{\pm} V G^{\pm} \tag{8.18}$$

取零级近似，有

$$G^{\pm 0} = G_0^{\pm}$$

代入(8.18)式有一级近似解：

$$G^{\pm 1} = G_0^{\pm} + G_0^{\pm} V G_0^{\pm}$$

再代入(8.18)式有二级近似解：

$$G^{\pm 2} = G_0^{\pm} + G_0^{\pm} V G_0^{\pm} + G_0^{\pm} V G_0^{\pm} V G_0^{\pm}$$

如此反复操作，则得

$$G^{\pm} = G_0^{\pm} + G_0^{\pm} V G_0^{\pm} + G_0^{\pm} V G_0^{\pm} V G_0^{\pm} + \cdots \tag{8.19}$$

将(8.19)式代入(8.16)式得

$$\left| \psi_{\bar{p}}^{\pm} \right\rangle = \left| \varphi_{\bar{p}} \right\rangle + G_0^{\pm} V \left| \varphi_{\bar{p}} \right\rangle + G_0^{\pm} V G_0^{\pm} V \left| \varphi_{\bar{p}} \right\rangle + \cdots$$

与(8.15)式相吻合。

8.3.2　坐标表象展开

(8.14)和(8.15)式是在任意表象都成立的形式解，具体应用时还需在具体表象中展开。通常，为了能够得到类似于(8.5)式的解，需要将(8.14)或(8.15)式在坐标表象中展开。

1. 坐标表象回顾

这里先回顾一下一维坐标表象的相关公式：

$$\hat{x}|x'\rangle = x'|x'\rangle, \qquad \langle x'|x\rangle = \delta(x'-x), \qquad I = \int \mathrm{d}x'|x'\rangle\langle x'|$$

$$\langle x'|\hat{p}|x\rangle = \int \mathrm{d}p\,\mathrm{d}p'\langle x'|p\rangle\langle p|\hat{p}|p'\rangle\langle p'|x\rangle = \int p\,\mathrm{d}p\langle x'|p\rangle\langle p|x\rangle$$

$$\langle x'|p\rangle = \frac{1}{(2\pi\hbar)^{1/2}}\mathrm{e}^{\mathrm{i}px'/\hbar}$$

$$\langle x'|\hat{p}|x\rangle = \frac{1}{2\pi\hbar}\int p\,\mathrm{d}p\,\mathrm{e}^{\mathrm{i}p(x'-x)/\hbar} = \frac{\hbar}{\mathrm{i}}\frac{\partial}{\partial x'}\left[\frac{1}{2\pi\hbar}\int \mathrm{d}p\,\mathrm{e}^{\mathrm{i}p(x'-x)/\hbar}\right] = -\mathrm{i}\hbar\frac{\partial}{\partial x'}\delta(x'-x)$$

$$|\psi\rangle = \int \mathrm{d}x|x\rangle\langle x|\psi\rangle = \int \psi(x)\mathrm{d}x|x\rangle$$

$$\left(p|\psi\rangle\right)_{x'} = \int p_{x'x}\langle x|\psi\rangle\mathrm{d}x = \int\left[-\mathrm{i}\hbar\frac{\partial}{\partial x'}\delta(x'-x)\right]\psi(x)\mathrm{d}x = -\mathrm{i}\hbar\frac{\partial}{\partial x'}\psi(x')$$

2. 李普曼-施温格方程

用$\langle\vec{r}|$左乘(8.14)式得

$$\langle\vec{r}|\psi_{\vec{p}}^{\pm}\rangle = \langle\vec{r}|\varphi_{\vec{p}}\rangle + \langle\vec{r}|G_0^{\pm}V|\psi_{\vec{p}}^{\pm}\rangle = \varphi_{\vec{p}}(\vec{r}) + A \tag{8.20}$$

其中

$$
\begin{aligned}
A &= \int \mathrm{d}\vec{r'}\langle\vec{r}|G_0^{\pm}V|\vec{r'}\rangle\langle\vec{r'}|\psi_{\vec{p}}^{\pm}\rangle \\
&= \int \mathrm{d}\vec{r'}\mathrm{d}\vec{r''}\langle\vec{r}|G_0^{\pm}|\vec{r''}\rangle\langle\vec{r''}|V|\vec{r'}\rangle\psi_{\vec{p}}^{\pm}(\vec{r'}) \\
&= \int \mathrm{d}\vec{r'}\langle\vec{r}|G_0^{\pm}|\vec{r'}\rangle V(\vec{r'})\psi_{\vec{p}}^{\pm}(\vec{r'}) \\
&= \int \mathrm{d}\vec{r'}G_0^{\pm}(\vec{r},\vec{r'})V(\vec{r'})\psi_{\vec{p}}^{\pm}(\vec{r'})
\end{aligned}
\tag{8.21}
$$

将(8.21)式代入(8.20)式并利用(8.13)式得

$$\psi_{\vec{p}}^{\pm}(\vec{r}) = \left| \varphi_{\vec{p}}(\vec{r}) \right\rangle + \lim_{\varepsilon \to 0} \int \mathrm{d}\vec{r}' \frac{\delta(\vec{r} - \vec{r}')}{E_p - (H_0)_{\vec{r}\vec{r}'} \pm \mathrm{i}\varepsilon} V(\vec{r}')\psi_{\vec{p}}^{\pm}(\vec{r}') \tag{8.22}$$

其中，$(H_0)_{\vec{r}\vec{r}'}$ 是坐标表象 $\hat{H}_0$ 的矩阵元。

8.4 定态形式理论的应用

8.4.1 势散射

在有些情况下，靶粒子的内部结构可忽略不计，因此入射粒子只感受到一个稳恒势场 $V(\vec{r})$ 的作用。这类散射过程称为势散射。值得注意的是，伴随该散射过程可能发生"俘获"事件。以电子与质子靶的碰撞为例，电子可能被散射，也可能被质子俘获而形成氢原子。当然，在俘获过程中电子必然通过辐射电磁波而损失其动能。然而在散射理论中没有考虑这一辐射过程，也就是说在原则上势散射理论不涉及这一俘获过程，因此不能给出俘获截面。

1. 散射振幅

在势散射条件下，(8.8)式的哈密顿算符蜕化为电子的动能算符：

$$H_0 = \frac{1}{2\mu} p^2 \tag{8.23}$$

(8.9)式中的 $|\varphi_a\rangle$ 蜕化为平面波：

$$\langle \vec{r} | \vec{p} \rangle = \frac{1}{(2\pi\hbar)^{3/2}} \mathrm{e}^{\mathrm{i}\vec{p}\cdot\vec{r}/\hbar} \to \frac{1}{(2\pi)^{3/2}} \mathrm{e}^{\mathrm{i}\vec{k}\cdot\vec{r}} \tag{8.24}$$

其中，波矢 $\vec{k}$ 满足

$$k^2 = \frac{2\mu E_p}{\hbar^2} \tag{8.25}$$

令

$$U(\vec{r}) = \frac{2\mu}{\hbar^2} V(\vec{r}) \tag{8.26}$$

则由(8.22)式可得

$$\psi_{\vec{p}}^{\pm}(\vec{r}) = \frac{1}{(2\pi)^{3/2}} e^{i\vec{k}\cdot\vec{r}} + \lim_{\varepsilon\to\infty} \int d\vec{r}' \frac{\delta(\vec{r}-\vec{r}')}{k^2+\nabla^2\pm i\varepsilon} U(\vec{r}')\psi_{\vec{p}}^{\pm}(\vec{r}') \qquad (8.27)$$

与(8.21)式比较，得

$$\frac{\hbar^2}{2\mu} G_0^{\pm}(\vec{r},\vec{r}') = \frac{\delta(\vec{r}-\vec{r}')}{k^2+\nabla^2\pm i\varepsilon} \qquad (8.28)$$

即

$$\left(k^2+\nabla^2\pm i\varepsilon\right) G_0^{\pm}(\vec{r},\vec{r}') = \frac{2\mu}{\hbar^2}\delta(\vec{r}-\vec{r}') , \qquad \varepsilon\to 0 \qquad (8.29)$$

对 $G_0^{\pm}(\vec{r}-\vec{r}')$ 和 $\delta(\vec{r}-\vec{r}')$ 分别作傅里叶展开：

$$G_0^{\pm}(\vec{r}-\vec{r}') = \frac{1}{(2\pi)^3} \int g(\vec{k}',\vec{r}') e^{i\vec{k}'\cdot(\vec{r}-\vec{r}')} d\vec{k}' \qquad (8.30)$$

$$\delta(\vec{r}-\vec{r}') = \frac{1}{(2\pi)^3} \int e^{i\vec{k}'\cdot(\vec{r}-\vec{r}')} d\vec{k}' \qquad (8.31)$$

代入(8.29)式得

$$\int d\vec{k}'\left(k^2-k'^2\pm i\varepsilon\right) g(\vec{k}') e^{i\vec{k}'\cdot(\vec{r}-\vec{r}')} = \frac{2\mu}{\hbar^2} \int d\vec{k}' e^{i\vec{k}'\cdot(\vec{r}-\vec{r}')}$$

故

$$g(\vec{k}') = \frac{1}{k^2-k'^2\pm i\varepsilon}\cdot\frac{2\mu}{\hbar^2} \qquad (8.32)$$

代入(8.30)式得

$$G_0^{\pm}(\vec{r}-\vec{r}') = \frac{2\mu}{\hbar^2}\frac{1}{(2\pi)^3} \int \frac{e^{i\vec{k}'\cdot(\vec{r}-\vec{r}')}}{k^2-k'^2\pm i\varepsilon} d\vec{k}'$$

$$= \frac{2\mu}{\hbar^2}\frac{1}{(2\pi)^3} \int \frac{e^{ik'R\cos\theta}}{k^2-k'^2\pm i\varepsilon} k'^2\sin\theta d\theta d\varphi dk' \quad (\text{式中 } R=|\vec{r}-\vec{r}'|\text{，参见图 8.2})$$

$$= \frac{2\mu}{\hbar^2}\frac{1}{(2\pi)^2} \int_0^{\infty}\int_0^{\pi} \frac{e^{ik'R\cos\theta}}{k^2-k'^2\pm i\varepsilon} k'^2\sin\theta d\theta dk'$$

$$= \frac{2\mu}{\hbar^2}\frac{1}{i(2\pi)^2 R} \left(\int_0^{\infty}\frac{e^{ik'R}}{k^2-k'^2\pm i\varepsilon} k'dk' - \int_0^{\infty}\frac{e^{-ik'R}}{k^2-k'^2\pm i\varepsilon} k'dk'\right)$$

$$= \frac{2\mu}{\hbar^2} \frac{1}{4\pi^2 i} \frac{1}{R} \int_{-\infty}^{\infty} \frac{\vec{k}' e^{ik'R}}{k^2 - k'^2 \pm i\varepsilon} dk' \tag{8.33}$$

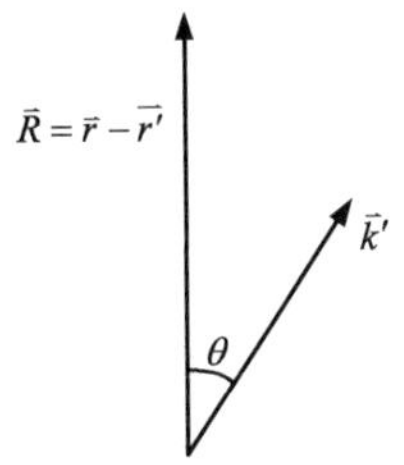

图 8.2

接下来求出此积分，为此需要应用**若尔当引理**：如果复函数 $F(z)$ 在复平面上半平面，当 $|z| \to \infty$ 时一致趋于零(即给定任意 ε，存在 R，当 $|z| > R$ 时，$|f(z)| < \varepsilon$)，则

$$\lim_{R \to \infty} \int_{C_R} F(z) e^{iaz} dz = 0 \tag{8.34}$$

其中，$a > 0$；C_R 为以原点为圆心的上半平面的半圆周(图 8.3)。

根据若尔当引理，可将(8.33)式写为

$$G_0^{\pm} = \frac{2\mu}{\hbar^2} \frac{1}{4\pi^2 i} \frac{1}{R} \oint \frac{z e^{izR}}{k^2 - z^2 \pm i\varepsilon} dz \tag{8.35}$$

其中，z 为复变量。函数 $F(z) = \dfrac{z}{k^2 - z^2 \pm i\varepsilon}$ 满足若尔当引理条件，积分围道如图 8.3 的半圆 C_R 所示。如果事先没有添加小量 ε，则被积函数在实轴上有两个奇点，分别位于 $x = \pm k$ 处，必然导致无限大积分。添加小量 ε 后，若 ε 前取"+"号，则被积函数的两个奇点分别位于 $z_0^+ = \sqrt{k^2 + i\varepsilon} = k + \dfrac{\varepsilon}{2}i$ 和 $z_0^- = -k - \dfrac{\varepsilon}{2}i$ 两点，其中 z_0^+ 位于围道内。因此(8.35)式对应"+"号的解可写为

$$G_0^+ = \frac{2\mu}{\hbar^2} \frac{i}{4\pi^2} \frac{1}{R} \oint \frac{z e^{izR}}{(z + z_0^+)(z - z_0^+)} dz$$

$$= \frac{2\mu}{\hbar^2} \frac{i}{4\pi^2} \frac{1}{R} \oint \frac{z e^{izR} / (z + z_0)}{z - z_0} dz \tag{8.36}$$

应用柯西积分公式(参见图 8.4)：

$$f(\alpha) = \frac{1}{2\pi i} \oint \frac{f(z)}{z - \alpha} dz \tag{8.37}$$

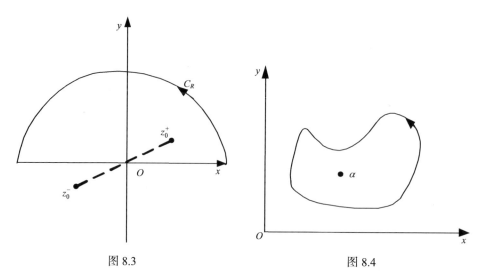

图 8.3　　　　　　　　　　　　图 8.4

可得

$$G_0^+ = -\frac{2\mu}{\hbar^2}\frac{1}{2\pi R}\frac{z_0}{z+z_0}\mathrm{e}^{iz_0 R}$$

$$= -\frac{2\mu}{\hbar^2}\frac{1}{4\pi R}\mathrm{e}^{ikR} \qquad (\text{取 } \varepsilon = 0) \tag{8.38}$$

由(8.28)和(8.27)式可得

$$\psi_{\vec{p}}^+(\vec{r}) = \frac{1}{(2\pi)^{3/2}}\mathrm{e}^{i\vec{k}\cdot\vec{r}} - \frac{1}{4\pi}\int\frac{\mathrm{e}^{i k\cdot|\vec{r}-\vec{r'}|}}{|\vec{r}-\vec{r'}|}U(\vec{r'})\psi_{\vec{p}}^+(\vec{r'})\mathrm{d}\vec{r'} \tag{8.39}$$

其中

$$\begin{aligned}|\vec{r}-\vec{r'}| &= \left[\left(\vec{r}-\vec{r'}\right)\cdot\left(\vec{r}-\vec{r'}\right)\right]^{1/2}\\ &= \left[r^2 - 2\vec{r}\cdot\vec{r'} - r'^2\right]^{1/2}\\ &= r - \vec{r}\cdot\vec{r'}/r + \cdots\end{aligned} \tag{8.40}$$

代入(8.39)式得

$$\psi_{\vec{p}}^+(\vec{r}) = \frac{1}{(2\pi)^{3/2}}\mathrm{e}^{i\vec{k}\cdot\vec{r}} - \left[\frac{1}{4\pi}\int\mathrm{e}^{-i\vec{k}_f\cdot\vec{r'}}U(\vec{r'})\psi_{\vec{p}}^+(\vec{r'})\mathrm{d}\vec{r'}\right]\frac{\mathrm{e}^{ikr}}{r} \tag{8.41}$$

其中，$\vec{k}_f = k\dfrac{\vec{r}}{r}$。$\psi_{\vec{p}}^{+}(\vec{r})$ 显然是一列平面波与向外传播的球面波的叠加，与(8.5)式比较(令 $\vec{k}$ 指向 z 轴并注意平面波前的系数)得

$$f(\theta, \varphi) = -\frac{(2\pi)^{3/2}}{4\pi} \int e^{-i\vec{k}_f \cdot \vec{r}'} U(\vec{r}') \psi_{\vec{p}}^{+}(\vec{r}') \mathrm{d}\vec{r}'$$

$$= -\sqrt{\frac{\pi}{2}} \int e^{-i\vec{k}_f \cdot \vec{r}'} U(\vec{r}') \psi_{\vec{p}}^{+}(\vec{r}') \mathrm{d}\vec{r}'$$

$$= -\frac{(2\pi)^{1/2}\mu}{\hbar^2} \int e^{-i\vec{k}_f \cdot \vec{r}'} V(\vec{r}') \psi_{\vec{p}}^{+}(\vec{r}') \mathrm{d}\vec{r}' \qquad (8.42)$$

练习　在(8.35)式中取"$-$"号，推导出 $\psi_{\vec{p}}^{-}(\vec{r})$ 的表达式，说明 $\psi_{\vec{p}}^{-}(\vec{r})$ 是平面波与向内传播的球面波的叠加。

2. T 算符

虽然(8.42)式给出了散射幅的表达式，但其中的波函数 $\psi_{\vec{p}}^{+}(\vec{r})$ 并不能由(8.41)式完全确定，因为在(8.41)式右侧的积分中仍有未知函数 $\psi_{\vec{p}}^{+}(\vec{r})$。下面给出计算 $f(\theta, \varphi)$ 的具体方法。

令
$$\varphi_{\vec{k}_f}(\vec{r}) = -\frac{1}{(2\pi)^{3/2}} e^{i\vec{k}_f \cdot \vec{r}} \qquad (8.43)$$

则(8.42)式可写为

$$f(\theta, \varphi) = -\frac{4\pi^2 \mu}{\hbar^2} \left\langle \varphi_{\vec{k}_f} \middle| V \middle| \psi_{\vec{k}}^{+} \right\rangle \qquad (8.44)$$

注意，为了明确起见，在下面的推导中用 $\vec{k}_i$ 代替 $\vec{k}$。

定义：
$$T \left| \varphi_{\vec{k}_i} \right\rangle \equiv V \left| \psi_{\vec{k}_i}^{+} \right\rangle \qquad (8.45)$$

则
$$T_{f_i} = \left\langle \varphi_{\vec{k}_f} \middle| T \middle| \varphi_{\vec{k}_i}^{+} \right\rangle \qquad (8.46)$$

$$f(\theta,\varphi) = -\frac{4\pi^2\mu}{\hbar^2}T_{f_i} \tag{8.47}$$

用 V 左乘 L-S 方程(8.14)得(用 $\vec{k}_i$ 代替 $\vec{p}$)

$$V\left|\psi_{\vec{k}_i}^+\right\rangle = V\left|\varphi_{\vec{k}_i}\right\rangle + VG_0^+V\left|\psi_{\vec{k}_i}^{(+)}\right\rangle \tag{8.48}$$

故

$$T\left|\varphi_{\vec{k}_i}\right\rangle = V\left|\varphi_{\vec{k}_i}\right\rangle + VG_0^+T\left|\varphi_{\vec{k}_i}\right\rangle \tag{8.49}$$

$$T = V + VG_0^+T \tag{8.50}$$

采用逐步迭代技术可得 T 算符的各级近似：

$$T^1 = V$$

$$T^2 = V + VG_0^+V$$

$$T^3 = V + VG_0^+V + VG_0^+VG_0^+V$$

$$T^n = V + VG_0^+V + VG_0^+VG_0^+V + \underbrace{V\cdots\cdots V}_{n\uparrow V}$$

代入(8.46)和(8.47)式得

$$f(\theta,\varphi) = -\frac{4\pi^2\mu}{\hbar^2}\Big[\left\langle\vec{k}_f\left|V\right|\vec{k}_i\right\rangle + \left\langle\vec{k}_f\left|VG_0^{(+)}V\right|\vec{k}_i\right\rangle + \left\langle\vec{k}_f\left|VG_0^{(+)}VG_0^{(+)}V\right|\vec{k}_i\right\rangle + \cdots\Big] \tag{8.51}$$

其中，$\left|\vec{k}_i\right\rangle$ 的波函数是 $\dfrac{1}{(2\pi)^{3/2}}e^{i\vec{k}_i\cdot\vec{r}}$ ，由入射粒子的波矢 $\vec{k}_i$ 唯一确定，即由入射粒子的动能和入射方向唯一确定。(8.51)式中的 $\left|\vec{k}_f\right\rangle$ 的波函数是(8.43)式，它是沿径向 $\vec{r}$ 传播的平面波。由于在势散射中没有考虑辐射，因此只能是弹性散射，所以 $\left|\vec{k}_f\right| = \left|\vec{k}_i\right|$ ，而 $\vec{k}_f$ 的方向由探测器的方位唯一确定，故 $\left|\vec{k}_f\right\rangle$ 的波函数便唯一确定了。

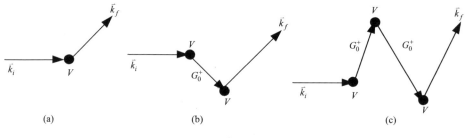

图 8.5

(8.51)式的物理意义如下：对于沿径向 $\vec{r}$（由 θ、φ 确定）微分截面的贡献来自各级势散射振幅的叠加，其中第一项是一次直接散射过程，如图 8.5a 所示；第二项代表入射波 $|\vec{k}_i\rangle$ 被初次散射后，自由传播（由 G_0^+ 表示），又被第二次散射；第三项代表三次散射和相伴的两次自由传播。所以 G_0^+ 通常称为自由传播子。

3. 玻恩近似

在(8.51)式中仅取第一项，则称为玻恩一级近似，这时

$$f(\theta,\varphi) = -\frac{\mu}{2\pi\hbar^2} \int_0^\infty d\vec{r} e^{i(\vec{k}_f - \vec{k}_i)\cdot\vec{r}} V(\vec{r})$$

$$= -\frac{\mu}{2\pi\hbar^2} \int_0^\infty V(\vec{r}) e^{i(\vec{k}_f - \vec{k}_i)\cdot\vec{r}} d\vec{r} \qquad (8.52)$$

考虑到散射势的傅里叶变换为

$$V(\vec{r}) = \frac{1}{(2\pi)^3} \int V(\vec{q}) e^{i\vec{q}\cdot\vec{r}} d\vec{q} \qquad (8.53)$$

则(8.52)式表明散射振幅正比于散射势 $V(\vec{r})$ 傅里叶变换后的 $\vec{q}$（$= \vec{k}_i - \vec{k}_f$）分量：

$$V(\vec{q}) = \int V(\vec{r}) e^{i\vec{q}\cdot\vec{r}} d\vec{r} \qquad (8.54)$$

这是一个耐人寻味的结果！假如说上帝赋予了人类另一种"视觉"，即看到一个物体时不仅仅能产生视觉形象，还能"看"到其势场的傅里叶谱 $V(\vec{q})$，那么另外一个粒子被该物体散射后的可能路径便"一目了然"。可惜，人类并没有这种感知能力，我们认识自然的过程并没有比盲人摸象高明多少！

在大多数情况下，散射势具有球对称性，即

$$V(\vec{r}) = V(r) \qquad (8.55)$$

这时(8.52)式可简化为

$$f(\theta,\varphi) = -\frac{2\mu}{q\hbar^2} \int_0^\infty rV(r)\sin(qr)dr \qquad (8.56)$$

其中

$$q = \left|\vec{k}_i - \vec{k}_f\right| = 2k_i\sin(\theta/2) \qquad (8.57)$$

例 8.1　假定核子与核子之间的相互作用势可用汤川势描写，即

$$V(r) = \frac{\alpha}{r} e^{-r/a} \tag{8.58}$$

其中，r 为两个核子间的距离。显然，当 $a \to \infty$ 时，(8.58)式即是库仑势。可通过核子散射实验验证(8.58)式是否正确。

　　由于 $V(r)$ 的傅里叶变换 q 分量是

$$V(q) = \frac{4\pi\alpha a^2}{1 + a^2 q^2} \tag{8.59}$$

代入(8.52)式得

$$f(\theta, \varphi) = -\frac{\mu}{2\pi\hbar^2} V(q) \tag{8.60}$$

故

$$\sigma = \left(\frac{2\alpha a^2 \mu}{\hbar^2} \right)^2 \frac{1}{\left(1 + a^2 q^2 \right)^2} \tag{8.61}$$

当 $a \to \infty$ 时，(8.61)式蜕化为

$$\sigma = \left(\frac{2\alpha\mu}{\hbar^2} \right)^2 \frac{1}{q^4} = \left(\frac{\alpha\mu}{2k_i^2\hbar^2} \right)^2 \frac{1}{\sin^4(\theta/2)} \tag{8.62}$$

此即著名的卢瑟福散射公式[①]。值得注意的是，卢瑟福早年用经典力学得到的这一公式与量子的玻恩一级近似相吻合。二级以上的玻恩近似，涉及繁杂的数学推演，这里不作进一步介绍。如果入射粒子的动能足够大，一级玻恩近似便能给出好的近似结果。

> 练习　应用玻恩一级近似求硬球势 $V(r) = \begin{cases} V_0 > 0, & r \leqslant a \\ 0, & r > a \end{cases}$ 的散射截面，证明与经典力学所得结果不一致。

[①] 褚圣麟. 1979. 原子物理学. 北京：人民教育出版社：13。

8.4.2 复合粒子散射

在有些情况下，靶粒子的内部结构不能被忽略。例如在电子被原子散射的过程中(图 8.6)，电子平动能可能转化为内能而导致不同原子态之间的跃迁。为了简单起见，假定靶粒子 A 质量 M 足够大，以致体系质心与靶粒子质心重合。

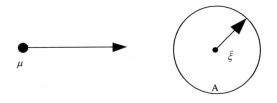

图 8.6

设探测粒子感受到的势为 $V(\vec{r})$ ，则体系总哈密顿量是

$$H = H_0 + V(\vec{r}) \tag{8.63}$$

其中

$$H_0 = H_A(\vec{\xi}) - \frac{\hbar^2}{2\mu}\nabla_{\vec{r}}^2 \tag{8.64}$$

这里假设关于靶粒子 $H_A(\vec{\xi})$ 的本征值问题已经求解

$$H_A(\vec{\xi})|\varphi_a\rangle = E_a|\varphi_a\rangle \tag{8.65}$$

因此 H_0 的本征值问题 $H_0|\varphi_{a\vec{k}}\rangle = E_{a\vec{k}}|\varphi_{a\vec{k}}\rangle$ 也有解：

$$E_{a\vec{k}} = E_a + \frac{\hbar^2 k^2}{2\mu} \tag{8.66}$$

$$|\varphi_{a\vec{k}}\rangle = |\varphi_a\rangle|\vec{k}\rangle \rightarrow \varphi_a(\vec{\xi})\frac{1}{(2\pi)^{3/2}}\mathrm{e}^{\mathrm{i}\vec{k}\cdot\vec{r}} \tag{8.67}$$

设碰撞前粒子 A 处于基态 $\varphi_0(\vec{\xi})$ ，入射粒子动量为 $\vec{k}_a$ ，则体系初态波函数和能量分别为

$$\varphi_0(\vec{\xi})\frac{1}{(2\pi)^{3/2}}\mathrm{e}^{\mathrm{i}(\vec{k}_a\cdot\vec{r})} \rightarrow |\varphi_a\rangle \tag{8.68}$$

$$E_1 = E_0 + \frac{\hbar^2 k_a^2}{2\mu} \tag{8.69}$$

假定散射结束后，粒子 A 处于 $\varphi_b(\vec{\xi})$，散射粒子波矢为 $\vec{k}_b$，则体系终态波函数和能量分别为

$$\varphi_b(\vec{\xi}){\rm e}^{{\rm i}(\vec{k}_b \cdot \vec{r})} \rightarrow |\varphi_b\rangle \tag{8.70}$$

$$E_2 = E_b + \frac{\hbar^2 k_b^2}{2\mu} \tag{8.71}$$

根据散射过程的总能量守恒（$E_1 = E_2$），可以判断被散射粒子的动能：

$$\frac{\hbar^2 k_b^2}{2\mu} = E_0 - E_b + \frac{\hbar^2 k_a^2}{2\mu} \begin{cases} \geqslant 0，开放道 \\ < 0，关闭道 \end{cases}$$

对于开放道，根据(8.47)式可得散射幅

$$f_{ba} = -\frac{4\pi^2 \mu}{\hbar^2} \langle \varphi_b | V | \psi_a^+ \rangle \tag{8.72}$$

其中

$$|\psi_a^+\rangle = |\varphi_a\rangle + \frac{1}{E_1 - H_0 + {\rm i}\varepsilon} V |\psi_a^+\rangle \tag{8.73}$$

注意，对于非弹性散射，微分散射截面与散射幅 $f(\theta, \varphi)$ 的关系是

$$\sigma(\theta, \varphi) = \frac{k_b}{k_a} |f_{ba}|^2 \tag{8.74}$$

显然，对于弹性散射，(8.74)与(8.6)式相同。

练习 证明(8.74)式。

例 8.2 考虑电子被氢原子的散射(图 8.7)，入射电子与原子中电子的位矢分别为 $\vec{r}_1$、$\vec{r}_2$，两电子的位矢差 $\vec{r}_{12} = \vec{r}_1 - \vec{r}_2$。体系哈密顿量是

$$H = H_0 + V \tag{8.75}$$

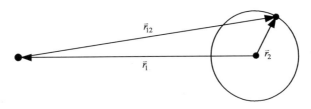

图 8.7

其中

$$H_0 = -\frac{\hbar^2}{2\mu}\nabla_2^2 - \frac{e^2}{r_2} - \frac{\hbar^2}{2\mu}\nabla_1^2 \tag{8.76}$$

$$V = \frac{e^2}{r_{12}} - \frac{e^2}{r_1} \tag{8.77}$$

根据(8.72)式，碰撞前氢原子处于基态，散射后氢原子处于$|n\rangle$态的散射幅是

$$f_{n0}(\theta) = -\frac{4\pi^2\mu}{\hbar^2}\langle\varphi_n|V(1,2)|\psi_0^{(+)}\rangle \tag{8.78}$$

相应的微分散射截面：

$$\sigma_{n0} = \frac{k_b}{k_a}|f_{n0}(\theta)|^2 \tag{8.79}$$

其中

$$k_b = \sqrt{\frac{2\mu}{\hbar^2}\left(E_0 - E_n + \frac{\hbar^2 k_a^2}{2\mu}\right)} \tag{8.80}$$

取一级玻恩近似

$$f_{n0}(\theta) = -\frac{\mu}{2\pi\hbar^2}\iint e^{-i\vec{k}_b\cdot\vec{r}_1}\varphi_n^*(\vec{r}_2)V(\vec{r}_1,\vec{r}_2)e^{i\vec{k}_a\cdot\vec{r}_1}\varphi_0(\vec{r}_2)\mathrm{d}\vec{r}_1\mathrm{d}\vec{r}_2$$

$$= -\frac{\mu e^2}{2\pi\hbar^2}\iint e^{-i(\vec{q}\cdot\vec{r}_1)}\left(\frac{1}{r_{12}} - \frac{1}{r_1}\right)\varphi_n^*(\vec{r}_2)\varphi_0(\vec{r}_2)\mathrm{d}\vec{r}_1\mathrm{d}\vec{r}_2 \tag{8.81}$$

其中

$$\vec{q} = \vec{k}_b - \vec{k}_a \tag{8.82}$$

首先对(8.81)式中的 $\vec{r}_1$ 积分:

$$
\int \frac{e^{-i(\vec{q}\cdot\vec{r}_1)}}{r_1}d^3\vec{r}_1 = \frac{4\pi}{q}\int_0^\infty \sin(qr_1)dr_1
$$

$$
= \lim_{\alpha\to 0}\frac{4\pi}{q}\int_0^\infty \sin(qr_1)e^{-\alpha r_1}dr_1 \quad (\text{引入积分因子}\ \alpha)
$$

$$
= \frac{4\pi}{q^2} \tag{8.83}
$$

$$
\int \frac{e^{-i(\vec{q}\cdot\vec{r}_1)}}{r_{12}}d\vec{r}_1 = \exp(-i\int\vec{q}\cdot\vec{r}_2)\int \frac{\exp\left[-i\vec{q}\cdot(\vec{r}_1-\vec{r}_2)\right]}{r_{12}}d(\vec{r}_1-\vec{r}_2)
$$

$$
= \exp(-i\vec{q}\cdot\vec{r}_2)\int \frac{\exp\left(-i\vec{q}\cdot\vec{\rho}\right)}{\rho}d\vec{\rho}
$$

$$
= \frac{4\pi}{q^2}\exp(-i\vec{q}\cdot\vec{r}_2) \tag{8.84}
$$

将(8.83)和(8.84)式代入(8.81)式得

$$
f_{n0}(\theta) = -\frac{2\mu e^2}{\hbar^2 q^2}\iint \varphi_n^*(\vec{r})\varphi_0(\vec{r})e^{-i\vec{q}\cdot\vec{r}}d\vec{r} \tag{8.85}
$$

从实验观测角度分析,可对上述推演过程有更深刻的理解。当入射电子速度选定后,便确定了(8.82)式中的 $\vec{k}_a$。欲测量沿 θ 方向的微分散射截面,探测器应置于 θ 方向,等于确定了(8.82)式中 $\vec{k}_b$ 的方向,$\vec{k}_b$ 之值 k_b 则由(8.80)式确定,可取有限个分立值,$k_b(1),k_b(2),\cdots,k_b(n)$,分别对应于散射后原子所处的不同本征态 $|\varphi_n\rangle$(本征能量 E_n)。由(8.80)式可知,本征能量小于 $\left(E_0+\dfrac{\hbar^2 k_a^2}{2\mu}\right)$ 的所有 m 个本征态都可能被激发。如果探测器能够感应到任何能量的电子,则该测量所给出的微分散射截面应是 $\sigma_{10}+\sigma_{20}+\cdots+\sigma_{m0}$。

练习 应用一级玻恩近似求出电子被氢原子散射的微分散射截面 σ_{00}、σ_{10}、σ_{20}(入射电子能量为 13.6eV),绘制 σ_{n0}-θ 曲线。

8.5 含时形式理论

定态散射的基本思想是，给定初始能量 E_p 的散射过程对应于入射粒子和靶粒子所组成的体系[下面简称系统，其哈密顿算符 H 由(8.4)式确定]的某一具有相同能量 E_p 的本征态。含时理论的观点是，系统的哈密顿量 $H(t)$ 显含时间，故系统没有定态。在无限遥远的过去($t = -\infty$)，$H(t)$ 等于由(8.8)式确定的 H_0，随着时间演化相互作用势 V 逐渐"侵入" H_0(保证系统总能量守恒)，导致含时的 $H(t)$，它主宰系统态矢的时间演化行为。显然，含时模型是虚构的，需要考察其可靠性。

8.5.1 含时格林算符

1. 形式解

将任意时刻系统的哈密顿算符记为

$$H = H_0 + V(t) \tag{8.86}$$

其中由(8.8)式给出的 H_0 不显含时间 t。系统态矢 $|\Psi(t)\rangle$ 满足：

$$\left(i\hbar\frac{\partial}{\partial t} - H_0\right)|\Psi(t)\rangle = V(t)|\Psi(t)\rangle \tag{8.87}$$

定义含时格林算符 $G_0(t)$，满足：

$$\left(i\hbar\frac{\partial}{\partial t} - H_0\right)G_0(t-t') = \hbar\delta(t-t') \tag{8.88}$$

则利用阶跃函数 $\theta(t)$ 的性质可得

$$G_0^+(t-t') = -i\theta(t-t')e^{-iH_0(t-t')/\hbar} \tag{8.89}$$

$$G_0^-(t-t') = i\theta(t'-t)e^{-iH_0(t-t')/\hbar} \tag{8.90}$$

这里用"$\pm$"号区分含时格林函数与阶跃函数 $\theta(t)$ 的两种不同联系。利用格林算符(8.87)式的形式解表示为

$$|\Psi^\pm(t)\rangle = |\varphi(t)\rangle + \frac{1}{\hbar}\int_a^b dt' G_0^\pm(t-t')V(t')|\Psi^\pm(t')\rangle \tag{8.91}$$

其中，积分上下限与时间 t 独立且满足 $a < t < b$，而 $|\varphi(t)\rangle$ 满足：

$$i\hbar \frac{\partial}{\partial t}|\varphi(t)\rangle = H_0|\varphi(t)\rangle \tag{8.92}$$

需说明，由(8.87)式出发，根据格林算符的定义推导(8.91)式将涉及广义函数[①]等数学知识，比较繁杂，但将(8.91)式代入(8.87)式，很容易得到验证。

应用逐步迭代方法，可得到(8.91)式的级数解：

$$\left|\Psi^{\pm}(t)\right\rangle^0 = |\varphi(t)\rangle$$

$$\left|\Psi^{\pm}(t)\right\rangle^1 = |\varphi(t)\rangle + \frac{1}{\hbar}\int_a^b dt' G_0^{\pm}(t-t')V(t')|\varphi(t')\rangle$$

$$\left|\Psi^{\pm}(t)\right\rangle^2 = |\varphi(t)\rangle + \frac{1}{\hbar}\int_a^b dt' G_0^{\pm}(t-t')V(t')|\varphi(t')\rangle$$

$$+ \frac{1}{\hbar^2}\iint_a^b dt''dt' G_0^{\pm}(t-t'')V(t'')G_0^{\pm}(t-t')V(t')|\varphi(t')\rangle \cdots$$

显然，这里提供了求解含时薛定谔方程的另一种方法，可普遍应用于散射问题或一般的含时量子问题。将H_0取为狄拉克形式[参见(3.70)式]，(8.91)式同样成立。对于散射问题，(8.92)式的解便是入射粒子态矢$|\varphi_a(t)\rangle$与靶粒子态矢$|\varphi_b(t)\rangle$之直积(如涉及全同粒子，应考虑态矢的对称性)，即

$$|\varphi(t)\rangle = |\varphi_a(t)\rangle|\varphi_b(t)\rangle \tag{8.93}$$

代入(8.91)式便可得到关于系统演化的形式解$|\Psi(t)\rangle$。关于含时散射势$V(t)$，可采用绝热近似方法引入：

$$V(t) = \lim_{\varepsilon \to 0^+} V(\vec{r})e^{-\varepsilon|t|} \tag{8.94}$$

其中，$V(\vec{r})$为入射粒子与靶粒子的相互作用势(例如，电子被质子散射的库仑势$-\frac{e^2}{r}$)，而无限小正实数ε保证该作用势"逐渐"作用于(8.93)式所示的初态(当计算结束后令$\varepsilon \to 0$，便得到唯一一结果)。将(8.93)和(8.94)式代入(8.91)式的级数表达式便可得到$|\Psi^{\pm}(t)\rangle$。为了计算散射截面，应于坐标表象将$|\Psi(t)\rangle$展开得到相应的波函数$\Psi(\vec{r}_a,\vec{r}_b,t)$($\vec{r}_a,\vec{r}_b$分别为入射粒子和靶粒子的坐标)，再应用概率流密度(3.39)式求出任意t时刻散射粒子的概率流密度：

$$\vec{J}(t) = \frac{i\hbar}{2\mu}\left[\Psi(\vec{r}_a,\vec{r}_b,t)\overline{\nabla}_a\Psi^*(\vec{r}_a,\vec{r}_b,t) - \Psi^*(\vec{r}_a,\vec{r}_b,t)\overline{\nabla}_a\Psi(\vec{r}_a,\vec{r}_b,t)\right] \tag{8.95}$$

---

① 郭大钧. 1985. 大学数学手册. 济南：山东科学技术出版社。

其中，$\overline{\nabla}_a$ 表示仅对散射粒子坐标 $\vec{r}_a$ 求梯度。当 $t = -\infty$ 时，$\vec{J}(-\infty)$ 等于入射粒子流密度；当 $t = +\infty$ 时，(8.95)式可给出沿 (θ, φ) 方位的概率流密度 $\vec{J}(\theta, \varphi, r, +\infty)$。根据微分散射截面定义(8.1)式，$\sigma(\theta, \varphi) = r^2 \left| \vec{J}(\theta, \varphi, r, +\infty) \right| / \vec{J}(-\infty)$。如果实际的相互作用势本身就含时，例如电子被质子散射时存在强激光场作用，上述"绝热开势"方法同样有效，即赝势构造为

$$V(t) = \lim_{\varepsilon \to 0^+} V(\vec{r}) \mathrm{e}^{-\varepsilon|t|} + V_L(t) \tag{8.96}$$

其中，$V_L(t)$ 表示粒子与激光场的相互作用势。

2. 两种格林算符

下面考察含时格林算符 $G_0^\pm(t)$ 与定态格林算符 $G_0^\pm$ [见(8.13)式]的关系。根据若尔当引理和柯西积分公式：

$$\theta(t) = -\frac{1}{2\pi\mathrm{i}} \lim_{\varepsilon \to 0} \int_{-\infty}^{\infty} \frac{\mathrm{e}^{-\mathrm{i}\omega t}}{\omega + \mathrm{i}\varepsilon} \mathrm{d}\omega \tag{8.97}$$

其中，ε 是一无限小正数。将(8.97)式代入 $G_0^\pm(t)$ 的傅里叶变换：

$$
\begin{aligned}
G_0^+(E) &= \frac{1}{\hbar} \int_{-\infty}^{\infty} G_0^\pm(t) \mathrm{e}^{\mathrm{i}Et} \mathrm{d}t \\
&= \frac{1}{2\pi\hbar} \int_{-\infty}^{\infty} \frac{\mathrm{d}\omega}{\omega + \mathrm{i}\varepsilon} \int \mathrm{e}^{\mathrm{i}\left[(E-H_0)/\hbar - \omega\right]t} \mathrm{d}t \\
&= \frac{1}{\hbar} \int_{-\infty}^{\infty} \frac{\mathrm{d}\omega}{\omega + \mathrm{i}\varepsilon} \delta\left[(E-H_0)/\hbar - \omega\right] \\
&= \frac{1}{E - H_0 + \mathrm{i}\hbar\varepsilon}
\end{aligned}
\tag{8.98}
$$

这正是定态自由格林算符(8.13)式。同理可得

$$G_0^-(E) = \frac{1}{E - H_0 - \mathrm{i}\hbar\varepsilon} \tag{8.99}$$

事实上，令

$$\left| \varphi(t) \right\rangle = \left| \varphi_{\vec{p}} \right\rangle \mathrm{e}^{-\mathrm{i}E_p t/\hbar} \tag{8.100}$$

这里 $\left|\varphi_{\bar{p}}\right\rangle$ 是 8.3.1 节中的对应于能量 E_p 的态矢，并根据那里的相互作用势构造赝势(8.95)式，代入(8.91)式得

$$\left|\Psi^+(t)\right\rangle = \left|\varphi_{\bar{p}}\right\rangle \mathrm{e}^{-\mathrm{i}E_p t/\hbar} - \frac{\mathrm{i}}{\hbar} \lim_{t_0 \to -\infty} \int_{t_0}^{t} \mathrm{d}t' \theta(t-t') \mathrm{e}^{-\mathrm{i}H_0(t-t')/\hbar} V \mathrm{e}^{-\varepsilon|t'|} \left|\Psi(t')\right\rangle$$

令 $t = 0$，得到

$$\left|\Psi^+(0)\right\rangle = \left|\varphi_{\bar{p}}\right\rangle - \frac{\mathrm{i}}{\hbar} \lim_{t_0 \to -\infty} \int_{t_0}^{0} \mathrm{d}t' \mathrm{e}^{-\mathrm{i}H_0 t'/\hbar} V \mathrm{e}^{\varepsilon t'} \left|\Psi^+(t')\right\rangle \quad (8.101)$$

由于

$$\left|\Psi^+(t')\right\rangle = \left|\Psi^+(0)\right\rangle \mathrm{e}^{-\mathrm{i}E_p t'/\hbar} \quad (8.102)$$

故有

$$\left|\Psi^+(0)\right\rangle = \left|\varphi_{\bar{p}}\right\rangle - \frac{\mathrm{i}}{\hbar} \lim_{t_0 \to -\infty} \int_{t_0}^{0} \mathrm{d}t' \mathrm{e}^{\mathrm{i}\left[(H_0 - E_p)/\hbar + \varepsilon\right]t'} V \left|\Psi^+(0)\right\rangle$$

$$= \left|\varphi_{\bar{p}}\right\rangle + \frac{1}{E - H_0 + \mathrm{i}\hbar\varepsilon} \left[1 - \lim_{t_0 \to -\infty} \mathrm{e}^{\varepsilon t_0} \mathrm{e}^{-\mathrm{i}(E_p - H_0)t_0/\hbar}\right] V \left|\Psi^+(0)\right\rangle$$

$$= \left|\varphi_{\bar{p}}\right\rangle + \frac{1}{E - H_0 + \mathrm{i}\hbar\varepsilon} V \left|\Psi^+(0)\right\rangle \quad (8.103)$$

这正是 L-S 方程(8.12)或(8.14)。这一事实表明，在从 $t = -\infty$ 到 $t \sim 0$ 的演化过程中，当相互作用势 V 显示其显著作用时($t \sim 0$)，系统的确处于(8.4)式哈密顿算符的本征态。因此，有理由相信引入含时相互作用势 $V(t)$ 的方法[(8.94)式]的可靠性。

3. 费恩曼传播函数

用位置本征态 $\left|\vec{r}\right\rangle$ 左乘(8.91)式可得位置表象的波函数

$$\Psi^{\pm}(\vec{r}, t) = \varphi(\vec{r}, t) + \frac{1}{\hbar} \int_a^b \mathrm{d}t' \int \mathrm{d}\vec{r''} \left\langle \vec{r} \mid G^{\pm}(t-t') \mid \vec{r'} \right\rangle \left\langle \vec{r'} \mid V \mid \vec{r''} \right\rangle \left\langle \vec{r''} \mid \Psi(t') \right\rangle$$

$$= \varphi(\vec{r}, t) + \frac{1}{\hbar} \int_a^b \mathrm{d}t' \int \mathrm{d}\vec{r'} G^{\pm}(\vec{r}, \vec{r'}, t-t') V(\vec{r'}) \Psi^{\pm}(\vec{r'}, t') \quad (8.104)$$

而在坐标表象的含时格林算符表示为

$$G_0^+(\vec{r}, \vec{r'}; t-t') = -\mathrm{i}\theta(t-t') K(\vec{r}, \vec{r'}; t-t') \quad (8.105)$$

$$G_0^-(\vec{r},\vec{r}';t-t') = i\theta(t'-t)K(\vec{r},\vec{r}';t-t') \tag{8.106}$$

其中

$$K(\vec{r},\vec{r}';t-t') \equiv \langle \vec{r}|e^{-iH_0(t-t')}|\vec{r}'\rangle \tag{8.107}$$

与(4.13)式比较可知 $K(\vec{r},\vec{r}';t-t')$ 就是费恩曼核或费恩曼传播子。因此可得到

$$\Psi^+(\vec{r},t) = \varphi(\vec{r},t) - \frac{i}{\hbar}\int_{-\infty}^{t} dt' \int_{-\infty}^{\infty} d\vec{r} K(\vec{r},\vec{r}';t-t')V(\vec{r}_1,t')\Psi^+(\vec{r}_1,t') \tag{8.108}$$

$$\Psi^-(\vec{r},t) = \varphi(\vec{r},t) + \frac{i}{\hbar}\int_{t}^{\infty} dt' \int_{-\infty}^{\infty} d\vec{r} K(\vec{r},\vec{r}';t-t')V(\vec{r}_1,t')\Psi^+(\vec{r}_1,t') \tag{8.109}$$

(8.108)式表明，在时刻 t、空间点 $\vec{r}$ 处波函数 $\Psi^+(\vec{r},t)$ 与无相互作用时的波函数 $\varphi(\vec{r},t)$ 之差，是由时刻 t 之前的每一个时刻 $t'(<t)$，每一个空间点处的波函数 $\Psi^+(\vec{r},t')$，经历势 $V(\vec{r}_1,t')$ 散射后传播至 $\vec{r}$ 处的叠加。因此 $K(\vec{r},\vec{r}';t-t')$ 起到了"传播作用"，符合常规的因果逻辑。按照同样的逻辑，如何理解(8.109)式？

如果已知 H_0 的全部本征态 $|n\rangle$ 及相应的本征值 E_n，则

$$K(\vec{r},\vec{r}';t-t') = \sum_{nm} \langle \vec{r}|n\rangle\langle n|e^{-iH_0(t-t')/\hbar}|m\rangle\langle m|\vec{r}'\rangle$$

$$= \sum_{n} e^{-iE_n(t-t')/\hbar}\langle \vec{r}|n\rangle\langle n|\vec{r}'\rangle$$

$$= \sum_{n} e^{-iE_n(t-t')/\hbar}\varphi_n(\vec{r})\varphi_n^*(\vec{r}') \tag{8.110}$$

$$G^+(\vec{r},\vec{r}';t-t') = -i\theta(t-t')\sum_{n} e^{-iE_n(t-t')/\hbar}\varphi_n(\vec{r})\varphi_n^*(\vec{r}') \tag{8.111}$$

$$G^-(\vec{r},\vec{r}';t-t') = i\theta(t'-t)\sum_{n} e^{-iE_n(t-t')/\hbar}\varphi_n^*(\vec{r})\varphi_n(\vec{r}') \tag{8.112}$$

8.5.2 散射矩阵方法

这是另一种含时形式散射理论，在量子场论中也有重要应用[①]。在相互作用绘景(参见 2.5 节)中求解(8.86)式的含时哈密顿问题可带来很多方便。由于 H_0 不显含

---

① Greiner W, Reinhardt J. 1996. Field Quantum Theory. Berlin, Heidelberg: Springer-Verlag。

时间，故相互作用绘景(亦称狄拉克绘景)的态矢 $\left|\psi_{\mathrm{I}}(t)\right\rangle$ 与薛定谔绘景中态矢 $\left|\psi_{\mathrm{S}}(t)\right\rangle$ 的关系是

$$\left|\psi_{\mathrm{I}}(t)\right\rangle = \exp\left[\frac{\mathrm{i}H_0(t-t_0)}{\hbar}\right]\left|\psi_{\mathrm{S}}(t)\right\rangle \tag{8.113}$$

并有

$$\mathrm{i}\hbar\frac{\partial\left|\psi_{\mathrm{I}}\right\rangle}{\partial t} = V_{\mathrm{I}}\left|\psi_{\mathrm{I}}\right\rangle \tag{8.114}$$

其中

$$V_{\mathrm{I}} = \exp\left[\frac{\mathrm{i}H_0(t-t_0)}{\hbar}\right]V_{\mathrm{S}}(t)\exp\left[-\frac{\mathrm{i}H_0(t-t_0)}{\hbar}\right] \tag{8.115}$$

定义狄拉克绘景中的时间演化算符 $U_{\mathrm{I}}(t,t_0)$：

$$\left|\psi_{\mathrm{I}}(t)\right\rangle = U_{\mathrm{I}}(t,t_0)\left|\psi_{\mathrm{I}}(t_0)\right\rangle \tag{8.116}$$

则有

$$U_{\mathrm{I}}(t_0,t_0) = 1 \tag{8.117}$$

$$U_{\mathrm{I}}(t,t_0) = U_{\mathrm{I}}(t,t')U_{\mathrm{I}}(t',t_0) \tag{8.118}$$

$$U_{\mathrm{I}}^{-1}(t,t_0) = U_{\mathrm{I}}(t_0,t) = U_{\mathrm{I}}^{+}(t,t_0) \tag{8.119}$$

$$\mathrm{i}\hbar\frac{\partial}{\partial t}U_{\mathrm{I}}(t,t_0) = V_{\mathrm{I}}(t)U_{\mathrm{I}}(t,t_0) \tag{8.120}$$

(8.120)式的形式解是

$$U_{\mathrm{I}}(t,t_0) = 1 - \frac{\mathrm{i}}{\hbar}\int_{t_0}^{t}V_{\mathrm{I}}(t')U_{\mathrm{I}}(t',t_0)\mathrm{d}t' \tag{8.121}$$

逐级迭代，可得

$$U_{\mathrm{I}}(t,t_0) = I + \sum_{n=1}^{\infty}\left(-\frac{\mathrm{i}}{\hbar}\right)^{n}\int_{t_0}^{t}\mathrm{d}t_1\int_{t_0}^{t_1}\mathrm{d}t_2\cdots\int_{t_0}^{t_{n-1}}\mathrm{d}t_n V_{\mathrm{I}}(t_1)V_{\mathrm{I}}(t_2)V_{\mathrm{I}}(t_3)\cdots V_{\mathrm{I}}(t_n) \tag{8.122}$$

由(8.120)式可得

$$-\mathrm{i}\hbar\frac{\partial}{\partial t}U_{\mathrm{I}}^{+}(t,t_0)=U_{\mathrm{I}}^{+}(t,t_0)V_{\mathrm{I}}^{+}(t) \tag{8.123}$$

又因 $V_{\mathrm{I}}^{+}(t)=V_{\mathrm{I}}(t)$，再应用(8.119)式，则(8.123)式可写为

$$-\mathrm{i}\hbar\frac{\partial}{\partial t}U_{\mathrm{I}}(t_0,t)=U_{\mathrm{I}}(t_0,t)V_{\mathrm{I}}(t) \tag{8.124}$$

交换变量 $t\leftrightarrow t_0$，则有

$$-\mathrm{i}\hbar\frac{\partial}{\partial t_0}U_{\mathrm{I}}(t,t_0)=U_{\mathrm{I}}(t,t_0)V_{\mathrm{I}}(t_0) \tag{8.125}$$

由此可得

$$U_{\mathrm{I}}(t,t_0)=1+\frac{\mathrm{i}}{\hbar}\int_t^{t_0}U_{\mathrm{I}}(t,t')V_{\mathrm{I}}(t')\mathrm{d}t' \tag{8.126}$$

定义波算符：

$$\Omega^{(+)}=U_{\mathrm{I}}(0,-\infty)=I-\frac{\mathrm{i}}{\hbar}\int_{-\infty}^{0}U_{\mathrm{I}}(0,t')V_{\mathrm{I}}(t')\mathrm{d}t' \tag{8.127}$$

考虑实际哈密顿量 H 不显含时的情形，

$$U_{\mathrm{I}}(t,t_0)=\mathrm{e}^{\mathrm{i}H_0 t/\hbar}\mathrm{e}^{-\mathrm{i}H(t-t_0)/\hbar}\mathrm{e}^{-\mathrm{i}H_0 t/\hbar} \tag{8.128}$$

则
$$\Omega^{(+)}=I-\frac{\mathrm{i}}{\hbar}\int_{-\infty}^{0}\mathrm{d}t'\mathrm{e}^{\mathrm{i}Ht'/\hbar}V_{\mathrm{S}}\mathrm{e}^{-\mathrm{i}H_0 t'/\hbar}$$

$$=I-\frac{\mathrm{i}}{\hbar}\int_{-\infty}^{\infty}\mathrm{d}t'\xi(t')\mathrm{e}^{\mathrm{i}Ht'/\hbar}V_{\mathrm{S}}\mathrm{e}^{-\mathrm{i}H_0 t'/\hbar} \tag{8.129}$$

其中

$$\xi(t)=\begin{cases}1, & t<0\\ 0, & t>0\end{cases}$$

应用若尔当引理和柯西积分公式 $f(z)=\dfrac{1}{2\pi\mathrm{i}}\oint_l\dfrac{f(\xi)}{\xi-z}\mathrm{d}\xi$，有

$$\lim_{\varepsilon\to 0^+}\int_{-\infty}^{+\infty}\mathrm{d}E\,\frac{\mathrm{e}^{\frac{\mathrm{i}}{\hbar}Et_0}}{E-H+\mathrm{i}\varepsilon}=\begin{cases}0, & t_0>0\\ -2\pi\mathrm{i}\mathrm{e}^{\frac{\mathrm{i}}{\hbar}Ht_0}, & t_0<0\end{cases} \tag{8.130}$$

因此

$$\xi(t_0)e^{\frac{i}{\hbar}Ht_0} = \frac{i}{2\pi}\lim_{\varepsilon\to 0^+}\int_{-\infty}^{+\infty}dE\frac{e^{\frac{i}{\hbar}Et_0}}{E-H+i\varepsilon}$$

代入(8.129)式得

$$
\begin{aligned}
\Omega^{(+)} &= I + \frac{1}{2\pi\hbar}\int_{-\infty}^{+\infty}\int_{-\infty}^{+\infty}dEdt'\frac{e^{iEt'/\hbar}}{E-H+i\varepsilon}V_S e^{-iH_0 t'/\hbar} \\
&= I + \int_{-\infty}^{+\infty}dE\frac{1}{E-H+i\varepsilon}V_S\left[\frac{1}{2\pi\hbar}\int_{-\infty}^{+\infty}e^{i(E-H_0)t'/\hbar}dt'\right] \\
&= I + \int dE\frac{1}{E-H+i\varepsilon}V_S\delta(E-H_0) \\
&= \int dE\left(1+\frac{1}{E-H+i\varepsilon}V\right)\delta(E-H_0) \tag{8.131}
\end{aligned}
$$

定义动态波算符

$$\Omega^{(-)} = (0,+\infty) \tag{8.132}$$

则采用与上述类似的方法可证明

$$\Omega^{(-)} = \int dE\left(1+\frac{1}{E-H-i\varepsilon}V\right)\delta(E-H_0) \tag{8.133}$$

用波算符作用于(8.9)式的本征态$\left|\varphi_{\bar{p}}\right\rangle$，则有

$$
\begin{aligned}
\Omega^{(\pm)}\left|\varphi_{\bar{p}}\right\rangle &= \int dE\left(1+\frac{1}{E-H\pm i\varepsilon}V\right)\delta(E-H_0\left|\varphi_{\bar{p}}\right\rangle \\
&= \left|\varphi_{\bar{p}}\right\rangle + \frac{1}{E-H\pm i\varepsilon}V\left|\varphi_{\bar{p}}\right\rangle \\
&= \left|\varphi_{\bar{p}}\right\rangle + G^{\pm}V\left|\varphi_{\bar{p}}\right\rangle \tag{8.134}
\end{aligned}
$$

根据(8.16)式可知：

$$\left|\psi_{\bar{p}}^+\right\rangle = \Omega^{(\pm)}\left|\varphi_{\bar{p}}\right\rangle \tag{8.135}$$

因此

$$\left|\psi_{\vec{p}}^{+}\right\rangle = U_{\mathrm{I}}(0,-\infty)\left|\varphi_{\vec{p}}\right\rangle \tag{8.136}$$

$$\left|\psi_{\vec{p}}^{-}\right\rangle = U_{\mathrm{I}}(0,+\infty)\left|\varphi_{\vec{p}}\right\rangle \tag{8.137}$$

1. 散射矩阵

定义 S 算符：

$$S = \lim_{\substack{t\to\infty \\ t_0\to-\infty}} U_{\mathrm{I}}(t,t_0) \tag{8.138}$$

假定系统在无限远的过去($t_0 = -\infty$)处于 H_0 的某一本征态 $\left|\varphi_i\right\rangle$，经历了势场 $V(t)$ 的作用后，演化到无限远将来而处于 H_0 的另一本征态 $\left|\varphi_f\right\rangle$，则跃迁振幅是

$$\begin{aligned} S_{fi} &= \lim_{\substack{t\to\infty \\ t_0\to-\infty}} \left\langle \varphi_f \left| U_{\mathrm{I}}(t,t_0) \right| \varphi_i \right\rangle \\ &= \lim_{\substack{t\to\infty \\ t_0\to-\infty}} \left\langle \varphi_f \left| U_{\mathrm{I}}(t,0) U_{\mathrm{I}}(0,t_0) \right| \varphi_i \right\rangle \\ &= \left\langle \psi_f^{-} \left| \psi_i^{+} \right\rangle \right. \end{aligned} \tag{8.139}$$

其中，$\left|\psi_i^{+}\right\rangle$ 和 $\left|\psi_f^{-}\right\rangle$ 分别对应 $\left|\varphi_i\right\rangle$ 和 $\left|\varphi_f\right\rangle$。这样一来，散射过程可用图 8.8 理解：$\left|\varphi_i\right\rangle$ 首先演化为"0"时刻的 $\left|\psi_i^{+}\right\rangle$，该态在"0"时刻投影到 $\left|\psi_f^{-}\right\rangle$，它进一步演化为 $\left|\varphi_f\right\rangle$。由于这一过程，$\left|\psi_i^{+}\right\rangle$ 和 $\left|\psi_f^{-}\right\rangle$ 分别称为"in"态和"out"态。

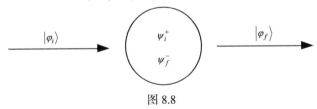

图 8.8

根据(8.139)式有

$$\begin{aligned} S_{fi} &= \left\langle \psi_f^{(-)} \left| \psi_i^{(+)} \right\rangle \right. \\ &= \left\langle \psi_f^{(+)} \left| \psi_i^{(+)} \right\rangle + \left[\left\langle \psi_f^{(-)} \right| - \left\langle \psi_f^{(+)} \right| \right] \cdot \left| \psi_i^{(+)} \right\rangle \right. \end{aligned}$$

$$= \left\langle \psi_f^{(+)} \middle| \psi_i^{(+)} \right\rangle + \left\langle \varphi_f \middle| \left[\left(\frac{1}{E_f - H - i\varepsilon} \right)^+ - \left(\frac{1}{E_f - H + i\varepsilon} \right)^+ \right] \middle| \psi_i^{(+)} \right\rangle$$

$$= \left\langle \psi_f^{(+)} \middle| \psi_i^{(+)} \right\rangle - 2i \frac{\varepsilon}{(E_f - E_i)^2 + \varepsilon^2} \left\langle \varphi \middle| V \middle| \psi_i^{(+)} \right\rangle \tag{8.140}$$

因为 $\displaystyle\lim_{\varepsilon \to 0^+} \frac{\varepsilon}{x^2 + \varepsilon^2} = \pi\delta(x)$，故

$$S_{fi} = \delta_{fi} - 2\pi i\delta(E_f - E_i)\left\langle \varphi_f \middle| V \middle| \psi_i^+ \right\rangle \tag{8.141}$$

定义 T 矩阵：

$$T\middle|\varphi_i\rangle = V\middle|\psi_i^+\rangle \tag{8.142}$$

则

$$S_{fi} = \delta_{fi} - 2\pi i\delta(E_f - E_i)T_{fi} \tag{8.143}$$

T 矩阵满足(8.50)式。

2. 跃迁概率和散射截面

系统从无限远过去到无限远将来，即从 $|\varphi_i\rangle$ 到 $|\varphi_f\rangle$ 的总跃迁概率：

$$W_{fi}^T = \left| S_{fi} \right|^2 = \delta_{fi}^2 + \left[\frac{2}{\hbar} \delta_{fi} I_m(T_{fi}) + \frac{2\pi}{\hbar} \left| T_{fi} \right|^2 \delta(E_f - E_i) \right] \cdot 2\pi\hbar\delta(E_f - E_i) \tag{8.144}$$

因为

$$2\pi\hbar\delta(E_f - E_i)\Big|_{E_f = E_i}$$

$$= \int_{-\infty}^{+\infty} e^{i(E_f - E_i)t/\hbar} dt \Bigg|_{E_f = E_i}$$

$$= \lim_{t \to \infty} t$$

因此单位时间跃迁概率

$$W_{fi} = \frac{2}{\hbar} \delta_{fi} I_m(T_{fi}) + \frac{2\pi}{\hbar} \left| T_{fi} \right|^2 \delta(E_f - E_i) \tag{8.145}$$

对于势散射，可求出微分散射截面：

$$\delta(\theta,\varphi) = \frac{16\pi^4 u^2}{\hbar^4}\left|T_{fi}\right|^2 \qquad (8.146)$$

值得注意的是，如果物理的相互作用势的确随时间变化，例如电子被强激光场的散射，则必须应用含时形式解[(8.91)~(8.94)式]求解散射问题。

致　　谢

衷心感谢杨福家院士、王炎森教授、承焕生教授、李郁芬教授、郑企克教授、陈敏伯教授长期以来对本人教学和科研工作的支持与鼓励。感谢庄军教授长期的通力合作。感谢陈重阳博士在本书写作过程中的大力支持。

感谢我的家人张晓红(妻)、宁博元(子)长期以来对本人工作的理解与支持，他们为此书的成稿做出了很多牺牲。

本书自 2009 年整理成文以来，先后校验并改写了多次，初稿由我的研究生叶祥熙和殷聪在电脑上输入了全部文字和冗长的数学公式，后期大量的修改内容由叶祥熙在电脑上独立输入。这是一项枯燥的工作，感谢他们完成得很好。另外感谢我的研究生于卫锋、林正喆、金云飞、彭坤、李菁田等，在本书写作过程中，他们提供了许多方便。

宁西京

2012 年 5 月